U0384178

常德市城乡规划管理志

（1988—2012）

常德市地方志编纂委员会
常德市规划局　编

方志出版社
Publishing House of Local Records

图书在版编目（CIP）数据

常德市城乡规划管理志：1988～2012 / 常德市规划局
编. ——北京：方志出版社，2014.10
ISBN 978－7－5144－1416－5

Ⅰ．①常… Ⅱ．①常… Ⅲ．①城乡规划－管理－常德市
－1988～2012 Ⅳ．①TU984.264.3

中国版本图书馆 CIP 数据核字（2014）第 244769 号

常德市城乡规划管理志（1988—2012）

编　　者：	常德市规划局
责任编辑：	罗　滔
出 版 人：	冀祥德
出 版 者：	方志出版社
地址	北京市朝阳区潘家园东里 9 号（国家方志馆 4 层）
邮编	100021
网址	http://www.fzph.org
发　　行：	方志出版社发行中心
	（010）67110500
经　　销：	各地新华书店
排　　版：	武陵区满园印务中心
印　　刷：	武陵区宏垣彩色印刷厂
开　　本：	889×1194　　1/16
印　　张：	33
字　　数：	651 千字
版　　次：	2014 年 10 月第 1 版　2014 年 12 月第 1 次印刷
印　　数：	0001—1000 册

ISBN　978－7－5144－1416－5/T·8　　　　定价：398.00 元

常德市地方志编纂委员会

《常德市城乡规划管理志》编修领导小组

《常德市城乡规划管理志》编修办公室

主　　任　夏　炜　戴宏凯
成　　员　张　灿　鄢晓佳

《常德市城乡规划管理志》编修人员

主　　编　李友明
副 主 编　喻文军
总　　纂　齐绍正
编　　辑　张　灿　鄢晓佳
撰　　稿　温新霞　陈遴旭　商菁菁　敖　松　邱宪丽
　　　　　余　凡　沈建国　龚　杰　张　晓　周宁平
　　　　　蔡新进　姚　毅　卓诗钧　熊　伟　莫江霞
　　　　　吴赛利

《常德市城乡规划管理志》审稿人员

刘李波　周华辉　周　波　翦　甜　赵振华　高　节　江时宜
梅小平　胡少华　李友明　喻文军　刘卓慧　夏　炜　张可贵
龚　杰　何家伏

常 德 市 城 区 图

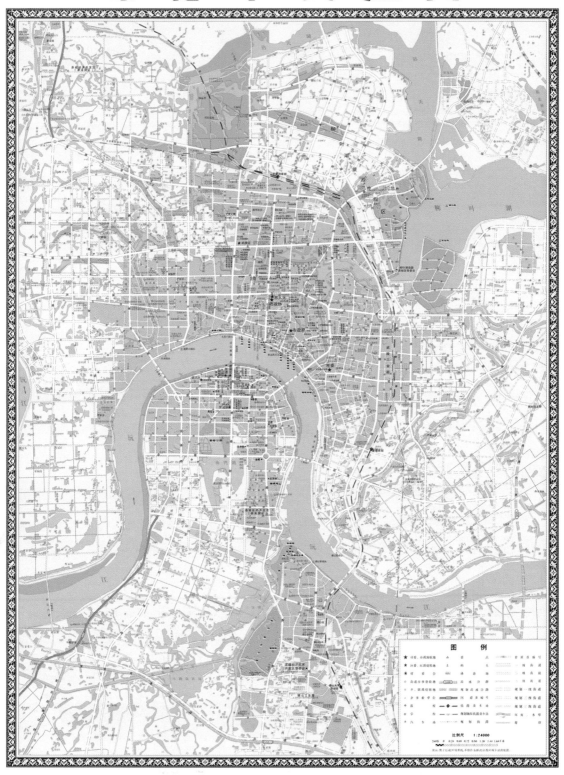

图 例

比例尺 1:24000

白马湖公园夜景

常德市规划展示馆全景图

常德市规划局机关

常德市规划展示馆多媒体展厅

序

张国政

《常德市城乡规划管理志》即将付梓，这是一件可喜可贺的事情。《常德市城乡规划管理志》是常德市第一部记载常德规划和规划管理事业发展的专业志书。

虽然，历史只能证明昨天，但总结历史，却能让我们更好地把握今天、规划明天。编纂出版《常德市城乡规划管理志》是常德城市规划管理者责无旁贷的历史使命，更是常德城市规划管理者义不容辞的时代重任。规划是一种对未来的谋划行为，是人类的理性创造活动。城市规划是为了实现一定时期内城市的经济和社会发展目标，确定城市性质、规模和发展方向，合理利用城市土地，协调城市空间布局和各项建设所作的综合部署和具体安排。它是城市经济和社会发展的蓝图，关系到资源配置、生产力布置、人口聚集以及城市效能的发挥。长期以来，中共常德市委、常德市人民政府对城市规划管理工作高度重视，撤区建市不久，即组织编制常德市城市总体规划。特别是进入 21 世纪，常德市城市规划工作者在中共常德市委和常德市人民政府的正确领导下，高起点、高标准地编制常德市城市发展规划，使常德城市发展驶入高速发展的轨道。2013 年年底，常德市城区建成区面积从 1988 年的 20.7 平方千米扩展到 85 平方千米，人口从 1988 年的 28.9 万人增加到 80 万人，常德已初具现代化城市的雏形。在加快中心城市发展的同时，常德市全面贯彻

《中华人民共和国城乡规划法》，将小城镇规划、乡村规划纳入城市规划管理，强化全市的规划统领、分类指导工作。常德中心城市、次中心城市、特色小城镇配套发展的城镇体系基本形成。

"盛世修志、志载盛世。"《常德市城乡规划管理志》从历史和现实的不同层面，记载了常德规划事业发展的全过程，描绘出了常德城市发展的轨迹。它全面地记述了中共常德市委、常德市人民政府在全面贯彻国家城乡规划法规的过程中，根据本地特点，制定地方政策、编制城乡规划的情况，记述了常德市城市规划管理工作者认真贯彻市委、市政府意图，积极认真地组织城乡规划实施的情况。《常德市城乡规划管理志》是全体规划工作者劳动成果的结晶，凝聚了全体规划工作者的心血。《常德市城乡规划管理志》的编修人员，不辞辛劳，焚膏继晷，数易其稿，终成其事，为常德城市的经营者、建设者，为常德人民留下了宝贵的精神财富。整部志书篇目设计科学合理，文字简洁朴实。它的出版问世，为盛开的方志百花园增添了一朵奇葩。在此，向为《常德市城乡规划管理志》编修出版付出辛勤劳动的所有同志表示诚挚的谢意！

谨为序

2014 年 11 月

（作者系常德市规划局党组书记、局长）

凡　例

一、本志以马克思列宁主义、毛泽东思想、邓小平理论、"三个代表"重要思想、科学发展观为指导，运用辩证唯物主义、历史唯物主义的基本原理和科学理论、方法，坚持实事求是的思想路线，力求做到思想性、科学性、资料性、实用性和学术性的统一。

二、本志上限始于撤地建市的1988年，下限止于2012年。为了保持事物发展的连续性，对个别重大事情的记述适当上溯下延。

三、本志采用述、记、志、图、表、录等体裁。卷首列概述，为全志之纲，设大事记，为全志之经。按志书横分门类，纵述史实的原则，正文分六篇，为全志主体；按照生不立传原则，本志未设人物传。在人物简介中介绍了获省部以上奖励的先进个人，在人物表中介绍了市规划局具有注册规划师技术职称的科技工作者和市规划建筑设计院的一级注册建筑师、一级注册结构工程师、注册规划师、注册公用设备工程师，表中人物按获取职称时间先后排列。

四、根据部门（专业）志记述突出专业、详近略远的原则，本志主要记述常德市规划事业发展的情况，市规划局内部人、财、物管理从略；市规划局对县（市）规划部门只是业务指导关系，有关县（市）规划工作情况只略述其要。

五、为叙述方便，以1988年常德撤地建市为界，撤地建市前书中出现的"常德市"指原县级常德市，即撤地建市后的武陵区；撤地建市后的"常德市"指地改市后的省辖常德市。

六、各篇章多次使用一名称时，首次用全称，其后用简称。本志常用简称有市规委会（常德市规划委员会）、中规院（中国城市规划设计研究院）、市人委会（常德市人民委员会）。1955 年 5 月—1964 年 8 月，常德市人民政府改称为常德市人民委员会，为尊重历史，记述此段历史时，对常德市人民政府仍称"常德市人民委员会"。

七、本志体例和行文，均按《地方志书质量规定》《〈湖南省志〉编写行文通则》和《常德市志书编纂工作细则》执行。

八、组织机构和领导人职务，一律采用当时使用的称谓。

九、标点符号执行 2012 年 6 月 1 日开始执行的国标《标点符号用法》；汉字数字和阿拉伯数字的用法执行国家质量监督检验检疫局和国家标准化管理委员会颁布的、于 2012 年 11 月 1 日起实施的《中华人民共和国国家标准出版物上数字用法》。

十、本志所引用资料，多出自常德市档案馆、常德市城建档案馆、常德市规划局资料室以及常德市方志办出版的有关书籍。所引用资料均已核实，不交代出处。

目　录

第三篇　专业规划

第四篇　城乡规划行政管理

Contents

Passage 1 Administrative Institutions and the Team

Passage 2 the Planning of Town and Country

Passage 3 Specialized Planning

Passage 4 Urban and Rural Administration

Passage 5 the Planning Law Enforcement Supervision

Passage 6 Changde Planning and Architectural Design Institute

概 述

概　述

一

常德城始建于公元前277年。前277年，秦蜀郡守张若伐楚，"取巫郡及江南为黔中郡"，在今常德城东筑城，史称张若城，至今（公元2013年）已有2290年的历史。常德城历为县治及郡、州、府、路、行署驻所，先后被称作临沅、监沅、武陵、嵩州、朗州、鼎州、常德。

常德又是历代兵家必争之地，在常德建城两千多年的历史长河中，发生在这里的有文字记载的战争就有130多起。常德城也因此屡建屡毁、屡毁屡建。

常德交通四通八达，沅江穿城而过，207、319国道，长（沙）张（张家界）、杭瑞（杭州至瑞丽）、二广（二连浩特至广州）高速公路都交汇于此，连接京广和枝柳线的石（门）—长（沙）铁路亦横穿常德。常德也是湖南省除省会长沙以外具有水路、陆路和航空立体交通的城市。

新中国成立后，常德经济、社会发展插上了腾飞的翅膀，城区面积已由新中国成立时的14.24平方千米，发展到2013年的85平方千米，城区人口也由1949年的58159人，发展到2013年的80万人。现在的常德，已是湘西北最大的城市和政治、经济、交通、文化中心。

二

民国36年（1947年）2月，湖南省政府市政技术小组对常德城区规划提出原则性意见：常德市区规划应包括常德县城及德山为一个行政建设单位，应以农产品加工一类实业为主，逐步发展成为洞庭湖工商业中心，县城人口以不超过6万人为原则，市区人口增长应向德山发展，德山应按近现代要求规划为常德市新区。

1949年7月，常德解放，8月，新成立的中共常德市委、常德市人民政府努力恢复发展生产，关心劳动人民生活，重视城市建设，着手规划常德市的发展建设。10 月，提出"规划德山工业区，兴修电厂，建设纱厂，发展常德工业"的设想，引导常德市工业向德山发展。1950 年 1 月，常德市人民政府制定《常德市商业区规划及街道改造初步计划》。11 月，中共常德市委、常德市人民政府制定《常德市 5—10 年扩充规划》，将常德市规划为工业、商业、文教、行政、风景、住宅、市郊等 7 个区域。1960 年，常德市人民委员会制定《常德市城市建设规划意见（草案）》，在这个规划中，对德山的建设提出了更加大胆的设想，提出新建工厂一般要安排在德山，老城区原有的工厂要有计划地迁往德山。德山作为常德的工业基地的地位基本确定。

1981 年 4 月，中共常德市委、常德市人民政府邀请建筑学者、专家共商修编《常德市城市总体规划纲要》，8 月，常德市成立城市规划修编办公室，月底，《常德市城市总体规划纲要》编制工作完成。9 月，《常德市城市总体规划纲要》经常德市第八届人民代表大会常务委员会第八次会议审议通过，并上报湖南省人民政府。1983 年 9 月，湖南省人民政府批复："同意常德市城市建设总体规划。"规划确定常德城市性质为常德地区政治、经济、文化中心，是以发展轻纺工业为主的滨湖工业城市。城市规模，人口规划近期（至1985 年）约为 17 万人，远期规划（至 2000 年）为 25 万人，其中城区为 15 万人、德山区为 10 万人。这是常德市第一部城市总体规划。

1988 年，常德撤地建市，常德市规划管理处（简称市规划处）成立，常德城市规划翻开新的一页。1989 年 4 月，从市规划处和常德市规划设计院等 5 个单位抽调人员，组成常德城市总体规划修编办公室，着手修编《常德市城市总体规划（1990—2010）》。1990 年 12 月 19 日，常德市人大常委会第十七次全体会议审议通过《常德市城市总体规划（1990—2010）》。规划确定：常德市江北城区、德山、武陵镇三地为常德市市政建设单位，其城市建设由市政府统一规划。该规划确定到 2010 年，常德市人口达到 45 万人，用地47.25 平方千米。1991 年 9 月，湖南省人民政府批准实施《常德市城市总体规划（1990—2010）》。该规划首次提出了"一城三片"（一城是指常德城区，三片指江北城区片、江南城区片、德山城区片）和在城区外围以河洑山、太阳山、德山等为载体建成大绿化圈的构想，制定了市域城镇体系规划，17 项专业规划，划定了规划区范围。确定了常德湘西北中心城市的基本定位，为常德市的城市建设和发展描绘出了新的蓝图。根据城市总体规划要求，市规划处组织编制了江北城区和武陵大道、皂果路、育才路、朝阳路及旧城改造区的控制性详规。为加大城市建设力度，中共常德市委、常德市人民政府加快城市基础设施建设，改造了武陵大道、洞庭大道等城市主干道，改扩建了桃花源机场，修建了沅水二桥、207 国道绕城线、江北城区防洪大堤等重点工程。1994 年 12 月，常德市规划处更名为常德市城市规划局（简称市规划局）。

1996 年 2 月，以市委书记、市长为首的常德市规划委员会（简称市规委会）成立，城市规划管理决策能力得到提高。1999 年 5 月，常德市人民政府委托中国城市规划设计研究院（简称中规院）进行《常德市城市总体规划（1999—2020）》的修编，2001 年 3 月，修编工作基本结束。在该规划中，常德城市的定位是湘西北地区区域性中心城市、交通枢纽和流通中心、以轻工业为主的现代化城市。规划至 2020 年，城市建设用地规模 85 平方千米，人口规模 85 万人，并提出了以"三山、三水"（三山：德山、太阳山、河洑山，三水：沅江、柳叶湖、穿紫河）为依托建设常德景观特色的理念。为了适应经济转型和加快德山工业区的发展，市委、市政府于 2001 年在德山崇德路以南、兴德路以北划出 1 平方千米地块，设立常德市高新科学技术工业园，并对该园进行规划设计。同时，委托广西城乡规划设计院编制德山分区规划、道路交通规划和控制性详细规划。2002 年 1 月，湖南省政府批准了《常德市城市总体规划（1999—2020）》。是年，市政府组织编制市城区常澧线（常德至澧县）、机场路、S1804 线三大出城口规划。2003 年，组织编制城市近期建设规划和江北城区道路交通规划。

2006 年，市委、市政府委托中规院开展常德市城市空间发展战略规划修编。同时，根据常德城市建设现状和发展需要，市政府又委托该院对《常德市城市总体规划（1999—2020）》进行局部调整，修编《常德市城市总体规划局部调整（2006—2020）》。2007 年 4 月，《常德市城市总体规划局部调整（2006—2020）》经常德市第四届人大常委会第四十二次会议审查通过后上报湖南省政府，7 月 25 日，《常德市城市总体规划局部调整（2006—2020）》经省人民政府正式批准实施。调整后的规划在保持《常德市城市总体规划（1999—2020）》确定的城市人口 85 万、城市建设用地 85 平方千米不变的情况下，将江北城区南坪西路两侧 1.0 平方千米、沅江西大桥 2.34 平方千米、江南城区机场路以西 1.25 平方千米、玉霞路以东 0.53 平方千米，共计 5.12 平方千米的规划城市建设用地调整为非城市建设用地，将核减的 5.12 平方千米规划城市建设用地调整到德山经济开发区的常张高速公路以南和盐关港区铁路专用线以南区域，以满足城市发展的需要。

2006 年，中央提出"工业反哺农业，城市支持农村"的方针，决定在全国范围内大力开展社会主义新农村建设。市委、市政府坚持把村庄规划编制工作作为推进新农村建设的先导工程来抓，下发《关于新农村建设村庄规划的实施意见》，明确村庄布局规划和村庄整建规划编制的总体目标、编制主体、审批程序、编制标准、编制经费、组织管理长效机制和分年度编制任务。全市村庄布局规划和村庄整治建设规划工作全面启动。同时，各区县（市）也根据省市的统一要求，开始组建规划管理机构，至 2012 年，桃源县、汉寿县、津市市、澧县、石门县、安乡县、临澧县和西湖管理区、西洞庭管理区都相继成立了规划管理机构，至此，全市上下一体、协调运行的规划管理体系基本形成。

三

　　至 2007 年年底，常德市城市人口达到 66 万人，城区面积 66 平方千米，市城区形成了"一江两岸""一城四区"（一城指常德城，四区指江北城区、江南城区、德山开发区、柳叶湖旅游度假区）的组团式发展格局。为了适应城市经济和城市建设快速发展的需要，2008 年年初，中共常德市委、常德市人民政府委托中规院在已修编完成的《常德市城市空间发展战略规划》的基础上，着手修编《常德市城市总体规划（2009—2030）》。2009 年 12 月，《常德市城市总体规划（2009—2030）》纲要修编完成。2011 年 9 月，《常德市城市总体规划（2009—2030）》获湖南省人民政府批准。新版城市总体规划确定常德市城市性质为区域中心城市、交通枢纽城市和生态宜居城市，城市人口规模由上版规划的 85 万人增加到 155 万人，城市用地规模由 85 平方千米增加到 160 平方千米。

　　2008 年 1 月，常德市政府与德国汉诺威水协签订了常德市水资源利用与保护规划编制的合作项目。2 月，市委、市政府提出建设常德工业走廊的发展构想，常德工业走廊南起汉寿县太子庙镇，经德山开发区、武陵区、鼎城区灌溪镇，北至桃源县盘塘镇创元工业园，全长 79 千米。市规划局根据这一构想，于 9 月编制完成《常德工业走廊建设发展规划纲要》。2009 年，市委、市政府把东线"一桥三路"（紫缘路，紫缘路北段、洞庭大道东段和三闾路）建设作为城市建设的重点，以此形成东城片区路网骨架，完善东城片区的城市交通功能，缓解东城交通拥挤、交通绕行的压力，带动东城片区的建设发展。在此基础上，谋划向东通过洞庭大道东段接二广高速公路，向北通过紫缘路、S306 接常荆、常岳高速公路，与西城的常张高速连接线、江南的常邵高速连接线、常吉高速连接线、德山的长常高速连接线的规划设计，以形成城市与外围高速公路循环有序便捷的联系。

　　在抓紧实施常德市城市总体规划的同时，市委、市政府投入资金，加紧编制城镇体系规划、各种专项规划及控制性详细规划。2010 年，常德市城市新区控规和专项规划编制全面展开，北部新城、西城片区、戴家岗片区、东江片区和东城区控制性详规完成初步成果，路网结构基本确定；确定了石长复线、常长城际铁路、黔张常铁路、常岳九铁路、常邵铁路、铁路货运专线等铁路的走向。为了加快西城片区的发展，市政府组织完成了白马湖文化公园、江北城西商业中心设计。在东城片区，确定了建设路东延和二广高速公路连接线的规划方案。2011 年，编制完成《市城东片区控规及建设路东延线两厢城市设计》《穿紫河两厢城市设计》《江北城市新区城市设计》《常德市棚户区改造规划》等控制性规划；基本完成《江北城区道路专项规划（2009—2030）》《江北城区排水专项规划（2009—2030）》《市城区农贸市场布点规划》《市城区学校布局规划》《常德大道两侧城市设计》

《常德市教育文化科技园区规划》等规划的编制。至 2012 年，常德市形成了城镇体系规划、城市总体规划、专项规划、控制性详细规划、城市设计等相互协调的城乡规划体系。

四

在抓好规划编制的同时，市委、市政府花大力气抓规划的落实，严格规划的审批与执法监察。撤地建市之初，城市违法建设的现象呈蔓延之势，为了遏制城市违法建设的发生，市政府从严加强对城市违法建设的查处工作，重点是加强对武陵镇的规划管理。通过采取一系列卓有成效的措施，武陵镇违法建设得到有效遏制。1990 年 4 月 1 日，《中华人民共和国城市规划法》（简称《城市规划法》）正式施行。市政府根据该法精神，相继制定《常德市私人建房管理办法》《城区涉外宾馆、文化体育用地周围控制规划》《常德市城区临时建筑管理办法》《城区装修改建营业门面的管理办法》，市规划处在全市大张旗鼓地宣传《城市规划法》。同时，根据《城市规划法》，市规划处制定"停工通知书""违法建设调查报告表""违法建设行政处罚决定呈报表""违法建设行政处罚决定书""送达回执"等相关文书。严格依法履行职责，维护城市规划的严肃性。1991 年，常德市开始全面实施"一书两证"（即《建设项目选址意见书》、"建设用地规划许可证""建设工程规划许可证"）制度。为强化城市规划管理，市规划处制定了规划管理程序和《常德市建设用地审批暂行规程》。1993 年 1 月，市政府出台《常德市城市规划管理试行办法》，对常德市城市规划审批程序作出明确规定。为使城市规划步入法制化轨道，1995 年初，常德市中级人民法院成立城市规划法规行政审判工作室。规划法规行政审判工作室的设立，加大了对违法建设的查处力度，扭转了常德市违法建设连年上升的局面。1996 年 10 月，《中华人民共和国行政处罚法》正式施行，市规划局继续在城市规划区内对城市各项建设实施规划监察，加强城区违法建设查处，对城乡结合部的违法违章建设进行清理、整顿。从 1997 年开始，常德市城市规划区内的建设全部按全省统一印制的呈报表进行规划审批，此后的三年，常德市加大规划管理与监察力度，"一书两证"发证率和违法违章建设查处率分别达到 98% 和 95% 以上，城市规划管理步入全省先进行列。2000 年，市委、市政府在城区开展"拆违创无"（拆除违法建筑、创无违法建筑单位）活动，成立"拆违创无"领导小组，加大对违法违规建设的打击力度。仅 4 月份，全市城区共拆除违法建筑 14353 平方米，其中江北城区拆除 11877 平方米，武陵镇拆除 1300 平方米，德山开发区拆除 1176 平方米。

2005 年 6 月，市政府制定《关于城市总体规划调整、变更和执行情况向市人大报告的制度》，常德市城市总体规划调整变更走上了法制化的轨道。7 月，市政府拨付资金 200

多万元，建立完善全市规划管理信息系统。为加强规划区范围内私人建设的管理，2007年7月，市政府出台《常德市城市规划区私人建设管理办法（试行）》，对私人住宅建设规划控制区域划分、公寓楼安置建设区私人住宅建设管理、城市远郊建设区私人住宅建设管理、私人住宅建设申请条件及审批程序作出明确规定。2008年6月，为提升城市品位，市政府出台《关于加强城市空间环境规划管理的规定》《常德市城市建设工程规划管理若干规定》。2009年4月，市政府出台《常德市建设工程竣工联合验收办法》，该办法明确规定建设工程竣工联合验收由规划部门牵头，市政务中心、市建设局、市国土局、市房产局、市交通局、市环保局、市园林局、市消防支队等单位为建设工程联合验收的参与单位。

2011年5月，市政府出台《常德市市政工程管理办法》，对市政工程项目具体内容、编制程序、规划管理、规划监察和法律责任都作了详细的说明。8月，市政府出台《常德市规划管理技术规定（试行）》，对城市居住区容积率实行分区控制，对建筑物后退城市道路红线距离作出更加严格的规定，以此保证有足够的开放空间满足绿化休闲等要求；该规定要求城市建设要扩大绿化面积、优化其布局，大幅提高城市景观建设标准，加大对山体、水体的保护力度；临街住宅要商住分离，严格控制商业面积，居住区停车泊位配建要科学、合理，同时还对城市慢行交通系统、无障碍设施提出了具体要求。

五

经过新中国成立后几十年、特别是撤地建市20多年的发展，常德城市规划日臻完善，城市发展日新月异。常德已成为一座魅力四射的城市，一颗镶嵌在洞庭湖畔的璀璨明珠。千年古城常德已由单纯的消费城市转变为工业—商业中心城市，由政治中心转变为政治—经济—文化中心，交通枢纽。常德城市角色的转型，使得城市发展目标、城市建设理念和城市结构等重大方向性问题都要随之发生重大调整。市委、市政府审时度势，高度重视城市规划、建设与管理，提出了建设新常德、新创业的宏伟目标，规划部门努力发挥"龙头"作用，以国际视野、战略思维和踏实工作与全市人民一道，不断推进常德的建设与发展。常德的明天会更好，"桃花源里的城市"必将惠普沅澧人民，光耀湖湘大地，充满人文魅力，名列重要城市之林。

大事记

大 事 记

民国 36 年（1947 年）

2 月 15 日，湖南省政府市政技术小组在讨论常德市区规划原则时，提出初步意见：常德市区应包括常德县城及德山为一个市政建设单位；工业应以农产品加工一类实业为主，逐步发展成为洞庭湖工商业中心，县城人口以不超过 6 万人为原则，市区人口增长应向德山发展，德山应按近现代方法规划为常德新市区，以适应工商业发展。

是年，国民政府内政部拟定全国增设 72 市，湖南除长沙、衡阳已设市外，另增设常德、宝庆（今邵阳）二市。

1949 年

7 月 29 日，常德解放。8 月 5 日，成立常德市人民政府，市县分署办公。9 月 8 日，常德市人民政府发布公告：市区范围共分三区，启明镇为第一区，南站为第二区，长庚镇为第三区。常德市人民政府着手规划常德市的发展建设。10 月，常德市建设研究委员会成立，提出"规划德山工业区，兴修电厂，建设纱厂，发展常德市工业"的设想。同月，市人民政府发布公告：市区公路、街道两旁及公共场所禁止搭设小屋小棚。

1950 年

1 月，常德市人民政府制定《常德市商业区规划及街道改造初步计划》。

11 月，中共常德市委、常德市人民政府制定《常德市 5—10 年扩充规划》，将常德市规划为工业、商业、文教、行政、风景、住宅、市郊等七个区域，人口发展到 35 万人左右，此规划未获省人民政府批复。

1951 年

1 月，常德市人民政府公布《关于常德市建筑管理暂行细则》。

1952 年

7 月，于 1 月动工兴建的东门南碛闸竣工，是新中国成立后常德第一项城市建设大工程。

1953 年

是年，常德市执行中央统一规定，开展第一次人口普查，全市有 23527 户、85937 人。

1954 年

7 月 1 日，下南门至南站轮船横渡开航，结束了常德沅江河水段千年木船摆渡的历史。

1955 年

3 月，常德市政府投资在大西门外河堤修建一座岩石水泥结构的斜坡式装卸码头，长 80 米，宽 26 米，装有一台拉坡机。

4 月，奉国务院指示，常德市人民政府改称常德市人民委员会，简称"市人委会"。

8 月，市人委会开始组织城市测量工作。

9 月 25 日，市人委会颁布《更改常德市街道名称的布告》。

12 月，郊区柏枝园机埠建成，是为常德市第一个电动排渍站。

是年，常德市工人文化宫建成竣工，为当时全市建筑面积最大的建筑物。

1956 年

2 月 9 日，全市各界 2 万多人集会，举行盛大游行，庆祝全市手工业和私营工商业的社会主义改造胜利进行。

2 月，开通下南门至老码头和苏家渡轮渡航线。

8 月，常德市完成德山至黄茅岭一带线形锁选点和城区线型锁导线点标注。

9 月 27 日，市郊区 26 个初级农业生产合作社升级为 27 个高级农业生产合作社。至此，郊区农业社会主义改造基本完成。

10 月，市人委会颁布《常德市城市交通管理的几项规定》。

1957 年

3 月，撤销原设的 8 个街道办事处，改设为城东、城南、城西、城北、德山、水上 6 个办事处。

6 月，常德市图书馆成立。

9 月 5 日，市委成立"整风领导小组"，领导全市"整风反右运动"。

是年，市委、市人委会成立"节制生育委员会"。

1958 年

3 月 16 日，市委、市人委会动员街道非生产人员 2106 户 4874 人离城回乡参加农业生产。

3 月，兴建洞庭制药厂。

6 月，常德市在湖南省基建局组织的联合选厂组和建筑工程部城市设计院指导下，完成德山工业区 12 个新建工厂厂址选址和新马路、七一路、沿河路等道路布局规划，并对旧城区改造进行规划设计，拟建人民东街、人民西街、建设街、汉寿街等主要道路。

7 月，成立常德师范专科学校筹备委员会，市长葛敬任主任。9 月，开始招收新生。

是月，市委、市人委会动员全市人民开发德山工业区，劈山修路，填凹平沟，修路 3 条。是年兴建起常德棉纺厂等 10 家工厂。

8 月，城区人民路两旁开始拆屋，扩建人民路大街。

10 月 5 日，市委对地主、资本家、手工业主的 1399 栋私有出租房屋进行社会主义改造，收归国有。

11 月，修建下南门木质防洪闸。

1959 年

4 月 30 日，德山老码头至德山街开始轮船横渡接送客人。

是年冬，常德斗姆湖飞机场动工兴建。1965 年 1 月竣工。

是年，常德市完成老城区 30 平方千米的地形测量，20 平方千米的总体规划及德山工业区总体规划。

1960 年

1 月，中共常德市委、常德市人委会制定《常德市城市建设规划意见（草案）》，在《意见》中提出，到第三个五年计划（1963—1967 年）期间，城市面积由 9.34 平方千米扩大到 80 平方千米，其中老城区由 2.33 平方千米扩大到 20 平方千米，德山区由 7.1 平方千米扩大到 60 平方千米。城市人口由不到 11 万人发展到 55 万人，其中老城区由 8.5 万人发展到 15 万人，德山和郊区由 2.5 万人发展到 35 万人至 40 万人，拟建一座宽 28 米的沅水铁石桥。市区新建和改建东西干道二条、南北街道一条，路宽分别为 25 米、28 米、30 米。新建工厂一般安排在德山，并在南站建一部分轻工业工厂，老城区原有的重工业、化工业和干扰性较大、有碍卫生的轻工业有计划地迁往德山和南站。副食品工业、服务性修理厂及一部分轻工业和手工业工厂仍留在老城区内，分布在沿街两侧。地、市、县领导机关原则上在原地发展。居民住宅区原则上随工厂、机关、学校的布局转移。市区开辟公园 4 个、体育场 5 个、影剧院 11 个。同时围绕老城区和德山区，在岗市和石板滩、裴家码头、谢家铺等地建立三座小型卫星工业城市。这次规划照搬苏联城市建设经验，标准过高，规模过大，脱离实际，绝大部分内容未予实施。

4 月，撤销常德市郊区人民公社，将所属大队与临近的街道办事处合并，组建成东升、永胜和德山三个城乡合一的人民公社。

5 月 1 日，德山大桥建成通车。该桥为全国第一座独孔净跨 65 米石拱桥，全长 95 米，桥台宽 10 米，行车道宽 7 米，拱厚 1.7 米，设计荷载能力为汽车 13 吨，拖挂 60 吨。

10 月 1 日，第一水厂（大西门）建成供水。城内市民结束了直接饮用河水、井水的历史。

是年，建设桥建成通车。

1961 年

9月，撤销原3个城乡合一的人民公社，实行城乡分治，建立东郊、护城、德郊3个人民公社，恢复原来的5个街道办事处。

是年，修建青年路木质防洪闸门。

1962 年

4月，为加强城市的规划和建设管理，市人委会颁布《常德市建筑管理暂行规定》和《常德市城市建设管理暂行规则》。

5月，常德市再次开展压缩城市人口工作。

8月31日—9月4日，市委、市人委会在德山召开蔬菜工作会议，首次对郊区菜农实行"菜粮挂钩，以产吃粮"的办法。

1963 年

3月，常德市人委会颁布《湖南省常德港码头管理办法实施细则》。

10月，常德市进行第三次压缩城市人口的工作。

1964 年

6月16日，常德市开始第二次人口普查，7月1日零时，全市共有27124户，116281人。

是年，贯彻中共中央主席毛泽东提出的"农业学大寨""工业学大庆"的指示精神，开展"农业学大寨""工业学大庆"运动。

1965 年

3月1日，常德航空站成立。

4月15日，常德至长沙的飞机客班正式通航，每周三班。

1966 年

4月，下南门防洪钢木混合结构斜撑活动闸建成，耗资57000元。

5月下旬—6月上旬，常德地、市、县三家领导机关，贯彻中共中央《五·一六》通知，几次召开万人大会，声讨所谓的"三家村"，批《燕山夜话》。

8月8日，市委组织全市人民大游行，庆祝中共八届十一中全会通过的《关于无产阶级文化大革命的决定》（简称《十六条》）发布。

1967 年

1月下旬，中国人民解放军奉命介入地方"文化大革命"运动，常德军分区和常德市人民武装部的指战员参加"三支两军"，即支左、支工、支农，军管、军训。

2月，"常德市抓革命促生产指挥部"成立，负责领导全市的"文化大革命"和各项行政、生产活动。此前，由于造反派的冲击，市委、市人委会陷于瘫痪。

1968 年

3月2日，由驻常德"支左"解放军主持，在市人民广场召开万人大会，庆祝常德地区革命委员会、常德市革命委员会、常德县革命委员会成立。

1969 年

11月15日，常德市市政工程队更名为常德市建设管理处，负责城市规划、土地使用和城建管理工作。

1972 年

8月，常德市革命委员会颁布《加强城市建设规划管理的通知》。

11月，常德市革命委员会城市规划领导小组办公室对常德市城市总体规划提出初步意见：全市总面积（含郊区）54.4平方千米，其中老城区40平方千米，德山14.4平方千米。

1975 年

9 月，湖南省小城镇规划座谈会在常德市召开，会议对常德市城市规划进行审议，会议认为常德市城市规划基础资料不全，依据不足，规划内容的深度和广度也不够，尚不具备上报审批条件。会后，湖南省基本建设局以（1975）湘革基字 060 号文件对常德市城市规划提出七条指导性意见：城市性质定为常德地区政治、经济、文化中心，以轻纺和机械为主的工业城市，长江水系内河港口；城市人口近期至 1985 年发展到 20 万人，远期城市人口规模原则上不扩大；发展方向从自然地形和现状条件出发，旧城、德山、岗市三区布局，重点发展德山区，有条件地发展岗市区，控制发展旧城区；城市居住用地，近期人均 28 平方米，远期 33 平方米；建筑以四层为主；道路宽度，主干道 26—30 米、次干道 18—22 米；公路桥位选择原则上不宜通过城市中心地区；旧城区远期规划中增辟沿江大道。该意见未能引起领导高度重视，并将 2 名仅有的规划专业人员抽调另用，常德市城市规划工作自此停顿。

1976 年

2 月，常德市革命委员会发布《常德市城市建设管理试行办法》。

1978 年

8 月，常德市城市规划领导小组成立。市革命委员会确定一名副主任负责城市总体规划编制工作，2 名抽调到他单位的规划专业人员重返岗位。以后规划专业人员陆续增加到 11 人，并于次年开始基础资料的收集整理。

1979 年

根据全国第三次城市工作会议精神，常德市筹备编制常德市城市总体规划。

图 1：常德旧城一角

1980 年

是年，常德市开始编制《常德市城市总体规划纲要》和《城市总体规划草图》，《纲要》和《草图》曾由省、地有关部门初步审查，市人民政府和市人大常委会反复讨论，并请省、地土木学会有关专家座谈，先后七易其稿，至 1981 年结束。主要规划文件有：城市规划总图、城市现状图、近期建设规划图、用地评价图、给水排水规划图、电力电讯规划图、郊区规划示意图、总体规划说明书，城市规划基础资料汇集（共 5 册）。

1981 年

4 月，中共常德市委和常德市政府邀请建筑学者和专家共商修编"常德市城市总体规划"。

8 月，常德市成立城市规划修编办公室（简称市修编办）。月底，《常德市城市总体规划纲要》编制工作完成。

9 月 24 日，《常德市城市总体规划纲要》经常德市第八届人民代表大会常务委员会第八次会议审议通过，正式上报湖南省人民政府。

1982 年

4 月 26 日，常德市政府发布《关于颁发城市管理暂行规定的通知》。《通知》强调：城区范围内的一切新建、扩建和改建工程都要服从城市建设的统一规划管理，所有承建单位要将上级批准的计划文件和设计图纸报请城市规划管理部门和有关部门审查认可，然后由城市规划管理部门发放建筑许可证和现场定线后才能施工。

1983 年

9 月 14 日，湖南省人民政府湘政函〔1983〕13 号文件批复："同意常德市城市建设总体规划。"规划确定城市性质为常德地区政治、经济、文化中心，是以发展轻纺工业为主的滨湖工业城市。城市规模：人口规划近期（至 1985 年）约为 17 万人，远期规划（至 2000 年）为 25 万人，其中城区为 15 万人、德山区为 10 万人。用地规模近期为 17 平方千米，远期为 25 平方千米（城区 14 平方千米，德山区 11 平方千米），其中居住总用地远期为 12.5 平方千米。功能分区：城区为中心区，师范专科学校以西为教育、科技区，德山和城区为工业区（德山以机械、纺织、化工、酿造为主；城区以纺织、印染、食品、轻工为主），配套建设 8 个生活居住区。城市交通：铁路线路走东线，桥位定在德山，在德山石门桥砖厂附近及城区变压器厂以北部分建火车站。改善 5 条对外公路出口，并与城市环线相接。城区汽车客运站迁至经一路中段。在盐关建大中型水陆联运码头及货场，扩建斗姆湖机场，规划城市三级道路 55 条。

1984 年

3 月，常德市建委城市管理科与规划办合并，组建常德市建委规划管理科，时有规划设计和管理人员 17 人。

上半年，常德市城市建设局对常德市进行航拍后，确定常德市用地规模近期为 17 平方千米，远期为 25 平方千米，其中城区为 14 平方千米、德山为 11 平方千米。生活居住用地，远期按人均 50 平方米控制，居住总用地为 12.5 平方千米。城市发展方向，以扩建新区为主，由内向外集中紧凑配套建设，对旧城既要合理利用，又要逐步改造，重点向德山工业区发展。城市布局，城区是全市行政、经济、文化、科研及商业中心。城区除保留控制发展的小西门纺织印染工业点以及没有"三废"（废水、废渣、废气）及噪声污染的工业企业和服务修理行业外，只在火车站路（今武陵大道）以东、滨湖路（今洞庭大道）以北辟一块工业用地，作为城区污染不大的小型轻纺工业迁建和发展用地。德山为主要工业区。郊区远期规划总面积 100 平方千米，其中蔬菜面积 500 公顷。

8 月，常德市滨湖路居住小区规划由市规划勘测室旷建新、城建开发公司肖仲岩完成。这是常德市第一个采用"统一规划、综合开发、配套建设"的居住小区。

是年，受市建委的委托，湖南省测绘局在常德市城市规划区内建立德山独立坐标系。并要求在常德市城市规划区内从事城市测量、设计、施工的单位，统一采用 1984 年德山独立坐标系和 1956 年黄海高程系。

是年，常德市开始发放"施工许可证"和"建设许可证"。

1985 年

3 月 25 日，市委、市政府召开城市建设管理工作会议。会议要求所在驻市单位的基本建设工程，必须符合常德市城市规划管理要求。

3月，市政府颁发《常德市城市规划管理实施细则》。

3月，市政府召开城建工作会议。会上提出：从1991年至2000年，拟将德山林场改建为德山公园，在沅水大桥桥头新辟桥头公园，在大西门新辟朗州公园（后改名为临江公园，即屈原公园），在北门新辟鼎城公园，在城区东北面开发柳叶湖旅游区，在防洪大堤外侧滩地，培植宽度为20米的绿化带，逐步建成沿江园林风景区。

5月1日，扩建武陵路（今朗州路）的房屋拆迁工程动工。

5月6日，市政府召开滨湖路（今洞庭大道）扩宽、拆房、让地会议。该路修建60米宽。

5月20日，常德市开始实施新的城市管理法规。

11月10日，铁道部第四设计院的领导和工程技术人员到常德，与地、市有关领导商讨长沙至石门铁路常德区段的筹建工作。

11月19日，市人民政府发布《城市规划区范围内乡村建设用地审批程序的通知》，要求抓紧做好乡村建设规划。乡、村、组集体企事业单位和个体、联户企业因建设需要用地，须报市规划部门审批。

12月20日，常德市建设委员会举办"城市规划模型展览"。

是月，市建委首次实行发放"建设许可证"和"临时建筑许可证"制度。

1986 年

3月12日，常德市建设桥泵站设计方案研讨会在市建委举行。省建筑设计院、市政府、地区建委、市建委、市农委、市规划办、市堤防办等单位的负责人、技术人员20多人参加会议。

5月20日，市政府召开城市建设环境保护会议。市委书记熊奇生、市长陈德铨作了重要讲话，市政府副市长张安中、沈国凡分别作了工作报告。市建委主任马先奇汇报了湖南省建设环保会议精神，市建委副主任刘启仪就城乡规划问题作了题为《实施城市总体规划，加强城市规划管理》的发言。

5月，市政府提出，在龙坑、马家吉等"两水夹一堤"的堤段填塘固基，对市区7座挡水矶头和险工险段采取加固保安措施。

5月，为加强滨湖路沿线建设的管理，市建委委托武汉城建学院编制滨湖路临街详细规划，并制作模型。8月，滨湖路临街详细规划完成；9月，详细规划模型运抵常德。

6月14日，市政府举行"城市污水资源化研讨会"，中国社会科学院武汉水生物研究所教授邱昌强，省环保局总工曾伯危，市政府副市长张安中、沈国凡及市建委、市规划处、市环保局、市农委等部门负责人参加会议。经过充分讨论，会议同意在常德市进行城市污水资源化的科学试验和工程试点。市政府要求规划部门与环保部门就污水资源化生态工程选址提出具体意见。

7月30日，市建委、市农委组织市规划勘测室人员对常德市郊区四乡（东江乡、东郊乡、护城乡、德郊乡）村民的建房进行规划。经过2个多月的努力，此项工作基本完成。

9月30日，常德沅水大桥建成通车。常德沅水大桥是国内单孔跨径最大的预应力连续梁桥。1983年10月1日正式开工建设。全桥长1408米，宽19米，高44.6米，设计载重汽车20吨，拖挂车100吨，人群荷载每平方米350千克，设计洪水频率为百年一遇。

11月10日，市政府发布《关于滨湖路两侧规划管理的通告》。《通告》共七条，要求滨湖路两侧建设必须严格按详细规划进行，并强调该《通告》的原则也适用于武陵路、鼎城路（今武陵大道）两侧规划管理。

11月，市建委抽调张嘉升、孙和松、郭庆湘、王定玉等专业技术人员，组成滨湖路设计小组，在新一村租用三间民房，历时5个月，完成了滨湖路道路工程设计。这是常德市第一条高标准的城市道路，道路全长6300米，宽60米。

12月31日，常德市规划办完成江北城区排水系统扩建设计，完成市政工程滨湖路、沅水大桥北引桥、鼎城中路（今武陵大道中路）、北站路、德山纬一路、德山纬二路的初步设计，完成全市1：2000航测地形图和郊区五条道路中心线及边线控制等测量任务。

1987 年

2月，《常德市城市规划管理实施细则》正式颁布实施。

3月，市规划办要求市区所有建设单位施工之前，要到市规划办领取"选点通知书"，填写"建设许可申请表"，经审查批准后方可施工。

4月7日，为加快城市建设，市建委提出"关于加强滨湖路（今洞庭大道）扩建工程建设的建议"。

4月10日，市委、市政府召开全市城建环保工作会议。其主要任务是传达中央、省、地有关会议精神，总结1986年城建环保工作，落实1987年城建环保工作任务。市长陈德铨、市委书记熊奇生作了重要讲话，常务副市长张安中作了题为《强化改革，开拓视野，夺取城建环保工作新胜利》的报告，市建委主任马先奇传达省建设会议精神，市建委副主任刘启仪作了《解放思想、大胆探索、不断提高城市规划管理水平》的发言。

4月26日，为协调江北、江南的发展，常德行署颁布《关于常德市城区、武陵镇规划建设管理的若干规定》。《规定》要求常德市和武陵镇的城市规划应打破行政区划界限，按照城市总体规划，分别进行修编或编制详细规划，市县政府及有关部门都要树立全局观念，互相配合，共同把常德市和武陵镇规划好、建设好、管理好。

6月20日，以贾运东为组长的9位市政协委员，就滨湖路详细规划实施的情况进行专题考察。通过考察，委员们就如何实施规划，建好滨湖路提出了"关于考察实施滨湖路两侧街景详细规划情况的报告"。市建委张清藻、刘启仪参与考察。

6月26日，副市长张安中到建委听取规划设计室关于技术人员实行经济责任制改革的汇报。张安中充分肯定规划部门这几年做了大量的工作，改革势在必行，同意规划设计室的经费由原财政全额拨款改为事业单位企业化管理。

7月7日，省规划检查组一行7人到常德进行检查。市政府在市建委召开规划管理座谈会，副市长张安中、市建委副主任张清藻参加座谈，市建委副主任刘启仪就常德的总体规划、规划档案的管理及规划机构的设置、人员情况向检查组做了汇报。

7月25日，市建委召开党委会，专题研究机关改革。机关重新设室，所有科、站、办统一归口六大办管理。规划管理办由规划管理科、规划设计室、测绘队及城管站合并组成。规划办主任由刘启仪兼任，孙和松、张嘉升为副主任。

8月2日，行署专员程林义召开专员会议，专题研究常德市城市建设问题。

8月10日，市建委召开专题会，研究桥头小区详细规划和乡村规划的编制问题。

8月，由中科院水生生物研究所、市环保局、市建委规划办、市规划设计室联合编制的《常德市城市污水资源化生态工程选址方案的报告》正式完成并上报。

11月，经市政府同意，市编委发文，常德市规划处成立。常德市规划设计室更名为常德市规划设计院。

是年，常德市规划办公室对《常德市城市总体规划》予以修订补充。完成市区内长沙至石门铁路段和50万伏高压线路走向北移的规划控制方案，完善城市集中供热、供气、人防工程规划内容。

1988 年

1月23日，国务院下发〔1988〕第18号函——《国务院关于湖南省撤销常德地区实行市领导县体制的批复》，常德实行地改市。

12月初，常德市规划处成立，为副处级机构，隶属市建设委员会。内设综合科、人事教育科、规划科、红线科，下设城市规划监察站（以下简称监察站）。

12月20日，常德市规划处正式对外办公。

1989 年

1月10日，市规划处处长贺大坤召开办公会议，传达市建委主任办公会议精神，研究各科工作职责和规划处1989年工作。

1月12日，市建委副主任潘善松召开会议，专题研究沅水大桥南引桥周边规划建设问题。

2月25日，贺大坤、刘启仪、张嘉升赴长沙，向省建委汇报常德市总体规划修编情况。

3月13—26日，市建委副主任刘谷良率市规划处、市规划设计院4名工作人员赴湖北黄石、安徽芜湖考察城市总体规划修编工作。

3月，市政府办发文，根据市政府意见，成立常德市城市总体规划修编领导小组，下设办公室，在市规划委员会领导下全面负责城市总体规划修编工作。潘善松任办公室主任，贺大坤、刘启仪任副主任。

4月，市修编办从市规划处、市规划设计院等单位抽调11名专业技术人员组成常德市总体规划修编办公室，在原常德市建委院内开始正式办公。

4月，原常德市规划勘测设计院与原常德市建筑设计院合并组建常德市规划建筑设计院。

6月，《常德市城市总体规划修编大纲（草案）》编制完成并绘制出两套方案的地形图、用地评价图、现状图、规划布局图。

8月，市政府《关于加强城区基建项目规划审批管理的公告》正式颁布。

是年，共查处各类违章建筑245起、建筑面积10 737平方米，其中被拆除的44起、面积1850平方米，给予停工或补办手续的80起。共审批建筑工程项目201个、总建筑面积22 305.63平方米、总投资6442.05万元，审批临时建筑项目75个，建筑面积755.5平方米，投资118.02万元；审批商业门面改建项目62个；审查建筑设计方案51个；审批各类管线工程项目23个；为158家建设单位划定临控红线、办理放线手续；为19个建设项目选址定点；办理土地划拨手续25宗，新增城市建设用地9公顷，为市政府代收城市建设配套费52.87万元。

1990 年

1月，市建委主任范自立主持召开市区人民代表座谈会，征求对1990年城市建设项目安排和常德市城市总体规划修编意见。

2月1日，根据市政府常政办函〔1990〕2号文件要求，市修编办印发《关于城市专业规划设计要求的意见》，供有关单位在编制专业规划时参考。

2月13日，市规划处与市规划设计院承担的6项专业规划的编制工作正式启动。市规划处刘启仪、张嘉升，市规划设计院张大刚、张承仁、刘吾三、孙和松与会，对6项专业规划的修编工作进行研究。

3月1日，市建委副主任潘善松向市人大常委会汇报常德市城市总体规划修编情况。

3月5日—15日，市修编办组织有关人员到河洑镇、康家吉乡、芦荻山乡、石门桥镇、斗姆湖镇、白鹤山乡、鼎城区渔场、河洑林场，武陵区护城乡、东郊乡、东江乡、德郊乡进行现场踏勘，确定规划区范围。

3月12日，市建委主任范自立到修编办听取专业规划编制和规划区范围划定工作情况汇报。

3月12日—17日，市修编办组织相关人员进行现场踏勘，确定规划区边界范围，并根据踏勘情况，提出两个边界范围方案上报。

3月31日，副市长杨万柱在常德电视台发表实施《城市规划法》的电视讲话。

4月1日，《城市规划法》正式施行，市规划处在武陵区汉寿街（今朗州南路）组织"规划法宣传一条街"活动，整个活动出动宣传车5辆，制作宣传牌240多块，悬挂大型横幅、条幅26条，设立宣传站、咨询台和规划法知识抢答点14个，歌舞文艺宣传6场次。

4月2日，市建委召开主任办公会，听取修编办关于规划区范围划定情况的汇报。规划区范围初步确定在第二个方案的基础上作适当调整，面积为180平方千米。

4月3日，市长蔡长松、副市长杨万柱在市建委主任范自立的陪同下，考察常德市城市规划建设情况。

4月14日，副市长杨万柱、市建委主任范自立到市规划处，听取前期总体规划修编工作情况汇报，并对修编工作提出了具体要求。

4月17日，建设部城建司副司长赵士琪率建设部城建研究院专业人员到常德考察城市规划建设。考察中，专家们对修编中有关的城市规模、公共设施布局、市域城镇体系规划、中小城市田园风光等提出了建设性意见。

4月19日，召开常德市沅安路规划方案审查会。副市长杨万柱，市建委副主任潘善松、刘谷良，市规划处处长贺大坤及市城建处、市房产处、市建工处负责人参加会议。

4月24日，根据省建委在全省开展城市地图集编制工作的要求，市修编办召开会议，专题研究城市地图集的编制工作，并明确常德市地图集编制工作由蒯同军具体负责。

4月25日,市修编办赴长沙,向省建委汇报常德市城市总体规划修编工作,并就一些具体问题请示省建委领导。省建委规划处负责人在听取汇报后,对具体技术问题提出了意见。

5月28日,市规划处召开专业规划编制单位工作人员会议,通报前段规划编制的情况,对下段工作作出部署,并就专业规划的编制深度提出具体要求。

6月19日,市建委副主任李培成带领市县两级规划设计人员到澧县,对涔南乡各村庄进行实地踏勘,审定村庄建设规划初步方案。

7月4日,市建委主任范自立、副主任潘善松听取总体规划修编工作和专业规划编制工作情况汇报。市规划处处长贺大坤、副处长刘启仪及修编办、专业规划编制单位工作人员参加汇报。

8月15日,市建委副主任潘善松召开市规划处、市规划建筑设计院、市修编办有关工作人员会议,再次鼓劲,要求"集中精力,克服困难,全力以赴,高质量、高标准完成修编任务"。

8月22日,17项专业规划陆续完成上报。市规划处从是日起,组织有关方面专家进行评审。

9月6日,为搞好总体规划的审查报批工作,市修编办一行3人赴长沙,向省建委领导汇报,了解规划审查的程序、步骤、时间要求等。

9月22日,副市长杨万柱就《常德市城市总体规划(1990—2010)》(初稿)听取意见,并要求征求市委、市人大、市政府、市政协及各民主党派有关部门和广大群众的意见,初稿进一步修改完善后提交市长常务会议审查,再提交市人大17次常务会议审查。

9月24日,副市长杨万柱、市政府副秘书长张安中、市建委副主任潘善松到市修编办,听取修编办工作汇报,并对下一步工作提出具体要求。

9月,市规划处与市交警支队、市公安局、市公路管理局、市工商行政管理局、市城管大队等部门一道,对城市主要交通干道进行大规模的整治清查,拆除街道两旁的违章建筑,狠刹沿道乱搭乱建的歪风。

10月18日,市政府、市建委、市规划处领导杨万柱、张安中、潘善松、贺大坤一行再一次到市修编办,讨论《常德市城市总体规划(1990—2010)》(初稿)。

10月28日,市政府召开市长办公会,讨论《常德市城市总体规划(1990—2010)》(初稿)。

11月1日,市委书记庞道沐主持召开常委(扩大)会议,讨论研究《常德市城市总体规划(1990—2010)》(初稿)。

11月6日,市人大常委会副主任揭乐田到市修编办,就《常德市城市总体规划

（1990—2010）》（初稿）提交市人大审查一事提出具体意见。市修编办汇报了前段工作以及提请市人大常委会审查的初步设想。

11月13日，湖南省城市规划检查团到常德，对常德城市规划实施的情况进行督导、检查，副市长杨万柱陪同。

11月24日，市地名委员会在市政府三楼会议室举行扩大会议，讨论城市规划中道路的命名问题。

11月27日，市人大常委会听取市建委关于《常德市城市总体规划》修编情况的汇报。

12月20日，市规划处处长贺大坤召开市规划处处长办公会，研究1990年扫尾工作和对《常德市城市总体规划（1990—2010）》（初稿）进行审查的有关工作。

12月23日—24日，市人大分三组对城市总体规划的主要内容进行调研和考察。根据考察结果形成的考察报告，作为对总体规划审查的意见交市人大常委会。刘启仪、孙和松、张嘉升分别陪同，并就代表们提出的问题进行汇报、解释。

12月27日—29日，《常德市城市总体规划（1990—2010）》（初稿）提交市人大常委会讨论、审查。

12月29日，常德市人大常委会第十七次会议审议通过《常德市城市总体规划（1990—2010）》（初稿）。

12月，市规划处内设的规划科、红线科分别更名为建设用地规划管理科（以下简称用地科）和建设工程规划管理科（以下简称工程科）。

是年，为28个新建设项目选址定点，审批签发"建设工程规划许可证"285个、建筑面积374 897.69平方米、建设总投资6760.18万元；规划审批48个城市市政工程项目、总投资320万元；签发"建设用地规划许可证"56个、征用和划拨土地35公顷；审批城市居民建房78户、建筑面积3744平方米；签发"临时建设规划许可证"61个、建筑面积5618平方米、总投资67.9万元；改建商业门面30个。

1991 年

1月4日，市建委副主任潘善松率修编办人员赴长沙，向省建委汇报工作，并就省建委审查《常德市城市总体规划（1990—2010）》（初稿）一事进行衔接。

1月15日，市规划处在桃林宾馆召开城市规划管理实施"一书两证"制度工作会议。

2月1日，省建委组织有关单位人员和专家对《常德市城市总体规划（1990—2010）》（初稿）进行审查，并就下段如何修改完善《常德市城市总体规划（1990—2010）》（初稿）与常德市修编办的同志交换了意见。张安中、潘善松、贺大坤、刘启仪及修编办有关人员参加会议。

2月3日，副市长杨万柱听取《常德市城市总体规划（1990—2010）》（初稿）编制情况的汇报。

3月2日，市规划处与市房地产管理局联合颁发《市区房屋产权登记发证中违法违章建设处理暂行规定》。

3月8日，由建设部主管、同济大学主办的国家建筑类中心核心期刊《城市规划汇刊》，1991年2期刊载了市长蔡长松《强化规划意识 促进城市建设》、刘启仪《常德市城市总体规划修编简介》、旷建新《常德市滨湖路居住小区规划》三篇介绍常德城市规划管理和设计情况的文章。

3月26日，市规划处在桃林宾馆举办城市规划法座谈会，参加座谈会的有市人大、市政府和市直有关部门领导。

4月2日，市规划处在《常德日报》组织专版，宣传《城市规划法》。

6月，市规划处综合科加挂法制科牌子，并增加编制一个，实行两块牌子、一套人员，合署办公。

7月13日，市建委副主任潘善松率市修编办人员赴长沙，与省建委衔接湖南省人民政府审查《常德市城市总体规划（1990—2010）》（初稿）的有关事宜，并向省建委汇报《湖南省城市地图集》常德卷的编绘工作。

7月31日，市规划处召开办公会，专题研究规划行政审批问题，并形成以下决议：凡不新征用地或土地权属关系清楚且土建投资在5万元以下的建设项目，原则上不需要有关部门签署意见；符合规划总图或已做施工图设计的院内单项工程项目，可简化手续、减少审批环节；建立业务例会制度，有下列情形之一者，须经业务例会集体讨论决定。1. 大、中型建设项目的选址、定点，重要地段的重点工程。2. 重要的管线工程和其他特殊工程。3. 拆除单项工程损失1万元以上、建筑面积150平方米以上、建（构）筑物两层以上的违章建筑。

9月5日，经湖南省人民政府批准，《常德市城市总体规划（1990—2010）》正式实施。1000册规划文本和图册由湖南省地图出版社出版。

9月17日，湖南省人大法工委和湖南省建委一行5人到常德，召开座谈会，征求对《湖南省城市规划管理办法》修改意见。

11月5日，市规划处印发《关于常德市滨湖路、鼎城路规划管理暂行规定》和《常德市城区广场、公园及涉外宾馆周围建筑规划管理暂行规定》。

12月17日，市规划处处长贺大坤主持召开办公会，对1991年度社会主义教育活动开展情况进行总结，研究民主评议党员、年度岗位责任制考核和 1992 年的主要工作。

是年，市规划处按照城市总体规划，核发选址意见书 16 份，核发"建设用地规划许可证"53 份，审查批准建设用地 44 公顷，核发"建设工程规划许可证"371 份、总建筑面积 363 376 平方米、总投资 14 791.43 万元。为建设工程定点 75 起，审查各类方案 540 多个，参与初步设计审查工程 32 个。

1992 年

1 月 2 日，市规划处处长贺大坤主持召开规划处办公会，研究规划处领导的分工、桥头小区规划、《常德市城市总体规划图集》及有关建设项目的选址等问题。

1 月 11 日，沅安路规划方案审查会召开，副市长杨万柱、市建委副主任潘善松及市规划处等单位负责人参加审查。

1 月 12 日，监察站拟订人民中路两侧建筑物及夜景整改方案，提交市建委审批。

1 月 16 日，市政府在鼎城区建委召开会议，研究桥南规划建设等问题。杨万柱、张安中、潘善松及鼎城区政府、市规划处、市城建处、市建工处、鼎城区建委等单位负责人参加会议。

1 月 17 日，湖北省宜昌市规划局工作人员到常德参观考察。

1 月 20 日，市人民政府同意人民中路整改方案，市规划处监察站将整改方案送达有关单位。

1 月 27 日，副市长杨万柱在市规划处召开市区有关单位专家会议，研究调整城区道路名称事宜。

2 月 2 日，根据市建工委安排，以市规划处处长贺大坤为组长的建委社教工作组进驻安乡县安福乡。

2 月 11 日，市建委主任张安中在市规划处召开 1992 年规划工作会议。

2 月 17 日，市规划处召开业务例会，研究新华书店、湘北供销大厦、市博物馆、市第一职业中学和鼎城区电影院宿舍等工程项目。

2 月 24 日，傅子建、韩德春、铁明洋等到湖南地图出版社，联系城市总体规划文本和图集印刷出版事宜。

是日，市规划处监察站、工程科查处常德卷烟厂、常德锦纶厂违章建筑。两单位共 41 个项目，109 050 平方米建筑补办了《建设工程规划许可证》，这些项目土建投资共 4 255.33 万元。

2 月 25 日，副市长杨万柱带领有关人员到鼎城区，就江南公园的规划、建设问题现场办公。杨万柱要求，公园一定要搞设计，少搞点建筑，适当建一点亭、台、楼、阁，要多搞点绿化。

2月26日，市规划处开始组织南坪岗测区1：2000地形图测绘工作。10月份完成24幅1：2000地形图的测绘工作。

3月3日，常德市第一个控制性详细规划——东A区规划由市规划设计院编制完成。

3月6日，在规划处副处长刘启仪的组织下，胡少华、张嘉升、罗科平利用业余时间开始着手编制武陵大道南段修建性详细规划。10月，该规划编制工作完成。

3月7日，市规划处召开业务工作例会，研究富豪有限汽车有限公司、市制冷机械厂、纺织城、市食杂果品市场、市有机化工厂和江南公园等单位门面建设事宜。

3月14日，为保证桃花节主会场周围的市容及交通安全，市规划处监察站配合市建委城管大队、市法院等执法部门，对体育路两侧及楠竹山等78处违章建筑进行强制拆除。

3月21日，市规划处召开业务工作例会，研究江南公园、人民银行常德分行建设项目的规划问题。

3月23日，怀化市规划办、怀化市规划设计院工作人员到常德参观考察常德城市总体规划修编工作。

3月30日，建设部副部长邵井娃、湖南省建委副主任邱安吉到常德考察城市规划建设情况。

4月18日，市委召开常委（扩大）会议，专题研究建立德山开发区的问题。会上，刘启仪详细介绍了德山开发区规划选址的意见和三个用地方案。

4月22日，为加快武陵大道南段的开发与建设，刘启仪、张嘉升、胡少华、罗科平与房地产局、华达公司有关人员现场踏勘，研究确定改造方案。

4月28日，市人大农经委负责人到市规划处听取城市规划工作情况汇报。

4月30日，东A区控制性详规在市规划设计院审查。副市长杨万柱与市城建处、市国土局、市园林局等单位负责人参加审查。会议原则同意东A区规划。

4月，在《常德日报》开辟四个专版，集中宣传《城市规划法》基本知识。

5月2日，副市长杨万柱听取刘启仪关于《常德市城市规划管理试行办法》修改稿的情况汇报。

5月3日，市长蔡长松召开北站市场二期扩建工作会议。市建委主任张安中及市计委、市工商局、市规划处等单位负责人参加会议。

5月9日，市规划处召开办公会，专题研究讨论《常德市城市规划管理试行办法》。

5月18日，武陵区委召开汇报会，向市委、市政府汇报武陵经济开发区重新调整方案。市委书记庞道沐、副市长杨万柱以及市直有关部门负责人参加会议。这是常德市城区严格按规划要求选址建设的第一个开发区。

5月19日，市政府法制办召开会议，征求市直各有关单位和部门对《常德市规划管理试行办法》的意见和建议。市规划处副处长刘启仪就《办法》的内容，技术要求、规定作了说明。

5月20日，市规划处召开业务例会，研究人民银行常德分行、东方红服装厂、武陵区民政局、市审计事务所、市体育中心、德山办事处大院、护城农贸市场、市医药公司和内衣厂门面的建设问题及陆某违章建筑的处理意见。

是日，市规划处派人协助铁路部门完成城区铁路走向、站场定点及公铁立交桥方案等工作。

5月23日，市政府召开常务会议，讨论《常德市城市规划管理试行办法》。

5月27日，市人大召开会议，审查《常德市城市规划管理试行办法》，市建委副主任潘善松受市政府委托，向大会报告《常德市城市规划管理试行办法》的制定情况并就有关情况进行说明。

6月3日，副市长杨万柱听取武陵大道规划方案的汇报，市建委主任张安中、副主任潘善松参加，市规划处副处长刘启仪对规划作了说明，胡少华、罗科平参与汇报。

6月6日，市长蔡长松、副市长杨万柱到市规划处听取胡少华关于武陵大道南段规划的汇报。会上，蔡长松明确指出，为加快武陵大道的建设，成立武陵大道开发公司，当务之急是搞好拆迁。市建委总工李培成、市规划处刘启仪、市规划设计院孙和松、张大纲参加汇报会。

6月10日，市规划处组织编制《紫桥小区修建性详细规划》。11月该规划编制完成。

6月27日，市规划处召开业务例会，研究三岔路村镇规划和盐业公司、西园小区、粮贸大楼、市经委职工教育培训中心、市金龙房地产开发公司、市交通局社会停车场、武陵区国贸大厦、北站综合市场和青年路工商银行等单位的建设事宜。

7月11日，市政府副秘书长、市建委主任张安中召开武陵大道南段拆迁专题会议，要求规划部门尽快提出有关规划要点和道路红线图。

7月，委托武汉城建学院规划建筑设计院编制德山、南坪两个火车站站场控制性详细规划。

8月6日，市政府在武陵区常委会议室召开会议，审查武陵经济开发区规划。参加审查的有市政府副市长杨万柱、市建委主任张安中及市规划处等单位负责人。

8月7日，市规划处召开业务例会，研究市化纤厂宿舍、市民政局拟建公墓、德山粮库、汽车交易中心等建设用地选址问题。

8月17日，市规划处刘启仪、张嘉升赴省建委，协调石长铁路走向与常德城区用地规划矛盾等相关事宜。

8月20日，为迎接卫生城市检查，市有关部门对德山洞庭路、江北城区32处800平方米的违章建筑强制拆除。

8月21日，副市长杨万柱召集市规划处、市国土局、市编委、德山开发区等部门有关单位负责人会议，研究在德山开发区设立规划国土局事宜。

8月22日，市规划处召开业务例会，研究市交通局停车场、市防汛指挥部、常德电厂选址，武陵开发区扩征和市日杂公司改造门面等事宜。

9月4日，市规划处组织编制《和平西街修建性详细规划》，参与审查《沅水资源化工程》《武陵酒厂年产2000吨技改工程》等三十多个大型项目的初步设计审查。

9月7日，市规划处与长沙规划院有关人员研究鼎城北路（今武陵大道）详细规划编制的问题，并进行了现场踏勘。

9月17日，市规划处召开专题会议，研究武陵开发区的规划。刘启仪、傅子建、胡少华、袁劲松、韩德春等参加会议。

9月21日，市规划处召开业务例会，研究临时用地和临时建筑管理办法及沅安路建设、临江路垃圾站选点、三医院门面改造等事宜。

10月6日，副市长杨万柱在德山开发区召开现场会，研究德山开发区规划建设问题，对德山开发区在规划范围内的德山公园安排建房之事提出意见，强调必须按规划办事，不得随便更改规划。

10月13日，副市长杨万柱带领市建委、市规划处、市规划设计院等单位有关人员到德山开发区管委会，对开发区规划进行审查。

10月14日，为加快武陵开发区建设，提高办事效率，市规划处刘启仪等人到武陵开发区现场办公，审批建筑用地和建设项目。

10月23日，副市长杨万柱在南坪乡召开会议，就常德火车站站前的规划建设管理等问题进行研究，会议要求规划部门要加强对站场前的规划管理，制订规划方案。

11月5日，刘启仪率张嘉升、胡少华到长沙规划设计院研究武陵大道规划设计。

11月11日，市人大办、市政府办召开《常德市城市规划管理暂行规定》审议意见汇报会。市建委、市规划处有关部门负责人参加会议。

11月17日，长沙规划院负责武陵大道北段控规编制的同志到常德，就武陵大道北段规划编制情况进行汇报。刘启仪、胡少华、韩德春、罗科平参加会议并对控规进行审查。

11月24日，市规划处召开"《湖南省〈城市规划法〉实施办法》座谈会"，市直43个部门和单位负责人参加会议。

11月25日，市规划处联合市电视台、市有线电视台、市广播电台宣传《湖南省〈城市规划法〉实施办法》。

12月4日，副市长杨万柱在市政府接待室听取市规划处关于《常德市城市规划管理试行办法》和武陵大道北段规划修改情况的汇报。

12月7日，市长吴定宪听取市规划处刘启仪、张嘉升关于市博物馆重新装修建设的情况汇报。吴定宪对市博物馆不按规划部门审批的意见实施提出批评，要求严格按规划部门意见办。

12月16日，副市长杨万柱在市规划处召集市直有关部门负责人会议，对长沙规划院修改的武陵大道北段控制性规划进行审查。

12月24日，根据市编委《关于德山经济开发区管理委员会及其所属单位有关机构编制事宜的通知》，从市规划处连人带编划拨1名工作人员到德山经济科技开发区规划国土管理局工作，同时从市监察站划拨1名编制至德山经济科技开发区规划国土管理局。

1993 年

1月，《常德市城市规划管理试行办法》颁布实施。市规划处利用电视、广播、报纸对《常德市城市规划管理试行办法》进行宣传。同时将1000册《常德市城市规划管理试行办法》单行本和1000册印有中央、省、市三级规划管理法规的合订本，赠送市直有关单位。

是月，在市规划处副处长刘启仪的组织下，袁劲松、胡少华、阳兰君赴重庆学习考察城市规划修编工作。回来后，开始利用业余时间编制德山路网规划，至年底，该规划编制完成。

2月25日，市建委主任张启祥、副主任潘善松到市规划处听取1993年工作安排的情况汇报。市规划处贺大坤处长汇报，副处长刘启仪、傅子建及科室主要负责人参加汇报会。

4月1日，市规划处在《常德日报》开展为期一个月的规划法宣传报道，副市长杨万柱、市人大常委会副主任揭乐田、市规划处处长贺大坤及各科（室）分别发表文章宣传《城市规划法》。

4月5日，市规划处处长贺大坤召开处长办公会，传达市建委筹备市建设工作会议精神，研究本处工作、开发公司选址及后方基地建设。

4月21日，市长吴定宪主持召开市政府常务会议，对规划工作提出要求：强化城市管理，首先要管理好城市规划这个龙头。要提高城市规划的科学性，树立城市规划的权威性；制定城市规划要有长远的观念和超前意识；当前要加强近郊区和城乡结合部的规划建设；早规划、早控制，避免重复拆迁造成浪费；德山开发区、武陵镇、武陵区都要纳入市本级的城市规划，统一管理。

5月17日，市人大、市建委组织有关人员对市规划处实施《城市规划法》情况进行检查。

5月20日，市人大、市建委组织有关人员赴津市市，对津市市建委实施《城市规划法》的情况进行检查。

6月10日—11日，市长吴定宪主持召开市政府常务会议，会议对做好"一湖二园三山"的规划建设提出要求。"一湖二园三山"即柳叶湖，滨湖公园、临江公园，河洑山、德山、太阳山。常德市城区的旅游开发，近期主要是把这六个风景旅游区建设好。市建委要把城区的旅游景区进行重点规划建设。

6月25日，刘启仪、胡少华、阳兰君与德山开发区规划国土局袁劲松一道赴重庆、湖北宜昌考察开发区建设、道路编制和规划管理情况。

6月，根据市委决定，市规划处开展为期两个月的思想作风整顿。

7月6日，市建委纪委书记孔连科到市规划处参加领导班子民主生活会。

7月15日，市委、市政府在德山林场召开德山公园开发建设论证会。市领导彭晋镛、刘昌进、刘士六及有关单位负责人参加会议。会上，刘启仪代表市规划处就德山公园规划编制的有关问题发表了意见。

8月10日，市建委副主任潘善松率市规划处有关人员到临澧县听取该县总体规划编制情况的汇报，并现场踏勘审查总体规划。

8月17日，市规划处刘启仪、张嘉升、胡少华、阳兰君到市规划设计院，就德山路网、城区道路规划设计与规划院有关人员进行商议，并于8月20日与相关人员一道到德山现场踏勘路网和道路走向。

8月24日—26日，市政府举行常务会议，讨论通过《常德市1993—2000年公路建设发展规划（草案）》。

12月21日，市建委主任张启祥主持召开《常德火车站地段控制性详规方案》评审会，与会人员对该方案基本肯定，并提出一些建设性意见。

是年，为建设单位签发选址意见书19份，签发定点申请表103份，核发"建设用地规划许可证"69份、面积为88.8公顷，总投资28 673.5万元；核发"建设工程规划许可证"275份，总建筑面积44.27万平方米，总投资20 690万元；核发"临时建设规划许可证"64份，总建筑面积1万平方米，总投资286万元；审批私人建房130户，面积14 000平方米；研究总图方案310个，审批总图150幅；审批单体方案80个；参与可行性论证及初步设计审查40次；编制各类设计要点150份；现场踏勘项目259个，验线项目211

个，验收项目87个，参加技术交底（初步设计）项目127个。

1994 年

2月16日，副市长刘昌进在芷园宾馆召开湖南省水上运动学校搬迁至常德柳叶湖的规划建设会议。

4月5日，市建委主任张启祥在武陵区城建局召开会议，研究武陵区旧城改造规划、和平西街改造及武陵区25个村的规划编制。会议确定，对武陵区的规划编制，市规划处委派人指导，乡村规划6月底完成。

5月27日，副市长杨万柱召集市规划处、市国土局等单位负责人会议，专题研究武陵大道两侧建设规划问题，刘启仪汇报了武陵大道两侧规划情况，并就存在的问题提出了具体的解决办法。

6月16日，副市长杨万柱到市规划处听取规划工作情况汇报。杨万柱强调：规划要超前，要有可操作性。规划工作者要有责任感，要对常德的未来负责，要坚决依法办事、依法管理。

6月25日，副市长杨万柱在桃林宾馆就银座广场的规划建设问题与政华集团总裁吴之剑等进行商议。刘启仪参加会议，并就银座广场用地性质、楼层高度等规划指标提出了要求。

6月28日，副市长李延生与长沙海关负责人就常德海关的选址进行现场踏勘，经多种方案比较后确认，现场踏勘方案较为理想，并把该方案作为推荐方案交由市政府审批。

7月22日，市规划处处长贺大坤召开规划处办公会。会上，贺大坤传达了市委、市政府7月21日召开的常德市规划重点建设工程会议精神，并对有关问题进行了研究。

8月1日，副市长杨万柱在市政府会议室听取刘启仪关于武陵镇江南公园用地调查的处理意见、西三路用地方案、武陵镇控规编制及村民宅基地选址等情况的汇报。

8月21日—9月2日，为理顺常德市规划管理体制，市建委副主任潘善松率市建委、市编委、市规划处有关同志，组成"常德市城市规划管理机构设置赴外地学习考察小组"，赴山东烟台、威海，江苏扬州学习考察。

9月22日，市长吴定宪召集市委宣传部、市建委、市文化局、市戏校等单位负责人会议，专题研究常德戏校的建设事宜，并就戏校选址、规划等提出具体要求。

9月30日，副市长杨万柱现场踏勘丹阳路、市渔场用地、防洪大堤、穿紫河桥建设现场，并就上述几处工程建设提出具体要求。

10月7日—8日，市政府召开常务会议，研究小城镇建设问题。会议要求，要强化城镇建设的规划管理，要围绕常德市区、石门、澧县、津市和各县城关镇为支撑点进行规划建设，发展卫星城镇。小城镇的规划布局和建筑设计，要体现民族风格和当地特色，要统一规划，统一管理。市政府决定将汉寿县军山铺镇作为小城镇建设的新试点镇。

10月10日，副市长杨万柱到市规划处听取前段规划工作的情况汇报。

11月5日，市长吴定宪召开会议，专题研究市体育运动中心的选址和建设问题，并确定了建设的有关原则和要求。

12月19日，常德市城市规划管理处更名为常德市城市规划局，机构级别为正处级，作为常德市人民政府的城市规划行政部门（编制事业性质），统一管理常德市城市规划区范围内（武陵区、德山开发区及鼎城区的部分乡、镇、场共约488平方千米）规划工作，归口市建委管理。

12月21日，贺大坤召开市规划局办公会议，研究1994年目标管理考核和总结1994年工作等。

12月26日，市长吴定宪召集丁孟春、刘启仪开会，要求尽快把规划工作抓起来，对规划体制如何定，规划部门要拿出具体意见，对当前和今后的规划工作提出了很多意见和设想。

12月27日，丁孟春同志任常德市城市规划局局长。

1995 年

1月3日，副市长杨万柱听取市规划局"三定"方案的汇报，对武陵区、鼎城区、德山开发区的规划管理、机构设置及1995年的工作提出了具体意见。

1月12日，常德市中级人民法院城市规划法规行政审判工作室在市规划局成立；副市长杨万柱到市规划局听取工作情况汇报，要求市规划局工作要上新台阶，要有新气象，并对规划编制、管理提出了许多具体意见。

1月13日，副市长杨万柱召开有关单位负责人会议，对市广电局选址进行研究。会议明确，市广电局在原址上建设，按三片功能布局规划，并提出临街绿化、建筑至少后退50米的建议。

1月18日，常德市城市规划局公章及其业务新印章正式启用。

1月30日，代市长张昌平、副市长杨万柱考察常德市城市规划建设工作。

2月6日，市委书记吴定宪主持常委（扩大）会，在听取市建委、市规划局、市城管办负责人汇报后，吴定宪对城市规划工作提出意见："城市规划要高度集中统一，严格按照《城市规划法》办事，由市长一支笔审批规划；同意在德山开发区和鼎城区设立规划分局；城市规划要有适当的超前性，要有常德特色，常德城近期规划控制在 50 万人左右，城市管理要依法、要从严，武陵区、鼎城区、德山开发区都要有一名专职副区长（副主任）管城建工作。"

2 月 9 日，副市长刘昌进主持召开戏校搬迁建设工作会，刘启仪参加会议，并就有关问题作了说明。

2 月 10 日，市政协副主席戴平安、市政府巡视员徐田葆召集国土、规划、公安等部门负责人会议，就武陵大道的建设与拆迁安置问题进行专题协商。

2 月 21 日，副市长杨万柱召集有关部门负责人会议，专题研究城区人行过街天桥建设问题。市规划局刘启仪就人行天桥设置的原则、地点、规划要求等作了说明。会议决定先建北站和人民银行前两座天桥，要求造型好、起点高，要有新水平。

3 月 6 日，副市长钦时中、杨万柱主持召开常德机场扩建会议，会议要求对 319 国道至机场的道路，规划部门要编制详细规划，道路按 24 米宽度控制。

3 月 14 日，副市长钦时中、杨万柱、李会刚召集交通、规划、国土等部门负责人会议，专题研究 207 国道改建问题。会议确定，按城市规划要求先行做好勘测与设计，城市道路与公路尽量结合考虑。

3 月 20 日，副市长杨万柱主持召开市文化宫院内方案讨论会，就文化宫规划方案进行研究。市规划局、市建勘院、市总工会等单位人员参加会议。

4 月 20 日，市廉政办、市行风评议小组到市规划局听取局前段廉政建设和行风评议开展情况汇报。

4 月 21 日，湖南省城市规划学会成立。刘启仪当选省规划学会第一届理事会常务理事。

5 月 4 日，根据市政府要求市规划局尽快拿出火车站广场详规的意见，刘启仪召集有关人员进行研究，对火车站广场规划提出了具体意见，在满足人流集散、适合停车的情况下，尽量多留有绿化地带，做到高起点、高标准。会后，火车站广场规划初步方案报市政府。

5 月 5 日，中共常德市委编制委员会办公室发文，常德市规划局下设市规划局一分局和市规划局二分局两个派出机构，为正科级事业单位。在市规划局的领导下，一分局负责管理城市规划区范围内的鼎城区武陵镇、斗姆湖镇、灌溪镇、石门桥镇、白鹤山乡（即"四镇一乡"）的规划工作；二分局负责管理城市规划区范围内的德山办事处、德郊乡、康家吉乡的规划工作。与此同时，原德山经济科技开发区规划国土局改名为德山经济科技开发区国土局，其原有的城市规划职责划归市规划局二分局。鼎城区城乡规划管理站的属于城市规划区范围内的规划管理职能亦相应划归市规划局一分局。

5月19日—20日，副市长李延生组织市直有关单位负责人赴安乡、津市，就两县市外经、旅游工作进行考察，并对两县市的旅游规划编制工作提出具体意见。

6月14日，石长铁路常德站生活区选址协调会在长沙召开。

6月19日，副市长杨万柱主持召开环城水系绿化规划方案研讨会。

6月26日，湖南省规划院副总规划师朱贵全到常德，就武陵镇分区规划问题进行商议。市规划局刘启仪、韩德春、罗科平参加会议。

8月5日，市规划局组织公安、城管等部门的近百名执法人员，强制拆除张某等4户420平方米违法建筑。

8月，东郊乡农机站不顾市规划局的多次劝阻和书面停工通知要求，强行在青年东路与启明路交叉路口新建了一座2000吨油池的加油站。市规划局组织执法人员，用推土机将违章加油站拆除。

9月26日，市规划局刘启仪、胡少华、阳兰君到武陵区参加德山街搬迁现场会，并现场踏勘，商议搬迁方案。

10月4日，副市长杨万柱主持召开市区环城水系和火车站站前广场规划方案讨论会。

10月12日，建设部下发《关于表彰城市规划管理先进单位和城市规划先进工作者的决定》，对全国99个规划管理先进单位和398名城市规划先进工作者进行表彰。市规划局刘启仪获先进工作者称号。

11月14日，市委书记吴定宪召开市建委、市计委、市规划局、市园林局等单位负责人会议，研究桃林宾馆搬迁选址等问题。

11月23日，副市长杨万柱召集市建委、市规划局、市公用事业局、市建筑设计院、市政处等单位有关人员会议，研究朗州桥的方案与建设问题，会议确定，朗州桥采取三拱方案，设计批准后抓紧建设施工，桥长按60米控制。市规划局刘启仪参加会议。

12月15日，市长张昌平、副市长刘昌进召开市规划局等单位负责人会议，研究市八中搬迁选址和市体育中心建设等问题。

12月29日，副市长杨万柱听取市规划局1995年配套费收取情况的汇报，刘启仪、雷燕、钱国辉参加汇报。

是年，为建设单位发选址意见书43份，核发"建设用地规划许可证"88份，建设用地面积112公顷、总投资4.9亿元；核发"建设工程规划许可证"133份，总建筑面积29.5万多平方米、总投资18 408万元；核发"临时建设工程规划许可证"56份，总建筑面积8000平方米、总投资312万元；审批居民和村民建房240户，城区"一书两证"发证率100%；审批总图142幅，收取规费41.6万元。

是年，查处各类违法建设案件450起。违法建筑总面积99 062.46平方米。

是年，在3月、8月和12月组织力量对城市9条主次干道和两个居住小区的搭棚接偏、乱搭滥建等违法建筑物进行全面清理整顿，共下达限期拆除通知书500份，张贴限期整顿公告400张，出动推土机、货车、摩托车等车辆480台（次），组织公安、法院、城管等部门执法人员1315人次，拆除部分主次干道与个别小区内的影响市容市貌与城市规划的违法建筑与违章偏棚，面积7890平方米。

1996 年

1月5日，市规划局与武陵区政府在武陵区委常委会议室召开建立城市基层规划管理网络工作会议。市规划局局长丁孟春就建立基层规划管理网络提出具体意见。

1月12日，副市长杨万柱在市政府四楼会议室召开紫桥宾馆总图方案讨论会。

1月19日，市政协副主席戴平安率市政府办、市规划局、市规划设计院、紫桥宾馆筹建处的10名同志前往岳阳、张家港、宁波市参观考察宾馆建设。

2月3日，副市长杨万柱、市政协副主席戴平安、市政府巡视员徐田葆在紫桥宾馆指挥部召开紫桥宾馆（现金色晓岛）规划建设会议。市规划局刘启仪参加会议。

2月7日，副市长杨万柱、市政协副主席戴平安、市政府巡视员徐田葆就华天大酒店在常德选址现场踏勘。

2月12日，刘启仪被任命为市规划局副局长。

2月15日，市规委会成立。吴定宪任主任，张昌平、王孝忠、钦时中、杨万柱任副主任，市直有关单位主要负责人任委员。市规委会办公室设市城市规划局，丁孟春兼任办公室主任。

2月16日，市政府副市长杨万柱、刘昌进在市体育中心建设指挥部召开体育中心绿化方案讨论会，刘启仪参加会议。

2月28日，市建委在市城建开发公司三楼会议室召开紫桥小区规划建设专题会议。

3月15日，副市长杨万柱在德山开发区召开会议，讨论德山开发区绿化规划方案。

3月25日，市规划局副局长刘启仪与市规划设计院总规划师孙和松等一道，对启明路与公铁两用桥接线进行现场踏勘，确立走向具体方案。

4月17日，李友明任市规划局副局长。

4月18日，副市长杨万柱、市建委主任张启祥召集会议，市规划局副局长刘启仪就港方参与紫桥宾馆建设一事与其进行商议，并对紫桥宾馆布局进行研究。

4月21日，市长张昌平、副市长杨万柱召开紫桥宾馆规划审查会，市直有关单位负责人及技术人员参加会议，市规划局刘启仪、胡少华参加会议。

5月2日，副市长杨万柱组织市直有关部门负责人赴长沙参加常德火车站站前广场方案讨论会。

5月26日，省建委主任高锦屏到常德，就省重点工程进行现场调度。根据石长铁路总公司的要求，石长铁路常德站生活区选址存在问题，用地太少，要求增加用地。由于无依据，市政府不同意增加用地。经过充分协商，最后高锦屏表态，常德站生活区用地按铁道部批准的意见办，先办"一书两证"，铁路部门要派专人与规划部门衔接。

5月，成立市规划局三分局，负责规划区范围内江北城区街道办事处、乡、镇（场）的居民住宅建房的规划管理。

6月5日，刘启仪、胡少华随副市长杨万柱到华达公司，商议市中区改造方案，要求按规划出让街道两侧土地。

6月6日，市规划局副局长刘启仪一行4人到岳阳市规划局考察规划机构设置情况。

7月5日，为迎接"湖南省第八届运动会"在常德召开，市委、市政府要求市建委制作"常德市城市总体规划模型"，市建委将模型制作任务交给市规划局落实。该模型由湖南省建筑装饰总公司制作完成。该项工程总投资8万元，于8月20日完成。展览结束后该模型放在市博物馆。市建委副主任杨守彩、市建委工会主席梁朝坤、市规划局综合科科长李品甫参与了这项活动。

7月8日，副市长杨万柱召集规划局刘启仪、胡少华，听取有关工程设计方案汇报，审查建设项目选址意见书。

8月3日—10日，为编制柳叶湖旅游度假区的规划，市规划局用地科科长胡少华带队，组织市规划设计院、柳叶湖旅游度假区的领导赴海口、三亚、海安考察、学习旅游度假区规划编制情况。

8月13日，副市长杨万柱到市规划局听取常德火车站站前广场规划方案的汇报。

9月10日，市长张昌平、副市长刘昌进在市卫校召开规划建设会议，刘启仪、胡少华参加会议。

9月13日，副市长杨万柱在市水电局招待所召开沙河小区2000年康居工程规划方案审查会，市建委主任张启祥及市规划局、市水利局等单位有关人员参加会议。

9月22日，市委常委、市委秘书长莫道宏，市政协副主席戴平安主持召开穿紫河宾馆规划建设会，讨论规划总图。

10月28日，市规划局完成电视宣传片——《迈向二十一世纪的中国城市—常德》拍摄大纲的编写任务。电视宣传片拍摄工作由市规划局副局长李友明牵头，胡少华负责编辑。电视片拍摄完成后在中央电视台第四套播出。

是日，常德市城市规划局党组成立，丁孟春、刘启仪、李友明为党组成员，丁孟春任党组书记。

11月3日，建设部2000年康居建设办公室负责人在省建委负责人的陪同下，到常德参加常德市2000年康居小区选址会，并实地踏勘现场，最终确定康居工程选址在东片区、柳叶路以北、丹阳路以西的地块。

11月5日，市规划局召开干部职工大会，传达学习十四届六中全会精神。

11月12日，市委常委、市委秘书长莫道宏，副市长杨万柱在花岩溪召开花岩溪旅游度假区可行性研究和规划建设会。市规划局刘启仪参加会议，并就花岩溪规划建设发表意见。

11月13日，由市规划局副局长李友明、综合科科长李品甫和杨大明组成的市规划局农村建整扶贫工作组进驻石门县维新镇热水溪村进行为期3年的建整扶贫工作。

11月19日，市委常委、市委秘书长莫道宏在灌溪主持召开小城镇建设会，对灌溪的规划建设提出具体要求。灌溪镇规划以镇政府为主编制，鼎城区建委负责组织，市规划设计院具体承担编制任务，市规划局负责指导。

11月21日—29日，市委书记吴定宪在市规划局局长丁孟春等的陪同下，赴重庆、宜昌等地考察城市规划。

11月26日，副市长杨万柱在市政府听取市规划局刘启仪关于市国家安全局选址，丹阳路停车场、市建设银行、南坪大市场、石长铁路生产基地南坪站广场、柳叶路等规划方案的汇报。

12月13日，副市长杨万柱在汇元公司召集市规划局、汇元公司、市规划设计院等单位负责人会议，专题研究火车站站前广场方案。市规划局副局长刘启仪参加会议并就站前广场方案作了说明。

是年，市规划局成立机关党支部委员会，李友明任市规划局第一届机关党支部委员会书记。

是年，常德市规划建筑设计院完成常德火车站站前广场、花岩溪风景区等工程的设计。

1997 年

1月15日，市规划局从建筑勘察院搬至市建委二楼办公。

1月22日，副市长杨万柱到市规划局听取规划工作汇报。

2月17日，花岩溪旅游度假区规划方案讨论审查会在市建委四楼会议室召开，市规划局副局长刘启仪、用地科科长胡少华参加会议。

2月19日，市规划局副局长刘启仪召开用地科、工程科负责人会议，贯彻省建委〔1996〕527号文件精神。从2月24日开始，严格按省建委制定的规划报批程序和统一表格办理建设用地和建设工程规划审批手续。

3月4日，副市长杨万柱在桃林宾馆听取刘启仪、胡少华、袁劲松关于恒安纸业、德海18万吨饲料厂选址及市区航测图测绘等工作的汇报。

3月8日，市委常委、市委秘书长莫道宏，副市长杨万柱，市政协副主席戴平安在市总工会主持召开文化宫改造研讨会。市委宣传部、市规划局、市文化局的负责人及有关设计院的设计人员参加会议。

3月16日，副市长杨万柱召开会议，研究环城水系绿化规划方案和柳叶湖度假区规划问题。

3月17日，市规划局副局长刘启仪陪同省建委规划处副处长高东山到德山开发区，参加恒安集团用地选址方案讨论，并考察常德城区规划建设、参观重点工程。

3月20日，市规划局局长丁孟春主持召开全局监察执法工作会议，会议对今后一个时期如何加强规划管理力度、开展行政执法工作进行了认真研究。

4月8日，副市长杨万柱召开市建委、市国土局、市规划局、市重点办等单位负责人会议，专题研究城区重点工程的规划建设问题。

4月21日，常德火车站方案评选会在长沙市石长铁路公司二楼会议室召开。常德市人民政府副市长李会刚、市铁办主任刘谷良、市规划局用地科科长胡少华及市直有关部门负责人参加会议。

4月24日—26日，全国小康住宅示范小区第7次规划设计方案评审会在北京召开。经过11位专家两天评审，常德市紫菱花园规划方案获总分第一，并予通过。

5月3日—7日，副市长杨万柱、市人大常委会副主任蔡汝栋、市规划局副局长刘启仪赴上海同济大学研究柳叶湖旅游度假区规划。

5月15日，市规划局副局长李友明赴北京参加由中组部、建设部、中国科协联合举办的第23期市长研究班学习，6月底结业归队。

6月13日，柳叶湖旅游度假区管委会召开柳叶湖旅游度假区规划方案研究会，上海同济大学教授赵明、刘滨谊就规划方案作了说明，省旅游局、市建委、市规划局、市旅游局、市规划设计院、市建筑勘测设计院等单位负责人参加讨论审查。下午，市委、市人大领导莫道宏、蔡汝栋、姚珍友、肖友志、鲁之芙对该规划发表了意见。市规划局刘启仪、胡少华、夏欣蓉参与审查讨论。

6月27日，市委副书记彭孟芝，市委常委、市委秘书长莫道宏在市旅游局召开城区旅游景点规划建设会，重点讨论笔架城改造方案，并就如何完善城区旅游景点进行了研究。

7月13日，柳叶湖旅游度假区规划审查会在柳叶湖办公楼三楼召开。14日，柳叶湖旅游度假区规划提请市人大会议审议，获原则通过。

7月15日，市规划局局长丁孟春主持召开市规划局1997年第二次监察执法工作会议。会议听取了1997年3月第一次监察执法工作会议以来执法工作情况汇报，部署下一阶段监察执法工作，对违法建设的处罚标准等重大问题进行了讨论。

7月21日，常德火车站站房方案研究会在长沙石长铁路总公司二楼会议室举行。23日，市长张昌平、副市长杨万柱、市规划局胡少华到市铁办审查常德站方案。29日，石长铁路常德站站台工程及生活区用地红线协调会在芷园宾馆举行。

8月11日，市规划局副局长刘启仪、用地科科长胡少华与市铁办主任刘谷良、市重点办杨清泉等赴长沙，向省建委领导汇报石长铁路常德生活区用地选址及有关规划情况。

8月15日，市规划局组织规划监察和有关单位执法人员60多人，对丹洲乡金丹企业集团汇龙家具厂（丹洲高泗村8组金洲新村）一处在建的严重违法建筑执行强制拆除。在强制拆除过程中，受到附近一些不明真相群众的阻挠。

8月27日，副市长杨万柱主持召开德海养殖场规划选址会。

9月1日，何亦兵任常德市城市规划局党组成员、纪检组长。

9月10日，柳叶湖管委会举行《柳叶湖规划》修改意见讨论会，同济大学教授刘滨谊就规划的修改作了说明。副市长杨万柱、市建委主任张启祥，市规划局局长丁孟春、副局长刘启仪等参加会议。

10月3日，市规划局局长丁孟春在市广播电视局四楼会议室主持召开有市广播电视局负责人、深圳政华集团常德总公司代表以及市规划局部分技术人员参加的专题协调会议，协商解决银座大酒楼遮挡常德电视台铁塔至太阳山微波传输通道问题。

10月26日，市规划局组织市直有关部门对同济大学城市规划设计研究院所做的常德火车站南坪广场设计方案进行审查。审查认为该方案在充分论证的基础上，结合常德火车站广场实际，合理地配置了停车及绿化用地，较好地处理了人车分流及交通流线，建议在B方案的基础上进行调整完善。

10月27日—29日，副市长杨万柱受市政府之托，邀请全国市长培训中心组织建设部专家和清华大学教授到常德，对常德市的规划建设情况进行考察。专家们对常德市近几年规划建设的成就给予充分肯定，并着重对常德市总体规划修编提出了一些建设性意见。

10月，市规划局开始对常德市城市规划区内进行1：1000和1：2000地形图航测，测图面积443.2平方千米，此项工作于次年6月完成。

11月6日，市规划局组织专业人士对河洑镇总体规划进行评审。

11月27日，市委常委、市委秘书长曹儒国在市委召开会议，专题研究市委大院的规划建设,刘启仪、胡少华、曹华参加会议。

12月8日,市委常委、市委组织部部长姚正先到市规划局考察领导班子,并对领导班子进行民主测评。

1998 年

1月12日,德山经济科技开发区总体规划与石长铁路总公司生产生活区规划讨论评审会在常德召开。省建委有关领导和专家、市政府副市长杨万柱、市直有关单位负责人和专家参加评审会。

2月5日,市委副书记莫道宏、市政府副市长杨万柱在大堤指挥部主持召开诗墙公园建设方案和抗洪纪念碑设计方案讨论会。

3月5日,市政府副秘书长张家安主持召开常德市土地利用总体规划城市规模方案的讨论。市建委、市国土局、市公安局、市法院等单位负责人参加会议。刘启仪就建成区的范围、人口的统计口径等发表了意见。

3月6日,市建委主任张启祥在市规划局召开副科以上干部大会,宣布市委关于刘谷良任市规划局局长的决定。16日,市规划局新任党组书记、局长刘谷良到任。

3月13日,市委副书记莫道宏、市政府副市长杨光宏在市一医院召开规划建设会议,专题研究一医院规划问题。

3月30日,市人大常委会副主任向启国、鲁之芙到市规划局听取城市绿化规划情况的汇报。

3月31日,上海同济大学教授刘滨谊到常德,与市规划局有关人员研究常德火车站广场规划方案。

4月1日,为纪念《城市规划法》颁布实施8周年,市规划局开展了声势浩大的宣传活动。这些活动包括在报纸上开辟专版、出动车队流动宣传、设立规划咨询站点、悬挂横幅标语等。

4月14日,市政府巡视员钦时中在常德高等专科学校(简称常德高专)会议室就常德高专规划设计方案进行研究讨论,对3个上报方案提出具体修改意见。

5月27日,市规划局局长刘谷良与市政府、市汇源公司有关人员一道前往上海同济大学,联系办理常德火车站及站前广场修建性详细规划和制作规划模型事宜。7月5日,常德火车站站前广场及四周修建性详细规划模型从上海运抵常德。

是日,副市长杨万柱在鼎城区召开规划建设现场会,会上,杨万柱要求鼎城区政府要进一步增强规划意识,每个单位搞建设必须先做总图,临主要街道建设的重要项目要报市政府审批。

6月16日，副市长杨万柱主持召开沙河小区旧城改造会议，对沙河小区规划方案的调整和建设提出具体要求和意见。

6月22日，市人大常委会副主任向启国、市政府副市长杨万柱及市人大城环委成员共16人到市规划局二分局对德山经济科技开发区的总体规划进行审查。

7月27日，副市长杨万柱主持召开育才路规划建设会议，对育才路规划与建设提出具体要求。

8月18日，副市长杨万柱主持召开常德天主教堂搬迁选址会。

8月22日，常务副市长陈君文、副市长杨万柱主持召开金健米业股份有限公司精米加工企业建设会，对规划选址和方案报批工作提出具体意见。

9月4日，市委书记吴定宪在澧县听取市规划局关于澧南垸村民新村重建规划方案的汇报。

9月5日，市规划建筑设计院院长康存前率工程技术人员到澧县帮助编制澧南垸和西官垸灾后重建和移民建镇规划。

10月13日，市规划局二分局联合市规划局执法队，在德山公安分局配合下，对德山开发区内的违法建房户进行执法大行动。在行动中，将不听劝阻、继续施工的两位刘姓村民在建房屋的铝合金窗和门框，予以依法拆除，对其他几户违法建房者下达"违法建设停工通知书"，没收其部分施工工具。

10月28日，市规划局副局长李友明、市规划局人教科刘卓慧送副总工程师胡少华到石门县二都乡挂职锻炼，胡少华任二都乡乡党委副书记。

11月24日—30日、12月16日—18日，市规划局副局长刘启仪一行4人先后考察了永州市、衡阳市、张家界市的城市总体规划修编工作。

12月1日，副市长杨万柱到市规划局研究城区出城口规划方案。

12月21日，副市长杨光宏召开城区11万伏变电站用地选址会，并现场踏勘选址。

12月24日，市委书记吴定宪在市邮政局召开邮政大楼建设现场会，会上，吴定宪要求明年要把邮电枢纽中心建起来，要做好规划，综合大楼要建10层以上。

1999 年

1月24日—26日，市规划局局长刘谷良一行5人赴郴州考察城市总体规划编制情况。

2月25日，市委常委（扩大）会议决定，修编常德市城市总体规划是1999年度城建工作重点。会议要求3月份组建修编班子，上半年完成调查研究、资料搜集工作，下半年完成大纲编写任务。

3月3日，副市长杨万柱到市规划局专题研究常德烟厂技改项目、新征用地选址，并与武陵区拆迁事务所协商解决用地问题。

3月3日—5日，市规划局副局长李友明一行5人先后赴湘潭市、株洲市、益阳市考察城市规划监察执法情况。

3月8日，市规划局机关被常德市精神文明建设指导委员会评为常德市"文明机关"。

是日，市规划局党组研究决定3件事：一是组织修编《常德市城市总体规划》，刘启仪负总责；二是界定总工室工作职责，技术档案管理由综合科移交给总工室；三是部分人员进行轮岗调整。

3月15日，市规划局副局长刘启仪主持召开修编办第一次工作会议，阐述《常德市城市总体规划》修编的总体设想，明确修编办工作人员工作职责。

3月16日，刘启仪、曹华就常德市总体规划修编一事向省建委规划处汇报，并赴北京，到中规院聘请专家到常德指导常德市城市总体规划的修编工作。

3月25日，局机关党支部委员会进行改选，何亦兵当选支部书记、李和平当选副书记，李品甫、代泽刚、吴茂林分别当选组织委员、宣传委员和纪检委员。

3月30日，市规划局在二楼会议室召开纪念《城市规划法》颁布实施9周年座谈会。市人大、市政府、市政协领导及武陵区、鼎城区、德山开发区、市直有关单位负责人参加会议。

3月31日，市规划局局长刘谷良一行4人赴四川省绵阳市城市规划局，考察城市总体规划编修工作。

4月1日，市规划局局长刘谷良在《常德日报》撰文，祝贺《城市规划法》颁布实施9周年。

4月29日，刘启仪、张嘉升、李和平、喻文军赴益阳市考察城市总体规划编修工作。

5月4日，制定《常德市城市总体规划基本资料收集目录》和《常德市各项专业规划基本要求》。

5月13日，常德市人民政府办公室发文，正式成立常德市城市总体规划修编办公室（简称市修编办）。市修编办在城市规划管理委员会领导下具体负责常德市城市总体规划修编工作。市规划局副局长刘启仪兼任修编办主任，办公地点设市体育活动中心。

5月14日，市人大常委会副主任向启国、市政府副市长杨万柱主持召开常德市城市总体规划修编工作会议，市直21个专业规划编制承担单位修编人员、市修编办全体人员参加会议。

5月24日，市修编办与中规院常德项目组工作人员在德山开发区召开座谈会。次日，市修编办与中规院常德项目组召开市民革、市民盟、市民建、市农工民主党民主人士座谈会，征求民主党派人士对常德市城市总体规划修编工作的意见和建议。26日，召集市公用事业局、市政总公司、市供水公司、市公共汽车公司、市管道燃气公司、市人防办、市水电局、市消防支队、市地震局等单位负责人座谈会，布置专业规划编制工作。28日，召集市经委、市国土局、市公安局、市劳动局负责人座谈会，征求对常德市城市总体规划修编工作的意见。

图2：柳叶湖

6月1日，市修编办与中规院常德项目组到武陵区和柳叶湖旅游度假区组织座谈，征求意见和建议。

是日，市档案局负责人到市规划局检查验收1998年度文书立卷归档工作和档案执法情况。市规划局1998年度文书立卷归档和档案执法工作居市建委战线第一名。

6月2日，市修编办与中规院常德项目组到市农委、市科委、市林业局、市畜牧水产局召开座谈会，征求对常德市城市总体规划修编工作的意见和建议。18日，市修编办与中规院常德项目组到市政协座谈。

7月22日，市规划局召开全体干部职工大会，局长刘谷良传达中央关于取缔邪教"法轮功"的有关文件精神。

7月27日，在市人大常委会主任会议上，市规划局局长刘谷良对《常德市城市规划试行办法》修订情况作了汇报。

7月30日—8月11日，市规划局副局长刘启仪一行3人，赴山东省济南市、德州市、潍坊市和辽宁省大连市，考察4城市城市总体规划编修情况。

9月10日，市规划局总工室购置一台电脑，市规划局建立城市规划管理信息系统工作开始启动。

10月9日，常务副市长陈君文到市规划局现场办公，听取市规划局局长刘谷良工作汇报。

10月20日—25日，市规划局纪检组长何亦兵一行3人先后到广州、衡阳考察规划服务、规划咨询等机构设置的情况，为市规划局成立规划研究中心作准备。

10月29日，市规划局召开部分科级干部领导职位竞争上岗动员大会，随后组织竞争上岗。这是市委要求提拔科级干部必须竞争上岗后，市规划局组织的首次科级干部竞争上岗。

11月3日，中规院副院长、高级城市规划师李兵弟一行9人到常德，刘谷良、刘启仪等局领导陪同陈君文副市长到宾馆看望。

11月4日，市委召开《常德市城市总体规划纲要（1999—2020）》审查会议。参加审查的人员有市委常委、市人大常委会主任、市政协主席、市政府副市长、市规委会成员，市委办、市政府办、市委政策研究室、市政府经济研究室主要负责人及中规院专家。会后，印发了审查会议纪要。

11月5日，市人大召开《常德市城市总体规划纲要（1999—2020）》审查会议。会后印发常德市人大常委会主任会议纪要。

11月7日，市规划局副局长、修编办主任刘启仪与中规院专家一道赴长沙向湖南省建委规划处汇报《常德市城市总体规划纲要（1999—2020）》编制情况。

12月1日，召开全市城市总体规划（专业规划）工作会议。参加会议的人员是有专业规划编制任务单位的领导和各单位具体负责编制专业规划的工作人员。

12月5日，市规划局城市规划管理信息系统四个基础性文件出台。这四个文件是：《常德市城市规划局规划管理信息系统调研报告》《常德市城市建设项目规划报批管理规定》《常德市城市规划局报建审批职责》《常德市城市规划局规划报批表格》。

12月7日，市规划局局长刘谷良带领有关工作人员到太阳山考察太阳山规划建设问题。

12月22日，常德市城市规划区1：500—1：50000七种比例尺航测地形图测图、编图检查验收及地图入库工作全面完成。实测图面积443.2平方千米，共测绘地形图2539幅，其中1：500图1432幅、1：1000图476幅、1：2000图554幅、1：20000图4幅、1：50 000图1幅，印刷纸棕图96 960张。

2000 年

1月12日，召开"健民花园"规划设计方案评审会。

1月18日，市规划局纪检组长何亦兵一行4人赴益阳市城市规划局考察学习。

1月28日，市委副书记莫道宏听取城市广场规划设计的意见，并就广场的选址提出了5个方案，要求市规划局认真研究，春节前提出广场的选址书面报告。

1月29日，鸿升家居广场规划设计方案评审会在洞庭明珠会议室举行。

2月15日，市规划局局长刘谷良一行5人到市地税局现场办公，研究主楼大厅改建问题。

2月22日，市规划局副局长李友明一行4人赴长沙市城市规划局、岳阳市城市规划局考察行政执法、"拆违创无"活动情况。

是日，市人大城环委主任鲁秉群一行3人到市规划局听取总体规划修编、规划法实施十周年宣传活动安排情况的汇报。刘谷良、刘启仪参加汇报。

2月28日—3月4日，市规划局局长刘谷良随市委、市政府组织的赴浙江温州、福建福州考察团，考察两地的旧城改造工作。

图3：武陵大道

3月5日，市委副书记莫道宏、市人大常委会副主任邹克忠、市政协副主席马桂迟、市政府助理巡视员姚正先等市级领导到市规划局听取旧城改造方案的汇报。市规划局局长刘谷良、副局长李友明、纪检组长何亦兵等参加汇报。

3月10日—4月15日，市规划局机关党支部进行了为期一个月的民主评议党员活动。活动采取群众评议党员、党员互评等形式，对全局党员进行了一次讲评，促进了规划局党风的好转。

3月11日，市政府助理巡视员姚正先就武陵区政府民营工业企业选址问题到市规划局现场办公。

3月23日，湖南省建委在长沙召开《常德市城市规划暨城市总体规划纲要》评审会议。参加评审会议的有省政府办公厅、省建委、省计委、省国土局、省水电厅、省交通厅、省规划学会、石长铁路总公司、省规划设计院、常德市计委、常德市国土局等单位的领导和专家。会议由湖南省建委副主任肖常锡主持。市规划局局长刘谷良、副局长刘启仪等参加会议。

3月24日，市修编办在鼎城区召开总体规划修编纲要座谈会，听取鼎城区政府关于江南城区规划建设的意见。区政府有关领导及市修编办同志参加座谈。

3月27日，市规划局局长刘谷良、用地科科长刘建武向市委书记吴定宪汇报有关规划方面的情况。

3月27日—5月4日，修编办刘启仪、李和平、喻文军赴北京与中规院领导就常德市城市总体规划图交换意见，并对下一步工作进度进行安排。

3月30日，"常德市纪念《城市规划法》颁布实施10周年暨城区拆违创无动员大会"在工人文化宫召开。参加会议的人员有：市委书记吴定宪、市委副书记莫道宏、市人大常委会主任彭孟芝、市政府常务副市长陈君文、市政协副主席马桂迟、常德军分区司令员何佑民、市政府助理巡视员姚正先，武陵区、鼎城区区长和分管城建工作的副区长，德山开发区、柳叶湖旅游度假区管委会主任和分管城建工作的副主任，城市规划区内各乡（镇）街道办事处主要负责人，市直副处级以上行政事业单位主要负责人，城市规划局全体工作人员，共计808人。

3月31日晚，市规划局在常德电视台举办"开心你我他——《蓝图之歌》专题文艺晚会"，纪念《城市规划法》颁布实施10周年。

4月1日—10日，为纪念《城市规划法》颁布实施10周年，市规划局组织10台车辆、安排30余人在城区大街小巷进行流动广播宣传。

4月5日，市规划局局长刘谷良、副局长刘启仪等4人到武陵区研究解决民营工业园用地规划、机关综合楼建设规划，北正街小学、卫门口小学建设规划及用地拆迁等问题。

4月6日，市委副书记莫道宏在市规划局二楼会议室召开城区旧城改造项目清理协调会。市规划局局长刘谷良等参加会议。

4月7日—20日，市修编办组织有关单位负责人和专业人员对城市抗震救灾、广播电视、给排水、市场、园林绿化等专业规划进行审查。

4月14日—29日，由市规划局总工室负责，邀请常德市规划设计院、常德市建筑勘察设计院、常德市中房设计院等3家设计单位对畔池街1号地块规划设计方案进行招标投标。中标单位是常德市建筑勘察设计院。

4月15日—5月18日，由市规划局总工室负责，邀请常德市规划设计院、常德市建筑勘察设计院、常德市中房设计院等3家设计单位对市中区规划设计方案进行招标投标。中标单位是市规划设计院。

4月19日—6月8日，由市规划局总工室负责，邀请长沙市规划设计院、常德市规划设计院、常德市中房设计院3家设计院对滨湖公园改造规划进行招投标；邀请常德市规划设计院、常德市建筑勘察设计院、常德市中房设计院3家设计院对文体广场招投标。6月8日，市规划局召开文体广场和滨湖公园改造规划评标会。经过评审表决，文体广场规划的中标单位为常德市建筑勘察设计院，滨湖公园改造规划中标单位为长沙市规划设计院和常德市规划设计院。

4月24日，常德市规划局领导班子和领导干部"三讲"（讲学习、讲政治、讲正气）活动正式开始。活动历时两个月，于6月底结束。

4月25日，市规划局组织市城管局、市公安局等单位的100多人在江北城区依法拆除人民西路、落路口路、长庚路、芙蓉路、青年路、丹阳路、朗州路等街道两旁的违法建（构）筑物，面积4000多平方米。市规划局副局长李友明和监察大队的全体工作人员自始至终参加活动。

4月29日，德山开发区管委会召开德山村民小区规划和村办企业规划会议。市规划局二分局负责人参加会议。

5月11日—24日，市修编办组织有关单位负责人和专业人员对城市防洪、文物保护、环境卫生、电信等专业规划进行审查。

6月19日，副市长杨光宏召开中信棉纺厂建设会，要求规划部门为了企业快速发展，配合作好规划；企业往南发展的用地、特别是排水口处的标高一定要与江北城区的标高相符合。

7月13日，市委副书记莫道宏在市政府4楼会议室主持召开江北城区市中区规划设计评审会。参加会议的有市政府常务副市长陈君文、市人大常委会副主任邹克忠、市政协副主席马桂迟等市级领导和旧城改造指挥部、步行街建设指挥部及武陵区、鼎城区、市直有关部委局办负责人共20多人。市规划局局长刘谷良、市规划局副总工程师胡少华参加会议。会议对规划设计方案给予高度评价，认为该方案定性、定位准确，科学可行，并强调要严格按规划执行，不得擅自变更，确保规划的严肃性、权威性，把中区建成21世纪新城。

7月20日，常德市芙蓉广场城市设计招标发布会在市规划局二楼会议室举行。会议由市委副书记莫道宏主持。参加招标的单位有长沙市规划设计院、天津大学规划设计研究院、广西城市规划设计研究院、上海园林规划设计院、西北建筑设计院等5家设计院。

7月31日，市政府在桃林宾馆召开常德市城市总体规划初步成果征求意见会议。市人民政府市长程海波，副市长陈君文、刘剑英、龚建民，市政府助理巡视员姚正先、中规院工程所所长谢映霞、中规院常德项目组组长沈迟及市直有关部委办局负责人共80人参加会议。

8月8日，市委召开常委扩大会议，讨论常德市城市总体规划。会上，市委书记吴定宪强调：要搞一个简介，把总体规划放在博物馆，让群众看看，听听市民的意见，"三山""三水""三城"，首先都要有一个中心。

8月9日，市人大召开总体规划修编成果汇报暨征求市城市总体规划意见会。

8月10日—9月13日，为落实市委三届四中全会精神，市规划局举行了为期一个月的机关作风集中整顿以及"创人民满意机关、做人民满意公仆"为主要内容的优质服务活动。韩德春被评为"人民满意公仆"标兵。

8月21日—24日，《常德日报》、常德电视台连续四天刊登、播发《〈常德市城市总体规划方案征求市民意见展〉公告》。

8月25日—31日，《常德市城市总体规划方案征求市民意见展》在市博物馆展出。主要展示常德市城市总体规划方案和部分详细规划。整个展室分为：城镇体系规划、中心城区总体规划、17个专业规划、部分详细规划。共展出规划图33幅、效果图22幅、中心城区部分航空照片1张、新编中心城区1：20000彩色地形图1张以及部分详细规划模型。展览期间，共接待观众3750人次，回收意见表207份，收到意见和建议354条。

9月4日，市编委下文，成立市规划局四分局，定编4人，其中局长1人、副局长1人、管理人员2人。负责柳叶湖旅游度假区内的规划管理。

9月9日，中规院沈迟一行5人到常德，与市修编办同志研讨总体规划文本、图纸的修改和完善。

9月21日，刘启仪、胡少华、刘建武到芷园宾馆向副市长刘剑英汇报规划工作及有关项目的选址情况。

9月29日，市委书记吴定宪、市委副书记莫道宏在德山召开重建德山乾明寺会议，对乾明寺的选址、规划、环境保护等提出了具体要求。市规划局副局长刘启仪就乾明寺的三个选址方案的利弊作了说明，与会人员进行充分讨论后，吴定宪最后根据大多数人的意见，从三个方案中确定其中一个为最后终选方案。

10月25日，副市长刘剑英组织市直有关单位对《常德市城市总体规划（1999—2020）》进行初审。下午，市政协召开主席会，对常德市总体规划进行初审。

11月6日，张彬被任命为市规划局副局长。

11月10日—12日，"芙蓉广场"规划设计评标会在芙蓉大酒店举行。通过观看5个规划方案和大会发言讨论，最后以投票的方式确定广西城乡规划设计研究院所做的方案中标。

11月20日，市政府召开市长办公会议，审查《常德市城市总体规划（1999—2020）》。会议听取了市规划局局长刘谷良关于《常德市城市总体规划（1999—2020）》修编工作情况汇报，与会领导对总体规划文本、图册进行了认真地审查。会议原则通过了《常德市城市总体规划（1999—2020）》，并提出了进一步修改意见。

12月2日晚，市委书记吴定宪，市委常委、常务副市长陈君文，副市长刘剑英，常德文理学院党委书记杨万柱来规划局听取"芙蓉广场"规划设计中标情况汇报。市规划局刘谷良、刘启仪等参加汇报。

12月6日，市规划局局长刘谷良、副局长刘启仪与市民政局领导一起到白鹤山等地现场踏勘，确定火葬场殡仪馆项目选址。

12月16日—22日，刘谷良、胡少华、曹华、莫江霞一行4人赴广西南宁，与广西城乡规划设计研究院商讨修改完善"芙蓉广场"中标规划方案事宜，签署设计合同。同时学习考察了南宁、北海的城市广场建设情况及规划管理经验。

12月25日—27日，市三届人大常委会第22次会议讨论通过《常德市城市总体规划（1999—2020）》。市规划局副局长刘启仪、修编办副主任李和平列席大会。

12月29日，市规划局局长刘谷良，副局长刘启仪、张彬，副总工程师胡少华，规划二分局副局长何家伏参加"常德市高新技术工业园核心区"首期工程详细规划评标会。经评委评议、投票，湖南大学设计研究院中标。

2001 年

1月3日，市修编办向省建委规划处汇报《常德市城市总体规划（1999—2020）》修编的情况，并就《常德市城市总体规划（1999—2020）》与省政府办公厅、省建委规划处、省规划院、中规院有关同志磋商。

1月16日，《常德市城市总体规划（1999—2020）》评审会召开，省、市有关部门负责人和专家参加评审。

2月12日，市修编办召开各专业规划编制单位人员会议，对市专业规划审查通过后下段工作进行安排。

3月6日，市规划局副局长刘启仪等去中规院，就《常德市城市总体规划（1999—2020）》的最终成果与中规院有关人员协商，并作修改。至此，《常德市城市总体规划（1999—2020）》修编工作基本完成，余下的《常德市城市总体规划（1999—2020）》模型制作、文本图册印刷由市规划局总工办完成。

4月13日，副市长刘剑英召开专题会议，研究朗州路、青年路地下管线敷设等问题。

5月9日，市规划局安排部署"公正执法年"活动。

5月28日，代市长陈君文召集市计委、市规划局、市交通局、市水利局、市国土局、市财政局、市江北防洪指挥部负责人会议，研究盐关铁水联运港工程建设问题。

6月29日，代市长陈君文召集有关单位负责人会议，研究常德烟草机械有限公司异地改造工程问题。

7月5日，刘启仪、刘建武及市规划局三分局李和平、何家伏就村民安置、电力新村、紫菱路走向、南坪大市场等规划方案到市政府向副市长刘剑英汇报。

7月12日，副市长刘剑英在武陵区政府听取南坪大市场规划建设情况的汇报。

7月18日，副市长刘剑英在常德文理学院西院主持召开常德文理学院西院规划方案讨论会，省、市教委、市直有关部门负责人参加会议。该方案由上海同济大学设计，常德市规划局刘启仪、曹华参与审查讨论。

8月1日，省交通厅在长沙组织有关部门负责人和专家对常德盐关港口规划进行审查。

8月9日，市委、市政府召开常德师范学院建设现场会，会议要求高标准建设学院，"十一五"期间建成综合性大学，规划用地还要控制大一点，严格按规划建设。市领导程海波、陈君文参加会议。

8月10日，常德市城市规划局更名为常德市规划局，为市政府工作局。

8月19日，李迪伟任市规划局党组书记。31日，李迪伟被任命为市规划局局长。

9月4日，副市长刘剑英召集市规划局、市国土局负责人会议，就用地审批操作中的几个具体问题进行研究。

10月24日，市委副书记莫道宏组织召开穿紫河绿化方案会议，对穿紫河绿化、建筑布局、建筑风格提出明确的建议和意见。

11月10日，根据市委、市政府意见，形成了关于晓岛地块开发有关问题的会议纪要。

12月6日，副市长刘剑英召开专题会议，研究农产品批发大市场项目区基础设施建设问题。

12月10日，常德市城市规划监察站更名为常德市规划局监察大队。

12月30日，常德高职院规划方案评审会在该校举行，省市教委和市直有关部门的专家参加评审会。

是年，共受理行政审批项目1700多件，按时办结率100%，发放选址意见书190多份，"建设用地规划许可证"230多份，"建设工程规划许可证"副本580多份，"建设工程规划许可证"正本150多份，牵头组织相关部门进行联合验收37次，把关收取各类费用6282万元，其中收取城市配套费3326万元。同时，深入推进阳光规划，积极引导公众参与，认真落实批前公示、批后公告制度，全年共发放政务公开资料1.3万份；公示项目209个，其中组织听证15次；处理行政复议案件3件，无一败诉和撤销案件；依法开展行政确认，处理历史遗留问题40多件；完成了网站的改版，回复网民留言90件；办理人大建议、政协提案94件，满意率100%。参与土地挂牌出让工作，全年共出让土地25宗，用地面积约126.7公顷，发挥了规划对城市资源的调配功能。

是年，市规划局副局长李友明任规划局建整扶贫工作组组长，带领工作组进驻安乡县大鲸港镇丰凝港村，开始了长达5年的建整扶贫工作。

2002 年

1月13日，市委副书记莫道宏、市政府副市长龚建民在芷园宾馆召开"常德旅游业座谈会"。会议强调，要高质量制定常德旅游规划，严格按规划实施，常德旅游规划要有常德旅游景观特色，要保持"一城三片"的城市格局，要突出"三山三水"自然景观特色。建设上要招商引资，整体推进。市规划局副局长刘启仪参加座谈会，并谈了对常德旅游规划的意见。

1月28日，市规划局监察执法人员发现市第三医院擅自改变规划审批内容，将大楼底层楼面标高抬高到1.7米，侵占院内绿化用地306平方米，大楼填空补缺扩建占地70平方米。市规划局立即下达停工通知书。三医院拒不停工整改，对此，市规划局专题向市政府汇报。此事引起市委市政府领导高度重视，在市委强力督办和市直有关单位配合、市规划局多次现场督促下，三医院对门诊大楼地面抬高标高的问题做出整改，在9月底拆除了侵占院内绿化用地的违法建筑618平方米。

2月25日，市规划局局长李迪伟带队前往长沙市规划局考察学习管线入地、行政执法、技术规程等事宜。同去的有副局长李友明、总工程师胡少华及部分科室负责人。

3月5日，市委常委举行扩大会议，专题研究滨湖公园及周边地区扩建改造规划有关事宜，市规划局局长李迪伟作了专题汇报。会议对该区域的改造确定了要坚持"城市经营，综合开发""敞开透绿，市民共享"的原则。

4月1日，市政府在华天宾馆举行"纪念《城市规划法》颁布实施12周年座谈会"，市委、市人大、市政府、市政协以及市直有关部门的负责人50多人参加座谈会。市规划局副局长刘启仪对《城市规划法》实施以来，常德的规划工作进行了总结，对规划实施存在的问题进行了分析，并对今后规划实施提出了具体意见。

图4：城市夜景

4月10日，市规划局副局长李友明一行四人赴岳阳、株洲、湘潭、邵阳四市规划局进行考察。

4月11日，市规划局局长李迪伟赴北京，就新一轮城市总体规划批后完善事宜与中规院进行协调。同行的有市规划局总工程师胡少华、城镇办主任刘建武、市建筑勘察院院长吕正跃。

4月23日，市规划局纪检组长何亦兵召集特邀纪检监察员会议，给9名特邀纪检监察员颁发证书，组织学习江泽民在中纪委七次全会上的讲话和省、市反腐败工作会议精神，部署规划局纪检监察工作，明确特邀纪检监察员的工作职责。

7月9日，副市长刘剑英主持召开穿紫河环城水系治理、引水排污和五岔出城口交通广场规划方案讨论会。

7月17日，市委常委刘明组织市直及鼎城区有关部门工作人员对白鹤山乡桃树岗村建设规划进行审查。白鹤山乡桃树岗村建设规划是常德市第一个乡村建设规划。

8月19日，市政务中心成立，市规划局在政务中心设立窗口，规划局政务中心窗口由副局长刘启仪主管，工作人员伍正刚、杨大明。

9月12日，副市长刘剑英主持召开德山森林公园、樟桥路详规，盐关地区和五岔地区控规审查会。参加会议的有市规划、建设、国土、计划、交通、园林、公用等部门和鼎城区、德山开发区的有关领导。

9月27日，广西城乡规划设计院副院长到常德汇报德山分区规划暨道路交通规划和核心区控规编制情况。28日，市政府在华都大酒店召开会议，审查上述规划。

10月24日，市规划局用地科科长黄仁贵、市规划局四分局副局长谭丽平会同市国土资源局、市旅游局、柳叶湖旅游度假区管委会有关人员前往花山风景区附近一带进行现场调查，发现该地区存在严重乱采、乱挖、乱建以及违规出让土地从事房地产开发的现象，为此，市规划局向市政府写出专题报告，提出调整行政区划，编制花山、太阳山一带风景区规划的建议。

10月28日，中共常德市机构编制委员会办公室下文，批准市规划局一分局增加全额拨款事业编制8名、市规划局三分局增加全额拨款事业编制4名，批准成立全额拨款正科级公益事业单位"常德市规划研究中心"，编制4名。

10月30日，湖南省城乡规划执法检查团一行7人到常德，对城市规划执行情况进行检查，市规划局李迪伟、刘启仪、胡少华及市规划局科室、分局负责人陪同检查。

12月8日，市委召开常委会，研究城建工作，对旧城改造、超前规划、城市的个性特色和创造力、重点街区和建筑群等问题进行了研究。

12月21日，市政府在华天大酒店召开会议，审查德山分区规划，市领导陈文浩参加会议。

2003 年

1月22日，印度尼西亚金光集团30万吨"林纸"一体化项目一期工程200公顷用地规划选址工作完成，上报省政府审批立项。

2月15日，市委常委李平，市委常委、市委宣传部部长覃清香，市政协主席刘春林在市委召开会议，专题研究金光集团"林、浆、纸一体化"规划建设问题。

2月19日，邵阳市规划局一行4人、株洲市规划局一行9人到常德考察城市规划工作。

3月18日，常德市规划研究中心筹建工作开始，其下属企业利群规划咨询服务中心亦正式组建。常德市规划研究中心主任由总工程师胡少华兼任。

3月，市规划局执法监察大队与有关部门一道，对城区30多个经营门面的2000平方米临时建筑进行强制拆除。

4月8日，市规划研究中心、市利群规划咨询服务中心揭牌。

4月9日，30万吨乙醇项目落户德山，市规划局局长李迪伟、副局长张彬与有关人员一道为其踏勘选址。该项目用地40多公顷。

4月，选址在柳叶大道以北、夏家垱以西的市规划局办公大楼开工建设。

5月，根据《城市规划法》和省政府《关于加强规划监督管理的通知》精神，由市规划局工程科牵头制定"建设工程规划许可证"正、副本制度。8月15日，"建设工程规划许可证"正副本制度正式实施。

7月16日，副市长龚建民主持召开《旅游规划》编制建设工作会。会议就规划编制深度、旅游景点整合、景点建设与开发作了具体部署。市直有关单位领导和专业人员参加会议，市规划局刘启仪参加会议，并对上述问题发表了意见。

8月26日，市规划局在《中国建设报》和建设部网站对常德大道（今柳叶大道）的详细规划正式发标，共有14家境内外设计机构报名参加投标，经研究确定马来西亚北方—汉沙杨建筑工程设计有限公司、香港规划国际公司、海口雅克设计机构、华中科技大学设计研究院等四家甲级设计单位参加投标。11月14日—16日，市规划局组织由建设部、同济大学、东南大学、上海市规划局、中国城市规划设计研究院及省市知名专家组成的评审小组进行评审，最后确定马来西亚北方—汉沙杨建筑工程设计有限公司所送方案中标。

9月17日，市规划局为石门县皂市镇天峨山村捐献救灾款20 000元。

9月25日，市政府召开"常德市柳叶湖度假区总体规划修编会议"，市领导周用金、邹克忠、刘剑英及市直有关单位和中规院领导专家参加会议。

9月，为迎接省卫生检查团对常德市创建国家卫生城市的复查，规划局监察大队在局领导的组织指挥下，联合有关执法单位，集中时间、集中人员，对全市主次干道、小街小巷、重要公共场所、城市进出口的有碍观瞻、影响市容市貌的200多处、10 000多平方米建筑物、构筑物、棚亭进行拆违整治。

10月，针对江北城区高层建筑增长过快的情况，市规划局总工办与用地科对江北城区所有高层建筑进行了摸底调查和统计，对各类高层建筑的比例、空间分布、交通停车设施等情况进行分析，制作出江北城区高层建筑统计表。为今后审批高层建筑、研究城市交通设施和市政公用设施的布局、塑造城市形象提供依据。

11月3日，华电集团240万千瓦常德电厂到常德选址，最后推举德山枫树岗为首选方案。

11月13日，市规划局全体干部职工和临时聘请人员83人到武陵监狱接受现身说法教育。

12月，市政管线工程规划管理办公室成立。

2004 年

2月10日，湖南省建设厅在华天大酒店举行"柳叶湖旅游度假区规划"审查会。省市建委、柳叶湖旅游度假区及市直有关单位负责人、专家参加审查。

3月4日，市规划局副局长张彬带领10多名工作人员，赴安乡县大鲸港镇开展为期4天的"四送"（送政策科技、送医疗卫生、送文化教育、送支农物资）活动。

3月28日，经市委机构编制委员会办公室批准，市规划局一分局、二分局、三分局、四分局分别更名为市规划局鼎城分局、市规划局德山分局、市规划局武陵分局和市规划局柳叶湖分局。

4月8日，市规划局从市建设局二楼搬入新建成的市规划局大院。新建成的市规划局大楼集办公和规划展示于一体，占地面积1.2公顷，建筑面积7500平方米。

7月2日，为了学习外地规划部门落实《行政许可法》的经验，市规划局副局长刘启仪、李友明率规划局有关同志分赴江苏镇江、常州、无锡和湖南岳阳、郴州、邵阳等地学习考察行政审批有关事宜。

7月8日，市规划局与北京建设数字科技有限公司签订常德市规划管理信息系统建设合同，市规划局信息化建设工作正式启动。

8月17日，市建委主任张启祥召集有关部门负责人会议，专题研究常德至张家界高速公路生活基地选址问题。

8月21日，市委书记程海波就在柳叶湖建珍珠市场召开项目专题会，会上，程海波明确提出：该项目选址在柳叶湖天主教堂对面，要将珍珠市场建成集旅游观光，珍珠加工、销售于一体的大型市场，市场建设实行招商引资。

9月27日，市规划局刘启仪、章望来赴长沙，向湖南省建设厅汇报常德电厂选址及下阶段工作情况。

10月28日，市规委会在市规划局召开全体会议。市规委会主任、市长陈君文，市规委会副主任、副市长刘剑英及31名委员出席会议。会议讨论通过《常德市城市规划管理委员会工作规程》，研究部署城市规划管理工作，并就规划管理网络等重要问题形成了一致意见。会议还研究了《常德大道详细规划暨常张高速公路连接方案》和《洞庭大道污水干道整治方案》。

10月29日，湖南城市文化研究会成立暨学术研究会第一次会议在湖南文理学院召开。会上，市规划局刘启仪当选为研究会理事。

11月24日，刘启仪、章望来到省建设厅，就核发"常德电厂选址意见书"向省建设厅汇报。12月1日，省建设厅核发选址意见书。华电常德电厂选址在德山开发区。

12月29日，刘启仪、袁劲松、谭丽平去省建设厅，就常德电厂、金光集团纸浆林一体化工程选址、常吉高速生活区基地、柳叶湖旅游度假区规划方案，向省建设厅规划处汇报。

是月，为加强城市规划区范围内基层规划监察管理网络建设，根据市规委会的意见，市规划局会同武陵区政府、鼎城区政府、德山开发区管委会、柳叶湖旅游度假区管委会，在19个乡镇聘请了规划管理员，在157个村聘请了规划协管员。规划管理员和规划协管员共176人。此举加强了规划管理部门和区乡村各级组织的联系，明确了各级组织的规划管理责任，形成了整体联动、齐抓共管的合力，提高了规划监察的效率。

2005 年

2月24日，副市长刘剑英在湖南文理学院召开专题会议，研究该院规划、建设问题，并对院内建设选址、布局提出明确意见。

3月1日，市委副书记莫道宏组织规划、建设、公用、园林等部门和市人大有关人员赴桃源县枫树乡白洋巷村，就该村规划、市场建设等问题进行调研。市规划局刘启仪参加调研活动。

4月29日，市委副书记周用金召集市规划局李迪伟、刘启仪就老年公寓的建设问题进行现场踏勘。

6月22日，市委副书记曹儒国与市政府领导一道，召开有市发改委、市规划局、市国土局、市建设局、市教育局及武陵区有关部门负责人参加的现场会，专题研究城区中小学规划建设问题。

7月13日，副市长刘剑英主持召开德山开发区道路建设会，会议要求，开发区道路建设规划要有一名负责人专管，并负责与各部门的联系协调，特别是道路的排水，规划部门要尽快论证，拿出方案。

7月21日，市规划局副局长刘启仪、李友明带领市规划局各科室分局主要负责人，前往西藏自治区隆子县慰问常德援藏干部，并看望在该县挂职工作的隆子县建设局局长伍正刚。

10月，由上海建景模型公司制作、投资120多万元的规划展厅制作完成，正式对外开放。

11月，规划建成区内未取得"建设工程规划许可证"的违法建设的行政处罚权从规划局剥离，划归市城管执法局管理。市规划局行政执法主要是对违反建设工程规划许可规定的违法建设行使处罚权。

12月2日，省规划学会理事扩大会暨2005年年会在常德华天大酒店召开。全省规划学会组成单位、规划学会会员200多人参加会议，这是湖南省城市规划学会成立以来，参加会议人员最多的一次会议。

12月30日，市规划局与中测新图（北京）遥感技术有限责任公司签订规划区186.6平方千米地形图航测（一期）合同，启动第三版城市地形图（一期）航空摄影及数字测绘工作。

是月，市规划局内设机构增设法制科。

2006 年

4月14日，全市规划管理会议召开。

6月5日，市政府召开开发园区建设会议，市政府领导陈文浩、徐超文就开发区的规划建设发表重要讲话，要求每个区县（市）都要有一个工业园区，工业园区必须做好规划。

8月15日，省城市规划督查员到常德检查规划工作。

9月13日，市规划局总工程师胡少华主持召开规划区186.6平方千米地形图（一期）数字测绘成果验收会。市规划局局长李迪伟到会并讲话。

9月14日，市委、市政府发文，要求各区县（市）人民政府尽快组建独立的规划管理机构，各乡（镇）人民政府根据实际情况设立乡（镇）规划机构或明确规划管理人员。在这一精神的指导下，各区县（市）相继成立了规划局。

10月，省人大、省建设厅到常德市进行城乡规划执法调研和规划效能监察专项检查，对常德市规划工作给予了充分的肯定。

10月，市规划局组织有关人员收集了2006年以前国家、省、市有关城乡规划管理较为重要的法律、法规、规章和规范性文件，编印了《常德市规划管理工作手册》。

是年，全局共受理行政许可项目1100件，核发"建设用地规划许可证"594份，用地面积156.6公顷，核发"建设工程规划许可证"214份，建筑面积197万平方米。全年共立案查处违法建设666宗，建筑面积96 343平方米。

是年，完成常德市空间发展战略规划、城市总体规划调整和德山开发区总体规划及柳叶湖中心公园规划、雕塑规划、德山排水及市政管线规划、江南道路网规划等规划编制，调整完成了行政文化中心规划。292个村完成村庄整治规划的编制，石门县、武陵区完成了村庄布局规划的编制。

是年，先后制定了《关于加强城市空间环境规划管理的规定》《关于对大中型建设项目进行交通影响评价的通知》《城市黄线和城市蓝线管理规定》《关于建设项目规划管理有关问题的规定》等相关规定，进一步规范了规划管理。

是年，市规划局被省建设厅评为"文明单位"，被市委、市政府授予"文明标兵单位"称号。

2007 年

5月13日—18日，中国城市规划协会规划管理专业委员会规划管理技术专业组第十一次会议在常德召开。参加会议的有常德、马鞍山、湛江、大同、包头、泉州、武汉、张家界等15个城市规划局的代表。常德市规划局局长李迪伟向与会代表介绍了常德的历史、地理环境、城市规划和城市建设情况。

7月，市规划局局长李迪伟、副调研员刘建武、规划研究中心主任何家伏一行前往岳阳、湘潭、株洲、益阳四城市，考察四市总体规划执行情况和空间发展状况。

8月，市规划局与中测新图（北京）遥感技术有限责任公司合作，完成了第三版城市航测图测绘（一期）工作，建立了规划区186.6平方千米1：500、1：2000地形图数据库。

12月26日，市规划局组织市、县（市）两级规划部门的工作人员参加全国《中华人民共和国城乡规划法》（以下简称《城乡规划法》）宣传贯彻工作电视电话会议。29日，市规划局在步行街开展宣传《城乡规划法》一条街活动。30 日，《常德日报》刊登市规划局局长李迪伟答记者问，宣传《城乡规划法》。

是年，按照市委、市政府的要求，加强城乡统筹规划，督促桃源、汉寿、津市成立了规划局。至 2007 年年底，全市只有石门、临澧两县未成立独立的规划管理机构，全市上下一体、协调运行的规划管理体系逐步形成。与此同时，督导各区、县（市）765 个村庄完成了整建规划，全市有整建规划任务的村庄共 808 个。

2008 年

1 月 1 日，《城乡规划法》开始实行。市规划局组织了为期一个月的大规模宣传活动，步行街为宣传主阵地，在火车站广场、中心城区等人口密集区及全市各施工现场设宣传条幅、标牌 130 多条（块），向市民发放《城乡规划法》单行本及规划资料 1000 余份，为规划管理工作营造了浓厚的氛围。

年初，市规划局根据常德市城市发展空间不足、可供用地紧张的现状，报请市政府同意，委托中规院在《常德市城市空间发展战略规划》的基础上，着手修编《常德市城市总体规划（2008—2030）》，完成了现状调研和基础数据的分析。

2 月 18 日，市政府召开市长办公会，研究确定启动新一轮的城市总体规划修编工作。

2 月份起，市规划局按照市委、市政府的要求，会同市直有关部门及相关区县，深入调查研究，广泛征求意见，数易其稿，编制完成了汉寿开发区—桃源创元工业园一带的《常德工业走廊建设发展规划纲要》和《常德市盐化工产业发展规划》。

3 月，市政府成立德山总体规划修编领导小组，正式启动德山总体规划修编工作，确定上海同济规划设计院等三家单位先行设计概念规划。最终上海同济规划设计院中标，7 月完成了德山开发区概念性总体规划编制，12 月完成了总体规划纲要初步成果。

3 月份起，市规划局对常德市 400 平方千米的城市规划区范围开展了电子地形图测绘，对 186.6 平方千米的城市规划区进行航空摄影工作。

6 月 23 日，市规划局与中测新图（北京）遥感技术有限责任公司签订规划区 211.2 平方千米地形图航测（二期）合同，启动地形图（二期）航空摄影及数字测绘工作。

10 月，鼎城区白鹤山乡划归柳叶湖旅游度假区管辖，原属市规划局鼎城分局管辖的白鹤山乡的规划管理工作也随之划归市规划局柳叶湖分局管辖。

11 月，市政府常务会议决定启动规划展示馆的建设。

12 月 5 日，市规划局组织规划展示馆土建方案招标，2009 年 1 月 16 日，组织方案评审会，确定由湖南大学建筑设计院对规划展示馆土建工程进行设计。

是年，市规划局根据《城乡规划法》的要求，加大控规编制范围，编制的城市规划项目有：金丹路以西地块控规、洞庭大道东段与二广高速连接线两厢控规、常德大道以北控规、常德市水资源可持续性与生态管理总体框架规划、城市新区扩展区域道路及管线规划等8项。

是年，市规划局积极推进城乡规划统筹，开展新农村建设村庄规划编制工作，完成了县域村庄布局规划和600个村庄整建规划编制任务，完成了各区县污水处理厂的规划选址和上报工作，完成了西洞庭祝丰镇总体规划、临澧经济开发区总体规划的审查工作。

是年，市规划局根据《城乡规划法》有关规定，结合常德市实际，组织科室、分局业务骨干，对原有的规划审批管理制度进行修改，并按照上级有关规范性文件的要求，以市政府的名义修订出台《关于加强城市空间环境规划管理的规定》《常德市城市建设工程规划管理若干规定》，规划审批更规范、更具可操作性。

是年，市规划局按照《城乡规划法》的要求，调整规划监察执法工作思路，健全各项管理制度，严格落实巡查执法工作责任制，对已批项目加强跟踪监察，支队共监察审批项目89宗，建筑面积160万平方米，立案查处违法建设84宗，查处违法建筑面积58 245平方米。同时，按照市委、市政府在城区开展"大拆违"行动的部署，积极发挥规划执法主体作用，稳步开展拆违工作，共认定历史性违法建设4164户，违法建筑面积461 660平方米；参与拆违行动28次，强拆86户，建筑面积约27 000平方米；组织大型拆违行动10余次，拆除违法建筑面积约47 000平方米。

是年，市规划局牢固树立规划为经济建设和重点工程服务的意识，围绕建设"工业强市"、推进新型工业化进程，坚持对工业项目的报批实行一次性告知制度、一门受理制度、限时办结制度，加强了对德山、鼎城、武陵工业园区重大工业项目的规划选址、服务工作，加强了对沅水三桥（桃花源大桥）、芙蓉文化中心、城市快速环线、万金障退田还湖、体育生态园、机场扩建、桃花源路等一批重大基础设施建设的规划管理工作，共服务各类工业项目19个，重点工程10多个。

是年，市规划局积极发挥规划的调控、引导作用，稳步推进规划审批管理、规划监察执法、规划行政效能监察以及文明创建等工作，取得了明显成效，被省委、省政府评为"文明单位"，被省建设厅评为"全省建设系统先进单位"，被省建设厅、省监察厅评为"全省2005—2008年行政效能工作先进单位"，并继2007年之后再次被评为"全国建设系统文明单位"。

2009 年

年初，市规划局下发对县（市）规划局规划管理考核的文件，重点在规范规划行政审批、加大规划编制力度上提出了较高要求。6月、11月，由局领导带队，组织相关科室业务骨干到各县（市）规划部门进行调研，加强业务指导，推动新农村规划编制工作的开展，完成了全市11个"镇村同治"规划和17个村庄整建规划编制任务，并参与编制完成了《澧水流域工业带规划》《盐化工产业振兴规划》以及省"3+5"城市群规划等。

4月，受市政府委托，市规划局牵头组织相关部门起草《常德市建设工程竣工联合验收实施办法》，并报市政府常务会议讨论通过。6月，按照《办法》，副局长李友明和政务中心窗口同志一道牵头组织了第一次联合验收，是年，共组织了8次联合验收。

4月，为提高县（市）规划管理人员的业务能力，市规划局举办县（市）规划业务人员培训班，有80多人参加培训。

6月，市规划局委托上海同济大学城建培训中心举办规划管理培训班，市、县两级35名规划管理人员参加培训。

7月，市规划局根据省建设厅、省监察厅开展城乡规划效能监察的实施意见要求，分别对澧县、石门县、汉寿县、桃源县、安乡县城乡规划效能监察工作情况进行检查。

是月，鼎城区城乡规划建设管理站15人成建制划转到市规划局鼎城分局。

8月，市政府组织新一轮城市管理体制改革，市规划局按照市政府明确的行政执法职能分工，转变工作思路，把工作重点放在发现违法建设上，及时将违法建设案件及处理建议移交市城管局。到年底，共移交给城管的违法建设案件885起。支队全年共跟踪监察审批项目75宗，建筑面积134.6万平方米，立案查处违法建设53宗，查处违法建筑面积2.3万平方米。

是月，市规划局举办培训班，对非规划专业人员进行培训，使其了解城乡规划的基本知识。

9月22日，市委常委、市政府副市长、市规委会副主任宋冬春在市规划局主持召开市规委会会议。会议对常德市西洞庭食品工业园总体规划、武陵监狱搬迁选址方案、马家吉河局部改道方案、新河渠水系整治规划方案、戴家岗片区路网规划方案进行了审查。

9月，规划展示馆土建工程开工，土建工程由常德市城建投龙马项目管理有限公司负责建设。规划展示馆地面4层、地下1层，主体高23.8米，总建筑面积10 166平方米，工程投资约6600万元。

是月，市规划局喻文军、陈志刚、伍正刚和市规划建筑设计院专家共11人赴隆子县对隆子县南区进行踏勘、规划设计，经过几个月的努力，编制完成西藏隆子县南区未来十年发展规划。

11月16日，市规划局副局长胡少华主持召开规划区211.2平方千米地形图（二期）数字测绘成果验收会。省国土资源厅基础测绘处处长陈建军等专家参加，市规划局局长李迪伟到会并讲话。

11月，常德市交通规费征稽处9名工作人员、公路局收费站22名工作人员划转市规划局。

是月，为认真落实城乡规划督察员制度，市规划局推荐责任心强、业务水平高的2名同志担任省城乡规划督察员，按省厅要求赴湘潭、娄底两市进行督察。同时积极配合省规划督察员对常德市规划工作进行督察，对督察员提出的问题进行认真研究、整改。

是年，市规划局根据市委的部署，开展科学发展观学习教育活动，整个活动分为学习调研、分析检查、整改落实三个阶段，全局共组织调研32次，解决问题50多个。人事科被省建设厅评为2008—2009年度全省住房和城乡建设系统思想政治工作先进单位。

是年，为推进城市扩容提质，市规划局委托中规院修编城市总体规划，9月完成了城市总体规划修编纲要，该纲要先后经过了市规委会、市政府专题会议、市政府常务会议的审查，并向市人大主任会议做了专题汇报。

是年，市规划局加快推进与城市扩容相关的新区控规和专项规划编制。北部新城、西城片区、戴家岗片区、东江片区和东城区控制性详规完成初步成果，规划新区的路网结构基本确定。完成了《蚂蟥溪和万金障退田还湖规划》《柳叶湖环湖大道规划》《市城区学校布局规划》《市城区铁路布局规划》《斗姆湖镇总体规划》《207国道和319国道改道规划》《太阳山景区规划》等专项规划编制。

是年，市规划局组织完成了白马湖文化公园和"三馆"（规划展示馆、美术艺术馆、城建档案馆）设计，确定了建设路东延和二广高速公路连接线的规划方案。

是年，市规划局聘请国内著名的区域经济和城市策划大师王志纲工作室开展了城市定位和北部新城发展的研究，其策划成果对常德市城市发展产生重要影响。

是年，市规划局对以往一系列规划管理制度再次进行清理，修订并完善了《关于加强城市空间环境规划管理的规定》《常德市城市建设工程规划管理若干规定》《常德市城市规划区内私人住宅建设管理办法》《常德市规划局重大行政决策程序规定》《行政确认程序规定》等10项制度，并按照《湖南省行政程序规定》和市委、市政府的要求，对规划的行政许可项目进行了清理。全年共受理行政审批项目1586件，发放"建设项目选址意见书"294份，"建设用地规划许可证"269份，"建设工程规划许可证"（副本）231份，"建设工程规划许可证"正本87份，收取城市建设配套费1681万元。

是年，市规划局根据省建设厅的部署，狠抓了变更规划调整容积率专项治理工作。在深入学习宣传的基础上，与市监察局联合行文，对治理工作提出了明确要求，召开了多次专题会，对专项治理工作进行部署。建立了规划行政许可台账，对未变更规划指标的建筑和擅自变更规划指标的建筑分别进行登记，说明处理理由和结果。共清理建设项目112

个，总建筑面积 512.67 万平方米。

2010 年

1 月 10 日，市规划局对从交通系统分流到市规划局的 31 名人员进行定位，其中市规划局柳叶湖分局、德山分局各 4 人，武陵分局 14 人，执法监察大队 9 人。

1 月 18 日—27 日，市规划局对 2009 年录用的 7 名公务员、招聘的 9 名规划专业人员，8 名 2008—2009 年军转安置干部、退位安置士兵，15 名原鼎城区建设局城乡规划建设管理站划转人员，31 名交通系统分流人员进行业务培训。

年初，市规划局组织专业人士对西藏隆子县南城新区控规进行评审，新区控规获通过。

3 月，经市委、市政府批准，市规划建筑设计院由市建设局管理调整为市规划局管理，其机构级别仍为副处级。

4 月，市规划局加大城乡规划统筹力度，积极指导县（市）加强规划管理，召开了全市规划管理工作会议，下发对县（市）规划工作的指导性文件，举办了县（市）规划（建设）局长培训班。

是月，市规划局对城市总体规划修编（2009—2030）成果进行了公示，通过征求各区和部门意见，报市规委会、市人大常委会和市政府审查，反复进行修改完善，8 月底成果报省政府，春节前，省住建厅召开部门和专家审查会。

7 月 12 日，市规划局与中测新图（北京）遥感技术有限责任公司签订规划区 320 平方千米地形图（三期）航测合同，正式启动地形图（三期）航空摄影及数字测绘工作。

8 月 2 日，市政府召开第 49 次专题会议，研究规划展示馆布展装修事宜，成立规划展示馆布展协调领导小组，市领导欧运崇、宋冬春担任组长，张国政、李迪伟为副组长。

8 月 5 日，成立由李友明为负责人的规划展示馆资料搜集小组，聘请傅启芳、叶荣开、齐绍正、蒯政明、涂朗泉和向湘粤、曾武钢、康艳、夏欣蓉、陈志刚、杨小军、王莉、文忠云等同志负责布展的资料搜集工作，11 月，前期资料搜集工作基本完成，聘请常德日报社周碧华为布展文案编辑，聘请傅启芳、叶荣开、齐绍正、蒯政明、涂朗泉五人为布展顾问，进一步开展布展资料收集、整理和布展的前期准备工作。

8 月 14 日，市长、市规委会主任陈文浩主持召开市规委会 2010 年度第 1 次会议。市规委会委员和各成员单位的领导参加会议。会议听取了市规划局局长、市规委会办公室主任李迪伟关于城市规划编制情况汇报，并对江南城区防洪规划设计方案、北部新城路网规划等 12 个规划成果进行了审查。

8 月，市规划局执法监察大队更名为市规划局执法监察支队，完成了全市规划执法力量的整合工作，监察范围覆盖到了四区 42 个乡镇 7 个办事处，面积约 1150 平方千米；制定了《行政处罚程序规定》《行政确认程序规定》《行政裁量权基准》等制度，进一步完善了执法文书，规范了执法行为；加强对审批项目的跟踪监管，加大对违法建设的日常巡查和打击力度，加强与市直相关部门及区、乡（镇）、村的联系协调，积极开展对违法建设的查处工作。

10 月 21 日，市编制办批复成立市规划展示馆，市规划展示馆为全额拨款正科级事业单位，事业编制 7 名，其中，正副馆长各 1 名，工作人员 5 名。12 月，市规划展示馆增加全额拨款事业编制 5 名。

12 月，根据常德市人民政府机构改革方案精神，市规划局内设科室为办公室、人事科、法制科、综合技术科（总工办）、建设用地规划管理科、建设工程规划管理科。

是年，市规划局认真贯彻落实《城乡规划法》和《湖南省实施〈城乡规划法〉办法》（简称《实施办法》），"一法一办法"迎检工作得到了市人大的充分肯定，容积率专项清理工作在省住房建设厅召开的工作会议上作了经验介绍，并荣获了 2010 年全省城乡规划工作先进单位称号。

是年，市规划局完成了德山 70 平方千米概念性总体规划编制工作。

是年，市规划局组织编制"两型"（资源节约型和社会友好型）社会建设示范区规划，德山分片区 30 平方千米建设用地分区规划、柳叶湖 20 平方千米建设用地分区规划及 10 平方千米起步区控制性详细规划，以上规划 11 月份通过省"两型办"的审查。

是年，为推进城市新区建设，加快新区控规和专项规划编制，市规划局组织编制北部新城、西城新区、戴家岗片区、东江片区控制性详规。完成了《江北城市新区城市设计》《万金障退田还湖规划设计》《蚂蟥溶和万金障退田还湖规划》《北部新城环形公园景观规划》《丁玲公园详细规划》《城区学校布局规划》《城区农贸市场布局规划》《斗姆湖镇暨空港新城总体规划》《江南城区西片区控规》《江南排水专项规划》《鼎城高新技术产业园区战略规划》《德山旧城改造规划》《207 国道和 319 国道改道规划》《太阳山景区总体规划》等 20 余项规划的编制。

是年，市规划局积极参与土地挂牌出让工作。全年共出让土地 37 宗，面积 169 公顷，其中商居经营性用地 143 公顷，通过挂牌拍卖，市政府获地价收益 20 多亿元，发挥了规划对城市资源的调配功能，引导了城市有序发展，筹措了大量城市建设资金。

是年，市规划局为配合市城投、市经投两大公司进行项目建设，在项目融资、协调、服务及规划设计、审查等方面做了大量前期工作，解决项目建设中的矛盾和问题。服务重点项目和重点工程，加大规划服务力度，开展重点项目在规划选址、方案审查、报批方面的服务工作。中联重科、三一重工、大汉汽车等企业项目扩改建规划完成审批；完成中烟公司常德烟厂异地选址、白马湖中学新校区项目选址工作；启动体育生态园、中煤旅游城、太阳山旅游公路等重点项目及沅江西大桥建设工作；规划展示馆等"三馆"完成主体工程；青少年活动中心、妇女儿童中心、科技展示中心（简称"三中心"）开工建设；市旅游接待中心、会展中心和大剧院着手规划设计。

是年，市规划局积极服务公寓楼安置和廉租房建设工作。确定公寓式安置小区选址56个，规划用地200公顷，规划安置户14 500户，建成5768套；制订五年棚改计划，编制常德市棚改房规划、武陵区三个缓冲区村民布点规划，全面启动了摸底调查和拆迁工作。

是年，市规划局在严格落实已有规划管理制度的基础上，根据工作实际，研究出台了《关于建设项目规划管理有关问题的规定》《常德市控制性详细规划图则管理暂行规定》等规范性文件，草拟了常德市市政工程规划管理工作的有关意见和制度，进一步规范了规划审批管理。

是年，市规划局认真落实行政审批一门受理、规范审批、限时办结等制度，畅通审批"绿色通道"，实施全程"跟踪服务"制度。全年共受理行政审批项目2103件，按时办结率、群众满意率均达100%；共发放《选址意见书》192份、"建设用地规划许可证"236份、"建设工程规划许可证"副本491份、"建设工程规划许可证"正本178份。市政务中心规划窗口收取城市建设配套费4254万元，9次被授予"流动红旗窗口"，3次被评为先进单位。

是年，共跟踪监察审批建设项目269宗，建筑面积325.2万平方米，立案查处违法建设129宗，查处违法建筑面积4.3万平方米；市规划局执法监察支队共巡查发现违法建筑1249户，违法建设面积19.2万平方米；参与拆违行动154次，拆除违法建筑6.7万平方米。

是年，市规划局加大政务公开力度，引导公众参与，落实批前公示、批后公告制度，自觉接受监督。全年共发放政务公开资料1.6万份；公示项目68个，其中组织听证3个；办理行政诉讼案件3件，行政复议案件7件，无一败诉和撤销案件；依法开展行政确认，处理历史遗留问题45件；更新网站信息103条，回复网民留言38件；办理人大建议、政协提案23件，满意率100%。

是年，市规划局先后10多次组织工作人员下到县级规划部门开展行政许可、监察执法以及加强规划管理等方面的调研，指导安乡、汉寿、桃源、津市、临澧开展新一轮县城总体规划修编工作，指导桃源县盘塘镇、西洞庭管理区完成了总体规划修编、食品工业园详细规划，完成了74个新农村村庄整建规划和6个镇村同治规划的编制任务。

2011 年

2 月 10 日，市规划局召开 2010 年度工作总结暨 2011 年工作部署会议，贯彻落实全省住房和城乡建设工作会议、市委经济工作会议精神。

2 月 25 日，市规划局局长李迪伟代表市规划局向市人大报告 2011 年规划工作计划。

2 月，市规划展示馆主体工程竣工。

3 月 16 日，市规划局副局长诸扬欢主持召开干部职工会议，传达市政府建设满意政府工作会议精神，安排部署"争创满意规划、建设满意机关"工作。

4 月，完成市规划展示馆布展设计招标，上海风语筑展览有限公司中标。

5 月 9 日，市规划局安排部署"公正执法年"活动。

5 月 18 日，市规划局局长李迪伟向市政府常务会议汇报城市总体规划修编、市政工程管理、县（市）规划统筹等工作情况。

6 月，市规划局党组副书记、副局长朱明主持市规划局全面工作。

7 月 20 日，市政府召开第 70 次专题会议，审查布展设计方案和文案，并提出修改意见和要求。

8 月 23 日，市规委会在市政府常务会议室召开会议，审议《江北城区道路专项规划》《江北城区排水规划》《常德大道两厢城市设计和常德大道创新设计》《柳叶湖环湖大道景观设计》《常德市城区农贸市场布点规划》《东江北片区控制性详细规划》。

8 月，随着行政区划的调整，原属市规划局鼎城分局管辖的石门桥镇的规划管理工作划归市规划局德山分局管辖。

9 月 9 日，《常德市城市总体规划（2009—2030）》获省人民政府批准实施。新版城市总体规划确定常德市城市性质为区域中心城市、交通枢纽城市和生态宜居城市，城市人口规模由上版规划的 85 万人增加到 155 万人，城市用地规模由 85 平方千米增加到 160 平方千米。

9 月 21 日，市政府召开第 51 次常务会议，规划展示馆布展文案与设计方案审查通过。

12 月 16 日，市委常委、市政府副市长、市规委会副主任卢武福在市经济建设投资集团有限公司会议室主持召开市规委会 2011 年度第二次会议。市人大常委会副主任王孝山、市政府副秘书长张国政及市规委会各成员单位的领导和专家参加会议，相关部门和单位负责人列席会议。会上，与会人员听取了重庆大学城市规划与设计研究院等 6 家设计单位人员的汇报，并对常德市东江片区中心区城市设计、常德市北部新城中心区城市设计等 6 个规划设计成果进行了审查。

是年，市规划局加大控制性详细规划及专业规划的编制力度，先后完成了《市城东片区控规及建设路东延线两厢城市设计》《穿紫河两厢城市设计》《常德市棚户区改造规划》等控规的编制，这些规划获市政府批准；基本完成了《江北城区道路专项规划（2009—2030）》《江北城区排水专项规划（2009—2030）》《沾天湖南片规划》《东江片区控规》《常德大道两侧城市设计》《常德市教育文化科技园区规划》等规划的编制；组织编制了《市城区老年设施规划》《太阳山景区总体规划及重点地段修建性详规》《河洑片区控规》《屈原公园修建性详细规划及城市设计》《东江片区中心区域城市设计》《沾天湖以南中心区城市设计》《西城新区中心区城市设计》《城区加油、气站布点规划》《体育公园修建性详细规划》《北部新城低碳生态研究与规划》《桃花源镇总体规划》《常德市综合交通体系规划》等规划和城市设计；完成了《高速公路环线内用地概念规划》《常德市近期建设规划》《常德市广告规划》《柳叶湖村民点布局规划》等规划的政府采购，完成了《柳叶湖国家级旅游度假区创建区总体规划》《常德市现代商贸物流业发展规划》的工作方案。

是年，市规划局突出重点项目服务，参与土地挂牌出让工作，全年共出让土地25宗，用地面积约127公顷。积极服务"三大平台"项目建设，认真开展规划选址、方案审查、报批等方面的服务工作。白马湖文化公园建设全面展开，市城区铁路布局规划基本完成，市旅游接待中心、会展中心和大剧院着手初步设计，常德湘雅医院、柳叶湖文化产业园、武陵文化创意产业园、太阳山开发、体育生态园、东常高速公路、马家吉河综合整治、柳叶湖水上世界、常德烟机技改等重点项目有序跟进，城市扩容提质的步伐全面拉开；积极服务保障性住房规划建设工作，确定公寓式安置小区选址80多个，规划用地267公顷，规划安置户2万多户；制订了"十二五"保障性住房计划，编制了常德市棚改规划。

是年，共受理行政审批项目1700多件，按时办结率100%，发放选址意见书190多份，"建设用地规划许可证"230多份，"建设工程规划许可证"副本580多份，"建设工程规划许可证"正本150多份，牵头组织相关部门进行联合验收37次，代把关收取各类费用6282万元，其中收取城市建设配套费3326万元。全年共发放政务公开资料1.3万份；公示项目209个，其中组织听证15次。完成现场公示牌制作29块；处理行政复议案件3件，无一败诉和撤销案件；依法开展行政确认，处理历史遗留问题40多件；完成了网站的改版，回复网民留言90件；办理人大建议、政协提案94件，满意率100%。

是年，共跟踪监察审批建设项目314宗，建筑面积646.1万平方米，其中立案查处违法建设106宗，查处违法建筑面积7万平方米；共巡查发现违法建筑1733户，违法建设面积30.3万平方米；组织、参与拆违行动215次，拆除违法建筑面积5.6万平方米。共接待来信来访群众175批次。

2012 年

2月29日，张国政任市规划局党组书记、局长。

4月9日，市政府市长、市规委会主任陈文浩主持召开市规委会2012年度第1次会议。市规委会委员和各成员单位的领导参加会议。会议对北部新城中心区城市设计、常德市综合交通体系规划等规划设计方案进行了审查。

5月，市规划局起草制定的《常德市市政工程规划管理办法》由市人民政府对社会公开发布。

6月6日，市规划展示馆布展及装修工程招标开标，评定第一中标候选人：上海同济室内设计工程有限公司，第二中标候选人：北京丽贝亚建筑装饰工程有限公司，第三中标候选人：湖南标迪装饰置业有限公司。

6月29日至7月1日，全市城乡规划业务培训班在市委党校举行，市委常委、副市长卢武福出席培训班结业仪式并讲话。参加培训的学员有各区县市规划局的主要负责人、业务骨干及城乡规划设计人员，部分建制镇分管规划负责人，市直主要设计单位业务骨干，市城市办、市规划局部分工作人员等，共计280人。

7月上旬，市规划展示馆布展施工单位进场施工。

7月12日，市委副书记、市政府市长、市规委会主任陈文浩主持召开市规委会2012年度第2次会议。市委常委、常务副市长刘小明，市委常委、副市长卢武福，市人大常委会副主任王孝山及市规委会各成员单位的领导和专家参加会议。相关部门和单位负责人列席会议。会议就白鹤山片区控制性详细规划、旅游小镇策划及城市设计工作方案、城区五大市场规划选址等规划设计成果及规划事项进行了审查和研究。

8月14日，省政府召开关于加快推进新型城镇化工作会议。10月，常德市全面启动镇（乡）域村镇布局规划工作。

8月21日，市规划局起草制定的《常德市规划管理技术规定（试行）》由市人民政府对社会公开发布。

9月1日，成立市规划展示馆布展资料小组，全面开始布展内容的深化整理工作。

9月19日，市政府市长、市规委会主任陈文浩主持召开市规委会2012年度第3次会议。市规委会委员和各成员单位的领导参加会议。会议对铁路改线及站区规划设计方案等规划成果进行了审查。

10月下旬，市规划局组织业务骨干20人赴新加坡进行为期两周的城市规划管理学习培训，这是市规划局历史上第一次较大规模地组织干部赴国外进行专业学习培训。

11月6日，市委副书记、市政府市长、市规委会主任陈文浩在市政府常务会议室主持召开市规委会2012年度第4次会议。市委常委、市政府副市长卢武福与市政协副主席韦绍斌及市规委会各成员单位的领导和专家参加会议，相关部门和单位负责人列席会议。会上，与会人员听取了湖南大学设计研究院有限公司等设计单位和相关部门的情况汇报，就环湖路（花山桥—泉水桥）道路及景观工程设计、紫缘路立交工程方案设计等规划设计成果进行了审查。

11月30日，市委副书记、市政府市长、市规委会主任陈文浩主持召开市规委会2012年度第5次会议。市委常委、市政府副市长卢武福，市政协副主席韦绍斌及市规委会各成员单位的领导和专家参加会议，相关部门和单位负责人列席会议。会议就市规划展示馆总规大模型解说片等影片、白鹤山小镇策划及城市设计、北部新城低碳生态研究规划等规划设计成果及规划事项进行了审查和研究。

12月28日，市规划展示馆正式开馆。市委书记卿渐伟、市长陈文浩为规划展示馆揭牌，市委常委、常务副市长刘小明主持揭牌仪式，市委常委、副市长卢武福，市委秘书长黄清宇，市人大常委会副主任王孝山等领导出席开馆仪式。市规划展示馆位于常德市武陵区白马湖文化公园北侧，北临柳叶大道，南倚白马湖，总体投资约1.5亿元，是"三馆"建筑群中面积最大的一个。

是日，常德市第六届人大代表、政协委员视察市规划展示馆。

是年，市规划局依据城市总体规划，全面加快了专项规划、城市各片区控规、重点地段城市设计的编制。组织了《柳叶湖国家级旅游度假区创建区总体规划》《北部新城低碳生态规划与研究》《常德市综合交通体系规划》《常德市亮化规划》《常德市广告总体规划》《常德市消防规划》《常德市给

图5：常德市规划展示馆古城记忆展厅

水规划》《常德市排水规划》《中心城区加油（气）站规划》《常德市近期建设规划》《高速公路环线内480平方千米概念规划》《北部新城控规》《芦山乡集镇总体规划及重点地段控规》《东江南片区控规》《常德火车站站区规划》《常德市公共交通规划》《柳叶湖美

丽山谷规划》《江南东北片区控规》《草坪镇总体规划》《桃花源镇总体规划》等规划的编制和审查。组织《白鹤山小镇策划与城市设计》招标，该标由重庆大学规划设计研究院中标。报市政府批准了《江北城区道路网规划》《沾天湖南片规划》《太阳山森林公园总体规划》《常德市柳叶湖环湖大道概念规划暨沾天湖南岸十千米景观设计》《常德市东江片区中心区城市设计》《常德市西城新区中心区城市设计》六个规划；完成了《常德市商贸物流业发展规划》和城市总体规划图册印刷等项目的政府采购，《常德市停车场专项规划》和《渐河两岸概念规划及重点地段控规》的政府采购工作进入申报程序。

是年，市规划局确定了以"拆"为主的工作重点，加强了执法宣传，加大了对违法建设的巡查力度，实施日巡查、重点复查、现场督查，及时发现和制止违法行为，并主动加强与城管、国土、建设等部门及区、乡（镇）、村的联系协调，大力开展违法建设查处工作。共巡查发现违法建设984起，违法建筑面积20.9万平方米；跟踪监察审批项目210宗，建筑面积421万平方米，其中，立案查处违法建设54宗，查处违法建筑面积2.2万平方米；组织、参与拆违行动256次，拆除违法建设面积4.6万平方米。常德大道与桃花源路交汇处东南角的临街活动板房和钢架棚属违法建筑，圈地面积1500平方米，违法建（构）筑物面积近400平方米，严重影响城市景观，市规划局执法监察支队多次责令停工、督促自拆，并于11月联合河洑镇政府组成200人的执法队伍，强行拆除了此宗违法建设，有效地遏制了城市重点道路两厢的违法建设。

是年，市规划局被市文明委评为"文明标兵单位"；被省住建厅评为"全省城乡规划管理先进单位"。曹华被评为全国住房城乡建设系统先进工作者。

图6：常德新貌

第一篇 《

管理机构与队伍

》第一篇

第一篇 管理机构与队伍

第一章 管理机构

第一节 常德市城市规划管理委员会

常德撤地建市以后，城市发展日新月异，为适应城市建设发展需要，同时为了加强对城市规划管理工作的领导，建立科学、民主、公正的城乡规划决策机制，确保城乡规划依法、规范、有序进行，1996年2月15日，中共常德市委办公室下发通知，成立常德市规划管理委员会。市规委会主任由市委书记吴定宪担任，副主任由市长张昌平、市委副书记王孝忠、副市长钦时中、副市长杨万柱担任，市直有关部门负责人任委员，市规委会办公室设市规划局，丁孟春兼任办公室主任。这以后，市规委会的设置基本按此模式，只是主任改由市长担任，市委副书记、市政府副市长担任副主任，各有关部门负责人任委员，市规划局负责人兼任市规委会办公室主任。

市规委会成立后，不定期召开规委会会议，就常德市城市规划建设的有关重大问题进行研究决策，会议采用一事一议的方式进行，会上各成员发表意见，最后形成统一意见，交规划部门实施。市规委会从2006年起至2012年共召开会议16次，其中2006年召开3次，2007年召开2次，2009年召开2次，2010年召开2次，2011年召开2次，2012年召开5次。

第二节 常德市规划管理机构

民国初年，市民建房皆立碑于墙根，刻写"某姓墙脚"字样，若他人侵犯，引起纷争，则诉诸政府裁定。

民国35年（1946年），国民政府内政部和湖南省政府相继颁发收复区城镇基建规划及实施办法，对土地征用、城镇规划及道路、下水道、住宅、公共建筑的营建等作出规定，各县政府据此相应制定具体计划。

1949年7月，常德解放，市城区建设归市人民政府基建局负责。1958年，市基建局设置规划组，负责城市规划的编制和管理。1959年先后完成德山工业区规划和旧城改建规划。此后，市区新建工程均按其规划加以管理，并由市财政局审批征用土地，市基建局审批定点。1962年4月，市人委会先后颁布《常德市建筑管理暂行规定》和《常德市城市建设管理暂行规则》两个公告，以加强城市的规划和建设管理。"文化大革命"期间，城市规划管理废止，一度出现乱占乱建的现象。1972年8月，常德市革命委员会发出《加强城市建设规划管理的通知》。1976年2月，常德市革命委员会公布《常德市城市建设管理试行办法》，《办法》规定，单位建房须办理征地报批手续，领取施工执照，拆迁居民房屋由房地产公司按城市规划统一迁建，私人房屋不得就地翻修。1981年8月，成立常德市城市规划办公室，负责城市规划的编制和实施，规划管理的日常工作由市建委城市管理科负责。建设审批程序是：建设单位先向市城市规划办申请用地，然后到市征地拆迁办公室办理征地划拨手续，最后由市规划办规划地点，划定建筑红线。1982年4月，市政府颁布《常德市城市建设暂行规定》。市区内一切新建、扩建工程均须服从城市的统一规划管理，不准乱拆乱建，市规划办有权对违章者发出"停止违章工程通知书"，并停止拨款、供电、供水。1983年9月，湖南省人民政府批准常德市城市总体规划。1984年，全市开始发放施工许可证和建设许可证。是年3月，市建委城市管理科与规划办合并为市建委规划管理科，有规划设计和管理人员17人。1985年3月，市政府召开城市规划、建设、管理工作会议，并拟定《常德市城市规划管理实施细则》。1986年，城市规划推行目标管理，全年接待建设单位200个，划定建筑红线250处，建成区规划控制率达97%。1987年2月，常德市第一个规划管理条例《常德市规划管理实施细则》正式付诸实施。从3月起，市区所有建设单位进行建设前要到市规划办领取"选点通知书"并填写"建设许可证申请表"，待批准后，方可施工。5月，常德市国土管理局成立，原征地拆迁工作由市建委划交市国土管理局。9月，市建委设置发证办公室，负责发证工作。年底，规划设计与管理分开，市编委正式行文成立常德市规划设计院和常德市规划管理处。

1988年，常德撤区建市。12月，经常德市人民政府批准，常德市城市规划管理处成立，为副处级机构，隶属市建设委员会。内设综合科、人事教育科、规划科、红线科四个科室，下设市城市规划监察站。1990年12月，依据《城市规划法》，市编委批复将市规划处内设的规划科、红线科分别更名为建设用地规划管理科和建设工程规划管理科。1991年6月，市规划处综合科加挂法制科的牌子（新增加一名编制），实行两块牌子、一套人员，合署办公。1994年12月，经市委批准，市城市规划管理处更名为常德市城市规划局，并升格为正处级机构，隶属市建设委员会。1995年5月，成立市城市规划局一分局和二分局，为正科级事业单位。一分局负责管理规划区范围内的鼎城区武陵镇、斗姆湖镇、灌溪镇、石门桥镇和白鹤山乡的规划工作；二分局负责管理城市规划区范围内的德山办事处、德郊乡、康家吉乡的规划工作。1996年5月，成立市规划局三分局，负责武陵区行政区划范围内街道办事处、乡、镇（场）的私人住宅建房的规划管理。10月，市规划局党组成立。2000年9月，成立市规划局四分局，负责柳叶湖旅游度假区内的规划管理。一、二、三、四分局均属市规划局的派出机构。2001年12月，根据市委、市政府《关于市委市政府机构设置的通知》和《关于印发〈常德市市直党政群机关机构改革方案实施意见〉的通知》精神，将常德市城市规划局更名为常德市规划局，仍为正处级机构。市规划局下设的二级机构常德市城市规划监察站更名为常德市规划局执法监察大队。2002年，常德市政务中心成立，规划窗口进驻政务中心。10月，成立市规划研究中心。2003年12月，成立市规划局市政管线工程规划管理办公室。2004年3月28日，市规划一分局、二分局、三分局、四分局分别更名为市规划局鼎城分局、市规划局德山分局、市规划局武陵分局和市规划局柳叶湖分局。2005年12月，市规划局内设机构增设法制科。

2010年3月，经市委、市政府批准，将市规划建筑设计院由市建设局管理调整到市规划局管理，其机构级别维持副处级不变。8月，市规划局执法监察大队更名为市规划局执法监察支队。10月，成立规划展示馆。12月，根据《中共常德市委常德市人民政府关于印发〈常德市人民政府机构改革方案实施意见〉的通知》的精神，对市规划局的职责重新确定，根据职责，明确6个内设科室，分别是办公室、人事科、法制科、综合技术科（总工办）、建设用地规划管理科、建设工程规划管理科。2011年，内设机构增设行政许可办公室。2011年上半年成立市规划局驻桃花源工作组。

至2012年12月，规划局除内设7个职能科室外，还下属4个分局、1个工作组、1个执法机构、2个具有行政职能的事业单位、2个社会公益类事业单位、3个乡镇规划管理站，它们分别是：市规划局武陵分局、市规划局鼎城分局、市规划局德山分局、市规划局柳叶湖分局、市规划局执法监察支队、市城镇规划管理办公室、市政管线工程规划管理办公室、规划研究中心、驻桃花源工作组、规划展示馆、德山分局乡镇规划管理站、武陵分局乡镇规划管理站、柳叶湖分局乡镇规划管理站。人员编制169人，在编人员167人。

常德市规划局（处）领导人名录

1. 1989. 1—1994. 12

处　长	贺大坤		
副处长	刘启仪	1989. 3	
	傅子建	1989. 4	

2. 1994. 12—1998. 2

局　长	丁孟春		党组书记
副局长	刘启仪	1996. 2	党组成员
	李友明	1996. 4	党组成员
	（规划局党组 1996 年 10 月成立）		
纪检组长	何亦兵	1997. 9	党组成员

3. 1998. 3—2001. 8

局　长	刘谷良		党组书记
副局长	刘启仪		党组成员
	李友明		党组成员
纪检组长	何亦兵		党组成员
副局长	张　彬	2000. 9	

4. 2001. 8—2011. 5

局　长	李迪伟		党组书记
副局长	刘启仪	2006. 12 免	党组成员
	（其中 2003. 6—2006. 12 任党组副书记）		
	李友明	2010. 6 免	党组成员
纪检组长	何亦兵	2010. 1 免	
	（其中 1997. 9 党组成员）		
副局长	张　彬	2010. 2 免	
	刘建元	2001. 8—2001. 12	党组成员
	刘奇志	2003. 6—2003. 8	党组成员
	汪国平	2004. 2—2008. 6	党组成员
	诸扬欢	2006. 8	党组成员
	胡少华	2007. 3	党组成员
	朱　明	2009. 9	党组副书记

	姜　政	2010.3	
	刘建武	2010.5	党组成员
总工程师	胡少华	2001.8—2008.3	党组成员
	刘建武	2008.4—2010.4	党组成员
	谭丽平	2010.4	党组成员
工会主席	黄仁贵	2003.6	党组成员
调研员	刘启仪	2006.12	
正处级干部	李友明	2010.6	
	李迪伟	2011.6	
副调研员	刘建武	2005.8—2010.5	
	谭丽平	2007.3—2010.4	
	喻文军	2008.3	
	汪国平	2008.6	

5. 2012.2—

局　长	张国政		党组书记
副局长	胡少华		党组副书记 2012.3 任
党组成员	何亦兵		
副局长	诸扬欢		党组成员
	刘建武		党组成员
	周　胜	2012.3	党组成员
	姜　政		
工会主席	黄仁贵		党组成员
总工程师	谭丽平		党组成员
正处级干部	李友明		
	李迪伟		
副调研员	喻文军		
	汪国平		

第三节　县（市）规划管理机构

武陵区规划管理机构

1988 年 12 月地改市以后，武陵区范围内公建项目和居民建房全部由市规划处负责，该范围内村民建房审批由武陵区建设局负责。1996年5月，市委机构编制委员会办公室下文，成立了常德市城市规划局三分局（市规划局三分局），负责规划区范围内江北城区街道办事处，乡、镇（场）的居民和村民住宅建房的规划管理，对违法用地和违法建设进行监察。2004年3月28日，经市委机构编制委员会办公室批准，市规划局三分局更名为市规划局武陵分局。

鼎城区规划管理机构

1980年，常德县根据中共中央、国务院"积极发展小城镇"的方针，择址南站兴建武陵镇为县治所，随即成立常德县城镇建设规划领导小组（即县城镇建设办公室），并组建了城管队，专门监督规划红线管理，同时负责武陵镇规划编制、建设审批。

从1984年起，为适应乡集镇建设发展需要，各乡（镇）抽调一批水利水电骨干，负责村镇建设规划工作。1986年10月，各乡（镇）设建设管理站，并聘有专干。1987年7月，全县招聘54名乡（镇）建设专干，负责编制村镇建设规划、土地管理、环保管理、建设档案保管等工作。建设专干行政上属当地乡（镇）领导，业务上属建设委员会管理。

1991年7月，鼎城区成立城乡规划建设管理站，为鼎城区建设委员会二级机构。主要负责组织宣传贯彻城乡规划、建设管理等方面的法规和方针政策；按照《城市规划法》和《村镇建设规划条例》的要求，负责组织编制本行政区内的总体规划和建设规划，负责对本行政区内的总体规划和建设规划进行审查、审批、报批，并根据经济发展的需要、适时组织规划的调整和修编；按照有关部门批准的基建计划任务书，参与规划选址，控制规划建筑红线和用地标准，核发"建设用地规划许可证"和"建设工程规划许可证"；指导本行政区内乡、镇的集镇建设，查处违章建筑；培训基层技术人员和管理人员，提高全区城乡规划、建设、管理水平。

1995年5月，常德市城市规划局为加强常德市城区及周边乡镇的规划管理，成立了常德市城市规划局一分局，负责鼎城区辖区内武陵镇、斗姆湖镇、灌溪镇、石门桥镇、白鹤山乡四镇一乡的规划管理。负责组织鼎城区城市规划区详细规划、专业规划的编制、审查、报批和规划实施的监督管理；鼎城区乡镇场规划和村庄规划编制的指导与管理；鼎城区"四镇一乡"建设项目的选址定点、建设用地和建设工程的规划管理，核发《建设项目选址意见书》"建设用地规划许可证"和"建设工程规划许可证"；城市国有土地使用权的出让、转让的规划管理及报批。负责鼎城区内规划行政执法监督检查，依法查处各类违法建设案件；组织城乡规划宣传教育和规划管理人员的业务培训。参与鼎城区国土规划、区域规划、土地开发利用规划、江河流域规划的编制；参与大中型建设项目的可行性研究与初步设计审查。鼎城区辖区内其他乡（镇）场的规划管理仍由鼎城区建设局下设的二级机构——鼎城区城乡规划建设管理站管理。

2004 年 3 月，城市规划局一分局更名为市规划局鼎城分局。因行政区划调整，2008 年 10 月，白鹤山乡划归柳叶湖旅游度假区管辖，白鹤山乡的规划管理工作也随之划归市规划局柳叶湖分局。

2010 年 1 月，为强化规划管理，市规划局鼎城分局负责鼎城区辖区内 36 个乡（镇）场的城乡规划管理工作，贺家山原种场由市规划局鼎城分局代管。

2011 年 8 月，因行政区划调整，石门桥镇划归常德经济开发区管辖，原属市规划局鼎城分局管辖的石门桥镇的规划管理工作随之划归市规划局德山分局。

桃源县规划管理机构

1975 年 12 月 3 日，桃源县成立基本建设领导小组，下设规划管理办公室；1980 年 12 月 24 日成立基本建设局，下设城建股，负责城市的规划管理工作；1983 年 7 月，县基本建设局和县环境保护办公室合并为县城乡建设环境保护局，下设城乡建设股，负责城市规划管理工作；1986 年 5 月，县城乡建设环境保护局更名为桃源县建设委员会，下设城建股；1995 年 6 月，桃源县建设委员会更名为桃源县建设局，下设规划管理办公室；2007 年 1 月，成立桃源县规划局。

石门县规划管理机构

石门县 1978 年成立规划办，归口建设局领导；1988 年成立城乡规划管理处，为建设局二级法人单位。2011 年，石门县城乡规划管理处升级为正科级，更名为石门县规划局，后增设城乡规划勘测设计室和规划监察队。

澧县规划管理机构

澧县革命委员会基本建设局在 1979 年设立城建管理股，负责县城规划和建设管理；1980 年 4 月，成立城镇建设领导小组，下设规划办公室，为澧县规划管理机构；1987 年 7 月，澧县建设委员会成立测绘队；1990 年 7 月，县政府授权澧县城乡建设规划办公室对县城及 14 个建制镇实行规划管理；1991 年 2 月，组建规划监察队；1996 年 7 月，成立澧县城镇建设规划设计室；2006 年，根据中共常德市委机构编制委员会办公室《关于组建澧县规划局的批复》和《中共澧县县委机构编制委员会关于成立澧县规划局的通知》，设立澧县规划局，为正科级的县人民政府工作部门。次年 5 月，澧县规划局正式挂牌办公。

汉寿县规划管理机构

1976 年 5 月 20 日，汉寿县革命委员会成立基本建设办公室，1979 年 11 月，更名为汉寿县基本建设局。1984 年 3 月，基本建设局与环境保护办公室合并，成立汉寿县城乡建设环境保护局，次年 6 月，城乡建设环境保护局更名为汉寿县建设委员会，汉寿县建设委员会下设城乡规划建设管理站，履行全县城乡规划管理职责。1994 年 10 月机构改革，建设委员会改为建设局，城乡规划管理站仍为其管理的二级机构，2007 年 11 月，汉寿县规划局成立，主管全县城乡规划管理工作。

临澧县规划管理机构

临澧县 1981 年成立县基建局城建股；1986 年成立县建委城建办，各乡镇设建设管理站；1989 年县建委设县城建办、村镇办；1994 年县建设局设城建办、村镇办、县规划设计院；2002 年成立临澧县城乡规划管理办公室，除新安、合口、安福老三镇外，各乡镇建设管理站合并至乡镇国土所，2010 年，各乡镇明确 1 名城建专干，负责城镇规划管理工作；2012 年，临澧县规划管理局正式成立。

津市市规划管理机构

津市市 1986 年成立城乡规划办公室，为建设委员会二级事业机构；2007 年 12 月，津市市组建规划局，正科级，为市人民政府直属事业单位；2012 年 7 月，城市规划行政执法职责从津市市城管执法局划转津市市规划局，设立津市市规划行政执法监察大队，为市规划局管理的股级事业单位。

安乡县规划管理机构

1986 年 9 月，安乡县成立安乡县建设委员会，下设城乡建设管理站，主管城乡规划工作；1993 年，设立安乡县城建环保国土局，下设城乡规划管理股，主管城乡规划工作；1994 年 10 月，安乡县城建环保国土局被撤销，设立安乡县建设局，下设城乡建设规划管理站，履行全县城乡规划工作职责；2007 年 8 月，成立安乡县规划局，主管全县城乡规划工作。

西湖管理区规划管理机构

西湖管理区于 1987 年 7 月成立西湖农场国土管理办公室，负责全场土地、规划和城镇建设的管理工作；1990 年 2 月成立西湖农场国土城建科；1998 年 2 月西湖农场国土城建科改为西湖农场建设委员会；2002 年 10 月组建西湖管理区国土规划建设局；2008 年 5 月，成立西湖管理区城管规划建设局，履行全区规划、建设管理职能。

西洞庭管理区规划管理机构

西洞庭管理区 2006 年成立城管规划建设局，是区城乡规划行政主管部门，下设规划管理办公室，负责全区范围内的城乡规划管理工作。

第四节　乡（镇）规划管理机构

2006 年 9 月 14 日，中共常德市委、常德市人民政府颁发《关于加强村庄规划工作意见》，以后，各县（市）根据实际情况设立了乡（镇）规划管理机构。

2011 年 9 月以前，桃源县建设环保站负责乡镇规划管理工作，县建设环保站直属县人民政府管理，为自收自支的事业单位；2011 年 9 月以后，乡镇站所机构改革，各乡镇成立规划建设环保站，直属乡镇人民政府管理，基本工资和部分津贴由县财政拨发，属差额拨款的事业单位。

临澧县各建制镇均设有乡镇城建站，其中：安福镇 5 人、合口镇 3 人、新安镇 3 人、佘市镇 2 人、修梅镇 2 人、四新岗镇 2 人、太浮镇 2 人、停弦渡镇 2 人，其他各乡分别明确 1 名城建专干。

石门县 19 个乡镇均设有城建站，负责本乡镇的规划实施。每个站所设有站长、工作人员 1 至 2 名。进入 21 世纪后，各乡镇城建站都充实了部分年轻专业人员。

2002 年前，澧县村民建房规划管理由乡镇建设管理站负责，2002 年至 2012 年间，村民建房由乡镇国土资源建设环保所负责。2012 年，根据《关于澧县深化乡镇机构改革方案的通知》精神，各乡镇成立规划建设环保站，至此，澧县各乡镇有了单独的规划管理机构。

津市市乡镇体制改革后，于 2011 年 12 月成立乡（镇）规划建设环保站，由各乡（镇）政府管理。

2006 年，汉寿县根据市里的统一要求，在各乡镇成立城建规划站，负责村镇规划建设管理工作。2010 年，汉寿县在 29 个乡镇和一个高新区设立城建规划环保站，负责在辖区内贯彻执行国家村镇规划建设的法律、法规和方针政策，负责村镇规划建设管理工作。每个城建规划环保站有编制 2—9 人，其中大的建制镇约 6—9 人，小的乡镇约 2—3 人。工作人员均由乡镇干部担任。

安乡县 19 个乡镇人民政府均设立乡镇建设规划管理站（大鲸港镇和深柳镇规划工作由县规划局负责），每个站配备 1—3 名工作人员，负责在本辖区内贯彻执行国家村镇规划建设的法律、法规和方针政策，负责村镇规划建设管理工作。

西湖管理区下辖西湖镇和东洲乡、西洲乡（简称两乡一镇）。负责两乡一镇规划管理工作的人员均和负责国土资源管理工作的人员联合办公，联合办公室均有一名分管领导和一名管理员。

西洞庭管理区祝丰镇和望洲办事处、龙泉办事处、金凤办事处分别设有国土规划办并有专门的规划管理联络员，负责落实组织村庄规划实施、辖区内建设项目的规划初步审查、项目实施的规划监督，并将规划实施情况定期向西洞庭管理区建设局及相应单位报告。

第二章 职工队伍

第一节 人员编制

1988年12月，常德撤地建市，市规划处成立，为副处级机构，隶属市建设委员会。人员编制26名。人员编制由原地建委、原常德市建委、市房地产等单位的人员组成。内设综合科、人事教育科、规划科、红线科。

1989年3月，原常德市城市建设管理站更名为常德市城市规划监察站，为正科级事业单位，核定人员编制16名。

1992年，德山经济科技开发区成立规划国土管理局，从市规划处和市规划监察站各划拨1名编制至德山开发区规划国土管理站（其中市规划处连人带编划拨、市规划监察站仅划拨编制），调整后，市规划处人员编制25名，市规划监察站编制15名。

1995年5月，市规划局一分局、二分局成立，人员编制分别为一分局4名，二分局8名。其人员来源，一是从市局及其下属单位抽调，二是从鼎城、德山开发区选调，三是在系统外选调少量优秀专业技术人员。

1996年5月，市规划局三分局成立，人员编制未予核定。

1999年12月，市规划局机关有工作人员25名，市规划局一分局和三分局分别有工作人员6名，市规划局二分局有工作人员8名，市规划监察站有工作人员15名，全局总人数达60名。

2000年9月，市规划局四分局成立，人员编制4名，从市规划局系统内调剂解决。

2001年8月，常德市市直党政群机关进行机构改革，常德市城市规划局更名为常德市规划局，由事业单位改为政府工作部门。机构改革后，市规划局行政编制缩减为18名，其中单位领导职数7名（局长1名，副局长3名，纪检组长、工会主席、总工程师各1名）。12月，常德市城市规划监察站更名为常德市规划局监察大队。

2003年12月，市规划局市政管线工程规划管理办公室成立，核定编制4名。

2005年12月，市规划局法制科成立。

2007年7月，市规划局总工程师办公室成立。

2009年7月，鼎城区城乡规划建设管理站成建制并入市规划局鼎城分局，15名在编人员由原鼎城区划入市规划局。

2009 年 11 月，根据《国务院关于实施成品油价格和税费改革的通知》《湖南省人民政府关于成品油价格和税费改革人员安置工作的指导意见》和《湖南省人民政府关于实施成品油税费改革完善交通体制加快交通发展的意见》精神，市交通规费征稽处机关划转 9 人到市规划局执法监察大队，市公路系统所属收费站 22 人划转到市规划局。2010 年 2 月，市规划局在武陵分局、德山分局、柳叶湖分局设立股级的乡镇规划管理站，22 名原公路系统收费站工作人员被分配到三个分局的乡镇规划管理站工作（武陵规划站 14 名，德山和柳叶湖规划站各 4 名）。

2010 年 5 月，市直纪检监察体制改革，从市规划局连人带编划转 2 人到市纪检监察分局。8 月，市规划局执法监察大队更名为市规划局执法监察支队，其机构级别仍为正科级，人员编制 28 名。10 月，市规划展示馆成立，人员编制 7 名。12 月，《常德市规划局主要职责、内设机构和人员编制规定》经市政府批准，市规划局内设机构为 6 个，分别是办公室、人事科、法制科、综合技术科（原市规划局总工程师办公室）、建设用地规划管理科、建设工程规划管理科，全局有行政编制 23 名。

2011 年 6 月，市规划局驻桃花源工作组成立，工作人员控制数 5 名，从规划局系统内部抽调。9 月，行政许可办公室成立，核定行政编制 2 名，编制和人员从机关办公室和建设工程规划管理科划转。

2012 年 12 月，市规划局机关有行政编制 24 名，其中单位领导职数 6 名（局长 1 名，副局长 3 名，工会主席、总工程师各 1 名），内设机构 7 个；全局有事业编制 145 名（市规划局鼎城分局 28 名、市规划局德山分局 10 名、市规划局武陵分局 11 名、市规划局柳叶湖分局 10 名、执法监察支队 30 名、市政管线工程规划管理办公室 5 名、城镇规划管理办公室 6 名、市规划研究中心 10 名、市规划展示馆 13 名、乡镇规划管理站 22 名）。

第二节　干部教育

一、政治思想教育

1989 年，市规划处成立第二年，处领导高度重视干部职工的学习教育，把每周五定为政治学习日。重点学习党的十三届四中全会精神，为增强学习效果，在第三季度组织学习测验，全处 33 名干部职工参加，人均 90 分。

1991 年至 1997 年，为进一步加强干部职工学习教育，市规划处（局）将每周二、五定为政治理论学习日。市规划处（局）给每个干部购买了一本《邓小平关于建设有中国特色社会主义论述专题摘编》和《邓小平文选》第三卷，同时组织干部职工学习《关于社会主义若干问题学习纲要》《中共中央十三届七中全会公报》《党的十四大会议精神》《十四届五中全会精神》和胡锦涛《领导干部要带头讲党性》等文件和著作，组织干部职工观看《苏联的国内形势》《贿赂忧思录》《笑声中的思索》等党纪党风法制教育片，开展党纪政纪条规等知识竞赛，通过自学、集中学、观看党教片、知识竞赛等形式的学习，全体干部职工对中央的重要会议精神和文件有了更深的认识，学习效果比较明显。

1998年至1999年，市规划局针对干部职工对市场经济新体制有些模糊认识的情况，邀请市委讲师团教师进行辅导讲课。针对以美国为首的北约袭击中国驻南斯拉夫使馆和国内的邪教"法轮功"事件，加强爱国主义和马克思主义教育，通过教育，全体干部职工对市场经济新体制有了清醒的认识。

2000年4月，市规划局重点开展"三讲"教育，教育活动采取学习、辅导、讨论、心得交流等方式进行。市规划局"三讲"教育活动分为思想发动，学习提高；自我剖析，听取意见；交流思想，开展批评；认真整改，巩固成果四个阶段。整个活动历时2个月，于6月底结束。

2000年下半年，市规划局主要开展以"解放思想、转变作风、塑造形象"为主题的作风教育整顿月活动和开展"艰苦奋斗、廉洁从政"主题教育活动。教育活动采取学习、辅导、讨论、心得交流等方式进行，干部职工参与热情较高，教育活动效果明显。

2001年5月，市规划局开展学习贯彻"三个代表"（始终代表中国先进生产力的发展要求、始终代表中国先进文化的前进方向、始终代表中国广大人民的根本利益）重要思想活动，举办一期"三个代表"重要思想学习培训班。2003年7月，市规划局兴起学习贯彻"三个代表"重要思想新高潮。学习培训活动期间，重点学习《中共中央关于在全党兴起学习贯彻"三个代表"重要思想新高潮的通知》《胡锦涛总书记"七一"讲话》及《"三个代表"重要思想学习纲要》等文件和书籍，组织开展学习大讨论，并邀请市委讲师团教授作辅导报告。

2004年至2007年，市规划局先后开展"立党为公、执政为民"主题学习教育活动、诚信教育活动和创"满意规划"学习教育活动；并组织开展《物权法》《公务员处分条例》《行政执法责任制》知识竞赛活动。

2008年1月，市规划局组织全局干部职工开展"我为常德城市发展献一策"征集活动。活动展开后，干部职工全员参与，并就个人的岗位特点和在工作中的感悟建言献策，先后有40余人提出了建议。4月至7月，市规划局先后开展全民学习周活动、"作风、和谐、发展"主题演讲活动与学习新《党章》知识竞赛活动。

2009年3月至8月，市规划局开展深入学习实践科学发展观活动。在学习实践科学发展观活动中，局党组"一班人"思想认识高度统一，全局上下团结一心，把学习实践活动作为全局第二、三季度的中心工作来抓。

2009年至2010年，市规划局先后开展"纪念新中国成立60周年"理论研讨活动、"讲党性、重品性、作表率"学习教育活动、"和谐常德·文明礼仪我知行"学习教育活动、"认真学习廉政准则，争做廉洁从政表率"理论研讨活动、"讲党性、重品行、作表率"学习教育活动与"学模范、讲道德、做好人"学习教育活动。

2011年4月，市规划局开展以"以学习促发展"为主题的"全民学习周"活动。活动期间，先后组织干部职工赴体育生态园参观学习，邀请常德师范学校和常德市委党校教授进行"文明礼仪"与"前沿知识"讲座，并发动全局干部职工开展活动；5月，举办保密知识教育专题讲座；6月，为庆祝建党90周年开展专题讲座，市局机关党委书记以"回顾党的光辉历程，争做优秀共产党员"为题，为全局党员干部上党课；7月，市规划局聘请湖南南天门律师事务所律师，就新颁布的《国有土地上房屋征收和补偿条例》《中华人民共和国道路交通安全法》等法律、法规进行培训讲座；11月，市规划局开展"学习贯彻党的十七届六中全会精神，加快推进文化强市建设"专题宣讲活动，邀请市委宣讲团成员、市委党校教研室负责人作专题报告。

从2012年3月开始，市规划局在全局开展学习张华同志见义勇为先进事迹活动。2012年3月17日傍晚，张华在鼎城区临沅路的宿舍内，见义勇为制服盗窃行凶小偷的先进事迹经多方媒体报道后，引起社会各界的广泛关注和高度赞扬。他个人先后被省人民政府授予湖南省见义勇为先进个人光荣称号，记一等功；被共青团常德市委授予"向善崇德，我们身边的好青年"荣誉称号；被局党组授予"优秀共产党员"称号，市文明办推荐他为中国文明网中国好人榜"见义勇为"候选人。4月，市规划局开展以"阅读让城市更美丽"为主题的"全民学习周"活动。先后组织干部职工赴市博物馆参观学习，邀请市委讲师团教授进行法治常德讲座，组织干部职工自学《新思想、新知识、新经验100题》。5月，市规划局开展法治常德建设教育，邀请市委讲师团负责人作专题讲座，举行法治常德建设宣讲报告会，邀请市委党校科学社会主义教研室负责人就"行政行为规范"作专题辅导授课。9月，市规划局组织全局50名中层骨干到武陵监狱开展"现身说法"廉政教育活动并组织开展第一期道德讲堂。12月，市规划局举办了学习党的十八大精神宣讲报告会，邀请市委党校副校长作专题辅导讲座。

二、专业知识培训

1992年，市规划处为进一步提升规划管理员的业务素质，举办了一期乡镇规划管理员培训班。组织学习《城市规划法》等法规，同年4月在《常德日报》开辟4个专版对《城市规划法》进行宣传。

从 1995 年开始，市规划局对新进来的干部职工进行专业知识的培训，使他们能迅速适应规划管理工作。学习的主要内容有《城市规划法》等方面的法规知识和城市规划原理、区域分析与区域规划、居住区规划与设计等业务知识。

2008 年 3 月，为进一步提升干部职工业务水平，市规划局组织"职能业务工作"考核，通过考核促进工作开展。

2009 年 3 月，市规划局举办常德规划建设与管理专题培训班，通过授课、参观学习、互相交流等形式的培训，使业务骨干的业务水平有了较大的提升；6 月，组织全市规划系统的 35 名工作人员，参加由上海同济大学举办的常德市城建规划管理干部专题培训班；9月，为加强非专业干部职工对规划专业知识的了解，市规划局对非业务管理岗位干部进行培训；12 月，市规划局组织新录用公务员、新招聘的规划专业人员、军转安置干部和退伍安置士兵、鼎城区建设局城乡规划建设管理站划转人员和交通系统分流人员等 71 名新进人员进行为期 8 天的业务培训，培训期间主要进行了队列训练、有关规划方面的法律法规、公务员法、规划执法监察和规划管理等知识的学习，培训结束前组织一次闭卷考试，参考人员均取得 80 分以上的成绩。

2010 年 1 月，市规划局组织部分干部进行城乡规划统筹考察；3 月，开展"壮大城市经济，城市泛湘西北区域中心城市"调研竞赛活动。

2012 年 2 月，市规划局组织对 2009 年以来新录用的人员进行业务培训。内容主要包括公务员基本知识、工资与社会保险、公文写作及党风廉政建设基本知识等；6 月，组织全市规划系统 280 多名骨干在市委党校开展为期 3 天的全市城乡规划业务培训班，来自上海同济大学、湖南大学、重庆大学等高校的知名教授作了辅导报告。10 月，组织 20 名业务骨干赴新加坡学习培训，培训期间先后听取了 6 位专家专题讲座，拜访了新加坡市区重建局、建屋发展局、陆路交通管理局等有关政府机构，参观了达士岭组屋区、滨海堤坝、裕廊工业园、湿地生态保护区、大士南垃圾焚化厂等城建亮点工程。

第三节　党群组织建设

一、机关党支部

1991 年 7 月 1 日，为纪念建党七十周年，机关支部举办"党在我心中"诗歌朗诵会和知识竞赛。8 月 8 日，市直工委同意市规划处机关党员大会和支部委员会第一次会议选举结果。会议选举贺大坤任市规划处机关支部书记、刘启仪任市规划处机关支部副书记。

1996 年，市规划局机关党支部成立，李友明任支部书记。

1999 年，局机关支部委员会改选。何亦兵任书记、李和平任副书记、李品甫任组织委员、代泽刚任宣传委员、吴茂林任纪检委员。2001年4月3日，全体党员大会选举常德市规划局第三届支部委员会。2002年，市规划局机关党支部全年发展预备党员3名。7月至9月先后开展庆"七一"建党节活动与"庆国庆、迎十六大"综合知识竞赛。

2003年，市规划局机关党支部发展预备党员3名，按期转正预备党员3名。5月，选拔3名优秀选手参加市直工委组织的"学习十六大精神"比赛，并获得小组半决赛第二名的好成绩；8月，市规划局机关党支部召开全体党员大会，选举市规划局第四届支部委员会；为响应市直机关工委号召，9月，市规划局机关党支部开展"帮困助学万人在行动"活动，资助中小学生15名，资助现金3150元。

2004年，市规划局机关党支部发展预备党员1名，对符合转正要求的预备党员按期转正。6月至9月，市规划局机关党支部先后组织开展"两为""三观"（两为：为党争光、为民服务；三观：世界观、人生观、价值观）教育演讲会、参加市"万人健步行"健身活动和市直机关首届体育运动会。

2005年，市规划局机关党支部发展预备党员1名，对符合转正要求的预备党员按期转正；2月至6月，市规划局机关党支部开展保持共产党员先进性教育活动；通过教育活动，党员的党性进一步增强，觉悟进一步提高，有力地促进党建工作的开展。10月，市规划局机关党支部举办学习《建立健全教育、制度、监督并重的惩治和预防腐败体系实施纲要》知识竞赛。

2006年上半年，市规划局机关党支部被市直机关工委评为"先进基层党组织"。全年，市规划局机关党支部先后开展了廉政文化进机关活动、"双争"（争当优秀共产党员、争创先进基层党组织）活动、"全民健身周"活动和党建知识宣传一条街活动。

2007年，市规划局机关党支部全年发展预备党员3名。4月，市规划局机关党支部被市直工委评为"2007年'廉政文化进机关活动'优秀方案单位"。4月至10月，市规划局机关党支部按照方案组织开展廉政文化进机关活动，并取得较好的实效。7月，市规划局机关党支部召开全体党员大会，选举常德市规划局第五届支部委员会。7月中旬，市规划局机关党支部组织开展《物权法》《公务员处分条例》、行政执法责任制试点工作知识竞赛。

2008年，市规划局机关党支部全年发展预备党员2名，按期转正预备党员3名；3月至5月，市规划局机关党支部组团参加市直机关第三届体育运动会；7月至9月，先后组织开展"迎奥运"篮球赛、以"作风、和谐、发展"为主题的演讲比赛和学习《城乡规划法》和《党章》知识竞赛。

2009年，全年发展预备党员2名，按期转正预备党员2名；3月至8月，市规划局机关党支部开展学习实践科学发展观活动，促进年度各项工作任务的顺利展开。8月至9月先后组织开展一次演讲比赛和一次"爱国歌曲大家唱"歌咏比赛。

2009年8月，市直机关工委批复常德市规划局成立直属机关党总支部，市规划局党组成员、副局长诸扬欢任第一届直属机关党总支部书记；9月3日，中共常德市规划局德山分局支部委员会成立；9月4日，中共常德市规划局鼎城分局支部委员会、中共常德市规划局武陵分局支部委员会、中共常德市规划局柳叶湖分局支部委员会、中共常德市规划局监察大队支部委员会和中共常德市规划局研究中心支部委员会成立。

2010年，市规划局机关党委全年发展预备党员3名，按期转正预备党员5名。3月，常德市规划局成立直属机关委员会。市规划局党组成员、副局长诸扬欢任机关党委书记，李力生任副书记，谭丽平、喻文军、钱国辉、杨小军、夏炜、朱文峰、章望来任委员。4月15日，中共常德市规划局直属机关委员会第一次会议在柳叶湖分局召开。会议研究确定了2010年培养入党积极分子对象；讨论研究了市局机关党委2010年党的工作要点；听取了柳叶湖分局党支部工作经验介绍；评选推荐出优秀基层党组织，优秀共产党员。5月份，市规划局机关党委组织支部组织委员培训班。6月25日，市规划局机关党委召开全体党员大会，进行机关党委委员补选工作。补选陈世锋、朱晓平、刘卓慧、汤巨龙等4名同志为机关党委委员，原机关党委4名委员因工作岗位异动，不再担任机关党委委员。

2011年，市规划局机关党委全年发展预备党员4名，按期转正预备党员4名。全年认真开展共产党员立足本职，在岗位"创先争优"的活动。活动从3月份开始，设立"创先争优活动红旗岗台"，每月考评一次，每次评选3名在创先争优活动中表现突出的个人，并张榜表彰。6月，机关党委被市直机关工委评为先进基层党组织；组织开展"庆祝建党90周年歌咏比赛"活动，各支部精心准备，党员积极参与，通过角逐，规划设计院支部获得第一名。为落实市委、市政府"三公开"的要求，7月份，市规划局机关党委全面开展党务公开工作，各支部高度重视，行动迅速，利用宣传橱窗公开党务工作。8月份，市规划局机关党委开设了党务公开专栏和网上党务公开的网页。

2012年，市规划局机关党委全年发展预备党员3名，按期转正预备党员5名。全年认真开展了共产党员立足本职，在岗位"创先争优"的活动，从3月份开始，设立"创先争优活动红旗岗台"，每月考评一次，每次评选3名在创先争优活动中表现突出的个人，并张榜表彰。3月份开始，各党支部开展"学习张华同志见义勇为先进事迹"活动。9月25日，中共常德市规划局展示馆支部委员会成立；12月，市规划局机关党委组织开展以"学习贯彻十八大，立足岗位创业绩"为主题的演讲比赛。

二、机关工会

市规划处刚成立时，因干部职工少，工会日常事务及活动的组织由局人事科一名同志负责，工会活动以工会小组的形式开展，各小组组织专业技术人员面向社会进行技术服务。

2003 年 6 月，市规划局工会成立，黄仁贵任工会主席。同年，选举产生了第二届局机关工会委员，吴茂林同志担任工会副主席。2009 年 12 月，叶定跃任市规划局工会专职副主席。是年，市规划局工会更名为市规划局工会委员会。2012 年 7 月，选举产生第三届市规划局工会委员会，黄仁贵任主席、叶定跃任副主席，另设委员 5 名。2012 年 12 月，市规划局工会委员会有会员 167 人，其中女会员 48 人。

市规划局工会积极组织会员们参加市里的各项体育活动。在规划局内部组织开展职工篮球、羽毛球、乒乓球、象棋、围棋比赛，开展登山及春节游园会和文艺汇演等文体活动，丰富干部职工的文化娱乐生活。1999 年 12 月，常德在全市推行党政机关联系困难企业、机关干部联系困难职工工作（简称"双联"工作）。市规划局工会与市渔业总厂、洞北居委会、湘澧盐矿、湖南中宇安装公司等企事业单位结为"双联"单位。市规划局工会通过送资金、送技术、送服务等一系列活动，帮助"双联"单位；对"双联"单位的困难职工，市规划局职工伸出援手，逢年过节给他们送出慰问金。2012 年，市规划局工会委员会为"双联"单位中宇安装有限公司提供建厂技术指导服务，提供扶贫资金 3 万元。

第三章　机关后勤建设

第一节　市局机关后勤建设

1988年12月，市规划处成立，办公地点位于青年路与新乐巷交汇处的市建委机关院内。共有办公室9间，面积约210平方米，配备公务车1台。1992年，市规划处搬至新乐巷的市建筑勘测设计院内。有7间办公室，面积约190平方米。是年，为解决职工住房困难，建职工宿舍40套。1996年，市规划局公务车增至3台。办公地点搬至位于武陵大道中段86号的市建委院内。2001年，市规划局有办公室19间，面积540平方米。2003年4月，选址在柳叶大道以北、夏家垱以西的市规划局机关办公大楼开工建设，新建的机关办公大院占地1.2公顷，总投资1032万元，其中综合楼699万元，附属工程（含食堂）197万元，征地拆迁安置补偿110万元，安防工程26万元。综合楼为全框架结构，建筑面积6845.1平方米，其中地下室建筑面积566.5平方米。占地面积2225平方米，平面形状为四合院，南楼二层，设地下室一层，北楼四层，中部五层，东边为走廊，西楼三层。建筑主体檐高17米，按7度防震设计，抗震等级3级。2004年3月，工程全面竣工。4月，市规划局搬至柳叶大道中段新建办公大院。2012年，市规划局（含分局）有公务车18台。

第二节　分局机关后勤建设

1995年5月，市规划局一分局在鼎城区食杂果品公司租赁了一层办公楼作为办公用房，后几经搬迁，先后在鼎城区新华书店、鼎城区政协、鼎城区工业局租赁办公室作为办公用房。2007年5月14日，市规划局鼎城分局规划展示综合楼动工建设，规划展示综合楼为全框架结构，占地面积618平方米，平面形状为T型，4层，东面临阳明路层数为3层。院落进深35.2米，建筑主体檐高17.6米，按7度防震设计，抗震等级3级。2008年6月，工程全面竣工。10月，市规划局鼎城分局搬至江南城区阳明路规划展示综合楼办公。1995年5月，市规划局二分局，租赁德山有线电视台三楼作为办公室，2008年7月，搬进开发区政务中心二楼办公。1996年5月，市规划局三分局办公地点在市规划局内。2000年9月，市规划局四分局办公地点设在原柳叶湖管委会机关院内。2011年上半年，市规划局驻桃花源管理区规划工作组，办公地点设在桃花源管委会机关院内。2011年12月，工作组在桃花源管理处增设办公室，专门负责桃花源规划管理监察工作。

第二篇《

城 乡 规 划

第二篇　城乡规划

第一章　市域城镇体系与城市发展战略规划

第一节　市域城镇体系规划

常德市市域城镇体系规划是在常德市市域范围内，以区域生产力合理布局和城镇职能分工为依据，确定不同人口规模等级和职能分工的城镇分布和发展规划，它是常德市城市总体规划的内容之一，与城市总体规划同步编制。

一、1990 年版常德市市域城镇体系规划（1990—2010）

市域人口及城镇化水平：2000 年，市域总人口 610 万人，其中城镇人口 148 万人，城镇化水平达到 24%；2010 年，市域总人口 640 万人，其中城镇人口 200 万人，城镇化水平达到 31%。

市域城镇空间结构：考虑到东、西部城镇布局的均衡性，适当加强西部城镇的发展，重点沿铁路、公路、水路交通干线布置，形成一个多核分散型结构模式。重点开发建设石门，形成以石门为中心的西部城镇群。津市市主要向西发展，澧县城关镇向东发展，两城镇的规划要相互协调、统一。

市域城镇等级规模：常德市城区为一级中心城市，津市、石门、桃源、汉寿、安乡、临澧、澧县为次级中心城市（镇），骨干镇为三级城镇，一般建制镇为四级城镇。城镇人口规模：市城区 45 万人，津市、石门 10 万人—20 万人，桃源、汉寿、安乡、临澧、澧县城关镇 5 万人—10 万人，三级城镇 1 万人—5 万人，四级城镇 0.2 万人—1 万人。以常德城区为中心，增强中心城市的影响和辐射能力；以津市、石门、桃源等市（镇）为次中心，积极发展各级地方城镇，形成常德城区——次级中心城市（镇）——骨干镇——一般城镇四个等级规模不同、各具特色、布局合理的城镇结构。

市域城镇职能结构：市域城镇职能结构分为综合型、工矿型、工商型、旅游型和集散型。市中心城区、津市、石门、桃源、汉寿、安乡、临澧、澧县为综合型城镇；河洑、蒋家嘴、火连坡等为工矿型城镇；蒿子港、斗姆湖、牛鼻滩等为工商型城镇；桃花源、望羊桥、瓦儿岗为旅游型城镇，其余城镇为集散型城镇。

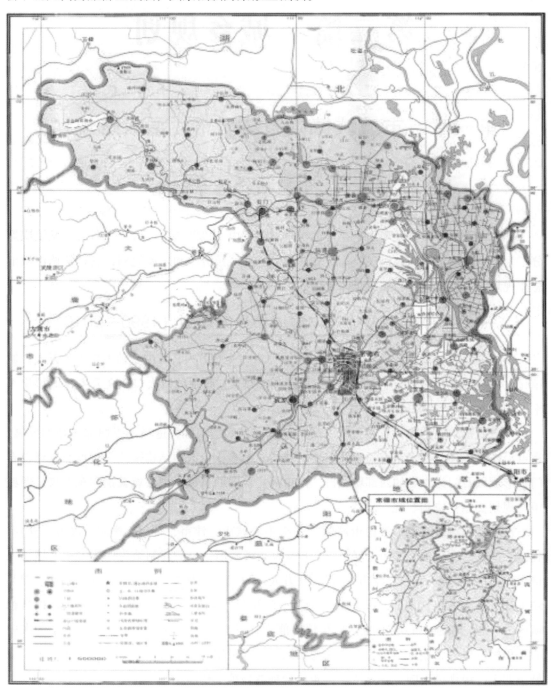

图7：常德市市域城镇体系规划图（1990—2010年）

二、1999 年版常德市市域城镇体系规划（1999—2020）

市域人口及城镇化水平：2005 年，市域总人口 615 万人，其中城镇人口 215 万人，城镇化水平达到 35%；2010 年，市域总人口 627 万人，其中城镇人口 250 万人，城镇化水平达到 40%；2020 年，市域总人口 640 万人，其中城镇人口 384 万人，城镇化水平达到 60%。

城镇发展战略：重点建设石门，规划津市、澧县合并，使其作为城市一级经济区中心。规划石门、津市—澧县、桃源建市。市域形成常德城镇经济区、石门城镇经济区和津澧城镇经济区。

市域城镇空间结构："一个核心，两个城市群、两个城镇密集带、两级城镇发展轴"。"一个核心"为常德市区；"两个城市群"分别以石门和津市—澧县为核心；"两个城镇密集带"为太子庙—谢家铺—石门桥—市区—河洑—桃源沿线城镇带；皂市—新关—石门—新安—合口—张公庙—澧县—津市城镇带；"二级城镇发展轴"为石长铁路线、207 国道到 1836 省道沿线城镇带。

市域城镇等级规模：常德市中心城市为 50 万人口以上的大城市；石门市、津市—澧县和桃源市为 20 万人—50 万人口的中等城市；临澧、安乡、汉寿的城关镇和太子庙镇为 5 万人—20 万人的小城市；21 个 2 万人—5 万人的中心镇和 91 个 0.5 万人—2 万人的一般镇。

市域城镇职能结构：分为市域中心（次中心）城市、县城、中心镇和一般城镇。市域中心（次中心）城市为常德市中心城区、石门市、津市—澧县和桃源市。

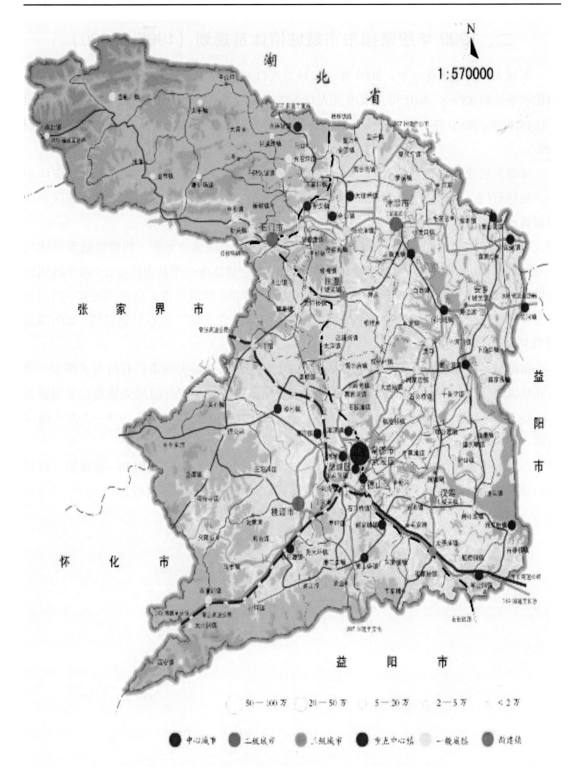

图8：常德市市域城镇体系规划图（1999—2020年）

三、2009 年版常德市市域城镇体系规划（2009—2030）

市域人口及城镇化水平：2015 年，市域总人口 650 万人，其中城镇人口 290 万人，城镇化水平达到 44%；2020 年，市域总人口 670 万人，其中城镇人口 330 万人，城镇化水平达到 49%；2030 年，市域总人口 710 万人，其中城镇人口 420 万人，城镇化水平达到 59%。

市域城镇空间结构：规划为"一主、一副、四轴"。"一主、一副"分别指常德市中心城区和市域北部副中心城市（津澧一体化发展）；"四轴"包括两条一级发展轴和两条二级发展轴，两条一级发展轴分别是沿常张高速公路和长常高速公路的西北—东南向发展轴、沿常岳高速公路和常吉高速公路的东北—西南向发展轴；二级发展轴指沿澧水流域的北部城镇发展轴，以及沿二广高速和市域南北向高等级公路的中部发展轴。

市域城镇等级规模：特大城市为常德市中心城区（155 万人）；大城市为市域北部副中心城市，由津市城区和澧县县城一体化发展形成（60 万人）；中等城市为石门县城楚江镇（30 万人）、桃源县城漳江镇（30 万人）、汉寿县城龙阳镇（25 万人）；

小城市为临澧县城安福镇（15 万人）、安乡县城深柳镇（15 万人）；小城镇包括 5 万人—10 万人的小城镇 3 个，1 万人—5 万人的小城镇 34 个，1 万人以下的小城镇 63 个。

市域城镇职能结构及职能分工：分为市域中心城市及副中心城市（常德中心城区、津澧副中心城市）、县域中心（桃源县城漳江镇、石门县城楚江镇、汉寿县城龙阳镇、安乡县城深柳镇、临澧县城安福镇）、中心镇（21 个）和一般乡镇（79 个）四个等级。

市中心城区以面向全市的行政管理、综合服务和文化中心功能作为主导职能，以工业职能作为城市的支撑功能；津市—澧县是北部澧水流域的中心城市，是机械、食品、纺织、化工、医药、造纸等产业基地、是北部澧水流域交通枢纽和商贸物流中心，旅游胜地；石门县城楚江镇为澧水流域次中心城市，是电力能源、建材、生态旅游产业基地和交通枢纽；桃源县城漳江镇为沅水流域的次中心城市，是食品、纺织、旅游产业基地和交通枢纽；临澧县城安福镇是食品、建材、纺织产业基地和商业中心；安乡县城深柳镇是新型产业和机械产业基地及贸易中心；汉寿县城龙阳镇是特色农业、新型农业基地和休闲旅游中心。

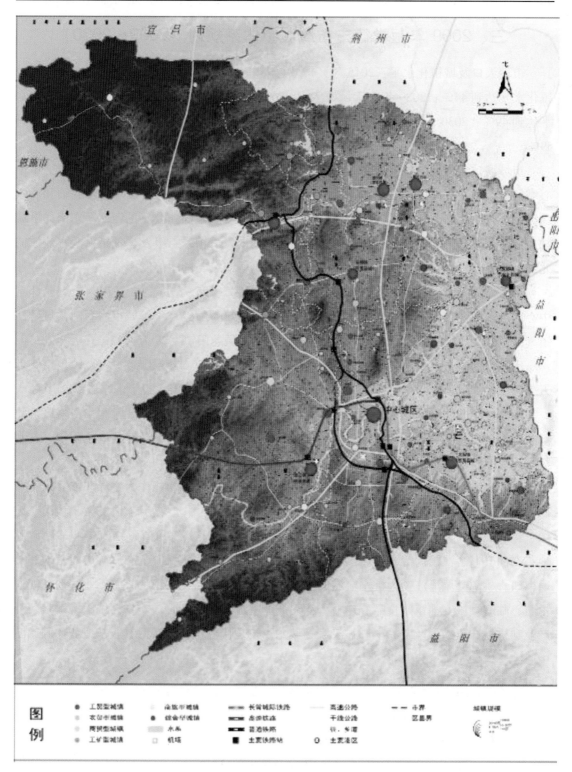

图9：常德市市域城镇规划图（2009—2030 年）

第二节　城市发展战略规划

为从战略层面研究和确定常德市未来的城市性质、城市规模、发展方向和产业空间布局等宏观规划策略，2006 年 6 月，市规划局委托中国城市规划设计研究院编制了《常德市城市空间发展战略规划》（以下简称《战略规划》）。该规划成果先后经过了市直有关部门和武陵区、鼎城区、德山开发区、柳叶湖旅游度假区的审查，并在常德信息港和《常德晚报》进行公示。2007 年 11 月，通过市规委会的审查。2008 年 7 月，市人大常委会审议通过该规划。

通过对常德市区位条件、产业基础、资源条件和发展前景等的综合分析，《战略规划》提出未来常德市的城市性质为：湖南省域次中心城市、经济强市和宜居的文化名城。城市职能为：湖南省域次中心城市，湘鄂门户城市，市域行政中心和以烟草、食品加工、纺织、造纸、电力、装备机械等为主的制造业基地，现代信息及物流中心，金融及贸易服务中心，会展商务旅游服务中心。

城市空间发展布局：未来城市发展空间主要以高速公路环线内用地为主，局部跨越高速公路发展。中心城区在原有"一城三片"的基础上，拓展斗姆湖地区建设，从而演变为"一城四片"的城市布局结构。

城市产业空间布局：中心城区形成四个主要产业板块，即烟叶板块、药业板块、造纸板块和高新技术产业板块。烟叶板块布局于常德烟厂附近；药业板块和造纸板块位于德山城区；结合现有武陵经济技术开发区，在芦荻山乡附近预留高新技术产业板块空间。中心城区第三产业重点发展商贸业、旅游休闲度假业和物流产业。商贸业结合现有市场，重点建设江南城区桥南市场和江北火车站地区的商贸中心。旅游休闲度假业的发展主要依托柳叶湖的资源，重点建设好柳叶湖旅游休闲度假基地。物流业结合机场和高速公路枢纽布局，依托空港发展斗姆湖物流组团。

城市内外交通对接：加快城市外围 80 千米高速公路环线建设，形成城市对外快速交通环线。对内加快常德大道的扩建升级改造，结合沅江三桥（桃花源大桥）、桃花源路的新建，形成城市快速环线，以形成连通一江两岸三区的城市内部干道交通网络结构。在已建成的德山高速出城口、河洑高速出城口基础上，建设二广高速连接线，打通东向出城口；将桃花源路通过机场高速与斗姆湖高速互相拉通，打通南向出城口。同时，规划 207、319 国道改道，避免对城市交通的干扰。

城市景观布局：在维持原有"三山三水"大景观格局的基础上，构筑"三心、两带、五轴"的景观格局。三心为柳叶湖生态核心、丹洲生态核心和德山生态核心，两带为沅江和穿紫河水文景观生态带，四轴为沿南北向四条水系构成的水文景观生态轴。

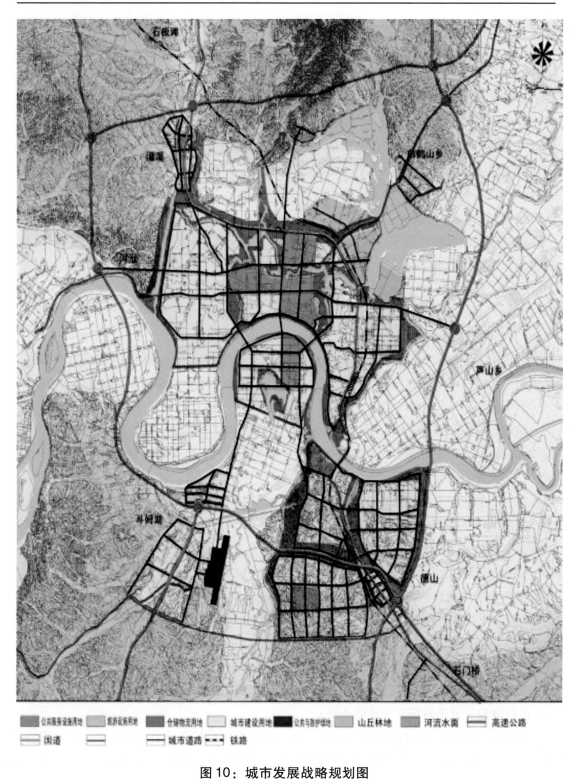

图 10：城市发展战略规划图

第二章　城市总体规划

第一节　1981 年版常德市城市总体规划

1979 年，根据全国第三次城市工作会议精神，常德市开始着手城市总体规划（1981—2000）的编制工作。1981 年 8 月，完成规划成果编制工作。9 月 24 日，《常德市城市总体规划纲要》经常德市第八届人民代表大会常务委员会第八次会议通过后，上报省人民政府。1983 年 9 月 14 日，经湖南省人民政府正式批准实施。

1981 年版城市总体规划对常德市城市性质的定位是常德地区的政治、经济和文化中心，以轻纺工业为主的工业城市。

城市人口和用地规模分为近期和远期，近期规划（至 1985 年）约为 17 万人，远期规划（至 2000 年）为 25 万人，其中城区为 15 万人、德山区为 10 万人。城市用地规模：近期为 17 平方千米，远期为 25 平方千米，其中城区 14 平方千米、德山 11 平方千米。生活居住用地，远期按人均 50 平方米控制，居住总用地为 12.5 平方千米。

城市发展方向是以扩建新区为主，由内向外集中紧凑配套建设，对旧城既要合理利用，又要逐步改造，重点向德山工业区发展。

城市总体布局上以沅江为界，沅江以北是全市的行政、经济、文化、科研及商业中心，沅江以南以德山乡为基础规划了大量的工业用地。沅江以北区域师专（湖南文理学院老校区）以西一带相对集中建设高等、中等专业院校及科技单位。规划两个工业区：德山是以机械、纺织、化工（布置在苏家渡一带）、酿造为主的工业区；城区是以纺织、印染、食品、轻工为主的工业区（小西门纺织印染工业点和青年东路工业点控制发展）。配套建设八片生活居住区。

这是一个按照工业城市的模式进行布局的规划。受到当时行政区划的限制，武陵镇（常德县城关镇）没有纳入到城市中心区的总体规划中。该规划奠定了"一江两岸"的城市格局和"南生产、北生活"的产业布局。

对外交通及城市道路。铁路线路走东线，桥位定在德山，在德山石门桥砖厂附近及城区变压器厂以北分别设火车货、客站。改善 5 条对外公路出口，并与城市环线相接。城区汽车客运站迁至外环路中段，德山汽车站迁至经一路中段。发展沅江航运事业，在盐关建大中型水陆联运码头及货场。扩建斗姆湖民航机场为 II 级机场。城市道路格局为方格网状，德山因地制宜进行布置，逐步形成比较完整的道路骨架。规划城市三级道路网 55 条，其中主、次干道 23 条。

重要基础设施：规划在黄家巷建三水厂，规模 10 万吨/日，德山二水厂新建 6 万吨/日生产能力的新水厂一座，远期规模达 12 万吨/日。城市排水体制由合流制过渡到分流制，在城东和德山新建污水处理厂两座，对城市生活污水集中处理。

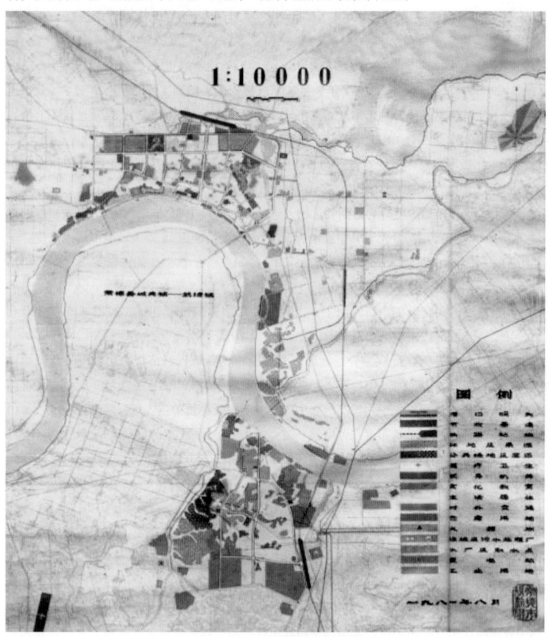

图 11：常德市城市规划总图

第二节 1990年版常德市城市总体规划

1988年，撤销常德地区设立省辖常德市，实行以市管县的新体制后，原规划的用地范围和人口规模有了较大变化。改革开放的新形势和社会主义有计划的商品经济发展，使城市的职能不断向多功能、开放型、社会化转化，对城市规划提出了新的要求。1981版规划限于当时的客观条件，规划的广度和深度都有一定的局限性，按照新的要求应该补上市域城镇体系规划和有关专业规划。鉴于上述因素，根据建设部《关于贯彻治理整顿深化改革方针，加强城市规划工作的意见》，市政府于1989年3月决定修编城市总体规划。成立了"常德市城市总体规划修编领导小组"，下设办公室，由市建委和市规划处负责人任正副主任，并由市规划处牵头，从5个单位抽调11名专业技术人员组成"总体规划修编办公室"。

1989年4月18日，城市总体规划修编正式启动。设计人员先后与200多个单位和部门联系，收集涉及自然、经济、历史等方面的技术资料和各类图表2700多份，数据3万多个，并多次到现场踏勘，确定道路的基本走向和重要公用工程的布点。1990年3月4日，《常德市城市总体规划修编纲要》经常德市第一届人民代表大会常务委员会第十一次会议通过。接着，根据修编纲要提出的基本原则，开始编制城市总体规划。1990年12月29日，城市总体规划成果经市第一届人民代表大会常务委员会第十七次会议审议通过。1991年5月3日，市人民政府将城市总体规划成果上报省人民政府。9月5日，《常德市城市总体规划（1991—2010）》经省人民政府批准实施。

根据规划，常德市的城市性质定位为湘西北中心城市和交通枢纽，洞庭湖经济区以食品、纺织为主的轻工业城市。

城市规划区范围：武陵区所辖城东、城南、城西、城北、三岔路、德山六个办事处，护城、东郊、德郊、东江四乡。鼎城区所辖武陵镇、河洑镇、石门桥镇、斗姆湖镇、灌溪乡、河洑乡、丹洲乡、南坪岗乡、芦荻山乡、康家吉乡等四镇六乡和未在上述区域范围内的常德林场、河洑林场、鼎城区渔场（柳叶湖）、常德汽车改装厂（万金障农场）、鼎城区一职中。城市规划区面积约为488平方千米。

城市人口和用地规模：规划市城区人口近期（1995年）30万人，中期（2000年）35万人，远期（2010年）45万人（其中江北城区22万人、德山16万人、武陵镇7万人）。用地规模近期31.5平方千米，中期36.75平方千米，远期47.25平方千米（其中江北城区22.37平方千米、德山18.11平方千米、武陵镇6.77平方千米）。人均用地按105平方米控制。

城市发展方向和总体布局：整个城区采用组团呈带状结构的布局形式，由江北城区、德山和武陵镇三片组成。以沅江、两条道路及三座大桥为纽带，将三片有机地连在一起，形成既有分散又有集中的城市格局。该版规划第一次明确提出了"一城三片"的城市格局，确立了城市发展骨架。

城市用地主要向德山发展，江北城区和武陵镇有控制地适当发展。

江北城区是全市政治、经济、文化、科研、教育、信息和金融中心，城市用地向西、向北方向发展。丹阳路以西、皂果路以东、沅江以北、柳叶路以南为市中心区，是商业、办公、居住、娱乐及服务集中区域。区内现有污染工业企业，限期治理或逐步外迁。在市中心区外围地区发展无环境污染的高科技产业。

德山为工业重点发展地区，主要发展纺织、制革、食品、化工和机械加工制造业。城市用地向南沿樟桥路与枉水之间的大片山地发展。

武陵镇是城市发展的重要组成部分，是鼎城区政府所在地。重点发展商业及以食品工业为主的轻工业和中小型加工业。城市用地向东南发展，沿玉霞路两侧紧凑布局，适当向西填满补齐。

重要公共设施用地布局：加强商业服务网点建设；完善江北城区人民路、朗州路网点群，新辟武陵大道南段北段、洞庭大道中段和德山的德山南路网点群。在江北城区龙港路以西、洞庭大道以北，以师专（湖南文理学院老校区）、广播电视大学、教师进修学院等为基础，组成科研教育区。青少年宫原址续建，在武陵大道和洞庭大道交叉口的东南角新建博物馆，在儿童公园内设置综合游乐设施和新建儿童图书馆。在江北城区武陵大道中段新建综合性体育活动中心。

城市对外交通和城市道路

铁路　石长铁路是京广线与焦柳线的连接线，为一级干线。铁路走向仍取原规划的东线方案。常德南站（德山折返站）设在常长公路樟木桥一带，常德站设在南坪岗一带，两站之间的贾家山为水陆联运站。

公路　319 国道在德山境内一段南移，过枉水后横穿至斗姆湖镇。207 国道经德山公铁两用桥后，再沿江北城区的东北面穿过。湘北干线（1804 线）城区段改从七里桥经丹阳路接洞庭大道。新建沅江西大桥。在德山及常德火车站附近新建长途汽车站，现汽车北站和南站分别改为公共汽车总站和短途汽车站。

航空　斗姆湖机场已动工扩建，工程全部完工后，跑道将达到 2100 米长，45 米宽，符合二级机场标准。远期拟增辟通往武汉、广州、上海、北京、云南等省市的 6 条航线。

港口　结合城市防洪大堤的改造，保留上南门至青年路港区生活物资码头和客运码头。城区港区码头分为落路口码头、下南门—青年路港区、苏家渡码头、盐关码头、德山港区、夹街寺港区、八房河港区、上南门码头、大西门码头等。

城市道路　城市道路系统采用方格网布局形式。江北城区道路系统仍以南北向主干道武陵大道和东西向主干道洞庭大道为纵横主轴，东西向增设滨湖路、柳叶路等，南北向增设启明路、三闾路、金丹路。武陵镇以南北向主干道玉霞路和东西向主干道鼎城路组成干道网。德山以南北向主干道德山路、东西向主干道桃林路、崇德路为主轴线。三片共规划干道33条。

利用城市交通环线加强三片联系，以洞庭大道东段、青年东路、启明路、沅江东大桥、桃林路、玉霞路、沅江大桥组成一环线，全长24千米，是连通江北城区与德山的重要环线。以洞庭大道、沅江大桥、鼎城路、沅江西大桥、金丹路组成二环线，全长16千米，以加强江北城区与武陵镇的联系。

重要的基础设施。在城市供水工程规划方面，近期主要扩大水厂规模，将二水厂由5万吨/日扩建为7.5万吨/日，将三水厂由7.5万吨/日扩建为30万吨/日。在腰堤新建第四水厂，近期规模为10万吨/日，远期规模为30万吨/日。

排水工程。排水体制由现在的合流制逐步过渡到分流制。在武陵镇王家铺附近新建日处理能力为2.1万吨的污水处理厂1座；在德山石门桥镇的江家坪建日处理能力为15万吨的污水处理厂1座。

城市景观塑造。江北城区建立环城绿化水系及主要街道沿街景观，再现古城常德水乡风貌；武陵镇三面临江，地形平坦，打造江南田园风光特色；德山充分结合现有自然地形地貌，依山就势进行建设，创造出布局灵活多变、建筑成组成片的整体风貌。

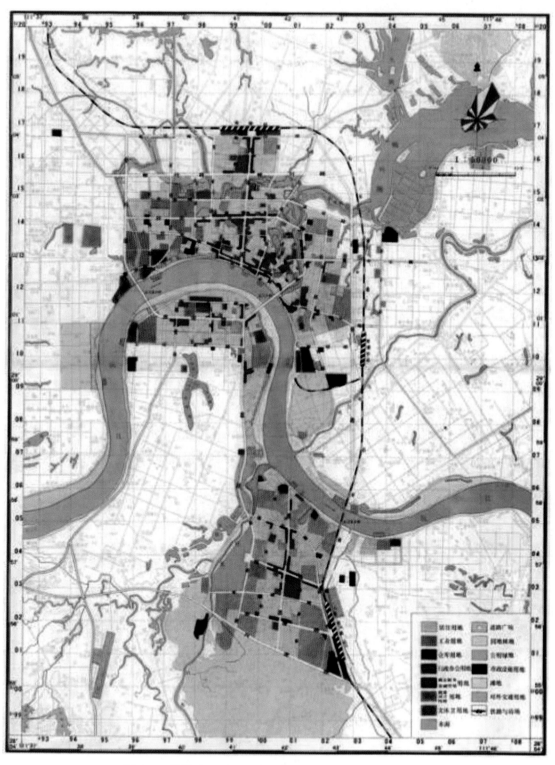

图 12：常德市城市总体规划图（1990—2010 年）

第三节　1999 年版常德市城市总体规划

随着市场经济的建立和城市环境建设的需要，1991 版规划已不能满足新形势下发展的需要。1991 版规划观念、依据未突破计划经济体制的束缚；德山经济开发区和柳叶湖旅游度假区的设立，超出了原总体规划用地范围；对外交通设施的完善，城市布局需做相应的调整；城市实际居住人口已超过原总体规划的规模。鉴于上述因素，1999 年年初，市委、市政府召开专题会议，研究部署总体规划修编工作，确定由中规院编制新一轮城市总体规划，并成立了常德市总体规划修编办公室。

本次城市总体规划修编历时一年半，经历了前期准备与调查研究、规划纲要编制、总体规划编制和审查报批四个阶段。搜集和查阅了大量历史、自然、地理资料，整理有关数据 2 万多个，广泛征求了社会各界意见。1999 年 11 月，市委、市政府及市人大分别召开会议，对总体规划纲要进行了审查并原则通过。2000 年 3 月，省建设厅审查通过了总体规划纲要。

根据市政府要求，专业规划除道路交通规划由中规院专题研究外，其余专业规划由市直相关部门完成，中规院综合成图。各专业规划编制单位高度重视规划编制工作，均成立了以分管领导为主和具体编制人员相结合的编制小组。2000 年 6 月，17 个专业规划方案基本完成，7 月经中规院统一协调，综合成图，完成了总体规划成果。市委、市人大、市政府、市政协相继召开会议对总体规划成果进行审查。12 月，总体规划成果经常德市第三届人民代表大会常务委员会第 22 次会议审议通过。2001 年 3 月，常德市人民政府将城市总体规划成果上报省人民政府。2002 年 1 月 8 日，《常德市城市总体规划（1999—2020）》经省人民政府正式批准实施。

由于省人民政府在关于同意《常德市城市总体规划（1999—2020）》批复中，对常德市上报的人口和用地规模进行了核减，人口规模由 95 万人核减为 85 万人，用地规模由 95 平方千米核减为 85 平方千米，且常张高速公路线型方案进行了调整。市规划局及时与中规院衔接，对原规划修编成果进行了修改完善。

（一）城市性质和职能

本轮规划常德市的城市性质为湘西北地区的区域性中心城市、交通枢纽和流通中心、以轻型工业为主的现代化城市。城市主要职能为全市的政治、经济、文化中心，科技、教育、信息中心，烟、酒、米、纸业基地和高新技术产业基地，湘西北会展中心和旅游基地。

（二）城市规划区范围

城市规划区面积为 638 平方千米，包括武陵区，鼎城区的武陵镇、灌溪镇、石门桥镇、斗姆湖镇和白鹤山乡，德山经济技术开发区和柳叶湖旅游度假区、太阳山林场等。

（三）城市人口和用地规模

城市人口规模为 2005 年 58 万人，2010 年 66 万人，2020 年 85 万人；城市用地规模为 2005 年控制在 60 平方千米左右，2010 年控制在 65 平方千米左右，2020 年控制在 85 平方千米左右，人均建设用地控制在 100 平方米以内。

（四）城市发展方向和总体布局

城市总体格局保持一城三片形式，由江北城区、江南城区和德山城区组成。江北城区是全市政治、经济、文化、科教和信息中心，近期向北沿武陵大道、向西沿洞庭大道发展，远期向西北发展。以洞庭大道和武陵大道为骨架，依托市政广场（芙蓉广场）布置未来的城市中心区。保留原有旧城区的商业服务中心，完善配套现有居住区，规划新的居住区。西部布局文化教育用地。在火车东站西侧和西南部布局工业、仓储用地。城市绿地主要结合水系布置。

江南城区以区域性商贸市场为主要职能，配套完善基础设施，主要向西发展，适度控制向南发展。以桥南市场一带为中心组织江南片区中心。中部布局生活居住区。东、西部结合批发市场布置一些加工工业。金霞路中段和玉霞路南段集中布置公共绿地。

德山城区是市级工业基地和交通枢纽，以工业新城的目标和要求进行建设，主要向南发展。区域中心布局在乾明路南段。北部在原有基础上适当调整用地布局配套完善基础设施。南部新区东西侧布局工业用地，中部布局居住和公共设施用地，火车站西侧布置仓储和工业用地。

（五）公共设施用地布局

江北城区在洞庭大道北侧龙港路与皂果路之间布置市政广场、大型科教文化设施及相应的行政用地，形成常德市的行政文化中心。在洞庭大道以北、芙蓉路两侧集中布置科教园区。在商业布局方面，一是结合人民路中区步行城建设改造，形成具有传统气息的商业服务中心；二是结合新的行政中心布置一定的商业金融用地，形成新的现代化商业金融中心；三是在火车站周围形成大型商贸中心。

江南城区结合桥南市场布置一定规模的商业服务用地，建成区域性商贸中心。

德山开发区在崇德路以南，乾明路两侧建成德山开发区片区商贸中心。

（六）城市对外交通和城市道路

对外交通干道　利用新建和原有 207、319 国道过境段，组织市区干线外环路，把 207、319 国道和 1801、1804 省道及常张高速公路通过立交形式组织在一起，保证出城口的畅通。

铁路　洛湛铁路布置在石常铁路线东侧。由常德东站引出盐关港区和货场铁路专用线。由德山站引出地区粮库铁路专用线。

机场　完善桃花源机场配套设施建设，加强机场周围地域空域环境的保护。保证主航线运输，发展小型客机支线运输。

港口　沅江航道改造为三级航道。取消大西门码头，拆除城区中心港区货运码头，改造落路口码头，新建八房河港区和德山专用码头。

城市交通　中心城区干路网采用棋盘式布局形式，通过两条主干线（西干线由金丹路、沅江西大桥、机场路、金霞路、玉霞路、善卷路、忠德路组成，东干线由南坪路、启明路、沅江东大桥、樟桥路组成）和沅江上的三座大桥（沅江大桥、沅江东大桥，新建沅江西大桥）把江北、江南和德山三个城区连接在一起，形成中心城区道路骨架。道路等级分为主干路、次干路和支路三级。江北城区干路网由金丹路、芙蓉路、皂果路、武陵大道、紫缘路、启明路和南坪路、柳叶路、洞庭大道9条主干路和13条次干路组成。江南城区干路网由鼎城路、沅南路、金霞路和机场路、阳明路和玉霞路6条主干路和7条次干路组成。德山开发区干路网由善卷路、德山路、樟桥路、莲池路、桃林路、崇德路和兴德路7条主干路和6条次干路组成。

（七）供排水设施

在城市供水工程规划方面，近期内完成第四水厂一期工程（15万吨/日）。远期逐步扩建四水厂和三水厂，取消第一水厂。第四水厂供水能力达60万吨，第三水厂供水能力达30万吨，保留江南城区水厂和德山开发区的第二水厂，供水能力分别为2.5万吨和5万吨。

在排水工程方面，江北城区、江南城区、德山开发区各建一座城市集中污水处理厂。江北城区污水处理厂35万吨/日，江南城区污水处理厂7万吨/日，德山开发区污水处理厂12万吨/日。

（八）城市景观塑造

常德市的城市宏观自然环境要素可概括为"三山、三水"，即：太阳山、德山、河洑山，沅江、柳叶湖、穿紫河。整个城区环境有山有水，远山近水。"三山"三面围城，"两水"穿城而过，"一湖"傍城铺展。城市特色塑造以滨水现代化新兴为主体基调，并通过规划的景观轴线、生态廊道及绿化和道路系统将"三城"的格局与"三山三水"融为一体。

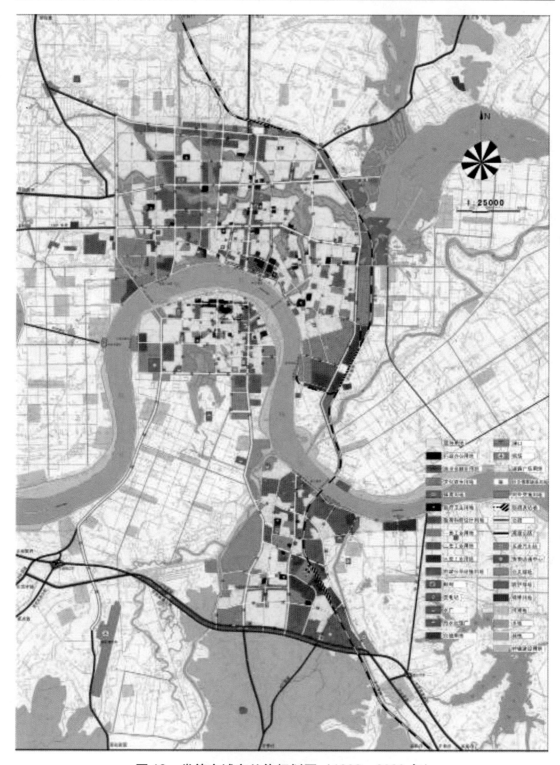

图 13：常德市城市总体规划图（1999—2020 年）

第四节　2009年版常德市城市总体规划

　　随着常德市城市化进程的加快，市中心城区的城市规模迅速扩张，到2008年底，城市人口达68万人，城市用地达68平方千米，已突破1999版城市总体规划2010年的规模。市中心城区发展空间拥挤和不足、城市用地结构矛盾日渐突出，影响和制约着城市的健康有序发展。

　　城市对外交通条件发生了重大变化。3条高速公路汇聚常德市，约80千米的城市外围高速公路环线即将形成，常德市成为全国首批60个公路交通枢纽城市之一。随着石长铁路电气化改造及复线工程的开工建设和黔张常、常岳九以及长益常城际铁路等铁路项目的逐步实施，常德市将从支线铁路经过城市提升为区域性铁路枢纽城市，铁路项目的建设对常德市的城市格局将产生重大影响；随着桃花源机场的扩建，空中交通更加便捷。随着城市外围交通条件的不断改善，有力地促进常德市经济社会的全面发展，城市的空间结构和布局必须作相应的调整。

　　湖南省委、省政府大力推进新型城市化战略和"3+5"城市群的建设，提出"2010年全省城市化水平达到45%，2015年超过50%；到2015年全省发展6个100万人口以上的特大城市，即长沙、衡阳、株洲、湘潭、常德和岳阳"。湖南省委、省政府的战略构想加快常德启动新一轮的城市总体规划修编工作。

　　2008年2月18日，市政府召开市长办公会研究确定启动新一轮的城市总体规划修编工作，并确定中规院为编制单位。

　　2008年5月，中规院正式开展总体规划修编工作。历时四年，经历了前期准备与调查研究、规划纲要编制、总体规划编制和审查报批四个阶段。中规院通过座谈会、访谈以及在市城区发放调查问卷1万份，广泛听取社会各界意见。2009年10月，中规院完成了总体规划纲要成果。2010年2月，总体规划纲要经省住房和城乡建设厅批准。3月，中规院在总体规划纲要的基础上完成了总体规划成果。市委、市人大、市政府、市政协相继召开会议对总体规划成果进行了审查。4月22日，总体规划成果经常德市第五届人民代表大会常务委员会第十六次会议审议通过。9月初，市人民政府将城市总体规划成果上报省人民政府。2011年9月9日，《常德市城市总体规划（2009—2030）》经省人民政府正式批准实施。

　　（一）城市性质和职能

　　本轮规划常德市的城市性质为湘西北区域中心城市、交通枢纽城市和生态宜居城市。城市主要职能为湘西北地区商贸物流中心、新型工业基地、旅游服务基地和文教基地。

　　（二）城市规划区范围

城市规划区面积为 623 平方千米，包括武陵区，鼎城区的武陵镇、灌溪镇、斗姆湖镇、牛鼻滩镇 2 个村、许家桥乡 4 个村、石门桥镇 15 个村，柳叶湖旅游度假区和常德经济技术开发区。

（三）城市人口和用地规模

城市人口规模为 2015 年 100 万人，2020 年 115 万人，2030 年 155 万人。城市用地规模为 2015 年 105 平方千米，2020 年 118 平方千米，2030 年 160 平方千米，人均建设用地控制在 104 平方米以内。

（四）城市发展方向和总体布局

依托"三山三水"自然资源，形成"一城三片"的城市格局，即江北城区、江南城区、德山城区三片，同时发展好灌溪、白鹤山、斗姆湖、河洑等卫星镇。

江北城区是全市的政治、经济、文化中心，未来将充分发挥太阳山、柳叶湖、沾天湖等优势条件，做到北进、东扩、西延。向北发展，打造北部新城，建设行政中心、会展中心和接待中心，形成具有良好城市景观的城市新区；向东发展，依托二广高速公路等重大基础设施的建设契机，打造东江片区，建设高档次的居住小区和与柳叶湖旅游度假相配套的旅游设施；向西发展，建设西城新区，形成以教育、烟草、物流和居住功能为主的城市新片区。

江南城区作为鼎城区的政治、经济和文化中心，以发展商贸服务业为主，城区主要向南、向西延伸。适度控制工业用地规模，引导工业项目向灌溪工业园集中。

德山城区作为国家级经济技术开发区，以建设工业新城、城市新区为目标，主要向东、向南发展。

（五）住房建设和住房保障规划

2015 年底前，人均住房建筑面积 13 平方米以下的城市低收入住房困难家庭基本实现应保尽保，进城务工人员、新就业人员等群体的住房条件明显改善。到 2020 年，人均住房建筑面积 15 平方米以下的城市低收入住房困难家庭基本实现应保尽保，到 2030 年，保障性住房覆盖全部低收入家庭、进城务工人员及新就业人员。

普通商品房政策：引导居住用地均衡发展，通过有效的规划和政策手段，促进江北城区和德山城区的商品房开发，引导江北城区居住用地扩展向新开发地区倾斜，缓解常德市老城区的压力。

保障性住房标准：廉租住房单套建筑面积控制在 50 平方米内，一室一厅建筑面积控制在 40 平方米以内；两室一厅建筑面积控制在 50 平方米以内。经济适用房建筑面积控制在 60 平方米以内，公共租赁住房控制在 60 平方米以内。公共租赁住房集体宿舍要完善配套设施，有公共食堂、健身与娱乐场所等。保障性住房户型设计以 3 口为主，坚持"经济适用、功能合理"的原则，注重节约用地，空间功能明确，环境协调美观，装修简洁舒适。

居住用地布局：根据城市的河流水系、重要的交通和基础设施通道、城市主干道对用地的分割，规划居住区28个，其中江北城区19个、江南城区5个、德山城区4个。规划居住用地面积4559万平方米，占城市规划总建设用地的28.7%，人均居住用地面积为29.4平方米/人。

保障性住房建设：规划在城市居住用地中预留50万平方米的居住用地作为保障性住房用地。近期建设保障性住房8500套，其中廉租房4300套、公共租赁住房3200套。

（六）公共服务设施布局

公共服务设施分市级、片区级两级设置。市级中心为火车站商业中心、人民路商业中心、河洑文教中心和沾天湖旅游会展中心。片区中心结合规划结构中的片区分片布置，除德山东片区外，每个片区内有一个片区级以上中心。规划公共服务设施用地3155万平方米，占规划建设用地的19.8%。

1. 行政办公用地。规划用地253万平方米，占规划建设用地的1.6%，人均1.6平方米。规划行政中心位于沾天湖片区万寿路以南、朗州路以东地块，未来的市政府和部分行政机关迁至此地办公。

2. 商业金融业用地。规划用地1525万平方米，占规划建设用地的9.6%，人均9.8平方米。在中心城区形成两个市级商业服务业中心，其中人民路商业中心以零售业服务业为主、火车站商业中心以商贸业和旅馆业为主。在规划的9个片区中，除德山东片外的8个片区均设置片区级商业中心，为本片区的城市居民提供服务。在沾天湖片区设立柳叶湖旅游会展中心，位于柳叶湖西岸；在德山南片区建设工业企业服务基地，是为开发区服务的中心。火车站批发市场用地适当向西扩展；桥南市场用地在原地原规模发展，不再进行规模的扩展。

3. 文化娱乐设施用地。规划用地339万平方米，占规划建设用地的2.1%，人均建设用地2.2平方米。在沾天湖片区中心，规划综合剧院一处；规划的9个片区中，在除德山东片区外的其他8个片区中心安排文化娱乐设施用地；结合居住区建设，在社区内部普及小型文化活动站。

4. 体育设施用地。规划用地132万平方米，占规划建设用地的0.8%，人均建设用地0.9平方米。在河洑片区中心规划大型体育馆用地；规划的9个片区中，除德山东片区外的其他8个片区中心安排体育设施用地，设置小型专业馆。加强社区级体育设施建设，按居住人口比例增加体育场地和体育健身设施。

5. 医疗卫生设施用地。规划用地154万平方米，占规划建设用地的1.0%，人均用地1.0平方米。保留原有医院，规划在除江北中心区、德山东片区外的其他7个片区中新设综合性医院。

6. 教育科研用地。规划用地 744 万平方米，占城市建设用地的 4.7%，人均建设用地 4.8 平方米。按照集中与分散相结合的原则，在河洑片区内集中建设市级文教中心（文化教育产业园）。在市级教育中心内部设置学生综合活动中心，包括中心图书馆、体育馆、学生活动中心。

7. 工业用地。规划用地 2226 万平方米，占城市建设用地的 14.0%，人均建设用地 14.4 平方米。引导工业项目向德山城区集中；对于沅江以北的工业用地，采取控制和置换的原则，坚决取缔污染重、效益低的工业项目；江南城区适当控制工业项目发展，工业项目选址限制在片区的东南，玉霞路沿线。德山南片区主要承接长三角和珠三角地区的产业梯度转移，以发展装备制造业为主；德山东片区已有企业污染较重，建议未来有污染的项目向本地区聚集；对德山中心区内已停产破产的企业应进行资产和用地的清理整顿，腾退可开发用地。

8. 仓储物流用地。规划用地 352 万平方米，占城市建设用地的 2.2%，人均建设用地 2.3 平方米。保留常德铁路东站的仓储用地和位于德山中心区的国家粮库；新规划仓储用地集中在德山东片区、河洑片区常德大道北侧、城东片区南部、江南中心区西南部。

规划 2 个物流园，即常德综合物流园和德山物流园；6 个物流中心，即河洑物流中心、常德东部物流中心、创普仓储物流中心、桥南物流中心、德山火车站物流中心和德山北部物流中心。

（七）综合交通规划

1. 高速公路。作为全国首批 60 个公路交通枢纽城市之一，长常、常张和常吉高速公路已建成通车，常岳、常荆和常邵高速公路建设已全面铺开，城市外围约 80 千米的高速环线即将形成。

2. 国道。规划 207、319 国道改线，以减少过境交通对城市交通的干扰和影响。

规划 G207 与城市交通进行分离，其路线将沿德山南部、机场南部与西南方向 G319 相接，向北跨沅江新增加公路大桥一座，并沿城市西部向北与原 G207 衔接。

规划 G319 沿德山南部、机场南部与 G207 局部共线，并接入原 G319 进入城区，G319 过境交通将沿机场西南部直接出市区。

S306 沿北部常德大道转入丹溪路、柳叶大道出市区，随着常岳高速公路和北部高速环线的建设，一部分过境交通流将通过高速环线实现分流。

3. 铁路。城区铁路按照"北客南货"的原则布局，现有火车站建成铁路枢纽站。"北客"为常德火车站，"南货"为德山货运站；德山东北部设一处城际客运辅站，城市西北部陬市设一处货运辅站。

　　根据国家铁路网中长期规划和湖南省铁路发展规划，将有石长铁路电气化改造及增建二线工程、长益常城际铁路、黔张常铁路、常岳九铁路等多条铁路线进入常德城区，常德将从支线铁路经过城市提升为区域性铁路枢纽城市。同时，规划铁路客货分运，建设铁路货运专线。

　　石长铁路电气化改造及增建二线保留老线和复线普速客运功能，新规划西部石长铁路外绕线，实现城区客货分开。

　　长常城际铁路。区域内经汉寿设站，沿石长铁路复线以东进入德山，通过德山东片区并设经停站，向北跨沅江，沿石长铁路复线一侧向北接入常德火车站。

　　黔张常高速铁路。黔张常从西北部河洑镇北部通过，向东沿铁山变和岗市变南侧接入常德火车站，与长常城际铁路线衔接。

　　常岳九高速铁路。建议常岳九接入常德火车站，合理预留城区线路走廊。

　　渝长高速客运线路的预留。建议沿黔张常高速铁路接入常德火车站，并沿长常城际客运线路出市区。

　　西部石长铁路外绕线。该线为石长铁路普速货运和黔张常货运运输使用，线路沿西部经过，货运经停线路接入德山货运站；过境货运可并入石长铁路，实现与长沙的联系。

　　4. 机场。桃花源机场作为地区支线机场和长沙黄花机场的备降机场，规模等级由4C级升至4E机场，规划至2020年旅客吞吐量达220万人次。

　　5. 港口。进一步提升城区范围内沅江三级通航标准，提高常德港1000吨级以上的停泊水平和年货运吞吐能力，加速与德山铁路联运工程建设，发挥常德港铁水联运运输作用。对城区内现状分散布置的港区及码头进行优化和整合，规划散货港区要向沅江下游集中布置，危险性货物码头布置在最下游，并独立分开。调整德山码头整体向下游设置，落路口码头、夹山街码头整合到德山码头，盐关码头近期保持现有规模不再扩大，远期应考虑向下游发展。根据江南城区工业及生产需要，在沅江南岸工业园附近规划一座千吨级货运码头。规划保留下南门中心港区旅游客运和公务功能，江南城区南岸增加一处旅游客运码头；柳叶湖增加一处旅游客运码头。

　　6. 城市道路。规划形成连接三城区的"长环型"和对外"放射"城市快速路系统。"长环型"为两条南北向和两条东西向围合的长环形城市快速路。"放射"为各方向对外的城市快速路。快速路由沅江以北的常德大道、沅江二桥、沅江以南的常德大道、桃花源路、沅江三桥（桃花源大桥）、兴德路、紫缘路、柳叶大道及洞庭大道局部路段组成，共计69.1千米。考虑常德山水园林城市景观需要，快速路可以采取准快速路的形式，避免大量的立交和高架桥梁。

　　规划形成"八纵八横"的骨架性主干路。八纵为丹溪路、皂果路—阳明路、紫缘路—

沅江大桥—善卷路、太阳大道、朗州路北路、沿河大道、德山大道和经十九路。八横为太阳大道、柳叶大道、洞庭大道、鼎城路—建设东路、金霞大道—港区路、江南大道—莲池路、桃林路和纬十四路。

7. 过江通道。保留沅江大桥、沅江二桥、沅江三桥，新增207国道公路大桥（沅江四桥）、江南与东部用地联系跨江桥梁（沅江五桥）、德山与东部用地联系跨江桥梁（沅江六桥），规划在皂果路至阳明路修一条过江隧道。

8. 公共交通。建立常规公交为主体、快速公交为骨干、出租等多方式协调利用，功能层次明确、网络布局合理、换乘衔接方便的优质公交服务体系。规划"十字＋长环"型BRT走廊，线路总长度约84.5千米，主要沿城市快速路和武陵大道、洞庭大道及善卷路骨干性主干路上布置。承担中心城区骨干客流走廊的服务，同时支撑城市空间发展战略。在规划BRT骨干客运系统基础上，在城市三城区核心区的柳叶大道、紫菱路、人民路、青年路、建设东路、皂果路、紫缘路、太阳大道、腾飞路、年寿路、鼎城路、金霞大道、德山大道和桃林路等道路上，布设公交专用道系统。在江北城区形成"七横十纵"公交专用道网络，在江南城区形成"三横三纵"公交专用道网络，在德山形成"三横二纵"公交专用道网络，全市公交专用道共计150.4千米。至2030年，公交出行需配置公交车约3100标台，万人公交车拥有率为20标台。

9. 停车规划

规划期中心城区配建停车泊位34.3万个、路外公共停车泊位5.2万个、路内规范停车泊位2.5万个，停车泊位总数为42万个。

10. 加油（气）站

城市公共加油（气）站的服务半径宜为0.9－1.2千米，公共加油（气）站的选址应符合国家有关规范的相关规定，进出口宜设置在次干路上，并附设车辆等候加油的停车道，具体在控制性详细规划中落实。大力发展新能源电动汽车，同步规划加电站设施用地，指导配套加电站设施建设。

11. 慢行系统规划

提倡步行及骑自行车出行的交通方式，积极为包括交通弱势群体在内的步行者及非机动车使用者创造安全、便捷和舒适的交通环境。为居民提供连续的、安全的慢行交通通道，通过优化已建道路断面和新建道路断面进行慢行系统设计，保障断面的有效实施。规划打通人民路步行街，恢复人民路原有的东西向干道功能，主要商业逐步集中到人民中路以北街区内，并开辟步行街。

（八）市政与公用基础设施规划

1. 供水设施。规划常德市中心城区2030年总用水量约为85万立方米/日，其中江北城区用水量约为 47 万立方米/日、江南城区用水量约为 13 万立方米/日、德山城区的用水量约为 25 万立方米/日。

规划将沅江作为常德市中心城区的集中供水水源。黄石水库、五里溪水库和红旗水库列入常德市中心城区应急备用水源。

规划期末,常德市中心城区供水水厂的总规模达到 95 万立方米/日。保留现状常德市沅北水厂和沅南水厂,并按原有设计规模实施扩建。沅北水厂远期供水能力达到 30 万立方米/日,沅南水厂远期供水规模达到 60 万立方米/日。鼎城区自来水厂为 5 万立方米/日,辅助沅北、沅南水厂向江南城区供水。

2. 排水设施。常德市排水体制原则上采用雨污分流制,对现有老城区合流制地区结合旧城改造建设逐步转变为雨污分流制,改造难度大的地区可以保留合流制系统,同时采用高效的截流措施收集污水,避免污水未经处理直接排入自然水体,其他地区均采用雨污分流制。

规划期末,城市污水处理设施规模按照 58 万吨/日进行控制。扩建江北污水处理厂,使其总处理规模达到 17 万吨/日,总占地维持现状,用地 18 公顷;扩建德山污水处理厂,使其总处理规模达到 17 万吨/日,占地面积为 13.2 公顷;扩建江南污水处理厂,占地面积 8 公顷,总处理规模达到 9 万吨/日。规划新建皇木关污水处理厂,厂址位于江北城区皇木关地区,马家吉(yuè)河河口北侧,处理能力达到 10 万吨/日,占地 8 公顷;规划新建花山污水处理厂,厂址位于花山河以南、皂果路以西,处理能力 5 万吨/日,占地 7 公顷。

3. 雨水设施。根据中心城区用地布局,规划将常德市江北城区划分为 11 个排水大分区,将江南城区划分为 7 个排水大分区,将德山城区划分为 8 个排水大分区。结合现状分流制排水管道情况,确定规划区新建分流制排水管道的平面位置,老城区污水管网的改造和新城区污水管网的建设应同时进行。结合旧城区的改造,分步骤、分阶段的进行合流制管网的改造。污水管网沿道路铺设,并设立中途提升泵站,保证污水管网较为经济的正常运行。

4. 电力设施。坚持电力发展适度超前的原则,通过新建 500 千伏石门桥变和新建常德电厂,到 2030 年常德市中心城区 220 千伏电网的主要电源点为 500 千伏岗市变、500 千伏石门桥变和常德电厂。

规划在德山片区建设垃圾焚烧电厂 1 座,发电装机容量 2×1.2 万千瓦,年发电量约 1.5 亿千瓦时,近期通过 110 千伏电压等级接入德山变电站并网,待德山南 220 千伏变电站建成投产后,改接入德山南变电站并网。

形成以 500 千伏变电站为顶点、220 千伏电网为骨架的输电格局,增强送电可靠性。2030 年中心城区共有 220 千伏变电站 7 座,总变电容量 3240 兆伏安,其中,保留现状 2 座、规划新建 5 座,共新增 220 千伏变电容量为 2700 兆伏安。110 千伏变电站遵守按负荷分片建设的原则,采用户内式或半户内式结构,以 220 千伏变电站为主供电源,分片区形成 110 千伏环网供电或 "双环网" 供电方式，以提高供电可靠性。2030 年中心城区共有 110 千伏变电站 27 座，总变电容量 3465 兆伏安，其中保留现状 4 座、扩容 5 座、升压 1 座、新增 17 座。新建 220 千伏线路以高压架空为主，高压走廊单塔控制宽度为 40 米；城市外围新建的 110 千伏高压线路采用架空线，高压走廊单塔控制宽度为 25 米，进入核心城区采用架空形式走廊确有困难的 110 千伏高压线路可采用电缆入地敷设方式，其他一般城区采用钢管塔架空方式架设。

5. 通信邮政设施。预测到 2030 年，中心城区固定电话用户 75 万门、移动电话用户 128 万门、有线电视用户约 40 万户。近中期建成常德市级指挥中心和智能城市指挥平台；建成重点部门、行业、区县指挥中心；建成数字常德基础地理信息平台和城市统一信息交换和服务共享平台；建成水、电、气、暖、污水处理、交通、环境、气象等专业传感器物联网，实现城市要素的实时自动采集和监控；建成无线城市、道路实况、煤矿安全生产、数字城市规划、数字城管等一批重点工程。远期，随着信息化科技的进步，进一步完善城市智能系统。

局所规划。中心城区电信系统采取现状扩容、适当新增局所的措施，对现状中心局和端局进行扩容，并在江北城区新建 4 座电信端局、江南城区新建 2 座电信端局、德山地区新建 2 座电信端局。到 2030 年，中心城区共有电信中心局 1 处、电信端局 13 处、交换机容量达到 85 万门。有线电视采用保留现状中心局、不再新增中心局的措施。规划在江北城区新建有线电视分前端 2 座，江南城区新建分前端 1 座，以满足中心城区有线电视接入要求。规划在中心城区新建邮政支局 15 处，各新建邮政局（所）以配合其他公建设施进行合建为主。

6. 燃气设施。中心城区燃气气源以天然气为主、以液化石油气为辅。天然气利用应优先保障城市居民生活用气、公建设施用气和 CNG 汽车用气，控制工业用户用气。2030 年，中心城区天然气总用气量约为 65.6 万立方米/日。

规划常德市中心城区天然气气源仍来自长沙－常德输气管线，至 2030 年，长－常输气管线每年约向中心城区供气 2.33 亿立方米。近期，保留现状皇木关门站，并将现状德山混气站改建为德山门站。远期，取消德山门站，在樟桥路东侧新建德山门站。规划在皂果路北段新建 1 座高中压调压站。

规划江北城区天然气管网采用高－中两级压力级制。其中，高压管网设计运行压力 1.6MPa，中压管网采用中压 A 级压力级制，设计运行压力 0.2—0.4MPa；江南城区和德山地区天然气管网采用中压一级压力级制，管网运行压力为 0.2—0.4MPa。燃气管网沿城市主干道路布置。

7. 环境卫生设施。2030 年，垃圾无害化处理率达到 100%。现状桃树岗卫生填埋场本期容量饱和后规划进行封场绿化。依设计继续建设檀树坪垃圾焚烧发电厂，一期设计处理能力为 900 吨/天，远期设计处理能力为 1200 吨/天，占地约 5.37 公顷，年发电 9920.7 万度。

规划在鼎城区草坪镇附近建设 1 座生活垃圾堆肥处理厂，形成集分选、转运和堆肥处理等多种功能的生活垃圾一体化综合处理中心。小型垃圾转运站的设置应以小型密封压缩式转运站为主，宜靠近服务区域的中心或生活垃圾产量多且交通运输方便的地方，设置标准为每 0.5—0.7 平方千米设置一座，占地面积不小于 100 平方米。

环卫基层机构规划。规划在江南城区和德山城区各建一处包括环卫所用地的环卫停车场，占地面积约 20 亩左右。根据管理所分布现状和常德市规划区的用地布局，规划期末共需增设 10 处环卫管理所，其中包括 1 处水上管理所。

（九）中心城区公共安全规划

1. 防洪排涝规划。江北防洪圈防洪标准采用 100 年一遇，排涝标准采用 10 年一遇，24 小时暴雨 24 小时排干。江南防洪圈防洪标准采用 50 年一遇，排涝标准采用 10 年一遇，24 小时暴雨 24 小时排干。德山防洪圈防洪标准采用 50 年一遇，排涝标准采用 10 年一遇，24 小时暴雨 24 小时排干。

采用蓄泄兼顾、以泄为主的方针，加强与上游地区尤其是五强溪水库的协调，在区域内形成独立完善的防洪体系。对淤塞严重影响排洪的重点河段进行疏浚清挖，确保行洪河道的畅通。利用城区水域、湿地和部分低洼地区调蓄涝水，维持现有的水面率，疏通排涝骨干河道，非汛期维持自然状况，汛期根据需要分别进行控制，充分发挥现有河道水体的防洪滞洪作用，合理安排各片区洪涝水出路。

2. 抗震减灾规划。常德市中心城区设计基本地震加速度值为 0.15g，抗震设防烈度为 7 度。实行预防为主、防御与救助相结合的方针，采取合理可行的对策，达到综合抗御 6 级左右地震的能力。

规划避震场所分为三级，一级避震场为长期避震场所，用地规模不小于 1 公顷。主要利用公园、滨河绿地、广场、操场、体育场、绿化隔离带等作为一级（长期）避震疏散场所；服务半径为 2—3 千米，步行大约 1 小时之内可以到达，人均用地 3 平方米。二级避震场所为中转灾民场所，用地规模在 5000—10000 平方米之间，主要利用滨河绿地、广场、操场、体育场、绿化隔离带等作为二级避震场所，服务半径为 1 千米左右，步行大约 20 分钟之内可以到达，人均用地 2—3 平方米。三级避震场所为紧急避震场所，用地规模在 2000—5000 平方米之间，主要利用城市居民住宅附近的小公园、小花园、小广场、专业绿地、高层建筑物中的避震层（间）以及抗震能力强的公共设施作为三级避震疏散场所；服务半径 500 米左右，步行大约 10 分钟之内可以到达。

避震疏散通道以常德大道、柳叶大道、洞庭大道、桃花源路等城市主次干道作为人员疏散和物资运输的主要疏散救援通道。避震疏散主通道的有效宽度不宜低于 15 米，两侧的建筑高度应进行控制，以保证疏散通道的安全畅通。城市的出入口数量不应少于 8 个，每个对外联系方向应至少拥有两条出口通道。

3. 人防规划。到 2030 年人防工程建设规划总面积应达到 80 万平方米（建筑面积 100 万平方米），其中人员掩蔽工程面积应达到 65 万平方米，指挥通信工程、医疗救护工程、各类专业抢救工程、物资储备工程应合理规划，分区建设，面积应达到 15 万平方米。

人防工程由人员掩蔽工事、指挥通信工程、医疗救护工程、各类专业抢救工程、物资储备工程等组成，分别按照《人防法》和《人防工程战术技术要求》的规定加强建设。城市地下空间的开发利用、市政公用基础设施、交通工程和房屋建筑等工程的规划和建设，要兼顾人民防空的要求，分区分片把已有人防工程和新建人防工程连通，逐步形成由地下商业娱乐设施、地下停车场、地下过街道等组成的城市地下防护空间。

4. 地质灾害防治规划。认真编制地质灾害年度防灾方案和突发性地质灾害应急预案，扎实做好防灾工作的部署和安排。对省、市、县级重点隐患点要单独编制防灾预案；落实防灾责任，加强汛期地质灾害监测、查险工作；做好应急处置工作；进一步推进群测群防建设；加强人为活动管理，防止人为活动诱发地质灾害；加强地质灾害监测预警工作，及时通过新闻媒体、网络、传真、短信等方式发布可能发生地质灾害的气象信息；加强宣传培训工作。

（十）中心城区环境保护规划

到 2030 年，城区环境空气质量优良率达到 93%；城镇集中式饮用水水源地水质达标率稳定保持在 100%；中心城区的污水处理率达到 100%，县级市、县城的污水处理率达到 100%，建制镇的污水处理率不低于 95%；城镇工业废水排放达标率 100%，工业用水重复利用率达到 80% 以上；工业固体废弃物处置利用率 100%；危险废物集中处置率 100%；生活垃圾无害化处理率 100%；城市区域环境噪声平均值小于 55 分贝，交通干线噪声平均值小于 70 分贝；中心城区噪声达标区面积覆盖率达到 100%；水环境功能区水质达标率 100%；二氧化硫在 2005 年排放量的基础上削减 35%—45%；二氧化碳在 2005 年排放量的基础上削减 60—65%。

水环境功能区划。常德市中心城区柳叶湖水体执行《地表水环境质量标准》中Ⅲ类水体标准，穿紫河水体达到Ⅳ类水质标准，沅江城市饮用水源保护区执行地表水Ⅱ类水体标准，东风河入沅江口至社木铺人渡执行地表水Ⅳ类水质标准，其余河段执行地表水Ⅲ类水体标准。

大气环境质量。根据常德市的大气环境质量功能区划，中心城区全部划分为大气环境质量二类区并执行《环境空气质量标准》（GB3095－1996）二级标准。

声环境功能区划。分为 1 类声环境功能区、2 类声环境功能区、3 类声环境功能区、

4a 类声环境功能区和 4b 类声环境功能区。

（十一）中心城区地下空间利用规划

旧城地区逐步推进地下空间的开发利用，原则上不提倡大规模的地下空间开发。

新建设区中的一般地区提倡积极的地下空间开发，利用地下空间完善城市步行系统，建设地下停车设施，提倡地下市政设施的统一建设，建设"共同沟"。

新建设区中的核心功能区应对地下空间进行统一规划，最终建成完整的地下空间系统。应结合地下空间建设商业、文化、娱乐综合设施，对地下空间周边的建筑提出地下出入口、步行通道的控制要求。

（十二）城市景观塑造

1. 绿地系统布局。采取"生态隔离、网络渗透"的布局手法。生态隔离：利用沅江、柳叶湖、马家吉（yuè）河、枉水和外围密集的生态湿地，形成中心城区建设用地的有效生态隔离屏障，是整个中心城区的绿色背景。网络渗透：在中心城区建设用地的内部，利用河流水系、沿街绿地河沿交通走廊市政走廊的防护绿地，形成两级绿化系统网络。同时外围生态隔离和内部的绿化网络之间通过几个主要生态廊道互相联通渗透。

至 2030 年，规划公共绿地 2202 万平方米，人均 14.2 平方米。规划 9 个市级公园，14 个区级公园。

2. 景观系统规划。提出了新的"三山三水"的概念，"三山"指太阳山系、德山山系和"大河洑山"，"三水"指外江、内河和内湖。新"三山三水"环抱在三个城区周边，渗透于城区之内，形成了内外交融的城市生态景观网络。

规划形成"一带三核多廊道"的城区景观结构。"一带"指沅江绿色生态带，"三核"指柳叶湖、善卷文化公园、德山公园三个生态核心，"多廊道"指常德大道、桃花源路、朗州路（铁路以北）—火车站—武陵大道、紫缘路—善卷路、柳叶大道—穿紫河—东溪路、金霞大道共 6 条城市景观廊道。

沅江生活岸线。规划江北城区从沅江三桥至沅江一桥为生活岸线，延续诗墙公园建设模式，结合雕塑和小品设计形成城市公园、城市广场；江南城区防洪堤建设应尽可能与绿地相结合，增加绿化面积，与沅江北岸形成一自然一人文的两岸风光。重点地区建设城市广场，结合批发市场建设，形成人性化的商业休憩空间；德山城区孤峰塔至沅江二桥段规划为生活岸线，对现有的工业用地进行腾退改造。严格控制德山城区沿沅江岸线的建筑高度，突出孤峰塔的景观地标地位。

重要景观节点。包括新河渠节点、常德火车站节点、沾天湖旅游会展中心节点、三河交汇节点、东江马家吉河湾节点、鼎城西中心节点、孤峰塔节点、城际铁路客运站节点和德山南片区公园节点。

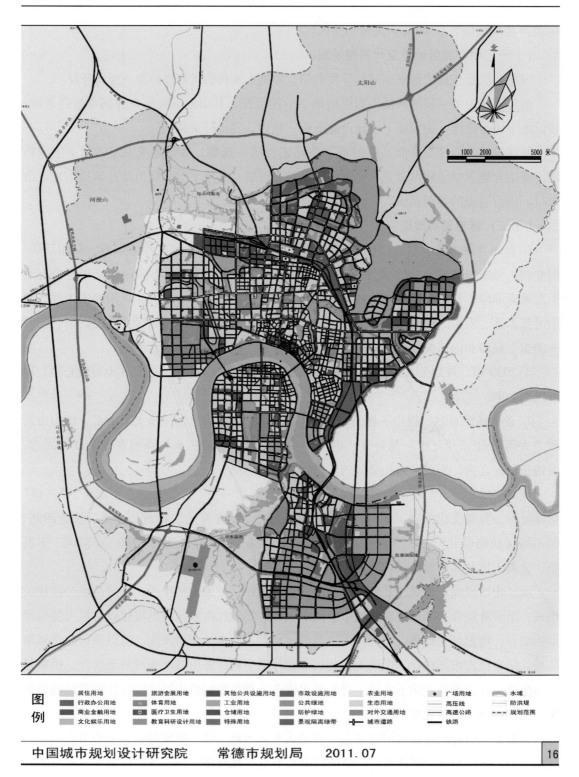

图例

居住用地	旅游会展用地	其他公共设施用地	市政设施用地	农业用地	广场用地	水域
行政办公用地	体育用地	工业用地	公共绿地	生态用地	高压线	防洪堤
商业金融用地	医疗卫生用地	仓储用地	防护绿地	对外交通用地	高速公路	规划范围
文化娱乐用地	教育科研设计用地	特殊用地	景观隔离绿带	城市道路	铁路	

中国城市规划设计研究院　　常德市规划局　　2011.07　　　16

图14：常德市城市总体规划图（2009—2030年）

第三章　分区规划

第一节　常德经济技术开发区总体规划

常德经济技术开发区（简称经开区）地处湖南省西北部，属洞庭湖西平原丘陵过渡地带，是进入云贵的重要通道。

常德经济技术开发区是市级工业基地和交通枢纽，207、319 两条国道以及二广高速、长常高速、长张高速公路都交汇于此，连接京广和枝柳线的石（门）—长（沙）铁路，长益常城际高铁横穿常德经济技术开发区。开发区北邻沅江，沅江航道常年通行 1000 吨级的船舶，为三级航道标准。西南方向距常德桃花源机场 4 千米，机场已开通常德至广州、深圳、北京、海口、上海、重庆等地航班。

《常德市城市总体规划（2009—2030）》确定常德经济技术开发区的城市性质为承接沿海发达地区产业转移的中部地区制造业基地、湘西北区域物流中心，以新型工业为主，集居住、商业为一体的综合性两型城市新区。

（一）规划期限

常德经济技术开发区概念性总体规划确定的规划期限为 2008 年至 2030 年。其中，近期规划至 2015 年，中期为 2020 年，远期为 2030 年。

（二）城市人口规模与规划范围

规划确定近期至 2020 年的年均人口机械增长率为 55‰，远期至 2020 年的年均人口机械增长率为 25.25‰。

至 2015 年，经济技术开发区的人口规模为 17 万人。至 2020 年，经济技术开发区的人口规模为 21 万人。至 2030 年，经济技术开发区的人口规模为 33 万人。

确定规划期内至 2030 年常德经济技术开发区总用地规模约为 71 平方千米，规划建设用地为 66 平方千米。2020 年规划建设用地约为 42 平方千米。

城市规划区范围：西至枉水河，东至二广高速边界，北至沅江，南至常张高速公路以南约 3—4 千米，规划范围总面积 71.11 平方千米。

（三）城市总体布局

城市空间布局结构以德山老城区为中心，向东、南拓展，形成"城在水边，水在城中，山水相映，和谐发展，融山、城、水于一体"的城市格局。

总体上，规划城市空间结构为"一城、三片、四轴、五中心"。一城为常德经济技术开发区；三片是指主城区、东部产业组团和南部产业组团；四轴为南北向的德山大道、东西向的桃林路及串联两大产业组团的发展轴；五中心分为主中心与次中心，形成"一主四次"，主中心为整个常德经济技术开发区的核心，次中心分别是三个功能分区的中心，构成多组团、多中心的组团城市结构。

主中心———滨江商务、文化休闲娱乐中心。

次中心一———行政文化商贸中心。

次中心二———南部产业组团中心，即信息产业中心。

次中心三———东部产业组团中心，即传统产业服务中心。

次中心四———东部轻轨商务中心。

南北向发展轴——德山大道。

东西向发展轴——桃林路。

产业组团发展轴——尚德路。

综合发展轴——常德大道由过境道路转变为内部道路，定位为经开区商业样板示范街。

（四）城市建设用地规划

1. 居住用地规划

规划居住用地903.86公顷，占规划城市建设用地的13.78%，人均27.39平方米。其中一类居住用地面积84.68公顷，占城市建设用地的1.29%。二类居住用地面积745.97公顷，占城市建设用地的11.38%；中小学配建用地73.21公顷，占城市建设用地的1.12%。

2. 公共设施用地规划

编制区内的公共设施用地包括7种类型，总用地474.80公顷，占城市建设用地的7.24%，人均14.39平方米。

规划行政办公用地23.55公顷，用于安排常德经济技术开发区各级行政办公设施。主要新建行政管理设施向规划行政中心及产业组团中心聚集，现状大部分行政设施可予保留。

规划商业金融用地313.40公顷。

规划文化娱乐用地16.79公顷。

规划体育设施用地21.46公顷。

规划医疗卫生用地30.31公顷，主要包括现状保留的德山第二人民医院、莲池医院、水电八局医院。此外，新规划一所综合医院，位于南部产业组团内，占地面积3.7万平方米；以及3处社区服务中心，占地面积各约2万平方米左右。

规划教育科研设计用地69.05公顷，规划位于南部产业组团内。

规划文物古迹用地0.24公顷，为现状保留荣定王墓，位于常德市二中东部。

3. 工业用地规划

规划工业用地2318.51公顷，占规划城市建设用地的35.35%，人均70.26平方米。

4. 交通及道路用地规划

规划对外交通用地86.37公顷。主要对外交通用地包括石长铁路火车站用地，港口用地，公路货运站、公路客运站以及常张高速公路及二广高速公路用地。规划道路广场用地863.61公顷，占规划城市建设用地的13.17%，人均26.17平方米。

5. 市政公用设施及绿地规划

规划市政公用设施用地65.19公顷。

规划绿地1555.55公顷，占规划城市建设用地的23.72%，人均47.14平方米。其中，公共绿地面积725.22公顷，人均用地21.98平方米。

（五）城市空间管制规划

城市空间建设管制分区：城市空间建设管制分区划分为禁建区、限建区、适建区和已建区4种类型。

（六）专项规划

1. 行政办公设施规划

行政办公用地规划：规划在常德经济技术开发区管委会形成区级行政办公中心，将集中德山主要的行政机构，并且同时形成商务办公中心。主要的行政办公用地依然集中在德山大道两侧，在现状基础上进行整合和完善。在两大产业组团中心，配备一定比例的行政办公用地，形成组团行政办公中心。规划行政办公用地共计23.55公顷，占城市建设用地的0.36%。

2. 商业设施规划

规划近期在原有商业设施的基础上由低档次、小规模的商业配置向高品位、大规模的集约化经营改进，形成大型的商业街区或购物城，成规模、上档次，充分体现德山中心商业区的服务水平。

3. 医疗卫生设施规划

针对目前德山医疗卫生设施现状，为推动医疗卫生事业的快速发展，改善人民物质生活水平，建议将2015年目标定为5张/千人，预测人口为17万人，则需床位数为850张；另建议将2030年目标定为6张/千人，预测人口为33万人，则需床位数为1980张。

规划德山2015年目标为千人拥有医生数5人以上，则卫生技术人员至少为850人；

2030 年达 6 人以上，则卫生技术人员至少为 1980 人。

规划至 2030 年，医疗卫生设施用地面积 30.31 公顷，占城市建设用地总面积的 0.46%，人均 0.92 平方米。

4. 文化体育设施规划

（1）文化娱乐用地

规划形成三个文化娱乐中心，分别位于桃林东路北侧，善卷路、桃林路口德山森林公园东侧，以及东部产业组团靠近盘塘湖附近。桃林东路北侧文化娱乐中心包括图书馆、青少年活动中心、娱乐城等；森林公园文化娱乐中心包括游乐城等，盘塘湖文化娱乐中心包括博物馆、文化馆等。

规划至 2030 年，文化娱乐设施用地面积 16.79 公顷，占城市建设用地总面积的 0.26%，人均 0.51 平方米。此外，各居住区内按相应标准设置基层文化娱乐设施。

（2）体育用地

规划在青莲路、善卷路以及合兴路、临枫路设置体育中心，包括综合体育场、综合体育馆、露天球场等，规划用地规模分别为 9.76 公顷与 12.09 公顷。

5. 教育科研设施规划

规划确定小学千人指标为 70 人/千人；初中千人指标为 35 人/千人；高中千人指标为 25 人/千人。据此预测 2030 年，小学在校生人数为 23100 人；初中在校生人数为 11550 人；高中在校生人数为 9900 人。需要学校数量大致为：小学约 13 所（30 班×50 人/校）、初中约 8 所（30 班×50 人/校）、高中约 3 所（48 班×50 人/校）。

小学规划，在新建的居住区中以服务半径为 500 米来布置小学。对桃花山小学、乾明小学、石门桥小学等 3 所完全小学进行保留及扩建；将莲池中学改为完全小学；将现状的莲花池小学改为城区中心幼儿园；另新建小学 9 所。共规划小学 13 所，其中 4 所为九年一贯制学校，用地面积 1.5 公顷—2 公顷。

中学教育设施规划，保留原有石门桥中学、常德二中，另新建高中 2 所，初中 7 所。共规划初中 8 所，其中 4 所为九年一贯制学校，其服务半径为 800 米—1000 米布置，用地面积 3 公顷—4 公顷左右。共规划高中 3 所，用地面积 8 公顷—10 公顷左右。

大专中专职业教育，保留正在建设中的常德葆力就业培训学校，另在南部及东部产业组团新增 69.05 公顷的产业研发用地。

6. 文物古迹用地规划

德山有 1 处文物古迹，为荣定王墓，是省级文物保护单位。设置文物古迹保护范围和周边控制范围两个层次，并按照《文物保护法实施细则》进行控制，使其成为德山重要的文物古迹风景点。

文物古迹保护范围。为省、县级的文物古迹、建筑等本身（指四至范围界限以内地区）以及向周边延伸 10 米范围。

周边建设控制地带范围。在文物保护单位的范围（即绝对保护区）以外划一道保护范围（一般文物古迹建筑界限外 40 米）。

7. 工业仓储用地规划

（1）工业用地规划

规划工业用地 2318.51 公顷，占规划城市建设用地的 35.35%，人均 70.26 平方米。由于常德经济技术开发区不是一个独立的单元，而是作为常德市的新城区，因此工业用地的比例偏高，应在全市范畴中进行平衡。

规划南部、东部两个产业园区，外加主城区北部工业园区。

南部产业园区。包括常张高速公路以南、石长铁路以西的区域。以一、二类工业为主，主要发展以电子信息为核心的高新技术产业、医药与食品加工产业、新材料产业等。同时，规划配套的产业研发用地及产业组团中心，辅以一定比例的居住用地，规划人口为 6.64 万人，形成"居、产、学、研"一体化的产业组团。

东部产业园区。包括二广高速公路以西、东风河以东的区域。以二、三类工业为主，主要发展机械电子制造产业、造纸产业、汽车零配件产业，同时配合火电厂的建设与扩容，发展循环经济相关产业。

主城区北部工业园区。包括有德路以南、常张高速公路以北、枉水以东、石长铁路以西的区域。规划基本保留现状工业用地及筹建中的工业用地，以二类工业用地为主，主要发展医药与食品加工、纺织业、新材料产业等。

此外，东风河西侧、桃林路以南规划都市型产业园。都市型工业，以发展劳动密集型、劳动资本复合密集型、技术密集型兼有的，以能耗小、无污染、能解决大批就业为标准的新型工业为主，主要有纺织业等。

桃林东路南侧规划创意产业等生产性服务业用地，配合长益常城际客运专线建设，构建为长株潭"智慧型"工业化发展先导区。

（2）仓储物流用地规划

规划兼顾集中设置原则和交通方便的要求，共规划了 3 片集中的仓储物流用地。其中主城区 1 片，位于德山火车站处，结合铁路站场设置。东部产业组团靠近常张高速公路出入口附近规划 1 片，结合银华物流园设置。同时，与物流园区相配套，其东侧规划了集中商贸区。靠近德山港区规划 1 片。3 片仓储物流用地的对外交通均极其方便，满足物流园区的储运要求。

8. 综合交通规划

（1）对外交通规划

铁路交通规划

石长铁路是焦柳、京广两条铁路干线的联络线，该线从焦柳线的石门站接轨经常德，在京广线长沙捞刀河站联轨。石长铁路在常德城区设3个车站，它们是常德站、常德东站和德山站。常德站以办理客运为主，常德东站以办理铁路、水运货物联运为主，德山站则以办理货运为主。德山站是石长铁路的区段站，有一条国家粮库专用线与其相接，德山货场也是常德市货物运输的集散地，货物品种以粮食、煤、钢铁、石油和矿建为主。

石长铁路线经过德山，在德山设置有一货运站。石长铁路是焦柳铁路、京广铁路的联络线，考虑到未来德山工业新城的定义，以及物流产业的发展，规划确定石长铁路货运站为二等货运站，并且增加列车到发班次，提高火车年货运周转量，打造常德铁路货运中心。同时，石长铁路规划确定为复线。

公路交通规划

常德经济技术开发区位于公路交通十分便利的地区，有三条高等级公路在开发区经过，它们是207国道、319国道和常张高速公路。

未来规划二广高速从德山东侧穿越，并且建议在德山石门桥镇设置一高速公路出入口。因此德山未来对外交通发展规划将重点围绕高速公路展开，充分做好高速公路文章。

水运交通规划

航道，常德经济技术开发区北侧主要有沅江航道经过。沅江由西向东经过开发区北部注入洞庭湖，随着常德—鲇鱼口三级航道整治工程并配套常德港千吨级码头的建设，沅江航道现通行1000吨级的船舶，为三级航道标准。

德山港区位于沅江南岸，有码头9个，码头结构以浆砌块石形式为主，其岸线总长600米，靠泊能力500吨级，年综合通行能力150万吨。

规划在松林路、望江东路设置沅江水运码头，提高水运货物吞吐能力，并结合港口设置货物水运中心。规划占地约33.55公顷。

（2）城市主要出入口

从对外交通的出入口来看，未来德山对外交通出入口分别为：高速公路出入口、国道出入口、城市道路出入口。

高速公路出入口：常张高速公路在石门桥镇的常德大道、海德路交叉口设置一高速公路出入口，通过常德大道来作为高速公路引道，衔接对外交通与城市交通。规划二广高速公路在石门桥镇设置互通式立交国道出入口：国道207、国道319线从开发区南部并线、再向西穿越，作为过境疏解道路，到达性交通通过德山大道、常德大道作为引导，与城市交通相连。

城市道路出入口：通过兴德路向西与鼎城区、机场相连，通过善卷路接玉霞路通向鼎城和主城区，通过德山大道向南通向益阳、邵阳方向，通过常德大道向东南连接长沙。在尚德路预留跨江通道口，远景增加向主城区联系的跨江通道。

长途汽车站

至2008年，德山尚无长途汽车客货运站，规划结合德山城市总体定位，设置长途汽车客货运站。

汽车客运站。规划在民建路、临枫路路口设置长途汽车客运站一座，占地约4.5公顷，为汽车客运二级总站。

汽车货运站。规划在海德路、临枫路路口设置长途汽车货运站一座，占地约3.6公顷，为汽车货运二级站。

（3）城市道路交通规划

路网规划

规划未来形成"八横八纵"的网格状城市干路体系。

"八横"是城市内部的贯通东西走向主干路，从北向南分别为：莲池路—政德路、桃林路—桃林东路、崇德路—长安路、兴德路、盛德路、尚德路、怀德路、宣德路。

"八纵"是城市内部的贯通南北走向主干路，从东至西分别为：园德路、善卷路、德山大道、长安路、常德大道、海德路、尚德路、大德路。

（4）静态交通设施规划

规划共设地面停车场14处，总占地面积为14.24公顷。

加油站　依据《城市道路交通规划设计规范》，城市公共加油站按服务半径0.9—1.2千米布置，规划共设加油站4处，总用地面积1.57公顷。

（5）工业区道路

工业区道路所占比例一般为11%—15%，比城市一般地区道路所占比例小3%—5%左右，主次干路间距普遍控制为800米—1200米，可满足各种类型工业的使用要求；此外为灵活使用土地，除主次干路之外，规划可以增设必要的建议支路走向，以满足小型工业企业用地需求，间距一般控制为200米—450米。

9. 城市绿地系统规划

规划至2030年，常德经济技术开发区绿地面积达到城市建设用地的20%以上，人均公共绿地面积15—22平方米，绿地率不小于35%，绿化覆盖率不小于40%。

根据开发区现状基础和概念总体规划布局，规划由公共绿地、生产防护绿地、居住绿地、附属绿地。共同构成城市格网状的生态绿化系统。城市绿地系统总体上可以概括为"一面、两带、两轴、多点"的总体格局为一面两带两轴多点。

"一面"为西侧以常德孤峰公园、德山森林公园为主的山体以及西部斗姆湖形成的生态面。

"两带"为枉水及东风河滨水绿带，宽度控制在 30 米—150 米。这两条绿带是保护城市水体的防护绿带，同时也是滨水休闲和娱乐项目集中的公共绿地，可以进行适当的开发，成为城市的带状公园。

"两轴"为沿高速公路规划生态防护绿轴。常张高速公路两侧控制 30 米—100 米隔离绿带，二广高速公路两侧控制 50 米—400 米隔离绿带。

"多点"是以绿化网络为依托形成的、便于市民活动休憩的点状公共绿地，以及散布于各类开发建设用地内的附属绿地。

城市公共绿地由滨河绿地、城市公园、街头绿地组成。

常德经济技术开发区的防护绿地主要由 5 个部分组成：沿枉水、东风河防护绿带；石长铁路防护绿带；常张高速公路及二广高速公路防护绿带；高压线防护绿带；主干路防护绿带。

生产绿地　包括德山森林公园南侧的二里岗生产绿地和常张高速公路防护绿地。

居住绿地　包括居住小区游园、组团绿地、宅旁绿地等。

沿城市主干路设置道路绿地，包括道路绿地带和交通岛绿地等类型。

规划沿城市主要交通性干道两侧设置连续防护绿带，两侧宽度各为 15 米。

10. 景观风貌规划

"绿楔穿插"——德山在"组团城市"的建设空间结构下，结合生态原则和水系保护要求，最终实现"以绿楔穿插建成空间"的景观空间形态。

"山水城市"——规划强调未来建设过程中对可能恢复的地形地貌或自然山体应尽量恢复，对其他尚未破坏的自然山水严格控制，其中包括对周围建筑的控制，以构筑"显山露水"，"城不压水"的真正"山水城市"。一方面要求在未来建设过程中尽量保持原有地形地貌，同时结合未来中心城区空间结构以及现状自然山水分布，形成东西向和南北向分布均为"两山两水"的自然景观特色格局。两山为东部德山，南部群山；两水为枉水河及东风河遥相呼应。以上东西向和南北向富有自身韵律的自然山水，构筑德山网络状的山水自然生态格局，形成"江、山、城、河""绿在城中""城在绿间"的城市景观空间格局。

11. 重大市政工程设施规划

（1）给水工程规划

按照水量预测，至规划期末常德经济技术开发区最高日供水量为 55.12 万吨/天，现有第四水厂总设计规模为 60 万吨/天，可以满足远期发展需要，无需再新建水厂。

水源地防护措施

在水源保护区内不建有污染的企业、度假村、游乐园、疗养院及居住小区等，加强水源保护区流域内水土保持工作，加强水源地区所在地的城镇生态环境综合整治规划。

（2）排水工程规划

污水工程规划

规划在区内东北角，沅江以南新建第二污水处理厂，设计能力30万吨/天，占地17公顷，近期产生污水排放至德山污水处理厂，未来将有两座污水处理厂共同接纳该片区污水，污水厂采用二级处理工艺，污水处理率达100%，污水厂尾水经管道排至沅江。

（3）电力工程规划

经预测本区用电负荷约为80.45万千瓦。规划区内以220千伏/110千伏/10千伏/0.4千伏为主要供电电压，35千伏为辅助供电电压，区内今后不再建设新的35千伏变电站。

保留现有220千伏德山变，新建220千伏善卷变，电源来自德山变，远期接入开光站。到2030年止，常德经济技术开发区内有7座110千伏变电站，它们是永丰变、乾明变、龙潭变、海德变、盘塘变及专用企业的金钛变电站和泰格林纸业变电站，正常方式下，永丰变、乾明变、金钛变、海德变，泰格林变由220千伏的德山变提供电源。龙潭变、盘塘变由规划的220千伏善卷变提供电源。开发区内110千伏变均形成环网结构，获得可靠电源，其接线简单、供电可靠、调度灵活。

（4）通信工程规划

将现有德山分局扩容，使远期电话装机容量达18万门，高新园模块局远期扩建为汇接局，另外还需新建15个远端模块局。每个电信局预留用地0.3公顷。

（5）广播电视工程规划

规划在开发区增设新的分端机房，用来辐射未来新增加的用户群。加快开发区广电网络资源的整合，形成一个完整的广电网。把网络建设成为先进的、高速的宽开双向网，用来传送集语音、图像、数据于一体的综合业务。

（6）燃气工程规划

本区居民用气耗热定额标准2930兆焦耳/人·年（70万千卡/人·年），公建用户年用气量取居民年用气量的40%。工业与民用供气比例取2：1，未预见用气量按5%计。

规划区总人口远期33万人，远期气化率按100%计，天然气低热值取34MJ/立方米。

燃气管道平均日用气量为47.42万立方米/天，高峰小时用气量为5.93万立方米/小时。

川渝天然气经长输管线沿长常高速进入德山，此长输管线于桃林路开梯进入德山天然气门站，现状门站位于桃林路与德山大道交口西北，远期移至桃林东路、海德路交叉口，与规划储配站合建，调压后0.4兆帕送至德山输配管网。

输配管网系统均采用中压一级管网，柜式和箱式调压相结合的供气方式。

开发区远期规划储配站位于桃林东路、海德路交叉口，与远期门站合建。

根据 CNG 汽车用气量预测，常德市德山规划 CNG 汽车加气站 2 座，为了节约用地，其中 1 座 CNG 汽车加气母站与门站合建，另一座 CNG 汽车加气站设于临枫路与松林路交叉口，用地面积 0.45 公顷。

12. 环境保护工程规划

常德经济技术开发区环境保护的总目标是：规划期末污染物排放总量控制在国家规定的排放总量指标内，工业污染源污染物排放达到国家规定的标准，环境污染和生态破坏的趋势得到基本控制，环境质量有明显改善。

大气环境质量目标：大气环境质量保持在《环境空气质量标准》（GB3095 - 1996）二级标准的范围内，城市大气环境质量得到明显改善。

水环境质量目标：水环境质量达到《地表水环境质量标准》（GB3838 - 2002）Ⅲ—Ⅳ类的范围内。沅江水质达到国家地表水Ⅲ类水体标准，枉水河水质达到国家地表水Ⅳ类水体标准，东风河水质达到国家地表水Ⅳ类水体标准。

噪声环境质量目标：开发区各功能区环境噪声达到《城市区域环境噪声标准》（GB3096 - 93）要求。交通噪声控制带昼、夜间控制在 55—65 分贝之间。区域噪声控制带昼夜间控制在 50—60 分贝之间。

大气环境保护目标

常德经济技术开发区二氧化硫、二氧化氮年平均浓度达到国家Ⅱ级标准，可吸入颗粒物年平均浓度达到国家Ⅱ级标准。

声环境保护目标

交通干线噪声值小于 70 分贝，区域环境噪声值小于 55 分贝，开发区内按功能分区分别达标。

水环境保护目标

常德经济技术开发区地下水源达到《生活饮用水卫生标准》和《地下水质量标准》中Ⅲ类水质标准，达标率达 95% 以上；地表水按不同的水体功能分别达标，达标率达 80% 以上；污水集中处理率达 90%。

13. 综合防灾规划

（1）消防工程规划

建设设备先进、设施齐全的城市消防系统。实现消防设施、消防管理的现代化。实现消防设施的合理布局。建设建筑火灾报警远程监控系统。提高消防设施的自动化、智能化水平，加强消防指挥中心和被监督单位的信息资源共享。

城市消防站一览

表 2 - 3 - 1 - 1

站名	位置	用地面积（公顷）	消防站等级	备注
大队	望江西路南侧、老码头附近	0.90	消防指挥中心	现状
一中队	南部产业组团	0.71	标准普通消防站	新建
二中队	东部产业组团	0.53	标准普通消防站	新建
三中队	东部产业组团	0.33	特种消防站	新建
四中队	主城区	0.42	小型普通消防站	新建

（2）防洪治涝工程规划

城市防洪设计标准应根据城市等级、洪灾类型以及城市的重要程度和人口数量等因素确定的。根据规划区城市发展规模及洪水特点，参照《防洪标准》GB50201 - 94 第 2.0.1 条，远期规划区常住人口为 33 万人，其城市等级为Ⅲ级。防洪设计标准为 100—50 年一遇。

根据国家关于城市防洪要求和德山具体情况，确定远期规划区城市防洪标准一级河道为 100 年一遇，二级河道为 50 年一遇。规划区新建泵站排水设施的规模按 20 年一遇，年最大 24 小时暴雨 3 天排完进行确定；新建排水闸规模按 20 年一遇，年最大 24 小时暴雨 24 小时排完进行确定。

（3）抗震工程规划

根据国标《中国地震动参数区划图》（GB18306 - 2001），常德经济技术开发区为地震七度设防区。新建、扩建、改建建设工程，必须按照国家颁布的地震烈度区划图或者地震动参数区划图规定的抗震设防要求，进行抗震设防。

（4）城市人防规划

为保证城区主要疏散干道在遭受战争袭击后不堵塞，城区主要疏散干道应符合人防战术技术要求。

结合城市建设，建造地下通道、地下室、防空地下室等，在规划区内逐步形成指挥通信工程、物资储备工程和人员掩蔽工程等有效防护体系，提高城市的防护能力。

为适应平时和战时的需要，规划结合广场和绿地设置多处避灾疏散场地，这些广场与绿地平时将为市民提供生活、娱乐、休息的舒适环境与场所，战时也将成为群众隐蔽、疏散和救护的有利条件。

规划修建人防工程总面积为 8.25 万平方米。

人防建设与城市建设相结合，充分开发利用地下空间。

新建 10 层以上（含 10 层）或 10 层以下、基础开挖深度达 3 米以上（含 3 米）的建筑，按底层面积修建防空地下室。

新建10层以下，基础开挖深度小于3米，总建筑面积500平方米以上的民用建筑（不含教师住宅及中小学教学用房，下同），按地面总建筑面积的2%修建防空地下室。

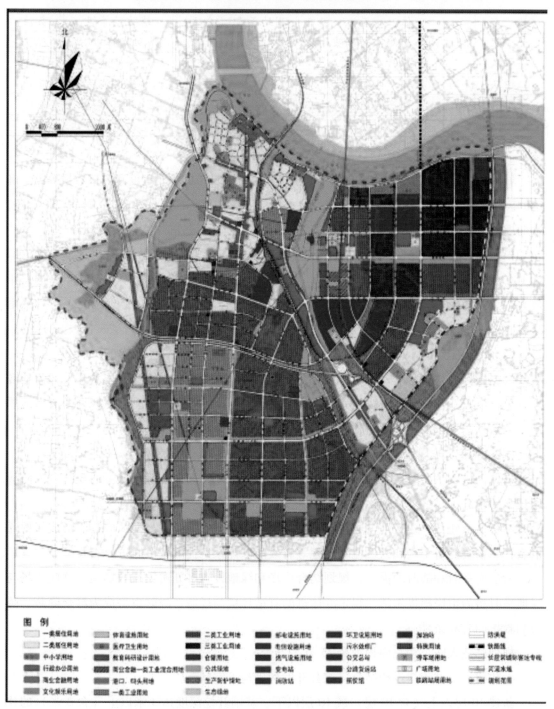

图15：常德经济技术开发区概念性总体规划（2008—2030年）

第二节　柳叶湖旅游度假区总体规划

柳叶湖旅游度假区位于常德市中心城区的东北面，距中心城区约 3.5 千米，包括柳叶湖、沾天湖、太阳山、花山、白鹤山等区域，与桃花源、花岩溪等旅游景区相临，地理区位条件十分优越。

受常德市规划局的委托，中国城市规划设计研究院风景园林所于 2003 年 9 月开始进行常德柳叶湖旅游度假区总体规划的修编工作。2005 年 4 月 28 日，该规划通过了由省建设厅主持的有各方专家参加的规划评审。

一、规划期限

常德柳叶湖旅游度假区总体规划的期限为 16 年，即 2004 年—2020 年，其中近中期 6 年（2004 年—2010 年），远期 10 年（2011 年—2020 年）。

二、规划范围

规划范围包括旅游度假区和外围保护区两个层次，规划范围总面积 138.8 平方千米。

旅游度假区规划范围包括柳叶湖和太阳山两个部分，总面积 54.26 平方千米。柳叶湖部分面积 44.69 平方千米，太阳山部分面积 9.57 平方千米。

外围保护区规划范围包括白鹤山乡、东江乡、南坪岗乡、灌溪乡以及柳叶湖旅游度假区管委会管辖的 26 个行政村，面积 84.54 平方千米。

三、分区规划

（一）休闲度假区

1. 戴家岗度假中心区　位于柳叶湖的西岸，石长铁路以东，S306 省道以南，面积 4.8 平方千米。邻湖面城、地势平坦、风光秀丽、交通便捷，道路等基础设施条件良好，适宜建设高档次的休闲度假、休养疗养、商务活动、文化交流设施。规划突出现代旅游度假区综合功能要求与滨湖特色，成为柳叶湖旅游度假区游、娱、购、食、住、行的中心和形象窗口。可适当开发特色度假酒店、度假村、培训中心、高级公寓，成为自然景观优美、人文活动丰富的度假中心区。

规划在柳叶大道旁临柳叶湖处建戴家岗公共服务中心，在柳叶大道两侧设置中心广场、游客中心、滨湖公园、博物馆、会展馆、影剧院、购物街、美食城、银行、邮局、公交换乘站等设施，满足大型综合旅游度假活动的需要；保护毛家垱内湖湿地，建设生态文化公园，布置隐园、龙膺书屋、髡残画院、屈子歌亭、司马诗楼、楚风园等文化设施和花卉园、水生植物园、儿童乐园等景点，使其成为戴家岗的"绿心"和游憩活动的中心；加强柳叶湖防洪堤的景观建设，利用丰富多样的自然环境空间，并结合地形设置亲水广场、滨水林荫道及休息空间，使之成为城市和旅游度假区重要的滨水空间，可进行观赏、游乐、休憩以及学习等活动；在戴家岗的东北部地区，建设多种类型的体育运动设施场地，形成综合性的体育休闲区域。主要布置有体育公园、赛马场、高尔夫练习场、棒球场、网球中心、武术学校、中医保健馆；休闲别墅、宾馆酒店等度假设施围绕生态文化公园呈圈层结构分布；保护和整治戴家岗水网系统，通过对农田、水面和湿地的改造，形成具有特色的开放空间；对现有比赛的起、终点码头，赛道，终点塔，观礼台等体育设施进行改造和扩建，使其达到国际标准，并不定期举承办大型国际、国内水上运动比赛。

2. 老堤障水景度假区　位于柳叶湖南岸，面积2.6平方千米。通过对鱼塘的整治，形成以内湖水面为特征的水景度假区域。① 对现状鱼塘进行整治，形成水面大小不一，堤岛相互连接、岸线曲折变换的自然水景。② 度假设施以高档低层、低密度别墅、酒店为主，组团式布局，绿地率不低于50%。整体建筑风格以湖南及常德地方特色建设为基调，强调建筑的风景化、特色化、功能化。③ 沿柳叶湖岸线开辟公共活动空间，设置亲水平台、广场、水榭等设施，游人可品茗小憩、凭栏望湖、林下露营、荡舟水面，感受不同的滨水景观特色，并加强堤路旁的植物景观改造，以柳树为主要树种，并搭配多种花灌木，形成特色植物景观，为游客提供景色优美、优雅舒适的游览和度假环境。

3. 罗湾休闲度假区　位于沾天湖西侧，花山东部，面积1.4平方千米。背山临水、视野开阔，是一处休闲避暑、回归自然、放松身心，以高尔夫休闲度假为主要活动内容的高档次休闲度假。① 利用良好的地貌条件建设18洞标准高尔夫球场及练习场，并配置高尔夫酒店、会所，提升旅游度假区服务档次和水平。加强区内的植物景观营造，特别是加强乔木的种植，使建筑掩映在山岗林木之中，与山水景观相互融合。② 合理配套多种适宜的游憩设施和度假别墅，为业主提供交流、休闲、娱乐的场所，提高旅游度假区利用率及收益率。

4. 极限竞速运动区　位于S306省道以东，常德驾校以北，面积1.3平方千米。利用复杂多变的丘岗地形，建设综合性极限竞速运动区。①充分利用周边驾校、机动车检测场设施条件，结合地形建设一处以车辆运动为主题的活动区域。建设短道汽车拉力场地，开展汽车、摩托车场地越野赛、障碍赛；BMX小轮车比赛；山地自行车赛；极限运动场地赛（攀岩、滑板、轮滑、小轮车花式与障碍赛等）等项目。②逐步建设发展为全国极限运动选手的培训基地，并可以做为全国分站比赛的定点场地，吸引国内外高手参加，促进竞技体育和休闲体育活动的共同发展。

（二）观光游览区

1. 太阳山山地游览区　位于旅游度假区最北部，主要包括太阳山林场及南部低山，面积9.57平方千米。规划以森林植被、雄峰幽谷和历史遗迹为主要景观特色，以登高远眺、森林旅游和史迹探访为主要游览内容。①按照屈原《九歌》的描述复建阳山庙及东王庙、充分挖掘沅湘文化，将屈原不朽名著的精神与沅湘地方民俗有机结合，突出博大精深的地方历史文化。在玄天峰顶修建"后羿射日"主体雕塑，突出太阳山的景观文化主体。②完善登山道路系统，形成游览环路；在太阳山主峰及观日峰等处设立观景平台，并通过游路使其互相连接，使游客可以在不同的高度、层次，俯看日新月异的常德，碧波荡漾的柳叶湖，并可远观烟波浩渺的洞庭风光。③利用太阳山多变的地形地貌和良好的植被条件，建设特色植物观赏区和"鸟语林"，并开展露营、登山、攀岩、速降、徒步穿越、自行车越野、野外定向、拓展训练等多种森林旅游活动。④修复白鹿寺及荣怀穆王墓园遗址，成为游人游览途中休憩、停留、怀古思今的遗址公园，展示柳叶湖地域文化。⑤保护太阳山森林植被，并根据景观需要及自然条件适当进行林相改造，丰富植物景观特色。⑥景区入口设在六里岗和白鹿寺两处，结合周边的景点建设对入口环境景观进行改造，设置旅游服务设施。

2. 月亮山自然游览区　位于沾天湖北岸，月亮山村、神路冲一带，面积1.8平方千米。规划以突出月亮文化和秋景植物为特色，以观光游览、植物观赏为主要活动内容。①与太阳山"后羿射日"相呼应，修建广寒殿、邀月台、奔月亭等景点建筑，突出"嫦娥奔月"传说。②修复玉皇庵、配套观景休息设施，形成地形起伏、道路曲折、村舍依依、绿柳茵茵、情趣高雅、景观优美的整体游赏环境。③种植桂花、枫香、乌桕、栾树等芳香、色叶树种，突出秋景特色，举办赏花、闻香、望月、赏景等以自然观赏为主题的游览活动。④结合神路冲地区的景观特色设置旅游度假设施，满足东北部地区旅游度假活动的开展。

3. 仙人洞山水游览区　位于沾天湖东侧，南起贾家垸，北到周家山，西沿沾天湖，东靠环湖路，面积1.9平方千米。规划以山水相依的丘岗洞穴和丰茂的植物为主要景观特色，以登高望湖、寻幽探古、植物欣赏为主要活动内容。①根据民间传说开发利用仙人洞，结合水景和地形对现有道路进行改造，采用乡土材料，修建望湖亭、仙人台、烂船洲、桃树湾等景点，形成仙人洞曲折回环、高低错落的游览序列，使游人步入其中有恍如仙境之感。②根据杨幺农民起义的故事，利用李家山周边良好的山水环境，修建杨幺水寨，设置聚义堂、水上营寨、战船等设施，使游人亲身体验旌旗飘摆、鼓声振天的历史场面。③利用现有良好的植物景观条件和山水优势建设常德市植物园，加强特色植物景观的营造，突出四季景观的变化，特别提高色叶树、花灌木的比例，增加果树的种类，构成丰富多彩的景观环境。

4. 白鹤山生态游览区　位于柳叶湖的北侧，包括白鹤山及万金障农场退耕还湖后的部分水面，面积2.0平方千米。以丘岗山林、生态湿地和野生动植物为主要景观特色，规划以登高赏湖观鸟和湿地生态旅游为主要活动内容。①搬迁白鹤山上现状职业中学等建筑，保护和恢复白鹤山常绿阔叶林群落，为白鹤栖息创造良好的生态环境条件。②修建排云阁，恢复白鹤庙，配套必要的观景及旅游服务设施，使其成为柳叶湖上重要的景观标志和一处登高观赏湖光山色、白鹭英姿的重要景点。③利用万金障退田还湖的条件，在山水结合部修堤、筑岛、建滩，培育各类水生植物，营造湿地生态景观，成为水生植物、湿地植物、昆虫、鸟类、两栖类动物的良好栖息地。并结合白鹤山地区的生态特色和景观条件，定期举办"白鹭节"，开展观鸟、识鸟、爱鸟及其他一些旅游活动，使其成为旅游度假区的生态旅游亮点。

5. 花山文化游览区　位于沾天湖西北岸，北到赵公坡下，西起罗湾村，东到邵花河，面积3.9平方千米。①发掘"刘海砍樵"这一美丽传说的丰富内容，建设刘海文化村，开展情景式旅游活动。沿岸设置与神话传说有关的各种景点，开展各种民间手工艺的表演、展示活动，不定期举办民俗文化活动和表演，使其形成为展示柳叶湖民间文化的场所。②对现状鱼塘进行整理，形成环状水系，广植荷花、菱角，开辟瓜果园、蔬菜园、香料园、花卉园、垂钓园，修建农家木屋、手工作坊，开展民俗旅游。③保护花山自然杜鹃花群落，并加以充实改造。在突出杜鹃的前提下，丰富四季花卉，形成花山"四季鲜花盛开、花香不断、花果满山"的花海景观。④利用花山东侧砖瓦厂废弃地，进行景观整治，配套建设休闲度假设施。

6. 蚂蟥溶湿地游览区　位于沾天湖北岸，主要为退田还湖后的蚂蟥溶湿地，面积3.5平方千米。规划利用退田还湖的有利条件，恢复大面积自然湿地景观，为野生动植物创造理想的栖息环境；形成恬静自然的风景，开展生态旅游活动。①保存并改造现状防护堤以调控内外湖水位，通过筑岛修堤合理的划分水面，为水生植物生长提供良好条件。②整治内湖景观，营造洲岛堤滩，创造多样化的适于植物生长和动物栖息的自然环境。引种适于常德的各种水生植物，再现"蒹葭茫茫，鱼跃鸢翔"的自然胜景。形成大小不一、错落有致、以水为主题的游览内容。③湿地内严禁建设各种永久性旅游设施和人工建筑，必要的为生态旅游服务的设施以临时性竹木建筑为主；游览活动以舟船和徒步为主，禁止机动车进入。④建立湿地生态解说系统，开展科普及环保教育，使游人在休闲游览过程中了解湿地，亲近湿地，从而达到共同保护湿地的目的。

7. 响水垱观光果园区　位于沾天湖东侧，南起周家山，北到到兴寺里。面积1.2平方千米。规划以湖湾港汊、丘岗果园为主要景观特色，以采摘、垂钓、农家乐等田园体验为主要活动内容。①广泛种植各种果树，开展观光、游览、采摘等活动，形成自然式、田园化的生态观光果园景观。②开辟亲水游览步道，修建旅游农庄，建筑风格和布局突出常德乡土建筑特色，开展多种农家乐旅游活动。

（三）水上活动区

1. 柳叶湖水上运动区　位于旅游度假区的南部，面积 13.17 平方千米。规划以水上比赛、水上休闲娱乐为主要活动内容。①合理划分柳叶湖水面功能区，狐仙岛以南水面以水上运动训练、比赛为主；狐仙岛以北水面以水上娱乐、游览为主。②按照国际比赛标准，完善水上运动比赛设施，为度假区成为"国际赛场"提供基础保障。③结合湖底清淤和退田还湖，在柳叶湖上修筑狐仙、白鹭、湖心、万金四个洲岛，以丰富水面景观和活动内容。其中狐仙岛以突出"刘海砍樵"神话传说为主要内容；白鹭洲为野生鸟类提供栖息地；湖心岛拆除现状建筑，扩大面积，加强绿化，作为柳叶湖北部水域游人主要游憩停留点；万金岛以综合运动娱乐活动为主。

2. 沾天湖水上游览区　位于度假区的中部，面积 9.75 平方千米。山水相依，曲折幽静，规划以水上游览为主要活动内容。①在沾天湖中地势较高处筑仙人洲、野鸭岛，增加湖面层次和幽静感。洲岛以植物景观为主，并修建点景建筑，成为游湖的兴趣中心。②在沾天湖西岸 S306 省道以北设置游览观光码头和综合旅游服务区，开展水上观光游览活动。

四、景观规划

（一）水体景观规划

规划建议利用万金障、蚂蟥溶等地区退田还湖的时机、进行湖区疏浚，并结合水面改造的景观需要，堆岛筑堤，丰富景观，拓展游览空间，扩充游人容量，并与现状风景资源一起，形成独特的景观系列，增添游赏情趣和旅游项目。

1. 恢复大湖水面　利用柳叶湖退田还湖的有利条件，恢复原有水面，使原本相对独立的柳叶湖、沾天湖彻底连通，形成水面平静、水质清澈，视野开阔的大湖景观。水面的扩大，也加强了柳叶湖与周围山体之间的联系，使整体的山水结构更加完整，景观特色更加鲜明。在水面恢复同时，在 S306 省道跨湖段，修建一座大桥连接东西两岸，整体造型简洁、轻盈、现代，并与周边的山体、水体、湿地形成一定的虚实对比，使整体的大湖景观更加富于变化，景观层次更加丰富、多样。

2. 营造湿地水景　万金障自然湿地：采用破堤引水的方式，形成开阔的水面，利用现状地形的高差变化，形成若干岛屿，并由一条曲折的步行堤岸相连接，形成完整的游览体系。在湿地中修建木质栈道和平台，设置生物说明牌、观察木屋等，使游人可真切观察到候鸟的迁徙、繁育的过程。

蚂蟥溶水景湿地：采用不破堤引水退田还湖的方式，通过设立引水闸，调控蚂蟥溶内外水位，既起到防洪排涝功能，又便于形成堤岛纵横、洲滩并茂的湿地景观。通过水面划分形成荷花荡、芦苇塘、水禽园、垂钓园、山水园、湿地园等不同景园，重塑古洞庭的原生生态景观，成为生态旅游的亮点。

3. 整治洲岛港汊 通过对湖中洲岛的标高进行控制，使一些位置和景观条件较好的岛屿不会因为水位的调整而发生较大的变化，同时加强岛上植被和景观的改造，形成如狐仙岛、湖心岛、野鸭岛等功能类型各不相同的岛屿。并根据景观和活动的需要对渐水河、花山埦等处的梳理，形成山环水绕、滩塘相映、层次丰富的景观空间。

4. 梳理水网田园 柳叶湖西岸渐水河、花山垸、万寿等地区是由沾天湖围湖造田而来，因此该地区地势较低，水网密布，河道纵横、呈现出浓郁的水乡风情。规划对这一地区的水面进行梳理、连接，浅滩港汊进行疏浚整治，形成相对完整的田园水网系统。广泛种植太空莲、菱角等水生植物，并和周边的杉树、橘园相互呼应，增添水体景观的层次和色彩。游人可乘坐小舟畅游其间，欣赏周边的村舍风光、田园秀色。

5. 控制湖水水位 柳叶湖水位控制在 31—33 米之间（吴淞高程系），使其形成堤岛纵横、港汊交错的丰富水体景观效果，同时保证水上竞赛和娱乐活动的需要。在保证城市防洪的前提下，合理规划、调配湖区的蓄水量，在汛期适度的采用强排措施（特别是及时建设马家垸强排站），保证柳叶湖的水位控制在 32—33 米。

6. 软化滨湖驳岸 加强滨湖岸线的建设管理，除局部人工活动密集区外，一律采用自然岸线，并尽可能地形成延向湖面的缓坡，同时加强护岸植物和水生植物的种植，提高湖滨带环境、生态和美学功能。

（二）植物景观规划

根据柳叶湖旅游度假区现状植被分布特征、立地条件以及规划布局要求，将度假区划为生态林景观区、植被恢复区、风景林景观区、水生植物景观区、田园风光景观区、经济林景观区、高尔夫植物景观区、生态文化公园、植物园、园林绿化区及农田林网区等十一个植物景观区域。

1. 生态林景观区 太阳山地区以封山育林、生态保护为主，逐步淡化经营性生产的职能，主要用于景观塑造和发展旅游。结合林相改造，间伐疏残林或过熟林，提高林相景观质量，在常绿树木马尾松、杉木的基础上，在游览道附近适当间植枫香、樟树、木荷、栲树、朴树、榆树、银杏、酸枣等阔叶树、色叶树。

2. 植被恢复区 规划将区内现有的荒山丘陵划为植被恢复区，控制人类活动的干扰，恢复这一区域的植物资源，使植被达到一定的景观效果。这一地区主要以栽植马尾松、杉木、柏类、栎类、枫香等树种为主。

3. 风景林景观区 主要分布于以观光、游览为主的功能区内，通过植物群落整体的季相、色彩变化，产生引人入胜的景观效果。规划在保护现有植物的基础上，根据游览组织需要，进行林相更新和景观改造，重点在花山、月亮山等区域，参照自然群落模式，种植阔叶树、色叶树和花灌木，充分展现旅游度假区内的植物景观特色。

4. 水生植物景观区 在旅游度假区退耕还湖的区域进行湿地植被的规划建设，形成多层次复合结构的湿地生态系统。

5. 田园风光景观区 将旅游度假区范围内的部分农田区域规划建设成为田园风光景观区，引导农民发展生态观光农业，同时结合水面种植水生、湿生植物；结合堤岸、田间空地，栽植各类乡土树植物，以突出田园风光的感观效果。

6. 经济林景观区 结合旅游度假区现状经济果园，在适当地段建设若干经济林景观区，如油茶园、果园、药用经济林园等。

7. 高尔夫植物景观区 规划在罗湾休闲度假区建设高尔夫球场，因此该区域植物景观以现代高尔夫运动区为基本标准，结合现状丘岗山地和原有植被，营造出以草地为主调，人工与自然相融合的植物景观。

8. 生态文化公园 在戴家岗中心区规划建设一生态文化公园。该公园运用传统造园手法，适当改造原有地形和水体，突出陆生、湿生、沼生、水生植物景观相互融合，为游人和城市居民创造一方远离城市喧嚣的自然生态环境。

9. 植物园 根据现状植被条件和观光游览的需要，在仙人洞山山水风光游览区建设一处植物园。丰富现有植物品种，引种收集一批珍稀濒危植物，将植物园建成以观赏、科研为主要职能，以生态旅游为龙头的植物观赏精品区。

10. 园林绿化区 戴家岗度假中心区、白鹤山建设区及老堤障水景度假区是设施建设的集中区域，在植物景观规划中，结合其开发和建设，开辟绿化广场、建设绿化隔离带，加强道路绿化，要求该区绿地率达到 50%，绿化覆盖率达到 60%，使其成为具有鲜明山水景观特色的园林化区域。

11. 农田林网区 旅游度假区范围内包含大量的农田，除部分规划为特色田园风光景观区外，剩余大部分农田将维持其自然原貌，同时结合纵横交错的田间道路，种植生长势好、姿态挺直的毛白杨、栾树、香樟、刺槐、石楠等树种。

（三）环湖景观带

柳叶湖环湖景观带全长约 43.9 千米，两侧的山地丘岗、田园村舍、河湾港汊等景观类型众多、特色鲜明。环湖景观带把太阳山雄浑的山地景观、柳叶湖多变的水域景观和旅游度假区开阔的平原景观联系在一起，形成了一个山、水、城相依相靠、浑然天成的有机整体，集中展现度假区的整体景观特色。

环湖景观带建设范围为防洪大堤及其背水坡坡角线外侧 50 米，重点地区可延伸至 100 米，景观控制范围为背水坡坡角线外侧 300 米，如遇山体则以第一重山山脊线为界。

通过对环湖防洪堤的利用和改造，在现有堤顶路的基础上建成双向两车道 8 米宽的环湖观光车道，长度 43.9 千米；除戴家岗度假中心区段以外，不允许社会车辆进入环湖游览路，仅供度假区内部专用游览车和电瓶车通行。为充分体现休闲度假旅游的特点，在环湖游览车行路近湖一侧设置1.5—3米宽人行观景步道，并以5千米为单位结合沿途居民点设置旅游服务点10处。在景观突出处设置观景停留点、观景平台12处，景点指示识别系统若干。沿线设置游船停靠点及码头9处，游览车停靠站点9处。

依地形、地貌、堤坝类型的不同，栽种、培植幅宽不等的绿化带，植物景观建设以原生植被群落特点进行建设，以适地适树为基本原则，使用地带性乡土树种，采用组团式种植，形成不同季相特色的植物群落，建立稳定的群落关系。景观带绿化工程面积合计360.9公顷。戴家岗和老堤障沿线建设50米宽城市园林式绿化带；仙人洞、白鹤山沿线采取原生植物群落配植形式，依地形地貌不同，因地制宜地设置绿化带，绿化带宽度不低于30米；万金障、蚂蝗溶等湿地区域种植水生、湿生以及耐水湿植物，并防止水芙蓉、水葫芦等蔓延性水生植物生长；万寿村、东江等柳叶湖沿线，采用耐水湿地被植物加强堤坝护坡绿化，同时在堤外结合果园、池塘种植经济作物，如橘、柚、太空莲等，经济效益和观赏价值兼顾。

根据沿线景观特征将环湖景观带划分为戴家岗、万寿村、罗湾村、蚂蝗溶、桃树岗、万金障、柳叶湖东岸、老堤障8个景观区段。

（四）建筑景观规划

柳叶湖建筑景观空间的规划设计强调整体协调感和序列感；注重各个功能空间建筑景观的和谐与景观结构的有机构成；对沿湖建筑群按照空间构图原理的有序布置，构筑富有韵律变化的天际线景观，形成地域性的标志与个性场所。

旅游度假区建筑分风景建筑、旅游服务建筑和一般建筑三大类。风景建筑以传统建筑风格为主，使用天然石材、木材，追求自然朴素，风景建筑选址注意借景和点景效果，起到"画龙点睛"的作用；旅游服务建筑要求色彩淡雅，风格明快，体量精巧，形式协调，建筑高度一般不高于12米；建筑风格、色彩与旅游度假区自然环境相协调。戴家岗度中心区是各类建筑集中地区，建筑景观空间强调整体协调感和序列感，构筑富有韵律变化的天际线。加强建筑物周边环境改造，通过集中绿化、垂直绿化、屋顶绿化等多种方式，使建筑掩映在绿色之中。

五、旅游度假设施规划

旅游度假设施规划分为住宿类旅游服务设施规划和非住宿类旅游服务设施规划。

（一）住宿类旅游服务设施规划　旅游服务设施分为度假宾馆酒店、度假别墅、度假公寓3种类型。

1. 度假宾馆酒店　规划将度假宾馆酒店集中布置于戴家岗东侧、老堤障南部和花山东部三个区域。戴家岗东侧酒店区是旅游度假区的标志性地段，建筑构成富于变化的天际线，并充分考虑与周边环境协调统一；老堤障、花山地区的酒店建筑以低层庭院式布局为主，色彩淡雅、风格朴素、体量适宜，融入柳叶湖美丽的山水风光之中。度假宾馆酒店每床位用地不低于120平方米，其中绿地面积不低于30平方米。

2. 度假别墅　规划将度假别墅集中布置于戴家岗生态公园周边、老堤障东北部和罗湾高尔夫球场。度假别墅每床位用地不低于150平方米，其中绿地面积不低于40平方米，使别墅掩映在碧水绿树的自然环境中，成为自然山水有机组成部分。

3. 度假公寓　规划将度假公寓布置于戴家岗度假中心区边缘地带，以低层住宅为主，建筑高度低于15米，容积率低于0.6，绿化覆盖率大于40%。

（二）非住宿类旅游服务设施规划　非住宿类旅游服务设施按照旅游服务中心、旅游服务点、旅游服务站三级配置。

1. 旅游服务中心　规划设置在戴家岗中心区内，提供旅游综合商店、游客中心、银行、停车场、门诊所、安全监管、纪念展览、餐厅等较为全面的综合性服务内容。

2. 旅游服务点　规划设旅游服务点10处，分别位于太阳山、白鹿寺、花山、月亮山、仙人洞、白鹤山、竞速区、大溶障、东江、水上起点等地。提供休憩庇护、餐饮店、小卖部、卫生间、停车场、旅游纪念品商摊、救护站、游览宣讲设施、安全监管等服务内容。

3. 旅游服务站　规划设旅游服务站12处，分别位于太阳山、森林浴场、神路冲、响水垱、蚂蟥溶、万寿、杨幺水寨、白鹤山、老堤障、生态公园、体育休闲区、水上终点等地。提供休憩庇护、导游小品、卫生间、环境卫生、商亭等服务内容。

六、环境保护规划

环境保护规划将度假区划分为一级保护区、二级保护区、三级保护区和设施建设区。

（一）一级保护区规划　一级保护区是指生态系统敏感性较强，容易受到外来干扰，并具有较高景观价值，需要重点保护的区域。包括太阳山、花山、白鹤山生态林地，万金障湿地以及蚂蟥溶湿地等5片区域，面积29.1平方千米。大气环境质量达到Ⅰ级标准；污水全部达标处理后排放，地表水环境质量优于Ⅱ级标准；声环境质量达到国家0类标准。

（二）二级保护区规划　二级保护区是指柳叶湖、沾天湖周边具备较好的景观基础和较高利用价值的区域，在保持旅游度假区内生态系统的稳定和生物多样性条件下，可进行一定范围和强度的开发利用。包括旅游度假区及环湖景观带外围300米（不含集中设施建设区），面积41.9平方千米。大气环境质量达到Ⅱ级以上标准；垃圾无害化处理达到100%；污水全部达标处理后排放，地表水环境质量达到Ⅱ级标准；声环境质量达到国家Ⅰ类以上标准。

（三）三级保护区规划　三级保护区是旅游度假区的生态和景观背景，为度假区的外围保护区，具备一定的景观基础和一定的开发价值，主要以农业生产为主，面积61.5平方千米。大气环境质量达到Ⅱ级标准；农业污染得到有效控制，生产、生活污水实现100%达标排放；地表水环境质量达到Ⅱ级标准；声环境质量达到国家Ⅰ类标准。

（四）设施建设区规划　戴家岗度假中心区、白鹤山乡建设区、罗湾休闲度假区、老堤障水景度假区（部分）为设施建设区，面积9.3平方千米。大气环境质量达到Ⅱ级标准；垃圾无害化处理达到100%；生产、生活污水实现100%达标排放；地表水环境质量达到Ⅱ级标准；声环境质量达到国家Ⅰ类标准，绿化覆盖率超过50%。

七、道路交通与基础工程规划

（一）道路交通规划

1. 对外交通规划　旅游度假区对外交通主要依托常德交通枢纽城市的优越条件，以长张高速公路、石长铁路、常德桃花源机场等构成立体的对外交通体系，并通过环城高速路使度假区对外联系更加方便快捷。S306省道和柳叶路、花山路是直接进入旅游度假区的主要道路，应加强道路管理和景观建设，道路两侧绿化带不小于20米。修建柳叶湖船闸，开通穿紫河至柳叶湖水上航线，实现旅游度假区与城市绿地系统在景观、生态以及游憩等方面的互通。

2. 内部交通规划

（1）游览主干道　是进入旅游度假区并沟通各功能区的车行道路，可方便游人快速到达各个景区景点进行游览。其中环湖景观路利用现状堤顶路加以改造，形成环湖道路，宽度9米，为2车道，全长约43.9千米。具有环湖观光游览、开展体育活动、沟通景区景点等多项功能。环湖景观路严格控制机动车通行，除局部地段外不允许任何社会车辆进入，仅供度假区内部专用游览车和电瓶车通行。柳叶路是进入度假区的主要道路，通过对道路断面的改造，加强两侧绿化带的建设，形成绿色景观路。

（2）游览次干道　是旅游度假区内部各景点之间以游览观光功能为主的车行道路。以原有的乡村道路为主，并结合游览内容适当开辟新路。道路的改造和建设应充分考虑周围的环境与景观，在满足功能的前提下，突出旅游度假区的生态景观特色。

（3）步行游览路　根据区内道路现状及景点分布，设置步行游览路，分布于太阳山、花山、仙人洞等游览区，主要为沙石路、石板路，路宽1.5至3米，全长约20千米。

（4）停车场　设置10处集中式停车场，面积（1500－3000平方米），分别位于戴家岗度假中心区、东江、白鹤山、极限竞速运动区、仙人洞、大阳山、白鹿寺、蚂蟥溶、花山、万寿。其余一些景区、景点可结合服务设施设置小型停车场。

（5）桥、闸　在恢复柳叶湖大湖水面的同时，规划在S306省道跨湖段修建连接东西两岸大桥，整体造型简洁、轻盈、现代，不仅满足了旅游度假区交通的需要，同时也成为柳叶湖上一道独特的风景。

（6）水上航线　规划在戴家岗水上运动起点、白鹤山、泉水桥北沾天湖西岸设立 3 处观光码头，在老堤障、东江村、仙人洞、万寿村、姚家咀、神路冲设立 6 处小型停靠码头。开辟湖上航线，增加游人的游览方式和停留时间。

（二）基础工程规划

1. 给水工程规划　旅游度假区内用水规划由三路引入，一路为柳叶路 DN800 给水干管；一路为南坪路 DN600 给水干管；一路为启明路 DN1000 给水干管。根据地形地势以及旅游设施布局规划，采用集中与分散相结合的方式供水，其中，柳叶湖西南侧的区域采用集中供水方式，主要包括戴家岗度假中心区、老堤障水景度假区、花山文化游览区、罗湾休闲度假区等片区。柳叶湖东北侧的区域采用自备水源分散供水方式，主要包括太阳山山地游览区、月亮山自然游览区、响水垱生态游览区、仙人洞山水游览区、极限竞速运动区、白鹤山生态游览区、白鹿寺和红旗水库等区域。

2. 排水工程规划

（1）污水工程规划　戴家岗度假中心区、罗湾休闲度假区污水通过污水泵站提升，直接汇入江北污水处理厂，污水管道管材采用钢筋混凝土排水管。污水处理厂采用二级生化处理工艺，度假区内产生的所有污水，经污水处理厂集中处理后，出水水质达到国家《污水综合排放标准》（GB8978 – 1996）二级标准规定的要求，污水厂出水建议排入沅江下游。在花山文化游览区、太阳山山地游览区、月亮山自然游览区、响水垱生态游览区、仙人洞山水游览区、极限竞速运动区、白鹤山生态游览区等区域，分别设置小型埋地式一体化污水处理设备处理污水，污水经处理后的排入林地内，采用渗透法进行处理，但林地的选择要慎重，应选择对环境影响小，坡度平缓的地区，避免二次污染。

（2）雨水工程规划　根据不同区域和具体地形地势特点，采取不同的雨水排放方式，戴家岗度假中心区规划沿道路敷设雨水管渠，采用分散多点排放方式就近排入水体，其他区域按地形就近排入自然水体。

3. 供电工程规划　规划度假区的电源主要由 110 千伏南坪变电站和 220 千伏常德东变电站引入，形成双电源供电的形式，以保证旅游度假区内供电的稳定性。规划分别在戴家岗度假中心区、罗湾休闲度假区、老堤障水景度假区、白鹤山镇建设区、太阳山山地游览区、花山文化游览区、仙人洞山水游览区等处分别建 10 千伏配电所，旅游度假区内 10 千伏和其他低压供电线规划均采用 VV22 直埋地下电缆敷设，各变电所均采用室内型，以保证景观的良好视觉效果。

4. 电信工程规划　在度假区入口附近的火车站电信分局引入城市电信电缆，利用现有的电信机站就近辐射到各个旅游服务站和休闲娱乐区域。规划在戴家岗中心区设立邮政支局，将架空电缆逐步全部改为地埋敷设，在路边埋地敷设四孔电信管孔。

5. 燃气工程规划　戴家岗度假中心区与老堤障水景度假区通过江北城区混气站的管道供应液化石油气，远期采用天然气。花山文化游览区、罗湾休闲度假区、太阳山山地游览区、月亮山自然游览区、响水垱生态游览区、仙人洞山水游览区、极限竞速运动区、白鹤山生态游览区等区域，结合实际情况使用清洁燃料，如液化气、煤气、电等。

6. 综合防灾规划

（1）消防　完善防火管理体系，戴家岗度假中心区设置消防站，并建立防火责任制，签订责任状，具体落实到单位、部门、责任人。建立各级防火指挥调度系统；组建专业、半专业水陆综合扑火队伍和群众义务扑火队；购置消防艇、消防车和专业扑火工具与相关设备；增添通讯设备，建立畅通无阻的消防通讯网络。在太阳山及其周边丘岗地区建立森林防火站，禁止将易燃易爆品带上山。戴家岗度假中心区消防供水主要以城市自来水为水源。在设施和人流比较集中的地段设置常设的消防水源。在其他景区、景点设置消防水池，保证日常消防供水。

（2）防洪　提高度假区的森林植被覆盖率，加强水土流失治理，减小地表径流，减小水流的冲刷力。通过退田还湖工作的进行，清除湖底淤泥，扩大水面面积，从而使调蓄能力得到增强。完善并加固原有防洪堤坝，合理布局防洪设施，特别是加强强排设施的建设，减少洪水的威胁。

（3）防震　旅游度假区内的路、桥梁按抗震列度7度设防，采用柔性道路设计。强化交通指挥和管理，保证救灾通道的通畅。旅游度假区内的供水、供电、通讯系统的建筑物、构筑物按抗震列度7度设防。供水管网采用环网，并采用抗震柔性接口；电力、通讯采用环形线路，重要设施要设备用线路。在旅游度假区内设置必要的避震疏散场所和通道，做好大型活动时的安全疏散工作。

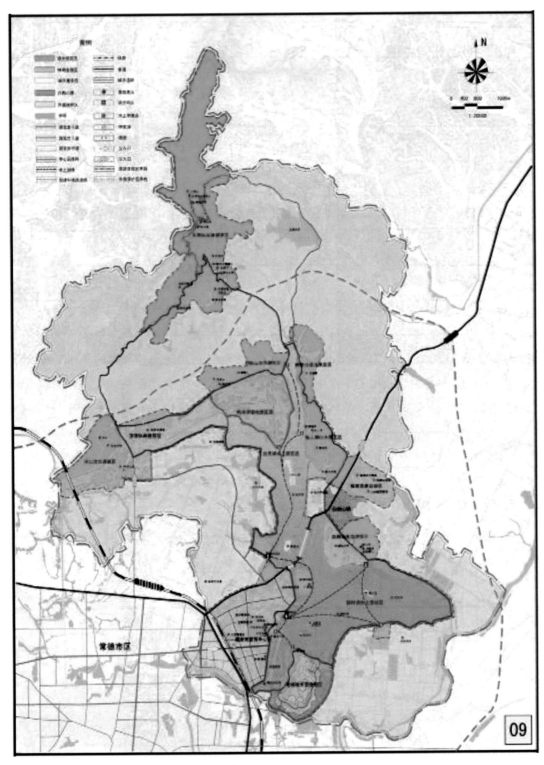

图16：常德柳叶湖旅游度假区总体规划图（2004—2020 年）

第四章　市城区近期建设规划与规划区内镇（乡）规划

第一节　常德市城区近期建设规划

为加强对城市近期建设的指导与统筹，明确"十二五"期间城市建设的重点，结合常德市的实际情况，市规划局组织编制《常德市近期建设规划》。规划范围为常德市城市总体规划（2009—2030）确定的近期建设用地范围，总用地面积约105平方千米。该规划通过招标确定由湖南省城市规划研究设计院编制。

近期建设规划以"二线控制、三区改善、四个重点、多片区稳步发展"为主旨，形成"三区引导，两轴联动，多片区式发展"的空间布局结构，实现城区空间的有序开发、有机增长、突出重点、持续发展的总体部署结构。其中"三区引导"的"三区"为江北城区、江南城区和德山城区。"两轴联动"为南北向主轴和东西向次轴搭建的"十"字发展轴，使三城区间形成快速通畅的主次干线路网。"多片区"包括北部新城、东江片区、新河片区、河洑片区、盐关片区、鼎城西片区、德山南片区及德山东片区。近期建设规划居住用地3307.93公顷（其中保障性住房用地192.97公顷），工业用地1591.53公顷，仓储物流用地397.05公顷，交通设施用地1564.81公顷，公共管理与公共服务设施用地1242.33公顷，商业服务业用地840.09公顷，绿地与广场用地1382.47公顷。

2012年，该规划经部门专家审查会审查通过。

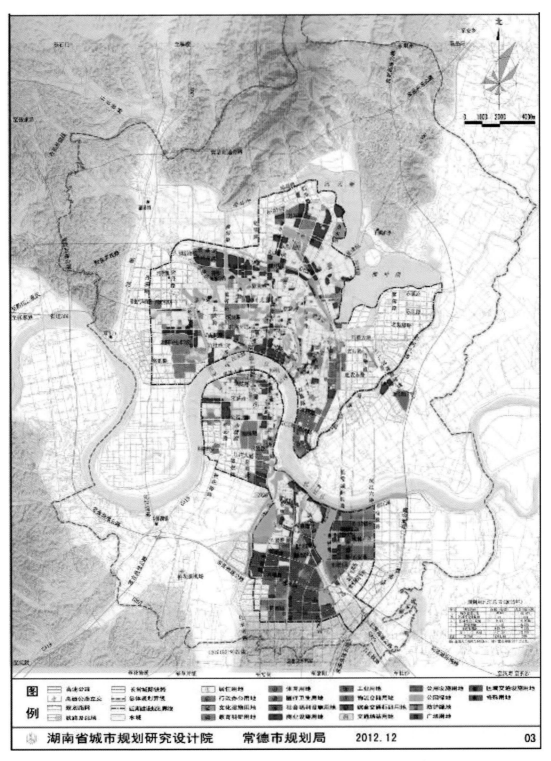

图17：常德市近期建设用地规划图（2012—2015年）

第二节　城市规划区内镇（乡）规划

一、斗姆湖镇暨空港新城总体规划

为了适应斗姆湖小城镇发展和建设的需要，在常德县建设委员会安排下，1988年，斗姆湖镇政府统一组织，镇建管站牵头，由镇政府组成规划编制小组，编制了斗姆湖镇城镇发展总体规划。中心镇区性质定位为集贸型中心镇区。中心镇区规模：至1998年，人口规模为10 000人，建设用地规模为2.5平方千米。发展方向：整个中心镇区大致沿常沅路（原319国道）向西和南发展。

常德市作为湖南省除省会长沙外省内唯一一座拥有水路、陆路（公路、铁路）和航空于一体的立体交通城市，桃花源机场成为常德市对外交流的重要航空节点，是展示常德市形象的重要窗口和门户。根据斗姆湖镇地理位置，结合常张高速、常吉高速以及319国道、207国道等陆路交通、沅水水路交通与桃花源机场升级扩建和航空交通，以及与城市其他组团的关系，为进一步完善城市对外交通功能，将斗姆湖镇建成常德市重要卫星镇、仓储物流区和常德市南部主要的城市门户，以展示常德良好的城市形象，2009年，常德市人民政府授权常德市规划局委托常德市天城规划建筑设计有限公司编制《斗姆湖镇暨空港新城总体规划》。

此次规划区范围包括斗姆湖镇域行政界限内的所有用地，总面积为41.6平方千米，其中北靠沅江，南达207国道及319国道并线的区域为建设用地，总面积为4.15平方千米，包括中心镇区生活建设区2.5平方千米，空港物流园1.65平方千米。远景预留的空港物流园约2.68平方千米。

规划期限：近期为2009年—2015年，远期为2015年—2030年，远景为2030年以后。

规划目标：促进城镇协调发展，全面提高城镇素质，取得经济、社会、环境三者的综合效益，并充分发挥斗姆湖镇丰富的地理区位与交通资源优势，增加城镇的吸纳、承载、辐射功能，强化区域中心中心镇区的地位，合理布局城镇，提高运营效能，将斗姆湖镇建设成为经济繁荣、文化发达、交通便捷、环境优美的小康型、生态型的新型城镇。

中心镇区性质为公共服务设施齐全的生态宜居卫星镇，区域性综合交通枢纽城镇。

人口规模及用地规模：至2015年，中心镇区总人口约1.2万人，用地规模在1.44平方千米以内；至2030年，中心镇区总人口约4万人，用地规模在4.15平方千米以内。

规划结构为"一轴二区"。"一轴"是指以机场快速路为轴线的交通枢纽轴。"二区"为中心镇区生活服务区、空港物流园区。中心镇区生活服务区指沅江以南、机场快速路以西、常吉高速及常张高速互通以北的区域，面积约为 2.5 平方千米。以镇政府为中心，布置完整的公共服务设施，以建设常德市的新城新区为发展目标。空港物流园区指机场快速路以西、常吉高速及常张高速互通以南、319 国道及 207 国道并线以北的区域，用地面积为 1.65 平方千米。远景规划还在鼎城区许家桥回族维吾尔族乡预留用地 2.68 平方千米。以机场为辐射重点，以产业发展特别是空港物流园为主要内容，并布置临空产业及部分公共建筑作为产业区的配套设施。

中心镇区规划居住用地 149.71 公顷，约占中心镇区建设用地的 36.07%，人均居住用地 37.43 平方米。根据中心镇区总体布局的需要，按照其发展目标，其居住用地布局为五大片。居住片区一，位于沅江以南、花园路以北部分，规划居住用地 13.72 公顷，居住人口 3246 人；居住片区二，位于 319 国道以西、花园路以南片区，规划居住用地 28.63 公顷，居住人口 6774 人；居住片区三，位于该镇东北部，规划居住用地 26.12 公顷，居住人口 6180 人；居住片区四，位于该镇东南部，规划居住用地 29.41 公顷，居住人口 6958 人；居住片区五，位于枉水高低排河以南，规划居住用地 71.17 公顷，居住人口 16 839 人。

公共管理与公共服务用地 18.82 公顷，占中心镇区建设总面积的 4.45%，人均公共管理与公共服务用地面积为 4.57 平方米。行政办公用地保留斗姆湖镇人民政府，作为全镇行政办公中心，面积为 1.77 公顷。文化设施用地及体育用地规划在花园路以南、建设路以东，设置斗姆湖镇中心镇区文化体育中心，面积 3.78 公顷，设置小型电影院、图书馆、科技馆、青少年、老年活动中心、技术艺术培训中心、球类棋牌活动中心和户外球场。医疗卫生用地是在原有卫生院基础上扩大其规模，面积 1.65 公顷，建设标准按《城市卫生院建设标准》配置，在空港物流园设置一个医院、检疫站，居住片区结合管理设施设置医务室。教育科研用地保留斗姆湖镇现有的中学和中心小学用地，并对中心小学进行扩建，完善相应配套设施，另外在空港物流园新建了一所小学和幼儿园。

商业用地主要沿现 319 国道、建设路、花园路东侧布置，增设超市、百货商店。居住片区设便民商店。规划在机场快速路以西、319 国道及 207 国道并线以北设置临空产业区，为机场配套服务，面积为 46.85 公顷，是连接机场货流、市区及周边地区整个区域的交通咽喉。

规划不保留通用机械厂，在斗姆湖镇南区域设置集中的工业用地，仓储用地结合工业用地布置，规划总用地面积 7.22 公顷，以一类工业用地用地为主。规划在机场快速路以西、319 国道及 207 国道并线以北设置空港物流园区，作为整个区域的物流中心，面积为 1.65 平方千米，空港物流区是为货物流通提供仓储、配送、代理、信息等综合物流服务，面积为 106.48 公顷，位于机场快速路的西侧，具有相对优越的区位条件，作为机场的门户，其辐射范围与机场相一致，其发展将存在巨大的商机。

规划道路与交通设施用地 72.36 公顷，占中心镇区建设总用地比例为 17.45%，人均道路与交通设施用地面积为 18.09 平方米/人。

公用设施用地 7.08 公顷，其中：供应设施用地 5.13 公顷，环境设施用地 1.45 公顷，其他公用设施用地 0.50 公顷，占中心镇区建设总用地比例为 1.71%。

规划绿地与广场用地 53.65 公顷，其中：公园绿地 29.68 公顷，防护绿地 23.02 公顷，广场用地 0.95 公顷，占中心镇区建设总用地比例为 12.93%。

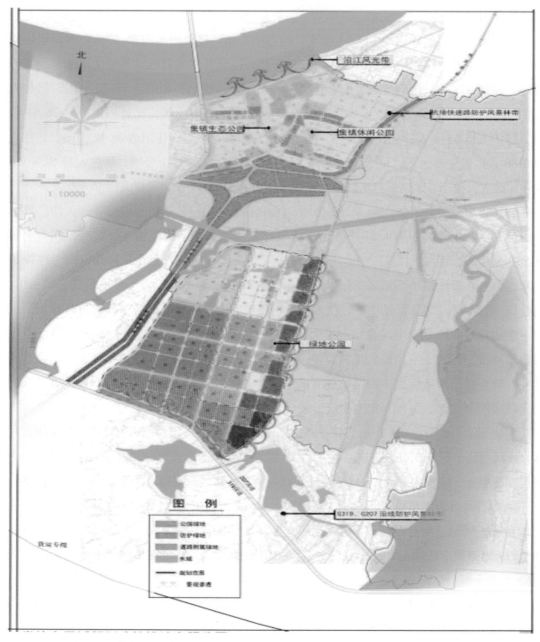

图 18：《斗姆湖镇暨空港新城总体规划（2009—2030）》用地规划图

二、灌溪镇总体规划

1992 年，常德市鼎城区规划勘测设计室编制了灌溪镇总体规划，该规划为灌溪镇的建设和发展起到了重要作用。但随着社会主义市场经济体制的建立和完善，城镇规模逐步扩大，城镇建设速度加快，原有的规划已不再适应新形势下本城镇建设和发展的需要。

2003 年，鼎城区灌溪镇人民政府委托常德市规划建筑设计院编制了常德市鼎城区灌溪镇总体规划。

集镇近期规划期限 2002 年—2007 年。规划范围为东起岗市村三组、五组，西到渐河沿岸，南至 207 与临岗公路交叉口，北至浦沅工程机械厂铸造分厂，再加上渐河西岸原老工业区的部分地区。集镇的性质为灌溪镇的政治、经济、文化中心，常德市中心城区的重要卫星集镇。集镇规模：至 2020 年，集镇的人口规模为 3 万人，建设用地规模为 3.45 平方千米。集镇用地发展方向，以现有镇区为基础，通过新建临岗公路带动起两侧工业组团发展，最终形成老 207 国道、临岗公路、老渐河围合成的区域整体协调发展的局面。

2003 年版灌溪镇总体规划为灌溪镇近几年的发展提供了良好的指导，确定了其城镇发展的基本格局，但是，由于形势的发展，原版规划也凸显出不足之处，首先是城镇性质定位问题，原版规划依据当时的政府决策将灌溪镇定位为鼎城区的工业城镇，随着鼎城经济开发区的成立，显然灌溪镇的定位要放到一个更广泛的层面去考虑，级别要提升。

其次，由于 2003 年版规划对灌溪镇发展提速特别是对工业的发展预计不足，造成了工业用地供给不足的局面，同时其用地结构也存在不尽合理的现象。另外，2003 年版规划由于未全面吸收采纳各职能部门的意见、建议，以致功能布局上的考虑稍欠稳妥，局部矛盾较为突出。

2006 年，鼎城区灌溪镇人民政府委托常德市规划建筑设计院对 2003 年版常德市鼎城区灌溪镇总体规划进行了修编。规划期限：近期 2006—2010 年，远期 2011—2020 年。规划范围：东起岗市村三组、五组，西到渐河沿岸，南至 207 与临岗公路交叉口，北至大垱村四组，包括渐河西岸原老工业基地部分地区。城镇性质为：常德市市级工业基地之一，鼎城经济开发区的重要组成部分，灌溪镇的政治、经济、文化中心。城镇规模：至 2020 年，人口规模为 3.3 万人，建设用地控制在 3.95 平方千米。发展方向为向南、向东为主，往北为辅，以现有镇区为基础，以临岗公路两侧工业组团发展为引擎，最终形成老 207 国道、临岗公路、老渐河围合成的区域整体协调发展的局面。

2008 年，鼎城区灌溪镇人民政府委托常德市规划建筑设计院对 2006 年版常德市鼎城区灌溪镇总体规划进行了修编。规划期限：2008—2025 年。城镇性质为：常德市市级工业基地之一，鼎城高新园区的重要组成部分，常德市中心城区重要的卫星城镇，镇域政治、经济、文化中心。城镇规模：至 2015 年，人口规模为 4 万人，建设用地规模为 5.44 平方千米；至 2025 年，人口规模为 5.5 万人，建设用地控制在 7.45 平方千米。发展方向：用地发展方向为向西跨越新渐河拓展为主，向南延伸为辅。

三、鼎城高新技术产业园区战略规划

为全面贯彻落实市委市政府推进新型工业化工作会议精神，将鼎城经济开发区建设成"工业新城、城市新区"，鼎城区人民政府根据 2010 年 4 月 27 日陈文浩市长主持召开的鼎城经济开发区现场办公会议精神，于 2010 年 6 月委托上海同济城市规划设计研究院编制《常德市鼎城高新技术产业园区战略规划》。

战略定位为建设成"两型产业新城"。"两型产业新城"是基于常德市委市政府提出的将鼎城高新园区灌溪片区建设成为"城市新区、工业新城"，与南部的德山开发区形成南北呼应的设想基础上提出的。"两型"即"资源节约型"和"环境友好型"，"产业新城"指新型工业化为导向的、集城市功能于一体的新城区。在"两型产业新城"的大框架下，本次规划提出灌溪片区要具体部署"两大基地，一个中心"的功能定位，即成为中部地区的重型制造业基地、承接东部产业转移基地和湘西北的区域物流中心。

人口规模及用地规模：至 2030 年，人口规模为 21 万人；用地规模为 43 平方千米，并留有 5.6 平方千米工业预留用地。

园区发展方向为"产业向西、生活向东、依托临岗、两区合一"。产业向西—集中工业园区向新渐河以西集中；生活向东—集中居住用地向东布置；依托临岗—做足临岗公路两侧的用地；两区合一——在两个镇区的中间形成集中的配套服务设施，形成新城中心。

空间结构为"一核双心、十字连廊"。主核为行政文化商贸中心，位于城市北环与临岗高等级公路的交界口，建成未来的新城中心，主要包括新城管委会行政大楼、主要的文化教育机构、大型展览及公共建筑等。同时，由于紧邻高速公路，可同时布置几个集中的仓储物流园区以及大型的专业市场，形成商贸物流基地。

"双心"一为灌溪片区综合配套中心。依托灌溪镇原有的镇区，大力发展产业配套服务业和居住商业功能，在未来形成一个可以为灌溪地区的企业提供相应配套设施和服务功能的片区中心。同时承担灌溪片区的居住功能，远期承担接近 12 万人的居住社区。"双心"二为石板滩片区综合配套中心。依托石板滩镇原有的镇区，大力发展产业配套服务业和居住商业功能，在未来形成一个可以为石板滩地区的企业提供相应配套设施和服务功能的片区中心。同时承担石板滩片区的居住功能，远期承担接近 10 万人的居住社区。

发展走廊将各个增长极核串联起来，通过主要的城市道路以及开放空间实现空间上的贯通。鼎城高新园区未来将形成两条发展走廊，分别为南北向的发展主走廊和东西向的发展次走廊，共同形成十字形的城区发展格局，而这个十字形的中心点就是未来的新城中心。南北向发展主走廊——临岗公路。临岗公路是现状城区发展的主要轴线，也是未来城区南北向扩展的轴线。轴线的中部将是未来的新城中心，南部将是未来的灌溪产业配套中心，而北部则是石板滩产业配套中心。临岗高等级公路未来将是体现城市风貌的主要大道。东西向发展次走廊——北环高速路。未来的北环高速路将穿过现在的灌溪和石板滩镇的中间地带，并同临岗公路形成互通式立交，形成未来城区东西向发展的轴线。沿轴线将布置为整个鼎城高新园区的行政商贸和仓储物流的基地。

规划期末的组团结构与规模：一个中心城区，两个综合城市片区，六个产业组团。

中心城区包括新城行政中心、新城商贸中心、渐河公园及体育片区，以及在浦沅职业中专基础上建立的新职业技术学校。

两个城市片区分别是灌溪片区和石板滩片区。城市的两大片区的功能一方面需要保持一定的综合性，以确保城市服务的均质性；另一方面，片区主导功能应该相对明确，发挥集聚的经济性。灌溪片区包括灌溪镇区、新的居住组团以及原有的部分工业。石板滩片区包括石板滩镇、新的居住组团以及原有的部分工业。

六个产业组团包括"高新产业"组团、"机械和机电制造"组团、"水泥—建材和物流"组团、"烟草和循环经济"组团、"建材和机电"组团和"工业备用地"组团，并对应六大产业布局。

基于城区正处于工业化过程，其中各个组团在发展初期可以明确定性为工业组团，工业用地所占比例高一些。以后随着工业化进程逐步发展部分商业等其他城市功能。

"高新产业"组团包括"电子信息技术、新材料、新环保能源"等。设置在新城南部，依托临近常德大道、临近城区、机场、火车站等优势，发展一类工业。

"机械和机电制造"组团（中联重科一期、二期工业园）"集群"中的上下游产业包括"机械装备、设备及器材—金属冶炼与深加工—电气信息化研发—电子及通讯设备—电气配件"等产业。位于新渐河以西的工业用地中，依托中联重科以及其他相关企业发展。

"水泥—建材和物流"组团包括水泥产业集群和为园区企业配套的物流仓储等。依托中国建材、南方水泥、辰州矿业等大型企业发展建材工业，形成中国建材城，并依托火车货运站位置，建立为园区内企业服务的仓储及物流工业。

"烟草和循环经济"组团包括"烟草加工，环保节能设备、新型建材、循环利用材料"等，布置在石板滩镇区的临岗公路两侧，紧邻现卷烟仓库，引进各类新型企业，进行循环经济示范园区建设。

"建材和机电"组团包括传统建材、新型建材，环保材料以及机电制造、装配等，布置在新渐河以西工业用地中。

"工业备用地"组团位于石板滩新渐河以西的地块中，为未来的工业企业入驻提供备用空间，也是未来新城发展的主要备用地。

实施策略包括用地和开发两方面。用地策略要求优化工业园区空间布局、提高用地综合性、提高土地利用效率。开发策略包括区域协调策略、生态优先策略、和谐发展策略、产业升级策略、梯度开发策略。

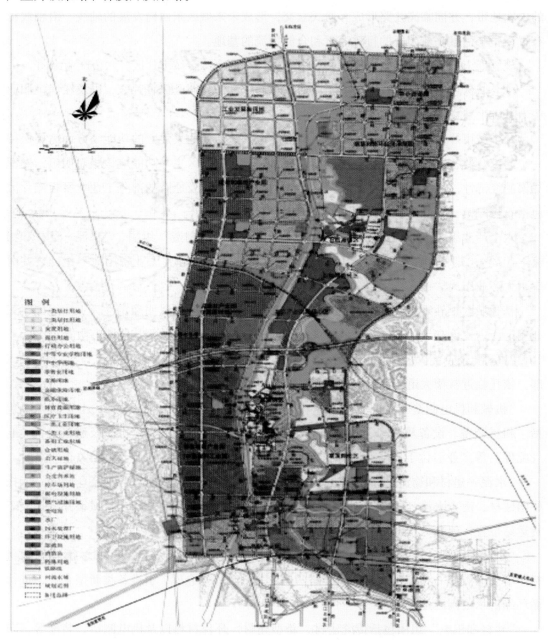

图19：湖南常德鼎城高新技术产业园区土地使用规划图（2012.11 制）

四、白鹤山乡镇区控制性详细规划

白鹤山乡集镇位于常德市江北城区东北角，常德市柳叶湖旅游度假区辖区内，西接南坪花山，东连韩公渡镇、镇德桥镇，南靠常德城，北邻大龙站镇，总面积 96 平方千米，湘北干线（常德至岳阳）S306 横贯乡域，离常德火车站 2.5 千米，距常德机场 8 千米，是常德市的旅游卫星镇。

为指导白鹤山乡镇区健康、有序、合理的开发建设，统筹安排规划区内的土地使用和各项建设，加强城市规划管理，为该区的开发建设提供立法依据，结合本区自然环境与城市建设的现状及有关发展设想，经报请市政府研究同意，市规划局委托上海同济城市规划设计研究院编制长株潭城市群建设"两型社会"大河西示范区常德德山片区柳叶湖片白鹤山乡镇区控制性详细规。

编制原则　（1）可持续发展。加强环境保护，使经济、社会发展与资源的承载能力相适应，逐步实现经济、社会、环境协调发展。(2) 建设和谐社会。多角度考虑社会各阶层需要，在城市功能组合和空间布局上，充分考虑不同人群的特征和需求，扩大就业、完善社会保障体系，协调处理不同群体之间的利益关系，保证广大群众从城市建设中共同受益。(3) 生态文明。遵循整体性、生态性、开放性、平等公正的原则，在发展经济的同时，充分考虑环境、资源和生态的可承载能力，保持人与自然的和谐发展。

规划范围　白鹤山乡镇区控制性详细规划的规划范围东起规划中的经十二路，西至环湖大道，南起柳叶湖，北至二广高速连接线，规划总用地面积为 7.47 平方千米。

规划期限　规划期限与城市总体规划期限一致，远期至 2030 年。

规划结构　规划形成"一核、三心、四轴、七片"的城镇空间结构。

"一核"即一个旅游核—水上旅游城综合体。是为柳叶湖旅游片区的启动区核心项目，是白鹤山乡镇区打造旅游小镇的名片和发动机。

"三心"分别为一个综合服务中心，一个旅游服务中心，一个休闲度假中心。

"四轴"为两条南北向发展轴和两条东西向发展轴，南北向发展轴即沿省道 S306 和沿白鹤路城市发展轴，东西向发展轴即沿古田路和沿东山路生活服务轴。

"七片"即七个低碳生活片区。

本规划总用地面积为 746.81 公顷，其中建设用地 725.51 公顷，水域及其他用地21.30 公顷。

道路与交通设施规划

建立布局合理、快速通畅的道路网结构，提升区内道路系统的适应能力，为今后白鹤山乡功能的提升、交通结构的调整留有余地；道路系统与规划用地相协调，通过土地细分结合对绿地体系的利用，形成相对独立、完整、成网络的交通系统，改善土地的开发条件。

完善落实各项交通设施的位置与规模，以保障交通设施的顺利建设。

道路红线范围内的用地为交通设施用地（包括上空），任何单位和个人不得以任何理由侵占道路交通设施用地。

绿地规划

绿地规划遵循系统性、生态性和建设可控性三个原则。规划绿地由公共绿地、居住区绿地、防护绿地以及道路绿化等组成。规划绿地总面积为125.93公顷，占建设用地的17.35%，其中公共绿地面积为118.29公顷，占建设用地的16.3%，防护绿地为7.64公顷，占建设用地的1.05%；人均公共绿地16.9平方米。

河流水系规划

白鹤山乡镇区控制性详细规划坚持严格保护和适当改造、统筹考虑和合理布置、有利于景观生态建设的原则。严格保护和适当改造就是以柳叶湖为主体，对现状水系进行整理，保护原有水系，对现有水系进行局部改造，以保证地表自然水循环体系。

统筹考虑和合理布置的原则就是统筹考虑确定城镇适宜水面面积率和城镇水面组合形式，根据城镇自然特点和水系功能要求，合理布置河道、湖库、湿地、洼陷结构等。

有利于景观生态建设就是要使城镇水面组合形式有利于城镇景观生态系统的建设，特别是河道和柳叶湖沿岸的景观建设和布置。

该规划于2012年通过市规委会审查通过。

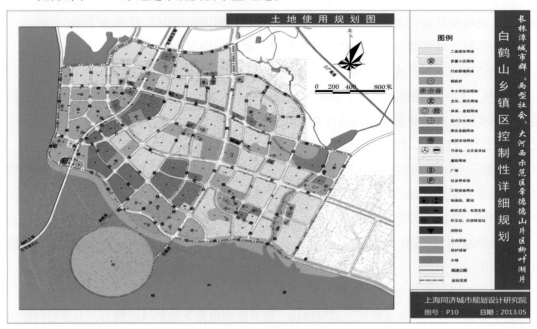

图20：白鹤山乡镇区控制性详细规划图（2013.5制）

第五章　城市规划区内新农村建设规划

中央关于建设社会主义新农村的政策出台不久，按照省委"一化三基"（新型工业化，基础设施、基础产业、基础工作）的要求，为抓好常德市村庄规划工作，推进社会主义新农村建设，2006 年 9 月 14 日，中共常德市委、常德市人民政府出台《关于加强村庄规划工作意见》，明确要求从 2007 年起，力争 5 年内完成村庄规划编制，每个区县（市）有科学合理的县域村庄布局规划，每个村有符合本地实际的村庄整治建设规划，并充分发挥村庄规划的指导作用。同时，加强村庄整治建设规划管理，建立健全城乡规划体系，使村庄规划管理逐步走上规范化、法制化的轨道，为全市新农村建设的有序推进提供保障。

从 2007 年起，常德市新农村村庄整建规划开始逐年按计划实施编制。当年全市计划完成 808 个村庄整建规划，但部分区县市由于任务重、时间紧，未能全部完成；各区县市同步启动了县域村庄布局规划的编制。2008 年，完成 600 个村庄整建规划（含 2007 年未完成转接部分），各区县市全部完成县域村庄布局规划的编制任务。从 2009 年起，新农村规划编制工作重点由村向集镇转变，当年编制完成 17 个村庄整建规划和 11 个"镇村同治"规划；2009 年 2 月 19 日，省建设厅组织省直各部门与专家审查并通过了常德市各区县市村庄布局规划。2010 年，常德市完成 74 个新农村建设村庄整建规划和 6 个镇村同治规划，同时启动了 12 个市到县城主干道沿线环境综合整治规划的编制。从 2011 年起，常德市新农村建设村庄整建规划没有下达相关编制计划任务，村庄的相关规划编制活动告一段落。

截至 2012 年，汉寿县完成了 171 个村的村庄整治建设规划；桃源县完成了 30 个乡镇和 304 个村庄规划编制工作；临澧县完成了 132 个村的村庄整治建设规划和 10 个村镇同治示范片规划；石门县的行政村都编制了新农村建设规划；澧县完成了 286 个村的新农村建设规划编制，占 67%；津市市完成了 7 个乡镇 84 个新农村建设示范村的村庄整建规划；安乡县编制了省道 S306—石龟山—县城主干道环境综合整治规划，编制了黄山头、官垱、三岔河 3 个镇的镇村同治规划和 102 个村庄整建规划；西湖管理区全区的村庄布局规划和 26 个行政村的村庄整建规划；西洞庭管理区完成了 26 个行政村村庄整治建设规划。

第一节　灌溪镇白马岗村村庄规划

白马岗村位于鼎城区灌溪镇渐河以西，东与渐河接壤，南与华南毗邻，西与常桃路相连，北与五里、乐福分界。白马岗村紧邻常德市规划建设区域，部分区域为鼎城灌溪产业新城战略规划区。为贯彻落实市委相关会议精神和市委领导指示，2011 年启动并完成灌溪镇白马岗村村庄规划。

规划期限近期为 2011—2015 年，远期为 2016—2030 年。

本次规划的范围为白马岗村村域，总面积为 7.79 平方千米。

根据"突出特色、全面发展"的思路，结合白马岗村现状，将白马岗村的性质定为：以现代休闲观光农业为主导、以优质稻种植、牲畜（水产）养殖为辅、承接东部灌溪两型产业新城的中心村。

发展规模。人口规模预测近期人口为 1980 人，远期人口为 1800 人；用地规模规划远期建设用地为 68.81 公顷。

产业布局。形成南、中、东部三个产业片区，南部为休闲观光农业产业园，东部为装备制造产业园，中部为优质稻种植区。

总体布局。规划布局考虑到白马岗村实际情况，规划以"大集中、小分散"为原则，形成"一心、五点"的布局模式，"一心"指公共活动中心；"五点"是指五个居民点。

公共活动中心以村部办公楼、幼儿园、卫生室、医疗站和商业等公共建筑为中心，配以绿地、广场和体育健身器材，形成全村的公共活动和服务中心。

遵循白马岗村原有格局，整合形成五个居住片区。居民住宅，按以多户联建为主设计，一般为 2—3 层。

村民住宅采用自然组的形式在分散中力求集中，便于配套基础设施。新建住宅要求临道路规划成组团，形成良好的景观效果。规划居住用地 188 980 平方米，共 622 户村民住宅，平均每户的居住用地面积为 303.83 平方米。

公共服务设施按照《湖南省新农村建设村庄整建规划指导原则》的要求，结合中心区居民点布局小学、幼儿园、医疗服务中心、文化娱乐中心、商业中心、休闲健身广场、菜市场、小超市、邮政储蓄代办点等。

除了中心区集中配套公共服务设施外，在其他两个居民点只设置小超市，满足村民日常生活需要。

村域路网规划：居住区道路以方格路网为主，形成"两横三纵"的路网主骨架，工业园区形成"四横三纵"，以主要道路网络为依托，以步行道向田间和住户延伸，形成步行网络。

道路分级：村域范围内居住区道路分为三级，两线公路为 7 米，其他连组道路为 5 米，局部道路为 3 米。村域范围内工业园区道路以鼎城灌溪产业新城战略规划为准。

图 21：常德市鼎城区灌溪镇白马岗村用地规划图（2011—2030 年）

图 22：常德市鼎城区灌溪镇白马岗村道路交通规划图（2011—2030 年）

第二节　柳叶湖"美丽山谷"规划

为了有效保护常德柳叶湖美丽山谷示范片区的生态环境，科学利用土地，促进示范片区用地的可持续发展，充分发挥产业优势，整合山水资源，挖掘文化内涵、突出旅游特色，指导片区内产业项目的引进和建设项目的实施，将片区打造成乡村旅游与高效农业和谐发展的国家级新农村建设示范区，制定柳叶湖美丽山谷规划。

规划范围共四个村庄，即白鹤山乡所辖的肖伍铺村、梁山村、郑家河村和柳叶湖街道办事处下辖白石村。规划范围内总人口5834人，总用地面积约2425.08公顷。

本规划期限为20年，即2010—2030年，其中近期5年（2010年—2015年），远期15年（2016年—2030年）。

新农村建设总目标　以加快示范片区建设为样板，带动柳叶湖各村庄建设朝着社会主义新农村目标迈进。到2030年，基本形成规划范围内居民点体系布局合理、基础设施和公共服务设施配套完善、产业布局科学、环境良好的社会主义新农村景象。

产业发展总目标　按照旅游兴区战略，合理调整农村产业结构，开发农业自然资源，提高生态农业系统的产业水平，建立一个适合区情的农村经济可持续发展的高效农业系统。

一、规划结构

形成"一山引领、两片齐飞、四珠缀心"的规划结构。

规划总用地为2425.08公顷，建设用地面积164.36公顷，非建设用地2260.72公顷。

（1）建设用地：

居住用地面积62.61公顷，占建设用地比例38.09%；公共设施用地面积18.00公顷，占建设用地比例10.96%；道路广场用地面积37.71公顷，占建设用地比例22.94%；工程设施用地面积7.48公顷，占建设用地比例4.55%；绿化用地面积38.56公顷，占建设用地比例23.46%。

（2）非建设用地

水域面积42.99公顷，农林用地面积1529.49公顷，保护区用地685.67公顷，墓地面积2.57公顷。

二、道路交通

规划将白灌路和肖大路拓宽至8米，将白太路、渔太路、梁太路改造成8米宽的沥青旅游公路，所有村级道路均为6米宽的水泥道路。

自行车绿道规划设计分为混合车道、专用车道两种方式。形成东西两大片共三大绿道环路。东片绿道内环围绕红旗水库，联系茶盐老街——百果梁山——柳叶菜地——柳叶会馆等主要景观节点；外环围绕肖伍铺——郑家河——梁山村——太阳山森林公园。西片绿道环路由白石路与太阳山森林公园旅游公路环绕而成。

规划范围内共规划了4个社会停车场；结合社会停车场规划了公交停靠点，并按照旅游公路标准设置公交指示牌和公用电话亭。

三、产业规划

（1）政府引导，突出特点、可持续发展的原则

（2）一村一品、协调发展的原则

肖伍铺村

（1）乡村商贸旅游业：提升圩场改造与村部建设，注入文化、旅游元素，形成当地村民集镇、交易的平台，满足现有村民赶集的要求；旅游服务平台，满足公路旅游消费的要求。

（2）红旗水库观光旅游业：依托红旗水库打造水库建设教育体验区、风雨长廊、城市水源教育点，注入观光旅游元素，增强旅游文化氛围。

（3）乡村民俗旅游业：依托清真古寺，打造马家湾回民风俗体验休闲农庄。

（4）茶油生产、花卉苗圃基地：推进当地优势产业的发展。

梁山村

（1）高效示范瓜果农业：以梁山村得天独厚的耕地资源为基础，开发建设优质有机蔬果研发基地，积极推行标准化作业，按照标准化、品牌化、产业链拓宽的发展思路，形成瓜果产品研发与农业技术输出的集散地。

（2）乡村旅游业：以示范瓜果农业为抓手，积极拓展以"农家乐"为手段的乡村休闲旅游产业链，并形成瓜果认种、瓜果体验、瓜果配送等乡村旅游的相关产业。

（3）养生养老业：依托梁山村的优势资源，积极发展与养生、养老为目的的新型产业，开拓乡村水疗（SPA）、养老公寓等高端产业。

郑家河村

（1）有机蔬菜基地：以企业带动型的发展模式，依托郑家河村较大的耕地面积，进行有机蔬菜基地建设，培育与发展蔬菜品牌、流程化作业标准等现代农业产业模式，拓展菜地认种、高端配送、中小学生教育基地等产业支撑，树立"柳叶湖"蔬菜品牌，实现品牌化发展。

（2）湘菜辅料基地：建设湘菜原辅料基地、打造湘菜安全检测平台，依托基地，做大湘菜辅料基地产业。

白石村

充分挖掘白石村曾经作为常德中药生产基地的资源优势，用好用活国家矿山植被恢复的相关政策及资金支持，精心打造传统药材种植基地，并依托基地拓展中医药养生度假酒店、康复医疗研究中心等高端产业。

生态农业园区规划

把生态农业园区建设成百果梁山基地、郑家河有机蔬菜基地、肖伍铺精品茶基地、白石中华药谷基地。

四、公用工程设施规划

给水规划　改扩建肖伍铺村水厂，对梁山村和肖伍铺村集中供水（水源来自红旗水库），郑家河村近期饮用水源仍然为白鹿寺水库，远期从肖伍铺水厂供水。对白石村洞泉灌水库给水沉淀池定期进行清理、消毒，并保护水源水质安全。

排水规划　将各村排水系统规划为合流制体系，各户污水排出前应经过化粪池三级生化处理方可进行排放，且严禁排入饮用水源点。

环卫设施规划　每个村建设垃圾围，垃圾箱；在肖伍铺村设一座垃圾中转站，纳入城市环卫系统统一处理。公共厕所在公路沿线和公共设施较集中地按服务半径设置。

五、村民点布局规划

村民点建设　肖伍铺村在规划目标年共有711户数，7个村民点，村民住宅建设用地21.33公顷；梁山村在规划目标年共有391户，7个村民点，村民住宅建设用地11.73公顷；郑家河村在规划目标年共有497户，6个村民点，村民住宅建设用地14.91公顷；白石村在规划目标年共有488户，9个村民点，村民住宅建设用地14.64公顷。

特色民居建设　建筑特色上突出湘西民居及常德窨子屋等传统建筑文化元素，创造有区域特色的柳叶民居，形成景观化、标识化的常德特色的新农村示范片民居建筑群落。

六、景点规划

梁山村　规划辣椒展览园、七彩瓜果观光园，开辟百果走廊和农家乐聚集点。

郑家河村　规划茶文化观光产业园、郑太有机蔬菜观光产业园、米粉展览馆；恢复观音庵景点；开辟白鹿寺民俗风情街和私家会所聚集地。

肖伍铺村　规划精品园艺博览园；结合其历史遗址规划建马家湾民俗风情山庄；结合自行车文化特色规划建自行车文化园。

白石村　建设药草科研基地；利用开挖的矿山，规划建矿山风景区；结合近300年的古茶树，规划建古茶树景观点。

服务设施　规划了售票点、自行车驿站、餐厅、购物点、停车场、景观游览点、公共厕所、电瓶车站、住宿、问询点、紧急救助点、公交站点等设施，方便游客的生活需要。

线路规划。围绕规划区各景点，结合太阳山森林公园自然景观组织"美丽山谷"体验休闲一日游或二日游。

（1）一日游路线：市区—郑太有机蔬菜基地—精品植物园—白鹿巷民俗风情街—大佛广场—太阳神广场—普双路—七彩百果园梁山村——肖伍铺村参观精品苗木基地—泡茶盐老街—市区。

（2）二日游路线：市区—郑太有机蔬菜基地—精品植物园—七彩百果园梁山村—肖伍铺村精品苗木基地—油茶基地—马家湾民俗风情街—茶盐老街综合度假酒店—茶盐老街—白鹿巷民俗风情街——大佛广场—太阳神广场—中华药谷—养生酒店—药草基地——市区。

七、环境保护规划

基本目标

规划区内空气环境质量控制在国家环境质量2级标准以内，水厂、取水点附近要满足Ⅱ类地表水水质标准，生活垃圾清运率和无害化处理率达到100%，噪声控制覆盖率达到90%，保护好太阳山森林公园的视线走廊，保护基本农田不被侵占，保护土壤土质环境。

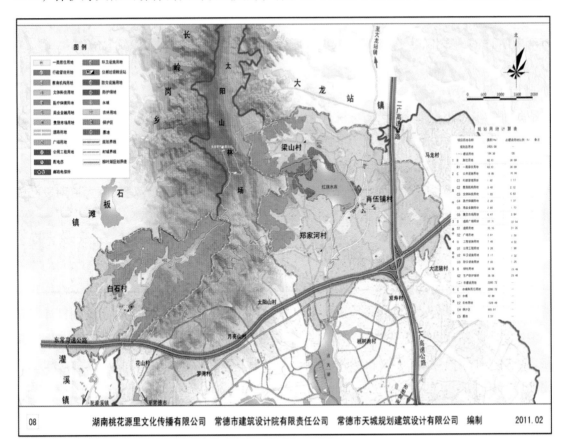

图23：常德柳叶湖"美丽山谷"规划（2011—2030年）

第六章　详细规划与城市设计

第一节　控制性详细规划

一、武陵大道北段控规

规划范围为北起南坪路、南至滨湖路的武陵大道两侧用地，总用地面积约65公顷。该规划由长沙市规划设计院编制。武陵大道是城区通向火车站的南北向主干道，规划将其分为3个地段51个地块。北段（南坪路—紫菱路）规划为商贸区，以火车客运站的商业服务与办公用地为主；中段（紫菱路—柳叶路）规划为综合区，以办公、居住用地为主，沿街设置商业服务设施；南段（柳叶路—滨湖路）以体育、办公为主，布置市级综合性体育活动中心。1993年，该规划经市人民政府批准实施。

二、武陵大道南段控规

规划范围为北起建设路、南抵沅江大堤的武陵大道两侧用地，总面积约12公顷。武陵大道南段位于老城闹市区，原为低矮密集的住宅和小型企业用地。为拆迁修建武陵大道南段并出让开发两侧用地，市规划处组织编制了该规划。规划将其划分为22个地块，地块面积较小，用地性质调整为商业、金融、居住和广场用地。1998年，武陵大道南段已按此规划基本改造建成。

三、火车站地段控规

随着石长铁路的建设及常德火车站的定点，常德火车站周边地段的开发建设将拉开序幕。为更好地指导该区域的建设，1994年，市规划处委托武汉城建学院城市规划设计研究院编制了火车站地段控规。规划范围为东起朗州路、西至谷家路、南起三星路、北抵铁路，总用地面积约64公顷。规划将其划分为6个街区43个地块，用地性质以商业和金融用地、居住用地和广场用地为主。同年，该规划经市人民政府批准实施。

四、穿紫河两厢控制性详细规划

穿紫河风光带两厢的用地开发建设，对风光带的形成和景观建设起着至关重要的作用。为规划好风光带两厢建设用地，指导风光带两厢建设用地的合理开发，创建富有特色和人文情趣的滨水空间，进一步提升常德市城市品质，市规划局组织编制了《穿紫河两厢控制性详细规划》。控规规划范围东至启明路，西至金丹路，总用地面积8.76平方千米，可居住7.76万人。该规划由湖南省城市规划研究设计院编制。

穿紫河水系是常德市主城区重要的景观走廊和城市特色功能带，穿紫河两厢控规以芙蓉路和朗州路为界，将穿紫河两厢分为西、中、东三大功能段。西段为芙蓉路以西地段，主要功能以居住用地为主，同时兼顾商业和工业用地，构建花园式住宅区和工厂区。中段为芙蓉路至朗州路之间的地段，主要功能以公共建筑用地为主，同时兼顾居住用地，构建园林式公共活动区。东段为朗州路以东地段，主要功能以居住用地为主，构建有滨水特色的生态住宅区。在三大功能段中，根据用地不同共划分A、B、C、D、E、F6个片，西段由A片和B片组成，中段由C片和D片组成，东段由E片和F片组成。A片南起竹叶港，北至洞庭大道，规划通过对其用地和环境进行整合，结合抚仙湖等水面，形成整齐有序、环境良好的工业厂区和住宅区。B片为洞庭大道以北至芙蓉路，规划结合总体规划和道路景观要求，在沿常德大道布置公建用地外，其他均规划为住宅用地，结合水面构建环境良好的居住社区。C片西起芙蓉路，东至皂果路，为拟建的行政中心和文理学院用地。D片为皂果路至朗州路，也是城市主要公建用地功能区。E片为朗州路至紫缘路区域，主要以居住功能为主。F片为紫缘路以东区域，规划以中高档住居区为主。同时，控规将紫缘路、丹阳路、朗州路、武陵路、朝阳路、皂果路、龙港路的跨河路段改为跨河桥梁，更好地展现了水乡风采。

该控规遵循了常德市城市总体规划对穿紫河两厢用地功能布局的原则，结合风光带规划，融多功能为有机整体，将穿紫河两厢建设成为环境优美，集休闲、观光、文化和水乡特色多功能有机结合的城市生态休闲性风光带，为市民提供大量的生态环境良好居住社区，创造多层次、有个性和水乡特色的舒适宜人的生活休闲空间。

2004年，该规划经市人民政府批准实施。

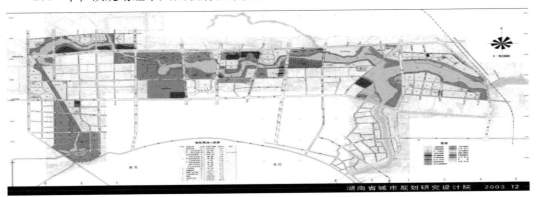

图24：常德市穿紫河两厢控制性详细规划土地利用规划图

五、皂果路控规

皂果路是常德市江北城区南北向生活性干线，属城市次干道，路宽 30 米，以居住为主体，兼有商业、服务、行政办公、公共活动等功能。规划范围为南起人民西路、北至南坪路的皂果路，两侧各 80—100 米区域，全长 4021 米，规划总用地面积约 108 公顷，由市建筑勘测设计院编制。规划将皂果路分为北、中、南三段。北段为南坪路至柳叶路，分为 23 个地块，以居住为主，兼为火车站和居住区提供一定的商业服务。中段为柳叶路至洞庭大道，分为 22 个地块，以行政办公、文化娱乐、科技展览、商业服务和公用绿地为主。该段区域内规划布置有市级医院、儿童公园、长港城市公用绿地区、影剧院及科技馆用地等。南段为洞庭大道至人民西路，分为 19 个地块，以居住为主，兼提供行政办公及商业服务用房。该段建筑的临街底层均要求设置商业服务用房以充分体现旧城商业气氛。1994 年，该规划经市城市规划管理处批准实施。

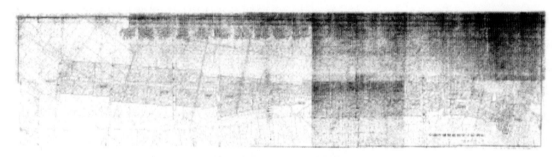

图 25：皂果路控制性详细规划图（2005 年）

六、东 A 区控规

规划范围为东起红旗路、西至青年路、南临人民路、北临建设路和三闾港，总面积约 88.7 公顷，属旧城改造区域。为指导该片区旧城改造，市规划处委托市规划建筑设计院编制了《东 A 区控制性详细规划》。规划将全区划分为三个街区共 65 个地块。用地性质以居住用地和公共服务设施用地为主。迁出有污染的工业企业，将区内道路网进行调整和完善，降低建筑密度，提高绿地率和空地率，适当提高容积率，使之成为交通便捷、环境优美、生活宜人的区域。1993 年，该规划经市人民政府批准实施。

旧城改造范围内还编制了：大桥东区、大桥西区、育才区、皂果区四个片区的控规。

七、五岔新区控制性详细规划

五岔新区周边城市道路已基本形成，新区内的开发建设也随即启动。为了进一步深化和完善新一轮常德市总体规划意图，正确确定五岔新区在未来城市发展中的地位和作用，合理有效地引导该区的城市开发建设，强化城市规划设计和城市规划管理，市规划局组织编制了《五岔新区控制性详细规划》。该控规规划范围为西临朗州路，南至柳叶路，东面、北面抵石长铁路，总用地面积约 2.43 平方千米，可安排居民 44517 人。控规由常德市规划建筑设计院编制。

五岔新区控规在原道路系统中增设了居住区级和小区级两级道路，形成一个等级分明，功能合理的道路网系统。规划将五岔新区划分为六个区片：南坪路与石长铁路间的用地为 A 区片，南坪路、荷花路、紫菱路、朗州路之间的用地为 B 区片，紫菱路、荷花路、柳叶路、朗州路之间的用地为 C 区片，南坪路、紫缘路、紫菱路、荷花路之间的用地为 D 区片，紫菱路、紫缘路、柳叶路、朗州路间用地为 E 区片，紫缘路、南坪路、柳叶路间为 F 区片。通过既相对独立又互相联系的六个地块，使五岔新区形成一个以居住生活为主的有机融合的整体。

五岔新区控规将绿化系统与穿紫河绿带、防护林绿带有机地融合成一个整体，并创造丰富多彩、富有特色的新区景观风貌，将城市开发与环境保护及可持续发展有机融合，利用环境优势，建设高品质住宅，形成居住新概念，提高居住区的吸引力。

2003 年，该规划经市人民政府批准实施。

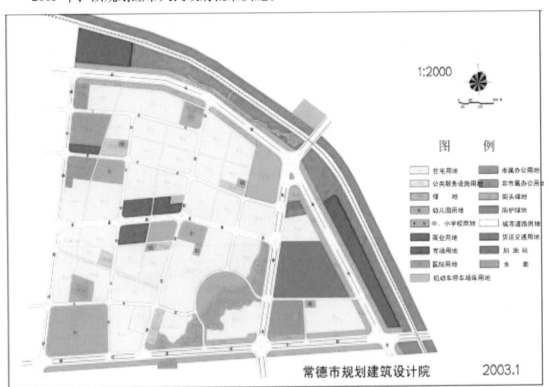

图 26：常德市五岔新区控制性详细规划土地利用规划图（2003 年）

八、城西片区控制性详细规划

城西片区地域范围较大，现状部分土地已出让或正在建设，村民建房情况零散无序，河汊湖港纵横交错，水系复杂。为指导城西片区建设用地的合理开发，市规划局组织编制了《江北城区城西片区控制性详细规划》。控规规划范围为东起朝阳路，西至金丹路（桃花源路），北靠南坪路，南抵常德大道（柳叶大道），总用地面积约7.66平方千米。该规划由常德市建筑勘测设计院编制。

城西片区控规以充分体现系统规划的要求，注入生态理念和文化理念，突出居住、商务、行政及配套服务功能为目标，将西片用地定位为集商贸、行政、居住、休闲为一体的综合性片区。规划将规划区范围内的用地划分了六个街区178个地块。Ⅰ街区（金丹路、紫菱路、芙蓉路、南坪路围合范围）总用地面积为214.42公顷，规划为以高尚居住用地为主，沿南坪路两侧利用常德火车站的区位优势规划为商业金融业用地。Ⅱ街区（芙蓉路、紫菱路、皂果路、南坪路围合范围）总用地面积为156.83公顷，规划为以生态公园为核心的高尚商居用地。Ⅲ街区（皂果路、紫菱路、朝阳路、南坪路围合范围）总用地面积为77.49公顷，规划以市场和中档居住用地为主。Ⅳ街区（金丹路、常德大道、芙蓉路、紫菱路围合范围）总用地面积为148.80公顷，结合环城水系规划成高档居住区。Ⅴ街区（芙蓉路、常德大道、皂果路、紫菱路围合范围）总用地面积为111.46公顷，规划基本以中高档的居住小区和商业金融业用地为主。Ⅵ街区（皂果路、常德大道、朝阳路、紫菱路围合范围）总用地面积为56.74公顷，规划为中档居住小区。

2006年，该规划经市人民政府批准实施

图27：常德市江北城区西片控制性详细规划土地利用规划图（2006年）

九、落路口片区控制性详细规划

随着陆路交通的快速发展，作为城区主要货运港口之一的落路口港区，在城市中的职能作用已发生改变，落路口片区原有的仓储、工业职能减弱。为重新赋予落路口片区城市职能，整合片区土地资源，正确指导该区的城市开发建设，组织编制了《落路口片区控制性详细规划》。该控规规划范围为北靠人民西路、南临沅江、西至金丹路和沅江三桥、东抵芙蓉路，总规划面积约 3.62 平方千米。该控规由常德市规划建筑设计院编制。

落路口片区控规以北桥头公园和新河渠绿化带为界，将落路口片区划分为三个居住组团和一个港口仓储功能区。片区西南角，北桥头公园以南为 A 居住组团，用地面积为 66.92 公顷，可居住人口 25442 人；片区西北角，新河渠绿带以西为 B 居住组团，用地面积为 34.32 公顷，可居住人口 13051 人；片区东北角，新河渠绿带以东为 C 居住组团，用地面积 50.62 公顷，可居住人口 19248 人；片区东南角沿沅安路一带为港口仓储功能区，面积为 28.12 公顷。此外，控规还保留及规划了 16.12 公顷公共设施用地、26.57 公顷工业用地、4.04 公顷河港用地及 0.12 公顷的市政公用设施用地。

该控规减少了落路口片区原有工业用地，保留了现有港口和部分仓储，整合了片区土地资源，发挥了片区土地应有的经济效益，规划成以生活居住职能为主的片区。控规的编制有利于片区土地出让和城市经营及片区的环境保护。

2006 年，该规划经市人民政府批准实施。

图 28：常德市落路口片区控制性详细规划土地利用规划图（2006 年）

十、盐关控制性详细规划

为了配合盐关铁水联运港的开发建设，深化完善常德市城市总体规划意图，正确确定盐关片区在未来城市发展中的地位和作用，合理有效地引导该区的城市开发建设，强化城市规划设计和城市规划管理，市规划局组织编制了《盐关控制性详细规划》。该控规规划范围为北抵人民东路，南至盐关码头铁路专用线，西临沅江，东靠火车东站，用地面积4.56平方千米，规划人口规模为45027人。由常德市规划建筑设计院编制。

根据《常德市城市总体规划（2009—2020）》，盐关片区具有生产、仓储、生活居住、商业、文教卫体、转口贸易等职能。盐关片区控规在保持盐关片区老城区与新城区的整体协调发展的原则下，为满足片区各职能，在规划区基本上形成了一个"三横、三纵、一环"为骨架的路网结构。三横为分隔生活居住区、一类工业园区、二类工业园区的三条东西向城市次干道，分别为香啤路、岩潭路、盐关路；三纵分别指沅安路、三闾路和启明路；一环为工业生产区内部的环路。根据规划区内的用地现状及路网结构，控规采用了居住用地与工业用地平行布局模式，从而形成了生活居住区中心与工业区管理服务中心"双中心"的规划结构。规划中，居住用地主要安排在紧挨江北东部老城区的用地上，用地约78.98公顷。居住区在很大程度上服务于工业区职工。工业用地方面，保留了一些效益好、污染小的企业，并在香啤路南侧布置了两片工业用地，一片为用地面积85.03公顷的一类工业园区，一片为用地面积28.49公顷的二类工业园区。仓储用地主要布置在一、二类工业园区内周边，207国道与铁路线之间用地范围内和铁水联运港区附近，总用地面积为87.87公顷。

该控规通过对盐关片区的用地划分及道路交通的组织，控规调整了规划片区的用地结构及性质，完善了市政公用基础设施、公共服务设施、生态环境，并利用其良好的区位条件及港口、铁路优势，将盐关片区建设成以轻工业、材料加工业、仓储业等工业为主导，集居住、文娱、工业、仓储、铁水联运为一体的城市工业—居住综合区。

2003年，该规划经市人民政府批准实施。

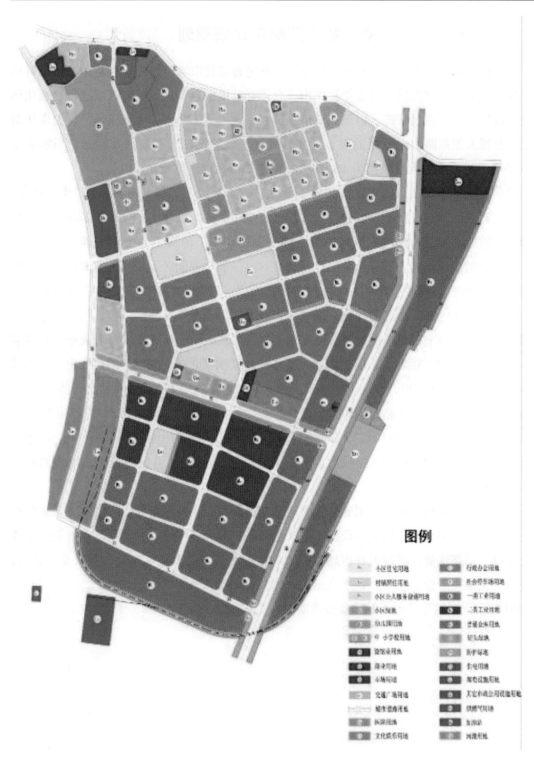

图例

图 29：常德市盐关控制性详细规划土地利用规划图（2002.11）

十一、江南城区鼎城路以北片区控制性详细规划

为促进常德市经济和社会协调发展，加快江南城区旧城区城市建设步伐，合理调整用地布局，科学划分功能分区，有效整合土地资源，充分发挥土地效益，利用沅江得天独厚的江景资源，打造沅江优美的城市景观，同时随着沅江三桥和桃花源路的建设，鼎城区委区政府根据市委、市政府"一江两岸协调发展，一城四区共同繁荣"城市发展战略，于2012 年委托常德市城市规划建筑设计院编制该片区控制性详细规划。该规划已经市规划管理委员会审查。

规划区范围和面积：该片区位于常德市江南城区北部，其规划区北依沅江，南临鼎城路和花溪路，西起西站路，东至善德路东段。规划区总用地面积 262.2 公顷。

规划目标：充分利用自然、水和人文要素，展示和突出其亮丽的城市风貌，政治中心西迁至江南城区西片区，完善该片区各项服务设施，使之成为集商务办公、居住、商业等多种功能于一体的城市综合区。

功能定位：综合宏观背景、区位、交通、土地等优势，根据《常德市城市总体规划(2009—2030)》，确定该片区的定位为江南城区经济中心、区域性大型商贸中心、集居住和商业等功能于一体的现代化新型城区。

人口规模：规划二类居住用地面积 99.69 公顷，人口规模为 8 万人。

用地规模：规划总用地 262.2 公顷，其中居住用地占 38.65%，公共设施用地占11.45%，商业服务业设施用地占 18.42%，道路与交通设施用地占 24.14%，公用设施用地占 0.95%，绿地与广场用地占 6.3%。

用地布局：规划中形成了"一带、两心、两轴、五区"的城市功能结构。"一带"指沿善德路临沅江的滨江风光带。"两心"指沿善卷路、鼎城路和桥南路交叉口，以桥南市场、桥南轻纺市场和桥南干鲜果品批发市场为主体形成的商业中心；阳明路和临沅路交叉口，以规划商业为主的综合商业中心。"两轴"指沿阳明路的南北综合发展主轴，沿临沅路的东西主轴。"五区"指片区的五大功能区：居住功能区、商务金融区、批发市场区、教育教学区、生态休闲区。居住功能区，根据用地分布划分为五个居住分区：①红云路两侧居住分区；②善德路以南，德安路以东居住分区；③隆阳路两侧居住分区；④善德路以南，善卷路以西居住分区；⑤沅水大桥南引桥两侧居住分区。商务金融区，阳明路两侧、临沅路两侧的商务金融分区。批发市场区，以桥南市场为中心的各类批发市场分区。教育教学区，善池路两侧的教育分区。生态休闲区，桥头公园集生态、休闲、娱乐为一体的生态主题公园。

用地规划：规划居住用地 101.33 公顷，占城市建设用地比例的 38.65%，主要为二类

居住用地，其中村民安置用地3.60公顷。小区级公共设施根据居住人口规模及常德市的相关标准规划幼托5所，居住区及小区配套以（居住区）小区、组团为单元分级设置。

规划公共设施用地30.00公顷，占建设用地比例为11.45%。其中高等院校用地5.52公顷，占建设用地比例为2.11%；中等专业学校用地4.90公顷，占建设用地比例为1.87%；中小学用地15.97公顷，占建设用地比例为6.09%；科研用地1.20公顷，占建设用地比例为0.46%；医院用地1.36公顷，占建设用地比例为0.52%。规划商业服务业设施用地48.31公顷，占建设用地比例为18.42%。其中商业用地17.99公顷，占建设用地比例为6.86%；商业与二类居住综合用地13.20公顷，占建设用地比例为5.03%；批发市场用地17.12公顷，占建设用地比例为6.53%。规划道路与交通设施用地面积63.30公顷，占建设用地比例为24.14%。其中城市道路用地60.52公顷，社会停车场用地2.24公顷，公共交通场站用地0.54公顷。社会停车场主要布置在大型商业和商务办公场所的周边。规划公用设施用地2.50公顷，占建设用地比例为0.95%。通信用地为1.17公顷；消防用地1.33公顷。规划绿地与广场用地面积16.76公顷，占城市建设用地的6.39%，绿地主要集中在桃花源路、阳明路和沅江一桥南引桥的两侧。

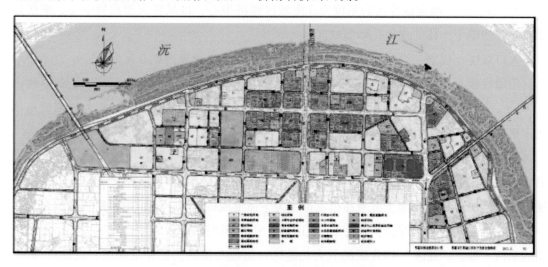

图30：常德市江南城区鼎城路以北片区控制性详细规划土地利用规划图

十二、河洑片区控制性详细规划

2008年，新的总体规划修编启动后，为配合总体规划的编制，指导江北城区西部的开发建设，市规划局启动编制《金丹路以西片区控制性详细规划》，规划范围为常德大道以南，丹洲隔堤以北，金丹路以西（桃花源路），用地面积9平方千米，由常德市规划建筑设计院编制。随着总体规划成果的确定，城区西片用地延伸至丹溪路，称为河洑片区，用地面积 19 平方千米。2010 年组织编制《河洑片区控制性详细规划（金丹路以西片区控制性详细规划)》，由常德市规划建筑设计院完成。

该片区西临河洑山，北望太阳山，并与渐河、沅江相通，自然资源良好，控规以"打造独特竞争力的经济强市和建设生态宜居的人文城市"为指导目标，以城市总规和江北道路网规划为依据，在片区内形成"三纵五横"的路网结构，将河洑片区用地划分为居住用地（约 517.25 平方千米）、公共设施用地（573 平方千米）、仓储物流用地（81.4 平方千米）、对外交通用地（8.58 平方千米）、市政公用设施用地，形成"三带、三心、五轴、两区"的规划结构。其中，"三带"为三条水系绿带；"三心"为河洑片区中心、洞庭大道商业中心、文化教育科技园综合服务中心；"五轴"以金丹路为生活主轴，紫菱路、洞庭大道、高泗路三条道路为城市空间发展轴，柳叶大道为城市生态景观主轴；"两区"为以洞庭大道南北划分的居住片区和文化教育科技园区。

该控规将河洑片区打造成以高教科研、职业技能培训、文化科技以及服务产业为支撑的生态宜居城市综合片区。

该规划经市规委会 2012 年第 4 次会议审查通过。

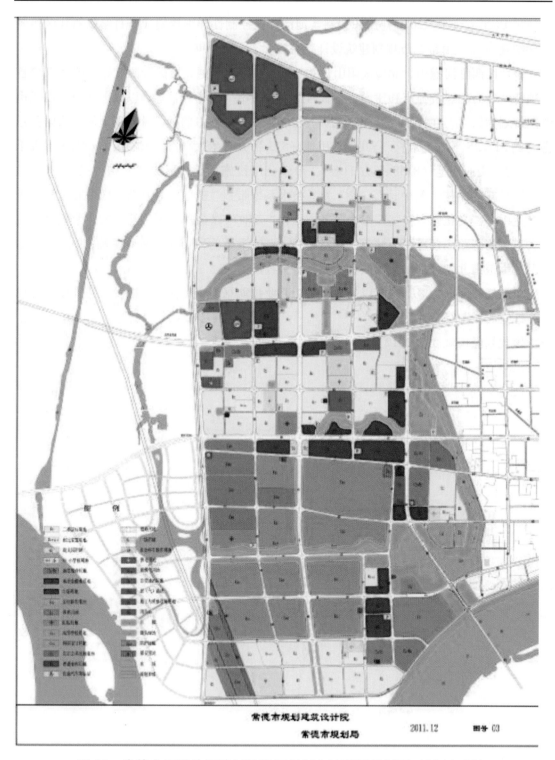

图31：常德市河洑片区控制性详细规划土地利用规划图（2011.12）

十三、东江片区控制性详细规划

2008年，新的总体规划修编启动后，为配合总体规划的编制，指导江北城区东区的开发建设，市规划局启动编制《洞庭大道东段与二广高速连接线两厢控规》，规划范围柳叶湖以南、常德大道以东、马家吉河以西，用地面积8平方千米，由湖南建设集团有限公司建筑规划设计院编制。随着总体规划成果的确定，城区东片用地向南一直延伸至马家吉河，称为东江片区，用地面积21平方千米，由洞庭大道将其分为南北两个小片区，其控制性详细规划分别称为《东江片区（Ⅰ）控制性详细规划（含洞庭大道东段与二广高速连接线两厢控规)》和《东江片区（Ⅱ）控制性详细规划》。

东江片区（Ⅰ）控规规划范围西起石长铁路、东至马家吉河、北起柳叶湖、南至洞庭大道，规划用地面积为12.5平方千米，居住总人口约为16万人。规划依托洞庭大道与二广高速连接线便利的交通条件和柳叶湖优美的自然景观资源，形成"一心、一带、两轴、六片区"的规划结构，将本区建设成为以商业旅游服务、商务办公、文化娱乐、高档居住四大功能为主，集生产、生活于一体的滨水综合发展区。

2011年，该规划经市人民政府批准实施。

东江片区（Ⅱ）控规规划范围为西起石长铁路、北起洞庭大道、东南至马家吉河，规划用地面积为10.2平方千米，居住总人口约为13.6万人。该规划通过招标确定由湖南大学规划设计研究院有限公司编制。规划依托太阳大道、洞庭大道与二广高速连接线便利的交通条件，形成"一心、一轴、六片区"的规划结构。其中，"一区"主要由沿建设东路两侧的发展的综合服务区，是推动规划区经济迅速发展的核心地带。"一带"为沿马家吉河发展的滨水景观带。"三轴"是结合二广高速连接线及两边的商业用地和太阳大道两厢，形成两条南北向经济发展轴和沿洞庭大道发展的东西向经济发展轴。"六组团"分别指位于西部的工业组团、北部的休闲娱乐区、马家吉河两侧的生态休闲区、东江生活居住区、新坡生活居住区、燕子湾生活居住区。东江南片区控规将其打造成以居住功能为主，集游憩商业、文化教育、生态工业、行政办公于一体的多元化宜居住区。

2012年，该规划经规划部门专家审查会审查通过。

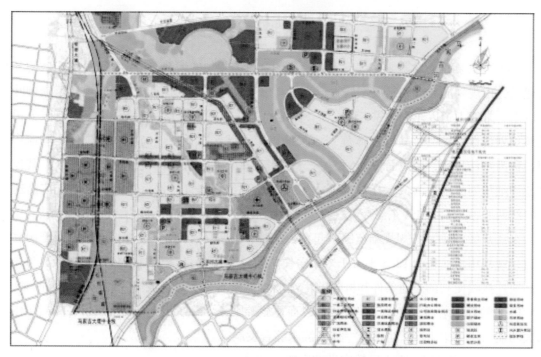

图32：东江片区（Ⅱ）控制性详细规划土地利用规划图（2011 年）

十四、北部新城控制性详细规划

北部新城控制性详细规划范围为柳叶湖以西，皂果路以东，花山河以南，石长铁路线以北，总用地面积24.43平方千米。该区的职能定位是以旅游休闲和现代服务业为支撑，以滨湖水乡为特色，以两型社会为示范的生态宜居的城市新区。

规划区内形成了"五纵四横一环"的城市主干路网结构，自西向东"五纵"分别为皂果路、金牛路、朗州路、年寿路、紫缘路，自北向南"四横"分别为万寿路、月亮大道、太阳大道、柳叶大道，"一环"指沾天湖环路。

规划区形成了"一心、一环、三区"的空间结构。

"一心"—位于规划区北部，为沾天湖环路、月亮大道和金牛路所围合的区域，主要布局了行政中心和金融街。

"一环"—规划区北部形成的水系生态绿环。规划中将片区北部的荷花堰、丰收渠、官堰和姜家涌水系疏通，形成环状水系，并与沾天湖和花山河联通，沿环状水系设置生态绿地，形成水系生态绿环。

"三区"—规划区在空间上以"一心"为中心，以"一环"为纽带，布局三类功能区：居住区、商业区和旅游休闲服务区。

该规划由常德市规划建筑设计院编制，已经2012年第一次市规委会审查并原则通过。

图 33：常德市北部新城控制性详细规划土地利用规划图（2009 年）

十五、江南城区西片区控制性详细规划

为科学合理布局江南城区西片区城市用地，有效指导该片区开发，稳妥推进鼎城区区直机关西迁建设，把江南城区打造成常德"浦东"，根据市委、市政府"一江两岸协调发展，一城四区共同繁荣"的城市发展战略，鼎城区委、区政府委托常德市规划建筑设计院编制《常德市江南城区西片区控制性详细规划》。

该片区位于江南城区西部。规划范围北临沅江，南接丰家湾路，西起沅江，东至德安路和阳明路，规划总用地面积约 10.21 平方千米。

规划目标：按照功能有机组合原理，合理细分用地，一方面遵循土地市场经济原则，另一方面有利于片区综合环境的形式，建设一个适合市民居住、工作、生活的社会环境；同时，充分利用王池湖、赤塘湖、沅江西大桥及临沅江优势，创造丰富多彩的城市景观特质区。

规划片区城市职能是集行政办公、精品商贸、文化娱乐、物流为一体的生态宜居的现代城市综合区。

规划中形成了"一心、三轴、四区"的城市功能结构。"一心"指沿建新路（德安路与善德大道之间）、桃花源路（建新路与金霞大道之间）和金霞大道（德安路与善德大道之间）形成的西片区公共服务中心。"三轴"分别指沿建新路的城市居民生活轴，沿桃花源路的城市综合发展轴，沿金霞大道的城市绿化景观轴。"四区"是指西片区的居住功能区、商业金融区、行政办公区、物流产业区。居住功能区，根据用地分布划分为四个居住片区：①金霞大道以北片区；②金霞大道以南、善德大道以东、桃花源路以西、工业园路以北片区；③桃花源路以东、金霞大道以南、江南大道以北、赤塘湖以西片区；④江南大道以南片区。商业金融区在建新路两侧以及建新路、桃花源路、金霞大道与德安路围合的区域。行政办公区在金霞大道西段（即桃花源路以西区段）。物流产业区是指工业园路、桃花源路、江南大道和善德大道围合区域。

用地规划

居住用地 规划区内居住用地主要围绕城市主要公共服务设施、滨江风光带、善卷公园周边分布，居住用地总面积约 464.08 公顷（金霞大道以北实行公寓楼集中安置，金霞大道以南实行一宅一基安置，安置用地每处面积一般控制在 2.0—3.5 公顷）。

公共设施用地 ①行政办公用地。总用地面积约 22.81 公顷。其中鼎城区行政中心位于金霞大道以北（祥云路与西站路之间），用地面积约 8.8 公顷。在规划区范围内，行政中心位置相对居中，对整个新区的开发建设能起到强有力的拉动作用。②商业金融业用地。主要沿建新路和红云路两侧布局，用地面积约为 94.86 公顷。其中，善卷公园西侧步行商业城用地面积约为 33.85 公顷。根据居住用地的布局，配套 8 处菜市场，主要服务于居民日常生活，每处用地面积均为 2500—3000 平方米。③文化娱乐用地。位于西站路与金霞大道的西南，与体育用地相邻布局，用地面积约 1.89 公顷。④体育用地。位于金霞大道西端南侧与文化娱乐用地相邻布置，主要为市民提供健身活动场所和建设部分专业场馆，用地面积约 6.27 公顷。⑤医院用地。规划新建两所综合性医院，总用地面积约 13.06 公顷，分别位于德安路与金霞大道西南（约 6.71 公顷），江南大道与朱家港路西南（约 6.37 公顷）。⑥其他公共服务设施用地。规划新建一座清真寺，位于善德大道与福广路的东南，用地面积约 0.61 公顷。规划两处养老院，一处位于永丰路与善德大道东南，面积约 0.74 公顷，另一处位于工业园路与红云路东北，面积约 0.61 公顷。

货物流通中心用地：位于桃花源路与工业园路西南，规划中形成辐射湘西北地区的综合性商品物流中心，包括商品的储存、转运、配送以及半成品的加工等。用地面积约为 37.32 公顷。

市政公用设施用地：①供水用地。保留现状的鼎城区自来水厂，用地面积约 2.59 公顷。②供电用地。规划新建一座 110 千伏变电站，位于花溪路与红云路的西北角，用地面积约 0.35 公顷。

道路与交通设施用地：道路用地 191.43 公顷；交通设施用地 9.98 公顷，其中：社会停车场库用地 7.60 公顷，公共交通用地 1.17 公顷，其他交通设施用地 1.21 公顷。

绿地与广场用地：规划一处城市广场（善德广场），位于永安西路东端，东临善卷公园，用地面积约 1.43 公顷。

在规划区范围内形成了一个点、线、面相结合的园林绿地系统。规划主要公共绿地 192.22 公顷，其中：南桥头街头绿地、沅江西大桥南桥头（鼎城路北侧部分）绿地，用地面积 11.17 公顷；善卷公园，王池湖、赤塘湖（含水面 74.18 公顷），用地面积 116.02 公顷；外滩公园，沅江三桥南桥头临沅江部分，用地面积 5.60 公顷；立交桥桥头绿地、沅江三桥南桥头立交桥，用地面积 4.63 公顷；桃花源路绿带，桃花源路两侧（花溪路与丰家湾路间），用地面积 7.16 公顷；善德大道绿带，沅江防洪大（墙）堤与善德大道之间，用地面积 9.21 公顷；龙家塘滨水绿地，建新路西段北侧，用地面积 10.70 公顷；朱家港滨水绿地，永福路以南，阳明路以西，用地面积 21.62 公顷；金霞大道绿带，金霞大道两侧（善卷大道与德安路间），用地面积 1.70 公顷；其他街头绿地，用地面积 4.35 公顷。

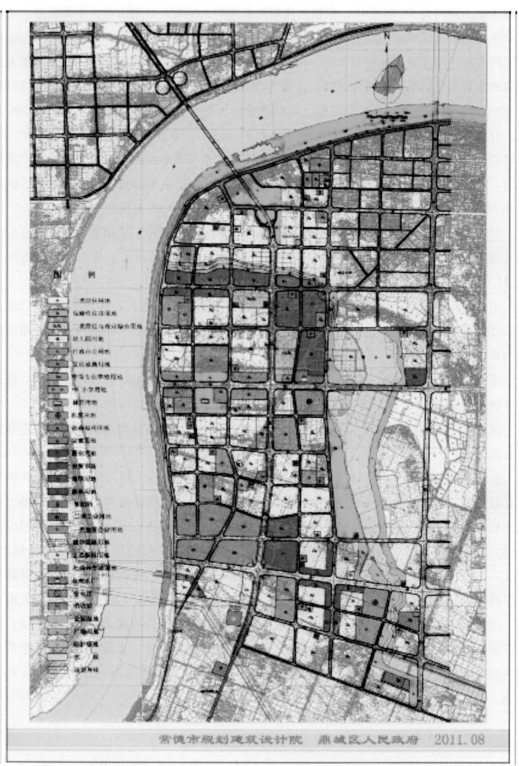

图34：常德市江南城区西片区控制性详细规划土地利用规划图（2011.8）

十六、公寓楼安置规划

常德市公寓楼安置始于 2007 年。2007 年以前，常德市征地拆迁实行的是一户一宅重建安置的方式，这种安置方式每亩（667 平方米）仅能安置 3 户左右，不利于土地集约利用，而且当城市继续向外扩展的时候，又面临重复拆迁的问题。

2007 年起，中共常德市委、市人民政府开始谋划对市江北城市规划区征地拆迁房屋实行公寓楼安置。2009 年 7 月，《常德市江北城市规划区内公寓楼安置小区建设安置管理办法（试行）》出台，该办法包括公寓楼安置的资格确认与安置实施方法、公寓楼安置小区的建设要求、优惠政策及安置小区项目管理等方面内容。

常德市江北城区规划建设公寓楼小区 64 个（用地 79 宗），占地约 3600 亩（240 公顷），总建筑面积 430 万平方米，计划总投资 60 亿元，建成可提供公寓楼 36000 套。截至 2012 年 6 月，建成公寓楼约 170 万平方米、1.42 万套。

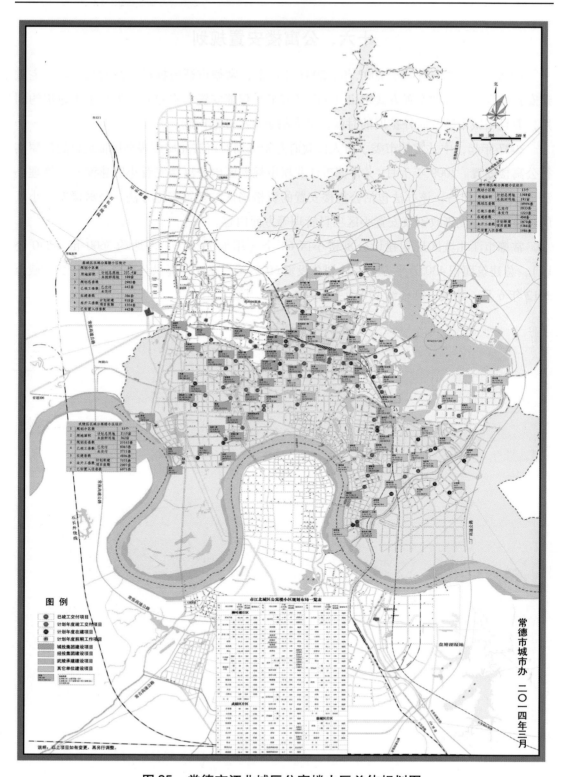

图35：常德市江北城区公寓楼小区总体规划图

部分公寓楼安置小区介绍

1. 竹根潭公寓楼小区

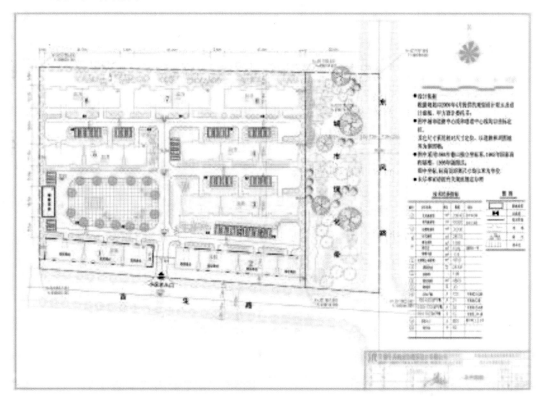

图36：竹根潭公寓式安置小区规划总平面图（2012 年）

竹根潭公寓楼小区位于吉生路以北、龙港路以东区域，主要用于安置常德大道、竹根潭商业市场土地0903 地块、城乡建设用地增减挂0904 地块等项目的拆迁安置户。该公寓楼小区的规划总用地面积为26666.7 平方米（40亩），规划设计8 栋六层公寓楼，

图37：竹根潭公寓式安置小区

总建筑面积31206 平方米，总投资4507 万元，容积率为1.96，绿地率为30%。可提供安置房250 套（125 户）。

该小区于2010 年12 月开工建设，由常德市天城规划建筑设计有限公司设计、常德兴邦建设工程咨询有限公司进行监理、常德市第一建筑工程有限责任公司施工建设。至2012

年底，完成全部配套工程，安置入住 20 多户。

2. 白马湖公寓楼小区

白马湖公寓楼小区位于柳叶大道以北、龙港路以西、白马湖以南，主要用于安置丁玲公园、芙蓉文化广场北区的拆迁安置户。整个一、二期工程的规划总用地面积为 18 721 平方米，规划设计 12 栋 6 层公寓楼，总建筑面积 36 072 平方米，总投资 5600 万元，容积率 1.93，绿化率 30%。可提供安置房 306 套（153 户）。

该小区于 2009 年 11 月开工建设，由常德市天城规划建筑设计有限公司设计、常德市万鑫建设工程监理有限公司进行监理、常德市新宇宙建筑工程有限公司施工建设。

3. 南坪公寓楼小区

南坪公寓楼小区位于三星路以南、荷花路以西区域，主要用于安置五育地块、南坪社区、沙河路、紫菱路、荷花路、三星路、常德大道、芷兰中学、重建基地范围内的拆迁安置户。整个公寓楼小区占地 44 929 平方米，共规划设计 27 栋六层公寓楼，总建筑面积 92 000 平方米，容积

图38：南坪公寓式安置小区

率为 2.06，绿化率为 30.01%，可提供安置房 786 套。小区北面、东面临城市规划道路，公寓楼底层为商铺，其他内部底层为杂物间。

该小区于 2009 年 5 月开工建设，由常德市建筑设计院设计、常德市旺城监理公司监理、常德市德达房地产开发有限公司建设。至 2012 年年底，南坪公寓楼小区一、二期工程 24 栋全部完工，建筑面积 77 800 平方米，可提供安置房 678 套，已选房入住 389 套（208 户）。三期工程 3 栋，建筑面积 14 000 平方米，于 2012 年 2 月份开工，2013 年 12 月完成竣工验收。

4. 兴发公寓楼小区

兴发公寓楼小区位于芙蓉路以西、常德大道以北区域，主要用于安置常德大道、城乡建设用地挂牌 0904 地块、金丹路以西 0905 地块规控等项目的拆迁安置户，整个公寓楼小区的规划总用地面积为 47 400 平方米，规划设计 20 栋六层公寓楼。小区西面、北面临城市规划道路公寓楼底层为商业门面。总建筑面积 91 087 平方米，总投资 13 552 万元，容积率 1.92，绿地率为 30.1%，可提供安置房 748 套（374 户）。

该小区于 2010 年 9 月开工建设，由常德市天城规划建筑设计有限公司设计、常德市

兴业建设监理有限公司进行监理、湖南省常德市新宇宙建筑工程有限公司施工建设。至2012年年底，兴发公寓楼小区有10栋建筑完成全部配套工程，总建筑面积45 842平方米，可提供安置房住宅352套（176户）。

5. 泉水桥公寓楼小区

泉水桥公寓楼小区位于S306省道以南、泉水桥村十一组区域，主要用于安置沾天路、龙鹰路、柳泉路、泉水桥片区等项目的拆迁安置户。小区规划占地约52 661平方米，建筑面积87 000平方米，容积率1.65，绿地率30%，规划设计15栋六层公寓楼，1栋社区服务综合大楼，1个幼儿园，1个篮球场，可提供安置房670套（335户）。

该小区于2010年8月开工建设，由常德市建筑设计院设计、湖南佳顺建设监理咨询有限公司监理、湖南顺昌建筑有限公司建设施工。至2012年年底，4栋（114套）基本建成，8栋正在主体施工，1栋正在进行基础施工，2013年12月份可交付使用。剩下2栋正在进行前期征拆工作。

6. 万寿六组公寓楼小区

万寿六组公寓楼小区位于柳叶湖旅游度假区柳叶湖街道办事处万寿村六组，主要用于安置沾天湖南岸堤防工程、沾天湖环道、大剧院及万寿片区项目的拆迁安置户。整个公寓楼小区的规划总用地面积为41 362平方米，规划设计20栋六层公寓楼和1所幼儿园。小区东面、南面临城市规划道路公寓楼底层为商铺，其他底层为杂物间，建筑总面积60 506平方米，容积率为1.46，绿地率为30.02%。可提供安置房456套（228户）。

该小区于2009年12月开工建设，由常德市建筑勘测设计院设计、湖南常德兴邦建设工程咨询有限公司进行监理、湖南德成建设工程有限公司施工建设。至2012年8月，万寿六组公寓楼小区全部开工，其中：9栋已竣工验收并进入选房入住阶段，可提供公寓楼214套（107户）；7栋完成竣工预验收，进入室外管网工程施工阶段；4栋正在进行主体工程施工；其余11栋，竣工验收并交付使用，提供安置房242套（121户）。

第二节　修建性详细规划

一、居住小区

（一）滨湖小区

常德市滨湖小区南临滨湖中路、北临外环路、西临鼎城北路、东临常德市技术工业学校，为开放式社区之一。小区用地规模为15.87公顷，住宅总建筑面积为11.5万平方米，公建总建筑面积为3.9万平方米，居住总人口为7204人。小区内设中心广场，几条小区主干道将小区划分为三个组团，分别是东组团、西组团、北组团。其中东组团北侧为滨湖小学，小学为一栋三面围合建筑，建筑南侧为学校风雨操场，操场以南布置有5—6排多层住宅；西组团内有律师事务所、汽配公司、区粮店等商业设施，以及银行、农贸市场、篮球场等，其他均为多层住宅；北组团由两条南北向小区道路分割为三个板块，均为不同建筑形态的住宅。

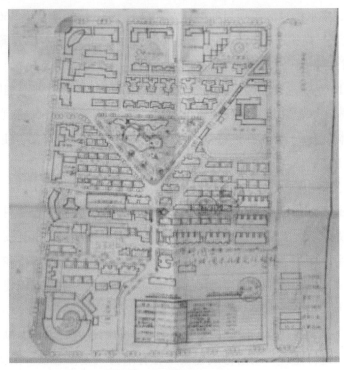

图39：常德市滨湖路居住小区规划总图

（二）紫桥小区

常德市紫桥居住小区南临滨湖路、北临穿紫河、西临朗州路、东临丹阳路，为开放式小区。项目规划设计方案于1994年审批，用地规模为23.3公顷（合349.4亩），建筑规模为33.7万平方米，居住总人口约1.5万人，主出入口临滨湖路设置，主要技术经济指标为：容积率1.45，绿化覆盖率42.5%。小区设施完善，规划有幼儿园、小学、居委会、警务室、医疗卫生站、农贸市场、商业街、地面停车场、物管、公厕、垃圾中转站等。小区分为七个组团：梅园、兰园、桃园、松园、紫园、竹园和别墅区，后合并为紫桥一区、二区和三区。

图40：常德市紫桥居住小区规划图（1994年）

（三）金色晓岛

金色晓岛住宅小区位于柳叶路与朗州路交汇处东南角，南临穿紫河风光带，北侧为常德芷兰实验学校，地理位置十分优越，是由湖南金恒房地产有限公司开发建设的高品质住宅小区。项目用地规模为15.44万平方米（约合231亩），总建筑面积为17.5万平方米（含计容建筑面积16.9万平方米和地下室面积0.6万平方米），主要技术经济指标为容积率1.08，绿地率42.0%，停车泊位530个，居住户数904户。小区以多层为主，临穿紫河为一排独立别墅，往北依次为联排别墅、情景洋房，临柳叶路为一排高层和小高层住宅。

图41：常德市金色晓岛住宅小区规划图

（四）德景园

德景园项目为商住综合，容积率2.0，绿化面积在35%以上，建筑密度24.55%，停车位3300个，总用地面积240 330平方米，总建筑面积612 770平方米，建筑计容面积480 658平方米，并有30000平方米的水域与白马湖文化公园贯通，环境得天独厚；项目有别墅、高层住宅、商业等多种业态和结构形式，小区功能齐全，建有商业、休闲、娱乐等设施，配套建设有占地18 000平方米的优质小学和高端幼儿园。

图42：德景园

（五）公园世家

公园世家处于城西芙蓉板块，位于皂果路与滨湖路两条城市主干道的交汇处。是由湖南和远置业投资有限公司斥巨资打造的世界级公园物业，总建筑面积约15万平方米，由13栋物业组成，包括亲水洋房、小高层和高层楼房、酒店商用物业。项目采用了大气、奢华、典雅的欧式简约风格，充分融合了周边的自然景观资

图43：公园世家

源。项目拥有常德唯一的阳光车库，采用人车分流，为业主营造一个安全、舒适的出行环境。项目周边拥有船码头风光带、白马湖公园、丁玲公园等自然景观。生活设施配套完善，购物有芙蓉商业广场、步步高、大润发等；教育有国际示范康桥蒙氏幼儿园、常师附小、长菁路小学、五中、七中、白马湖中学、湖南文理学院。公园世家是集购物、教育、商务、医疗为一体的高端豪宅小区。

二、商业区

（一）水星楼

常德市水星楼文化旅游商业广场位于人民路以南、沅安路以北、青年路以西，是常德市规模最大的中心商业体之一。项目于2007年审查了修建性详细规划，用地面积为35000平方米（合52.5亩），总建筑面积为14万平方米，其中计容建筑面积为11.9万平方米，

主要技术经济指标为容积率 3.39，建筑密度 45.3%，绿地率 15%，停车位 370 个，居住户数 587 户。地块南侧为三栋高层住宅建筑，建筑面积为 5.6 万平方米；住宅建筑裙楼部分和临人民路的两栋多层建筑以及部分地下空间均规划为商业性质，建筑面积为 6.3 万平方米。临人民路的两栋商业建筑中间为中心广场，广场主要建筑为一栋 7 层塔楼——水星楼，该楼为常德市地标性建筑。

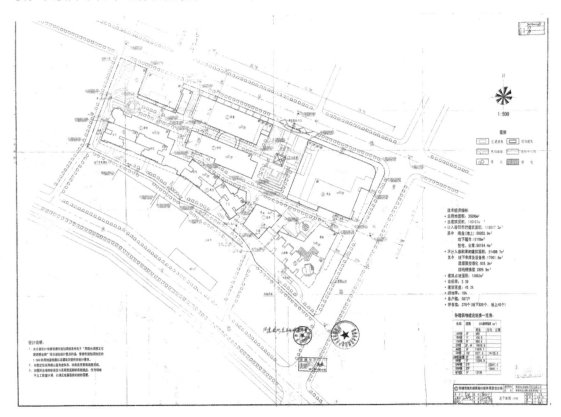

图44：常德市水星楼旅游商业广场规划图

（二）中区步行城

步行城位于和平西街以南、步行街以北、朗州路以西、武陵大道以东，是常德市规模最大的中心商业体之一，系城市旧城改造项目，由湖南金钻置业投资有限责任公司负责拆迁并开发建设。项目用地规模为 55493 平方米（约合 83 亩），建筑规模为 20.4 万平方米。步行城分为 8 个组团（A—H），其中 A 组团位于和平西街以南、中心巷以北、卫国巷以东、大梳子巷以西，共 2 栋建筑，裙楼为 4 层商业建筑，主楼为 15 层住宅建筑，地下部分为超市，商业建筑围合形成一个地面停车场；B、C 组团位于 A 组团南侧，以大兴街为界，西侧为 B1、C1 组团，东侧为 B2、C2 组团，均为纯商业建筑；D 组团位于 B1 组团西侧，仅 1 栋高层建筑，裙楼为 3 层商业建筑，主楼为 32 层住宅建筑；B2 组团东侧为 F 组团，为1栋四面围合的6层商业建筑，中间为透天内庭；F组团北侧为E组团，含1栋17层高层住宅，其4层裙楼为商业性质，住宅北侧有一个小广场；F组团南侧为G组团，为1栋4层商业建筑，建筑内有一条商业步行街；G组团以东、以南为H组团，临朗州路和步行街布置，均为商业建筑。步行城现为常德市最聚商业价值和氛围的地块之一，它的建设完成，推动了常德市的商业经济发展。

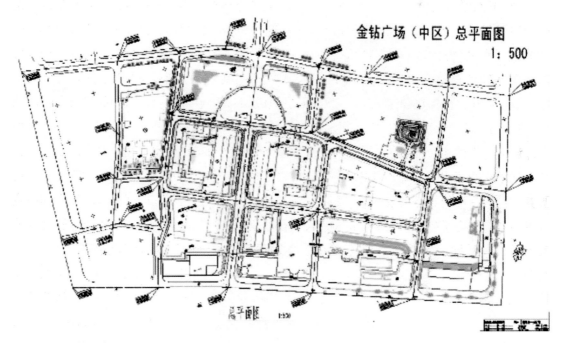

图45：金钻广场（中区）总平面图

三、学校

（一）湖南文理学院

湖南文理学院由原常德高等专科学校、常德师范高等专科学校、常德教育学院三校合并，经国家教育部1999年3月批准成立，是一所师范与非师范兼容，文、理、工、农、经、管、法等多科性省属高等院校，发展规模为12000—15000人。学校总用地面积为86.37公顷，其中建筑占地12.07公顷（13.97%），运动场地7.16公顷（8.29%），绿化用地45.37公顷（52.53%），水面8.01公顷（9.27%），道路广场用地13.76公顷（15.93%）。湖南文理学院（西院）的规划范围以滨湖路为界分新区和旧区两部分：南部旧区东为龙港路，南为洞庭大道，西为常源路，北为滨湖路；北部新区东为龙港路，南为滨湖路，西为芙蓉路，北为柳叶路。南部的旧校区面积为21.78公顷，其内建筑以保留为主，分为教学区和教工住宿区两大部分，规划中通过对道路、广场、绿地等的景观设计，扩展绿化面积，强化景观环境的对其整体结构的调整和完善；北部新区的一期用地占地32.46公顷（含西部的学生宿舍区8.05公顷），包括8000平方米的风雨操场及10000人看台的标准田径场，20000平方米的图书馆，18000平方米的综合实验楼，8000平方米的音乐、美术楼，22000平方米的科技楼；新区的二期用地占地32.37公顷（含西部的学生宿舍区8.17公顷），主要布置科技馆、大会堂、研究生院、综合教学大楼、生物系教学楼和生物园，并预留有适量发展用地。校区用地从功能上分成八类，分别为：（1）教学区，是全校的主要部分，主要分布于旧区西部和新区的中部，方便学生从宿舍直达教学场地。（2）生活区，分教工生活区和学生生活区。前者主要处于旧区东部，后者主要处于新区西部。两区均有相应的配套设施，满足不同人群的使用要求。生活区与教学区毗邻，方便师生出行。在学生生活区设有学生食堂和学生活动中心等。在教工生活区内另设有老年活动中心和幼儿园，方便教职员工。（3）运动区，主要分布于新区的东部和西部，以及旧区中部。新区东部的运动区包括一期的10000人看台塑胶跑道田径场和二期的体育馆以及其他体育场地；新区西部的运动区包括一个400米跑道田径场及篮球、排球、网球场地等，主要为方便宿舍区的学生就近使用，而400米跑道田径场也可用于正式比赛；旧区中部的运动场地是在原有基础上增设篮球场和网球场等，以满足旧区的部分师生员工对体育运动的需求。（4）后勤区，主要分布于旧区和新区北部等处，与教职工生活区和学生生活区有很好联系。（5）绿化用地，集中或分散布局于校区各处。绿化用地与水面结合，为各区提供休闲、活动、交流场所。（6）水面，包括原有大部分水域和新扩展水体。（7）服务设施用地，可同时服务于校内、校外，如旧区拟建的学术交流中心，在其北部设室内游泳池，以此增加旧区的体育运动场所。（8）道路广场，包括规划区内的道路、停车场，以及分布于不同区域的大小景观绿化广场。

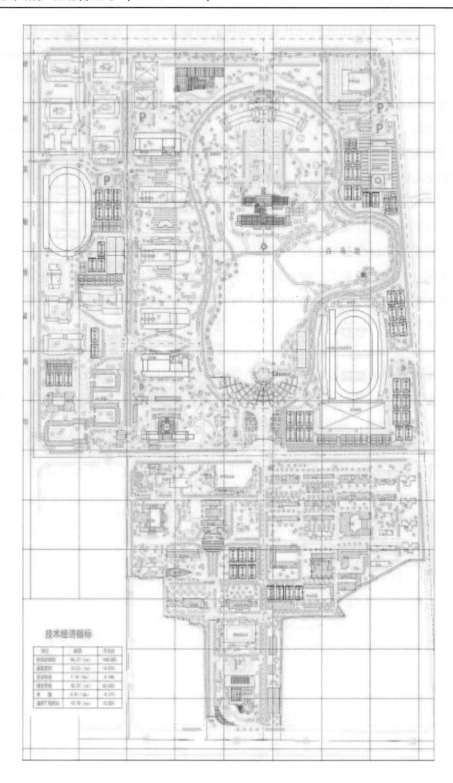

图46：湖南文理学院（西院）规划图

（二）常德职业技术学院

常德职业技术学院位于常慈公路南侧，于2003年审批了地块修建性详细规划。项目用地面积为96万平方米，总建筑面积为31万平方米，其主要技术经济指标为：容积率0.32，建筑密度9.2%，绿地率59.3%。学校临常慈公路设有一个主出入口，次出入口临东侧道路设置。学校分为东、西片区，西片区以教学和休闲设施为主，东片区以学生和教师住宿为主。校区主干道位于西片区，沿着主干道由北至南分别是学校大门、艺术花池、图书馆和艺术中心，图书馆两侧主要是教学楼、实验楼、科研楼、实训中心等教学设施和游泳馆、体育馆、篮球场、排球场、风雨操场等体育设施，艺术中心西侧为农学实验基地、东侧为南湖以及依水而建的亲水平台等休闲设施。

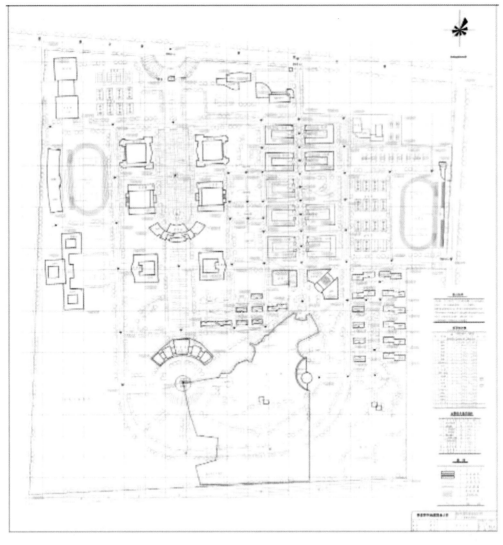

图47：常德职业技术学院规划总图

（三） 常德市第一中学

常德市第一中学前身为创建于1902年的西路师范讲习所，曾先后更名为湖南省西路公立师范学堂、湖南省公立第二师范学校、湖南省第二师范学校、湖南省第二初级中学、湖南省立第三中学、湖南省立第四中学，1953年定名常德市第一中学。

学校位于常德市武陵区，东临朗州路，北临育才路，占地面积14.07公顷，现有建筑面积82 000平方米，其规划主要经济技术指标为：容积率0.61；建筑密度17.5％；绿地率41％；常德市一中设有东大门和北大门两个校门，东大门为主要出入口，学校建有教学楼、科技实验楼（含天文台）、现代教育技术中心、办公楼、图书馆、体育馆、艺术馆、校史馆、历史文化长廊、学生宿舍、食堂等建筑及运动场等活动场所。

图48：常德一中鸟瞰效果图

（四） 芷兰实验学校

芷兰实验学校，原为常德市第八中学，1998年更名，是一所含小学部、初中部和高中部的综合性实验学校，被常德市政府授予"明星实验学校"称号。学校位于城市两条主干道朗州路与柳叶大道交汇处东北角，用地规模为8.25公顷（约合120亩），建筑规模为66867平方米，于1996年首次审查了规划设计方案，并于2005年进行了微调，其主要技术经济指标为：容积率0.81，建筑密度19.42％，绿地率55.27％。芷兰实验学校设有南大门和西大门两个校门，其中南大门为主要出入口。学校规划有教学楼、科技实验楼、图书馆、综合楼、学生宿舍及体育训练馆等建筑，并设有中心广场、自然科学园地、篮球场、游泳池和田径运动场等运动休闲场地。

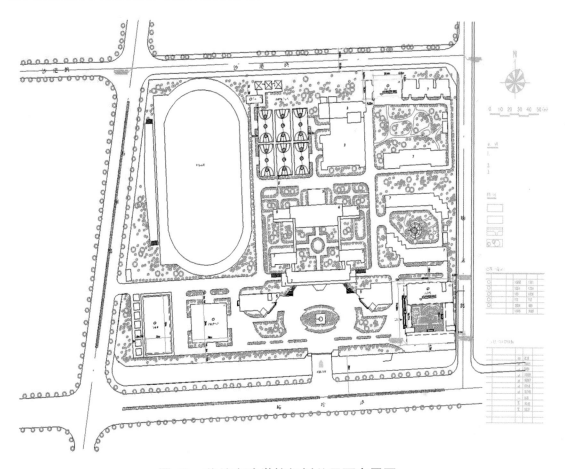

图49：芷兰实验学校规划总平面布置图

（五）常德外国语学校

常德外国语学校（又名白马湖中学）是一所由市政府一次性投入近3个亿，高起点、高规格、高标准新建的市教育局直属公办、全日制、寄宿制完全中学，是常德市第一所以外语为特色，具有时代性、民族性、国际性的特色学校，是教育部AFS（American Field Service 的缩写）项目学校、PGA 中美高中国际课程教学中心、湖南省教育国际交流协会基地学校、湖南省高中教师培训基地学校。学校位于常德市西城新区，柳叶大道与龙港路交汇处，交通便捷，区位优势明显。学校于 2009 年初正式动工修建，2012 年上半年全部竣工验收，占地面积 10.72 公顷，建筑面积约 6 万平方米，按照省级示范性高中配置标准，各类基础设施设备齐全实用，各种现代化设施设备齐备先进，学校环境优美雅致，办学条件全省领先。

图 50：常德外国语学校

（六）金丹实验学校

金丹实验学校始建于 1996 年，是由常德市武陵区政府投资兴建的高起点、严管理、重创新的新型实验学校，集走读寄宿于一体。学校现址为武陵区滨湖西路 2888 号，位于桃花源路以东，柳叶大道以南，人民路以北，长庚路以西。金丹实验学校是武陵区素质教育实验学校、常德市名优学校、湖南省现代教育技术实验学校和湖南省红领巾示范学校。学校总投资 1500 万元，占地 26 000 余平方米，建筑面积 9600 平方米，绿化覆盖率 45%。学校拥有教学楼、科技楼、学生宿舍、食堂，校园环境优美，生活设施齐全。拥有书法室、美术室、舞蹈室、音乐室、钢琴室、阅览室以及校园网、电脑室、语音室、多媒体教室、演播室、闭路电视、卫星地面接收站等现代化教学设施。

图 51：金丹实验学校

第三节　城市设计

一、西城新区中心区城市设计

西城新区中心区城市设计范围为珠港路以东、青林路以南、桃花源路以西、柳叶大道以北的区域，规划用地面积约3平方千米。该城市设计通过招标确定由上海墨章建筑设计工程有限公司编制。

规划范围现状主要为耕地、水域和园地，以及部分居住、教育科研、工业、仓储、市政设施、村民住宅用地。西城新区中心区城市设计依托常德大道、桃花源路、金丹路等便捷的交通条件以及丰富的水资源，通过以水为脉、以路为轴、以绿为环的环境网络及特色鲜明的功能结构、空间形态，将西城新区中心区打造成为以文化、娱乐为核心，集创意产业、商务办公、酒店接待、商业休闲、居住、教育等为一体的生态宜居城市新区，形成"一心、一带、一环、两轴、六区"的总体功能结构。其中，"一心"为在规划区中心由商业公建群围合的大面积绿化广场，"一带"为由保留的南湖港及其两侧的绿化控制带形成的滨水绿化带，"一环"为贯通西城中心区整体的绿化生态环廊，"两轴"分别为南北向的空间主轴和东西向的城市主轴，"六区"指中心区内的综合商业休闲、文化创意、现代居住、卫生医疗、综合教育及市场物流六个功能区。

2012年，该城市设计经市人民政府批准实施。

图52：常德市西片区中心区城市设计总平图（2011年）

二、常德市东江片区中心区城市设计

东江片区中心区城市设计范围北起老堤障路，南抵马家吉河，西起太阳大道，东靠马家吉老河道，规划用地面积 3.15 平方千米。该城市设计通过招标确定由重庆大学城市规划与设计研究院编制。

规划范围现状主要为水域、绿地及农房。城市设计依托柳叶湖优美的自然景观资源以及便捷的交通条件，将其打造成为集现代风貌展示、生态保护和生态居住、旅游观光及休闲服务综合配套三大功能于一体的滨水生态门户区域，形成"一绿轴、一水环、多视廊、多地标"的总体空间架构。其中"一绿轴"为入城连接线通向柳叶湖的斜向空间轴线，"一水环"通过在洞庭大道以北的滨水区域形成的圆形水岸将公众活动空间、公共娱乐建筑和地标式建筑自然衔接，"多视廊"为与河流并行的大型公共绿地，"多地标"为水环周围多种类型的标志性节点。该城市设计根据设计范围特色空间结构，形成六大主体设计区域，分别为绿轴天街、魅力水环、梦幻水乡、幻彩湿地、水滨天地、绿溢雅居，将规划区划分为公共服务、商务办公、文化娱乐、居住及公园为主的功能区。

该城市设计于 2012 年经市人民政府批准实施。

图53：常德市东江片区中心区城市设计总平图（2012 年）

三、北部新城中心区城市设计

北部新城为城市重点打造的城市新区。为完善城市生态环境、整合城市空间、提升城市形象，更好地指导片区设计，市规划局组织了《常德市北部新城中心区城市设计》编制工作，通过招标确定上海同济城市规划设计研究院编制。

北部新城规划范围由两片组成，一片为沾天湖北环路、沾天湖东环路、月亮大道、万胜路围合的北部新城核心区，规划用地约3.3平方千米；一片为朗州路、石长铁路、朝阳路、高丰路围合的站前区，规划用地约2平方千米。

北部新城核心区和站前区功能定位为对接长株潭的复合型生产服务基地，辐射大湘西的国际化休闲体验中心，服务新常德的网络化生态智慧新城。

规划目标：站前区—魅力桃花源；核心区—活力桃花源。

活力桃花源与魅力桃花源的打造以创新型中央活力区为目标，融入CBD（中央商务区）、CRD（中央文化区）、CTD（交通引领区）、CCD（休闲核心区）等要素。

行政办公核心区—活力桃花源的城市营造策略为：凸显核心区活力，通过商业、金融、贸易、居住的一体结合打造24小时不夜城，彰显新区的活力，成为新区活力增长极核心。

车站交通枢纽区—魅力桃花源的城市营造策略为：塑造城市魅力，打造城市门户形象，提升城市品牌和旅游效应。

构建九大分区　多元功能复合：

A分区：行政综合区。主体功能：行政办公、综合管理、会议洽谈；兼容功能：行政商务、配套商业。

B分区：生态居住示范区。主体功能：生态居住、居住配套、小学教育；兼容功能：小型商业、商住混合。

C分区：商务金融综合区。主体功能：金融办公、星级酒店、创智研发、新产品展销、创意产业；兼容功能：创智SOHO、职业培训、商业购物

D分区：特色商业区。主体构成：休闲商业、特色商贸、步行商业街、Shopping－mall；兼容功能：生态居住、商住混合、办公。

EFG分区：生态居住区。主体构成：生活居住、配套服务、中小学教育；兼容功能：小型商业、生态绿地。

H分区：枢纽商贸区。主体功能：星级酒店、现代物流、商贸办公、特色商业；兼容功能：休闲体验、养生产业、美容SPA。

I分区：交通枢纽区。主体功能：火车站场、站前广场、特色商业、综合交通。

该规划已经2011年第1次市规委会审查并原则通过，修改完善后批市政府审批。

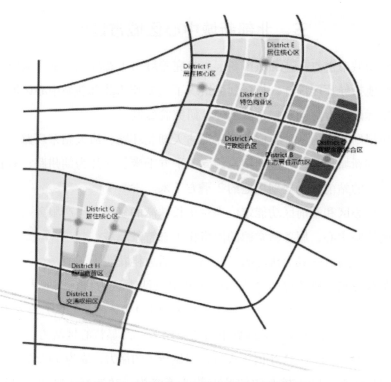

图 54：北部新城中心区功能布局策略图

图 55：北部新城中心区总平面规划图

四、常德大道两厢城市设计

为进一步改善城市环境、合理利用城市空间资源、提升城市品质，根据市政府工作部署，市规划局组织编制了《常德大道两侧城市设计》，北段由同济大学城市规划设计研究院编制，南段由重庆大学城市规划与设计院编制。

北段城市设计：

北段规划范围西起丹溪路，东至紫缘桥，全长11.5千米。

北段规划区功能结构概括为"一心"引领，"一带"贯通，"五区"共荣，多点提升，水绿相承，韵律相生。

空间风貌设计：根据区内不同的功能集聚及景观要求，将规划区分为绿色迅达物流区、红色兴旺贸易区、橙色综合功能区、金色活力商务区、蓝色诗意生活区等5个景观功能区。各区在保持城市设计整体协调、一致、多元、互补的基础上，提供多样化的景观空间体验。

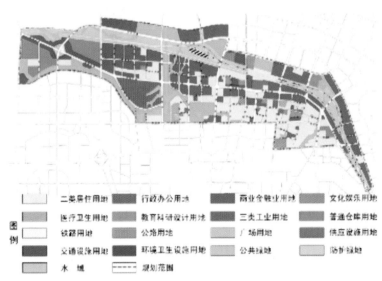

图56：常德大道土地使用图

南段城市设计：

南段规划范围北起紫缘桥，南至沅江二桥，全长6.9千米。

南段规划区功能结构概括为"一带、三片、三核"，突出常德大道南北发展轴线，打造三片城市特色功能展示片区，突显城市生产—生活—游憩的基本功能，策划形成商务—商业—娱乐的主题核心节点。

该规划已经2011年第1次市规委会审查并原则通过。

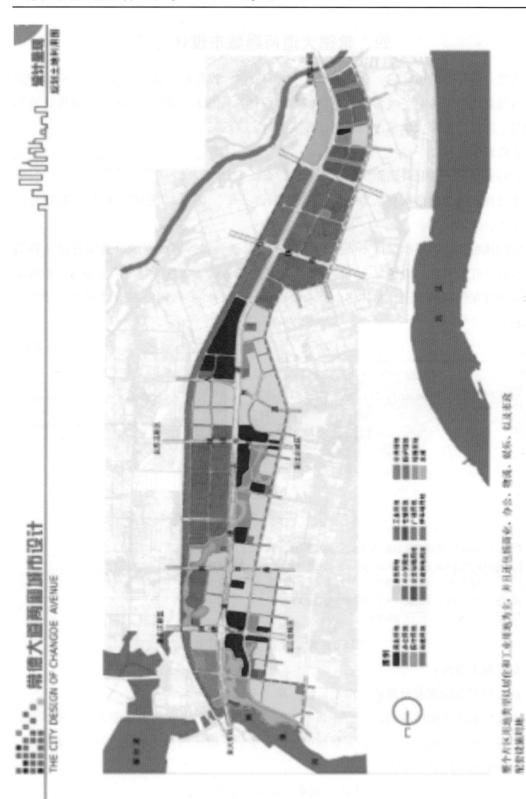

图57：常德大道两厢城市设计图

整个片区用地类型中以仓储工业用地为主，并逐步引导商业、办公、体育、娱乐、居民住宅等多功能用地。

五、江北城西片区中心城区城市设计

为展示城市新区形象，提升城市品位，带动江北城西片区发展，2008年，上海同异城市设计有限公司着手编制《常德市江北城西片区中心区城市设计》。2011年4月，该规划经市人民政府批准实施。

该片区规划范围东起市场路、西至龙港路西侧、北起常德大道北路、南至洞庭大道南侧，总用地面积约4.75平方千米。

该片区以公园绿地为载体，集聚文化、商业、办公、居住、休闲、商贸六大功能，形成一个高效、宜居、文化、生态的城市文化商业中心。

片区规划形成"一带、三心、五区"的结构。"一带"为景观游憩带，"三心"为商业办公中心、文化中心和商贸中心，"五区"分别为文化休闲区、商业办公区、商贸区、生态居住区和高校教育区。

规划形成"一主轴、三副轴、两中心、两节点"的空间景观结构。"一主轴"为贯穿南北的景观绿轴，串联起各主要景观节点；"三副轴"为常德大道、柳叶大道和皂果路；"两中心"为白马湖公园和丁玲公园；"两节点"为商业中心和社区公园绿地。

规划区内公园绿地和重大公共设施有白马湖公园、丁玲公园、商业中心。

白马湖公园位于柳叶大道以南、滨湖路以北、龙港路以东、皂果路以西区域。是集休闲游憩、旅游观光、文化展示、娱乐健身为一体的开放式"城市中央公园"。区内建有"三馆"（城市规划馆、美术艺术馆和城建档案馆）和"三中心"（青少年活动中心、妇女儿童活动中心和科技展示中心）等公共文化设施。

商业中心位于皂果路和柳叶大道交汇处西北角，是集休闲娱乐、商业购物、酒店接待、商务办公和高尚居住为一体的商业综合体。

丁玲公园位于皂果路以西、新河路以南、紫菱路以北、龙港路以东区域。是集历史名人纪念、民俗文化展示、休闲游乐、湿地景观保护为一体的大型综合性城市公园。

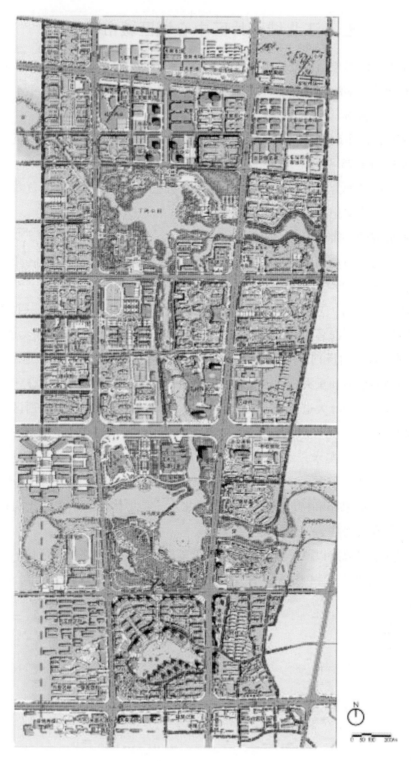

图 58：江北城西片区中心城区城市设计图（2008）

六、文化教育科技园区规划

为构筑高职基地，形成高职品牌和特色，加快常德市高等教育特别是高等职业教育的发展，为高等教育结构的战略性调整争创一条新路，2010年，市规划局启动《常德文化教育科技园区规划》编制工作，由华南理工大学建筑设计研究院编制。

规划范围：洞庭大道以南，沅江大堤以东，沅安路以北（防洪堤），欣荣路以西，规划用地10.45平方千米（15698亩）。

规划定位：常德职业教育的升级策动区、河洑片区的核心形象标志区、智慧生态的科学发展示范区、新老城市中心的功能协同区。

园区建设主要分为高职、高师教育区，中职院校教育区，公共设施共享区以及科技、文化产业区等。规划范围内整体结构可表达为"一带两区"的空间格局。"一带"指的是沿岩坪路两侧东西向伸向沅水的生态绿带。"两区"指的是以丹溪路为界，东面是文化教育区（东片区），西面是科研配套区（西片区），形成功能完整，相对独立又互为补充的现代文化教育科技园区。

（1）丹溪路以东的文化教育区（东片区）

采用"一带四区"规划格局。"一带"指中央景观生态带，"四区"指文化教学区、服务管理区、体育共享区、商住休闲区。"一带四区"组合成为文化教育科技园区的主要功能。结合现有地形地貌，设置了一带多心、组团式规划格局。

（2）丹溪路以西的科研配套区（西片区）

采用"一心一带三岛"的规划格局。"一心"：利用丹溪路西侧原有丰富的河流水系，营造成规模的人工景观湖面，并设置生态绿岛公园与地标文化艺术建筑，成为未来区域的生态中心、景观中心与活动中心。"一带"：沿沅江布置功能完整、配套齐全、景观优良的滨江居住带，为文化教育科技园以及河洑片区提供高品质的居住产品，通过大规模人口的集聚带动新区的蓬勃发展。"三岛"：因科研配套区靠近丹溪路，利于承接东侧文化教育区的功能辐射与产业带动效应，故本次规划以中部生态绿心与各带状水系及绿地划分出三个不同主题的功能岛，各岛在强化功能定位的基础上适度混合使用，以各种创意研发办公为主、滨水空间配置商业、文化等服务设施，通过开敞空间的有机融入，形成带动未来西部开发的"发动机"，吸引高素质人才集聚，为地区融入源源不断的活力。

该规划已经2011年8月市政府专题审查并原则通过。

图59：常德市文化教育科技园规划总平面图（2010年）

七、鼎城区市民服务中心规划

鼎城市民服务中心板块位于常德市江南城区西片区，为桃花源路、金霞大道、善德大道、永安路围合区域。西侧与沅河相邻，东南侧有319国道经过。规划区内地势平坦，河道水系众多，有木子湖、和尚湖、砖厂湖及若干细小水面，用地以村庄，农田和水域为主。

规划定位——多彩沅水，魅力江南。

该中心规划目标是将鼎城区市民服务中心打造成多彩沅水，鼎城生态风情苑；魅力江南，人文城市公共空间。

规划区中总用地99.58公顷，其中居住用地占29.36公顷，公共管理与公共服务用地占30.09公顷，商业服务业用地占2.10公顷，交通设施用地占21.35公顷，绿地占14.34公顷，水域占0.68公顷；其中居住和公共服务用地之和占总用地的60%。

规划形成"两轴四心，一带五片区"。"四心"指行政中心、文体中心、商务中心、市民广场，"两轴"指城市发展主轴、城市发展次轴，"一带"指沿沅水景观带，"五片区"指服务片区、四片居住区。

规划形成七大组团，起多元组合、联动发展之势。七大组团分别是：行政中心组团、行政服务组团、文体公园组团、商务服务组团、市民广场组团、公共绿地组团、居住社区组团。

行政中心组团主要包括会议接待中心、政府办公楼、四大家及相关部门；总占地面积为 8.0 公顷，建筑面积 9.99 万平方米。

行政服务组团主要包括生活服务楼、信访中心、广电中心、公安局、法院、检察院、政务中心、交警大队、人武部以及地税局；总占地面积为 13.2 公顷，建筑面积 14.21 万平方米。

文体公园组团主要包括体育馆、档案馆、博物馆；总占地面积为 8.2 公顷，建筑面积 1.46 万平方米。

商务服务组团主要提供商务办公、大型商业卖场以及酒店服务；总占地面积为 2.1 公顷，建筑面积 8.27 万平方米。

市民广场主要在城市区域开辟为市民提供休闲娱乐的公共空间与活动场所，广大市民茶余饭后来此散步、健身，休闲，自发地开展形式多样的文体活动；总占地面积为 4.1 公顷。

公共绿地主要以向公众开放、以游憩为主要功能，有一定的游憩设施和服务设施，同时兼有健全生态、美化景观、防灾减灾等综合作用的绿化用地；总占地面积为 5.3 公顷。

居住社区组团主要以高层为主，内部实行人车分离，使居住区内部有良好的环境；居住区分为四个小组团，每个组团都配有相应的公共服务设施；总占地面积为 30.0 公顷，总建筑面积 63.50 万平方米。

区内绿地系统主要分为公共绿化、组团绿化、广场绿化、道路绿化、水体绿化；景观系统分为五心四轴一带。五心：景观中心、四个景观节点；四轴：两条主要景观轴线、两条次要景观轴线；一带：沿沅水景观带。

八、鼎城区市民中心项目规划

常德市江南片区处于沅水河弯内，常德大道改造工程和金丹路建设工程的启动，沅水三大桥和桃花源路的开工建设，为江南西区新城的开发建设提供了历史性的契机。

为促进鼎城区社会经济的健康快速发展，加快城市化和现代化进程，加快城镇建设步伐，改善人居环境，提高城镇品位，树立良好城镇形象，常德市鼎城区人民政府决定启动常德市鼎城区市民中心项目的规划建设。

规划区位于常德市鼎城开发区内，规划区内地势平坦，河道水系众多，用地以村庄、农田和水域为主，基地西侧与沅水相邻，东南侧有 319 国道经过。

此次的规划范围为金霞大道（东起桃花源路，西至善德大道）两侧的行政办公用地、文化设施用地、体育设施用地商务设施用地，规划区面积约 59.86 公顷。

在规划构思上，强调全区建设的整体性，功能布局、道路系统、绿化系统与市政基础设施，统一规划，形成统一整体。在整体布局的基础上结合分期开发，在兼顾整体性的同时强化组团规划的相对独立性。

根据规划区的具体情况，合理地配置各类型用地的比例，充分考虑到实施的可行性。本着统一规划、分期实施、远近结合的原则进行项目各类设施的规划布局。规划采用人车适度分流的交通组织方式，以金霞大道为界，分别在其两侧布置鼎城区主要的政府职能单位。中心地段为整个市区中心的核心单位—鼎城区人民政府，在其前后区域均形成大面积开敞空间。

规划区内形成"两轴四心、六片区"的规划格局，"四心"，即行政中心、文体中心、商务中心、市民广场；"两轴"是指依托金霞大道形成的主要发展轴以及贯穿市民中心南北的次要发展轴；"六片区"为六大主要政府职能单位片区。

行政办公用地布局：行政办公用地集中布置于金霞大道两侧，总用地面积约为21.19公顷，主要包含各职能单位—检察院、地税局、人民武装部、法院、交警大队、政务中心和区委、区人大、区政府、区政协四大家及相关部门、信访中心、广电中心、公安局等单位。行政办公主体建筑层数在4—12层不等，总建筑面积约25.7万平方米。

体育场馆用地布局：体育场馆用地位于金霞大道—祥云路交叉口东南侧地块，其用地面积约为4.84公顷，主要用于建设鼎城区体育馆。体育场馆用地内建筑面积约为0.79万平方米。

文化设施用地布局：文化设施用地内主要建设项目为档案馆与博物馆，用地面积约为3.32公顷，总建筑面积约为0.68万平方米。该用地紧邻体育场馆用地，并与之配套形成鼎城区主要文化体育中心。

商务设施用地布局：商务设施用地位于金霞大道最西端，用地面积约为2.10公顷，总建设面积约为8.27万平方米，主要接纳银行、大型超市、商场、大卖场等项目。该用地内建筑为本次规划区域内最高24层地标建筑。

教育科研用地布局：根据上位《常德市江南城区西片区控制性详细规划》要求，在永丰路—祥云路交叉口西北侧设置—24班小学，该小学占地面积约2.62公顷，总建筑面积约为1万平方米。该小学内建筑以4层建筑为主，并不超过4层。

社会福利设施用地布局：善德路与新规划城市支路东南侧设置—社会福利设施用地，用于建设鼎城区敬老院，该敬老院占地约0.74公顷，总建筑面积约为0.81万平方米。

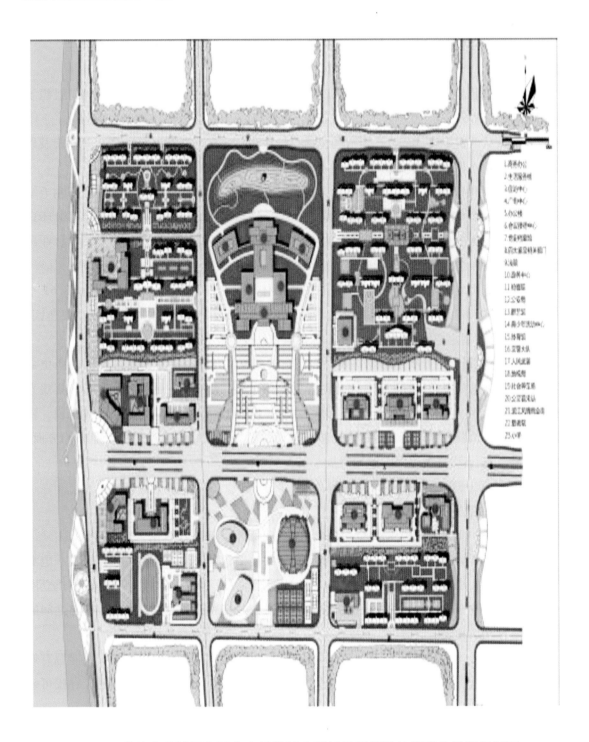

图60：常德市鼎城区市民中心板块城市设计及局部地块修建性详细规划图

第四节　常德市北部新城低碳生态规划

为了推进北部新城低碳生态示范区建设，争创国家级低碳示范区，市规划局组织了《常德市北部新城低碳生态规划》编制工作，该规划由中国建筑设计咨询公司编制。

北部新城低碳生态示范区规划范围包括石长铁路以北、皂果路以东、柳叶湖以南及以西区域，规划面积约 27 平方千米。

1. 土地利用规划。增加林木覆盖，新城区绿地系统规划了"两园（中央公园和毛家垱公园）、两带（滨沾天湖柳叶湖休闲绿带和石长铁路防护绿带）、一环（环水系绿环）、一区（邻花山河的生态湿地保育区）"为主体的绿化空间结构，增加森林覆盖率和林业碳汇，以补偿高碳土地利用方式的碳排放。

发展生态用地。规划区内的河流、湖泊、山体、城市绿地等生态用地总面积 8.61 平方千米，与城市建设用地（不含绿地）面积之比约为 1∶2.2，并按"禁建区、限建区、适建区"，分区制定空间管制要求，生态绿地将依法受到严格保护。

2. 生态规划。在低碳生态规划区，推行低碳产业，充分挖掘常德北部新区的历史文化资源、自然景观资源，贯彻常德市旅游业的总体布局，建设以主题旅游为先导，集观光旅游、运动休闲、商务会展、美食、购物、娱乐、度假于一体的产业体系。具体来说，要进行优势集聚，发展生态商务区；依托新区建设，引导发展绿色地产。在产业布局方面，朝"一核""一带""多组团"方向发展。

一核——以 EBD 为中心的现代服务业核心区。

一带——沿湖文化、旅游产业带。

多组团——北部生态居住片区、文体休闲产业片区、南部 TOD 综合生态片区。

大力推广新能源交通工具，提高新能源车辆的比例；以公交系统为主，开展油—电混合动力、液化天然气（LNG）、纯电动、氢—油混燃动力等新能源汽车示范运行，建立网络化交通管理数据平台，完善信息服务体系，提升公共交通服务能力；加强人车路之间的监控、信息联系和调度能力。

北部新城低碳生态规划区严格执行居住建筑和公共建筑节能设计标准，实现能源高效利用，开发清洁能源技术和其他节能技术；配电系统降耗节能，优化电网规划。寻找可替代的再生能源，开发地下水源热泵系统、太阳能光电系统、太阳能光热系统。

在生态规划中，对水环境的水位和水质提出了要求。

水位设计：规划河流设计常水位保持在 27 米，最高水位不高于 28 米，东南与东北水流出口处各设置机埠 1 处，西北水入口处与南侧水流入口处各设置水闸 1 处，当河水水位达到 28 米时，由机埠向沾天湖强排，当河流水位低于 27 米时，则两处水闸开闸引水。

水质控制目标是达到Ⅲ类地表水质标准。

在低碳生态规划中提出了智慧规划，它包括智慧能源、智慧水资源、智慧景区、智慧交通、智能安防、智能建筑等方面。

智慧能源管理系统，指在能源系统的所有环节，从资源的开采、加工、转换、输送、分配到终端利用，采取一切合理的措施，来消除能源的浪费，充分发挥在自然规律所决定的限度内存在的节能潜力。对在本区域中的能源系统的环节做好检测和管理，从而达到能源高效利用，节能环保的目的。

智慧水环境质量管理系统要求在区域的重点水域建立水质自动监测站，通过水环境质量在线监控系统可实现对区域内河流、湖泊断面监测数据的实时传输，从而对全区的水环境质量有一个更加全面的、及时的了解。

智慧水资源利用管理系统 水资源物联网应用系统的主要目的是解决自来水公司对取水、供水各环节监测点的数据采集和监控。该系统由监控中心、水源监测点、供水管道监控点、重要井盖防盗监控点组成，各个水源监测点的数据采集终端可监视和采集水位、压力、流量、浊度、余氯、泵频等各种数据，供控制中心及有关部门分析和决策取用，提高工作效率，保证供水质量，满足日益增产的用水量的需求。

智慧景区是指科学管理理论同现代信息技术高度集成，实现人与自然和谐发展的低碳智能运营景区。这样的景区能够更有效地保护生态环境，为游客提供更优质的服务，为社会创造更大的价值。智慧景区是指能够实现可视化管理和智能化运营，能对环境、社会、经济三大方面进行更透彻的感知，更广泛的互联互通和更深入的智能化的景区。

智能交通系统是将先进的信息技术、数据通讯传输技术、电子传感技术、控制技术及计算机技术等有效地集成运用于整个地面交通管理系统而建立的一种在大范围内、全方位发挥作用的，实时、准确、高效的综合交通管理系统。智能交通可以有效地利用现有交通设施、减少交通负荷和环境污染、保证交通安全、提高运输效率。

智能安防系统包括智能周界防入侵系统、智能门禁管理系统、智能安防报警系统、智能视频监控系统。

智能建筑通过对建筑物的结构、系统、服务和管理，以最优化的设计，提供一个投资合理又拥有高效率的幽雅舒适、便利快捷、高度安全的环境空间。

智能建筑广泛地应用了数字通信技术、控制技术、计算机网络技术、电视技术、光纤技术、传感器技术及数据库技术等高新技术，构成各类智能化系统。

该规划已经 2012 年第 5 次市规委会审查并原则通过。

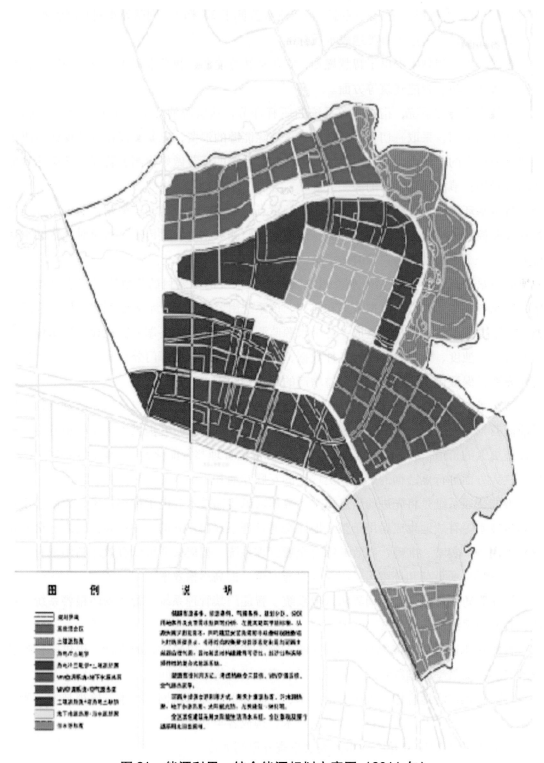

图 61：能源利用—综合能源规划方案图（2011 年）

第七章 规划修改

第一节 常德市城市总体规划局部调整

随着常德市城市化和工业化进程的加快，城市用地特别是德山开发区工业用地不足的矛盾已初步显现。恒安集团、金健米业、洞庭水殖、海利化工等一批知名上市公司纷纷在德山兴建了工业基地，常德电厂、泰格林纸等大型工业项目已在德山选址，德山的工业发展势头十分强劲。但《常德市城市总体规划（1999—2020）》（以下简称《99版规划》）中德山的规划用地规模只有18.93平方千米，至2005年年底德山城区可供用地已不足1.4平方千米，发展空间不能满足未来城市发展和工业发展需求。如不及时调整城市总体规划，将导致工业项目、城市建设无地可用，严重影响和制约着常德市的经济发展和工业发展。

2006年3月，根据城市建设现状和发展需求，市政府委托中国城市规划设计研究院对《99版规划》进行局部调整，编制《常德市城市总体规划局部调整（2006—2020）》。该规划调整历时一年，经历了前期准备与调查研究、规划方案设计、征求意见、规划报批四个阶段，搜集和查阅了大量的基础资料，整理有关数据数千个，广泛征求了社会各界的建议和意见。

2007年4月，市第四届人大常委会第四十二次会议审查通过《常德市城市总体规划局部调整（2006—2020）》后，上报省人民政府。2007年7月25日，经省人民政府正式批准实施（湘政函〔2007〕137号）。

该规划在保持《99版规划》确定的城市人口85万人、城市建设用地85平方千米不变的前提下，将江北城区南坪西路两侧1.0平方千米、江北城区沅江西大桥桥头2.34平方千米、江南城区机场路以西1.25平方千米、江南城区玉霞路以东0.53平方千米，共计5.12平方千米的规划城市建设用地调整为非城市建设用地。同时将核减的5.12平方千米规划城市建设用地调整到德山经济开发区的常张高速公路以南和盐关港区铁路专用线以南区域，以满足城市发展的需要。

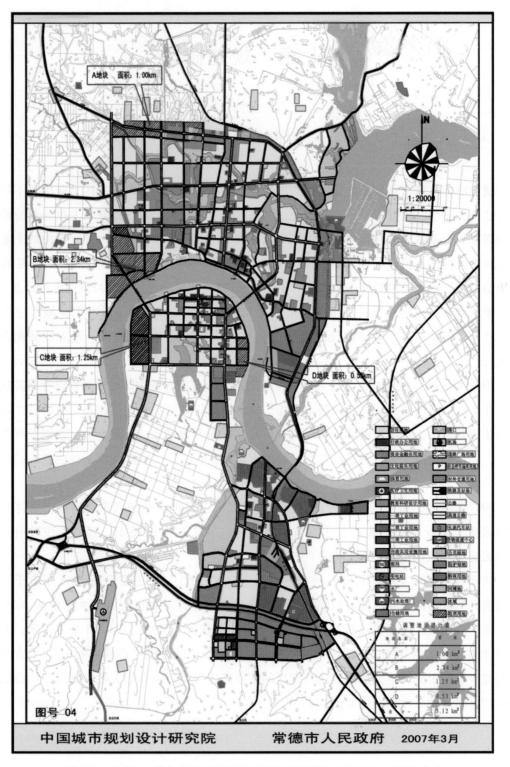

图62：常德市城市总体规划用地调整规划图（2006—2020年）

第二节　儿童公园规划调整

根据《常德市城市总体规划（1990—2010）》，滨湖路以南、龙港路以东、洞庭大道以北、皂果路以西区域的用地规划为市儿童公园，用地面积为 24 公顷，用地性质为公共绿地。当时滨湖路以北为城市的边缘，除临街布置了行政办公用地外，主要是白马湖水系用地和生态绿地。2000 年市规划局组织该区域的修建性详细规划招标，项目名称为芙蓉广场，南地块规划公园绿地，北地块规划为水系及行政中心。

《常德市城市总体规划（1999—2020）》基本沿袭 90 版规划，滨湖路以南、龙港路以东、洞庭大道以北、皂果路以西区域的用地规划为公共绿地，用地面积约 29.5 公顷。柳叶大道以南、龙港路以东、滨湖路以北、皂果路以西区域的用地规划为行政办公和教育科研用地，用地面积约 46 公顷。

2009 年，市政府开始组织修编《常德市城市总体规划（2009—2030）》。因城市发展方向、重点发展战略的转变，行政中心用地规划布置在北部新城。芙蓉广场北地块为白马湖中心，易于景观水系连通，因此将芙蓉广场北地块调整为白马湖文化公园，用地面积 48.5 公顷。同时考虑到在紫菱路以北、皂果路以西、新河路以南、龙港路以东区域已规划有一处用地面积为 30 公顷的丁玲公园，为整合用地资源，将芙蓉广场南地块用地性质由公共绿地调整为居住用地。同年，市规划局委托上海同异城市设计有限公司编制了《常德市江北城西片区中心区城市设计》。设计单位经调研分析并与其他规划协调后，将芙蓉广场用地拆分为北侧的公共绿地及南侧的居住用地两块用地，即现白马湖文化公园与德景园住宅小区。城市总体规划于 2011 年 9 月经省政府批准实施，城市设计于 2011 年 4 月经市政府批准实施。

附：芙蓉广场南北两地块用地的建设情况

北侧地块：2010 年，根据市规划局组织编制的《常德市白马湖文化公园规划设计》，该地块将建成为集休闲游憩、旅游观光、文化展示和娱乐健身于一体的开放式白马湖文化公园。此外，在公园北广场东西端各建有一处大型公共建筑——"三馆""三中心"。

南侧地块：2010 年，市国土资源储备中心根据在编的《常德市城市总体规划（2009—2030）》及《常德市江北城西片区中心区城市设计》，将南侧地块（即乌龙港地块）以居住用地向市规划局提出土地挂牌事宜。市规划局组织会议研究后于 9 月给出地块设计要点。2010 年，地块经招拍挂程序由常德中原房地产开发有限公司取得土地使用权，并更名为德景园住宅小区。2011 年 9 月，市规划局为该项目办理了建设用地规划许可证，2012 年 7 月对规划设计总图予以审批。

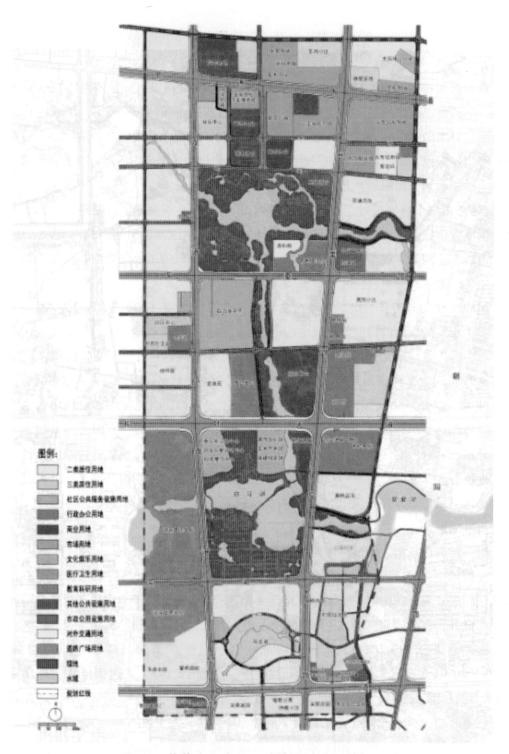

图 63：芙蓉广场南北两地块用地建设情况

专 业 规 划

第三篇　专业规划

第一章　市政基础设施规划

第一节　城市综合交通体系规划

为科学指导常德市城市综合交通系统的建设和管理，协调区域交通联系，完善城市交通系统的建设，全面促进城市交通系统节能减排和可持续发展，适应和引导城市空间拓展与功能结构优化，2011 年，市规划局组织了《常德市城市综合交通体系规划》编制工作，由同济大学交通工程学院和常德市规划建筑设计院共同编制。

（一）交通发展目标

支持配合城市总体规划，构建较强辐射力、容量充足、高效畅达、绿色安全的多模式一体化的综合交通体系，提升城市的竞争力，促进社会经济可持续发展。

常德主城区对外交通的发展目标概括为"123"。

1 小时覆盖市域，即与常德市域内县城 1 小时可达。2 小时辐射周边，到辐射区城市如长沙、吉首、张家界、益阳、邵阳、娄底、岳阳、荆州、宜昌、荆门，2 小时可达。3 小时对接中心城市，到周边区域中心城市如南昌、武汉、重庆，3 小时可达。

主城区内部交通的发展目标是路网与公交并举、动态静态交通结合、各个子系统协调，形成高效畅达的城市交通体系。

（二）城市交通发展战略方案

对外交通布局。

形成以快速环线、快速射线和主干路放射线为主体的对外道路系统。在城市南北两端布置两个大型的物流园，物流园中设有大型货运站。布局城市三大客运枢纽。三大客运枢纽分别是北部的常德火车站与客运汽车总站联合体；东南部的德山城际铁路新客站客运中心，该客运中心也是火车站和汽车站的联合体；西南部，桃花源机场，机场作为高端客货运枢纽，以快速路直接与城区和高速路网联系。

城市路网骨架。

形成环线加射线的快速干路，并结合地形和已有路网形成棋盘型为主的五横七纵骨干主干路网，沅江布置八处城市道路过江通道。

城市公交系统骨架。

以 BRT 线网作为城市公共客运交通的骨架，在组团间主要联系通道上通过设置不同等级的公交专用道或 BRT 线路，提升整个城市公交系统的优先级别，再结合普通公交以及乡镇联系公交形成多模式一体化的城市公交网络，打造公交都市。

城市步行和自行车交通体系骨架。

结合城市山水特色，打造步行单元、步行通道、自行车通道以及城市公共租赁自行车系统，并结合公交、道路交通管理等系统改善步行和自行车的交通环境，打造综合城市步行和自行车网络体系。

高速公路规划：

规划期内新建安慈、西军、宜张三条高速公路。

安慈高速公路即安乡到慈利高速公路。起于安乡县安康，经津市灵泉、澧县道河、临澧停弦、石门夹山，止于慈利县零阳镇，该线路联络已建的常岳、常澧、常张三条高速公路，线路全长约 123.3 千米，常德市境内约 97 千米。

西军高速公路即西洞庭至军山铺高速公路。起于西洞庭管理区，止于汉寿军山铺，串联市域内的西洞庭管理区、鼎城区、西湖管理区、汉寿县四个县级区域，联络常岳、常长高速公路，全长约 67 千米。

宜张高速公路即宜昌到张家界高速公路。起于湖北省宜昌市，往南经湘鄂界的炉红山，进入常德市石门县太平街，沿皂市水库西侧往西南方向，到国太桥至张家界市慈利西，与常张高速相接。该线路的建成将打通常德市西北通道，在常德市境内约 45 千米。

公路线网规划：

到规划年近期（2015 年），常德市国省道技术等级基本达到三级以上标准，路面为水泥砼或沥青砼；新增国道 2 条 271 千米，新增省道 24 条，基本形成主城区向外的发散放射，辐射影响扩展到外围县市。其中与主城区联系公路有：G207、G319、新增直通汉寿县城省道、新建 S298 线（澧县郑家—汉寿丰家铺）、新建 S299（澧县界溪河—邵阳老拱桥）、新建 S402（澧县甘溪—隆回金石桥）。

铁路线网规划：

常德境内将新增 4 条铁路，分别是黔张常、石长铁路复线、长益常城际客运专线、常岳九铁路。

航空规划：

桃花源机场规划未来作为地区支线机场，并将成为长沙黄花机场的备降机场，机场近期（2015 年）按照 4D 进行使用，跑道不延长；远期 2030 年规划等级 4E，往南延长 600 米至 3200 米。近期场内用地面积增加到 238.74 公顷；远期场内用地面积增加到 381.99 公顷。

水运规划：

初步建成二横（沅水、澧水），一纵（淞虎航线）的水运主要通道。建设规划主要工程有石门三江口至茅草街航道建设工程、沅水浦市至常德航道建设工程、淞虎航道黄金堤至茅草街航道建设工程、沅水常德至鲇鱼口航道整治二期工程和溇水航道建设工程。

常德港划分为 8 个港区，即盐关港区、德山港区、河洑港区、柳叶湖旅游客运港区、斗姆湖港区、夹街寺港区、牛鼻滩港区、蒿子港港区，其中前六个在主城区。

规划五个多方式联运中心，分别为：常德汽车总站常德火车站（公、铁客运联运）、德山城际客运站客运中心（公、铁客运联运）、常德东部物流中心（公、铁、水货运联运）、德山火车站物流中心（公、铁货运联运）、德山北部物流中心（公、水货运联运）。

该规划已经 2012 年第一次市规委会审查并原则通过。

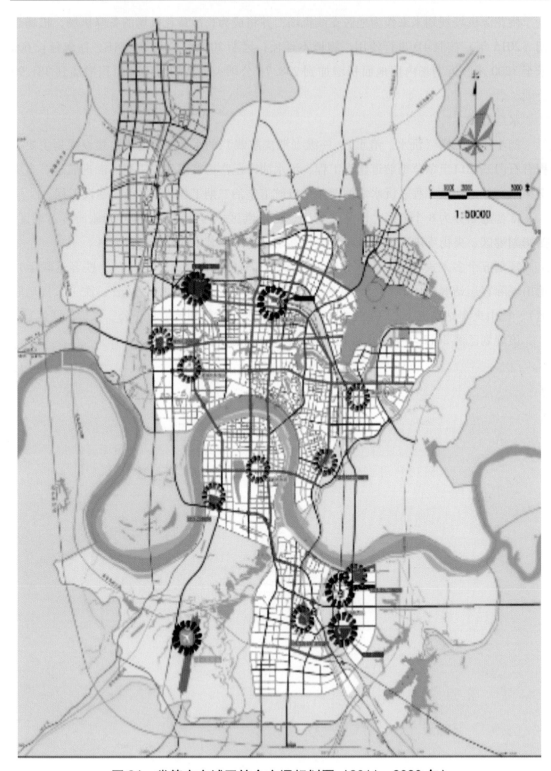

图64：常德市主城区综合交通规划图（2011—2030 年）

第二节　常德市城市公共交通规划

为适应社会经济迅速发展的需要及城市交通发展的战略要求，切实贯彻"优先发展公共交通"的城市交通政策，市交通局和市规划局共同组织编制了《常德市城市公共交通规划（2010—2030）》，该规划由湖南文理学院土木建筑工程学院和长沙吉佳城市设计有限责任公司联合编制。

一、公交优先发展规划

改善公交运行条件的公交优先技术方法包括以下几个方面：建立快速公交（BRT）系统；提供公交专用车道；设置公交专用进口道；公交车辆不受转弯限制；公交车辆不受单向通行的限制；交叉口设置公交车辆优先信号；设置公交专用路。

二、公交线网规划

近期公交线网规划方案（推荐方案）结合常德市近期城市开发与道路建设，并结合近期快速公交系统的建设，减少公交在城市主干道上的重复系数，增加公交服务空白区的公交覆盖率。近期线网规划方案，结合快速公交网络系统，至2015年形成常规公交线路62条的整体布局，其中常规公交主线25条、支线26条、辐射线11条。常规公交线路总长度824千米。

图65：近期公交线网图

中远期常规公交线网规划结合快速公交网络，形成常规公交线路93条的整体布局，线路总长度1284千米，其中常规公交主线32条、支线46条、辐射线15条。

三、快速公交（BRT）规划

BRT线网的远期规划，提出形成符合常德城市形态的"井字形的方格加环"的公共交通骨干网的线网形态，同时配备相应的10条支线，最终形成"五主十支"的快速公交线网形态格局。远期快速公交主要采用12米车型，同时在主线B1线上采用10辆18米车型，以便快速公交开通吸引客流。远期配车486辆。

图66：常德市快速公交"五主十支"线网走向图

该规划已经 2011 年第 3 次市规委会审查并原则通过。

第三节　道路网专项规划

常德市城市道路系统从 20 世纪 80 年代就开始按照《常德市城市总体规划（1981—2000）》实施或进行了控制。到 20 世纪 90 年代的十几年间，城区基本形成东西向以人民路、建设路、洞庭大道等主次干道，南北向以朝阳路、武陵大道、朗州路等主次干道组成的城市道路骨架。一直以来都是按照城市总体规划中的道路规划逐步实施，但随着常德市国民经济和社会持续发展，城市交通拥堵、交通秩序混乱日益成为影响城市各方面发展的一个重要因素，为解决这一问题，2005 年，委托常德市规划建筑设计院编制城区道路网专项规划。

一、《常德市城市总体规划（1981—2000）》中的城市道路规划

改善 5 条对外公路出口、并与城市环线相接，城区汽车客运站迁至外环路中段、德山汽车站迁至经一路中段。发展沅江航运事业，在盐关建大中型水陆联运码头及货场。规划城市三级道路网约 55 条，其中主、次干道 23 条。城区道路系统形式为方格网状，逐步形成比较完整的道路骨架。

二、《常德市城市总体规划（1990—2010）》中的城市道路规划

城区已有洞庭大道、武陵大道、朗州路、建设路等主干道 13 条，总长为 42.1 千米，干道密度为 1.6 千米/平方千米，道路广场面积占城区用地的 7.14%。

存在的主要问题是道路疏密不匀，线型不规则，堵头卡口较多，路网不成系统。道路功能不明确，混合交通量大，人车不能分流。过境交通穿越城区，严重干扰、影响市区交通和生活安宁。城市静态交通设施不完善，缺乏停车场地，车辆任意停靠、占用车行道和人行道，造成道路交通不畅，既危及交通安全，又影响市容市貌。城区三片仅以一条玉霞路和沅江大桥沟通，缺乏畅通、便捷的交通联系。

新编道路规划为了解决以上存在的一些问题，根据城市用地现状和远期发展需要，整个道路系统采用方格网的布局形式，再通过两条环线和三座沅江大桥将三片联系起来，并结合城市对外交通线，形成以江北城区为主体的完善的城市道路网络系统。

三、《常德市城市总体规划（1999—2020）》中的城市道路规划

至 1999 年年底，城区有洞庭大道、武陵大道、人民路、建设路、南坪路、鼎城路、德山路等 22 条主次干路，主次干路总长 88.7 千米，道路广场用地 598.7 平方米，城区主次干路密度 1.75 千米/平方千米，城区人均道路广场用地 12.7 平方米。

存在的主要问题是 207 国道穿越城区，干扰大，事故发生率比较高。与国、省道联结的出城口不畅。常德北站、桥南市场对城区交通影响大。停车场用地不足，占路乱停车现象比较多。公共交通发展滞后，市民出行不便。沅江大桥交通压力大，既承担过境交通又承担江北、江南和德山三个城区的交通联系。

新版规划根据中心城区用地布局，结合水网地区的特点，中心城区干道路网采用沿沅江的棋盘式布局形式，通过两条主干线和沅江上的三座大桥把江北、江南和德山三个城区联系在一起，形成中心城道路骨架。

中心城区过境交通通过贯穿三个城区的两条主干线在城区外围和七个对外出入口连接构成一个完整的对外交通网络。

为了加强三城区间的交通联系，解决过境交通与城区内部交通剥离的问题，规划近期过境交通由南坪路、启明路、樟桥路和沅江东大桥组成的东干线承担，中远期待沅江西大桥建成后再由金丹路、金霞路、玉霞路、善卷路组成的西干线承担。三城区间的交通联系主要由沅江大桥承担。

为带动江北城区东北部地区的土地开发，使路网结构更趋合理，规划洞庭大道在柏园桥的东侧辟为十字路口，即向北延伸至南坪路，与1804省道联结，向东延伸与启明路联结。为了解决江北旧城区东西向交通不畅的问题，结合长途汽车站的搬迁，规划打通人民路步行街，恢复人民路原有的城市东西向干道功能，形成旧城区唯一的一条东西向干道。

中心城区道路等级规划为主干路、次干路和支路三级。

江北城区干路网由金丹路、芙蓉路、皂果路、武陵大道、紫缘路和南坪路、柳叶路、洞庭大道、启明路9条主干路和13条次干路组成。

江南城区干路网由鼎城路、沅南路、金霞路和机场路、阳明路和玉霞路6条主干路和7条次干路组成。

德山开发区干路网由善卷路、德山路、樟桥路、莲池路、桃林路、崇德路和忠德路7条主干路和6条次干路组成。

东西两条主干线中，西干线由金丹路、沅江西大桥、机场路、金霞路、玉霞路、善卷路、忠德路组成；东干线由南坪路、启明路、沅江东大桥、樟桥路组成，两条主干线红线控制为50米。

规划城区干路与公路接口七处，为确保城市出入口的畅通，原则上在接口处不建大型公共建筑，结合城市绿化予以控制。

为解决港口疏港问题，结合防洪规划，在沅江南北两岸各规划一条红线为30米的沿堤道路。

为加强机场辐射能力，规划机场路拓宽并向南延伸与常吉高速公路联结。

结合城市绿地系统规划，在江北城区的穿紫桥河、姻缘桥河两侧布置林荫道。洞庭大道、武陵大道和柳叶路及两条主干线规划为城市园林景观道路。本次规划考虑到南坪路、启明路刚刚建成，断面改造难度较大，不再对其进行调整。

规划中心城区主次干路总长 242.7 千米，主次干路网密度 2.61 千米/平方千米，人均道路面积 10.31 平方米。

四、《常德市城市总体规划（2009—2030）》中的城市道路规划

经过数十年的发展，城区已经初步形成柳叶大道、常德大道、洞庭大道、武陵大道、皂果路等"十纵""十横"的城市主干道网络，城市道路总长度为 369.04 千米，其中主干路 67.22 千米，占 18%；次干路 64.5 千米，占 17%；支路 82 千米，占 22%，其他道路占 42%。道路网密度 5.59 千米/平方千米，道路面积 637.8 万平方米，人均道路面积 9.17 平方米。

存在的主要问题是路网系统不完善，部分干道基本饱和，路网结构不合理，过江通道不足，各片区间交通通道不足。

新版道路网规划根据常德沿江两岸分区独立特征，规划形成与各城区用地结构相适应的"长环型 + 放射 + 分区棋盘式"路网布局形式。城市道路由快速路、主干路（骨架性主干路、一般性主干路）、次干路、支路四种等级组成。

快速路由沅江以北的常德大道、沅江二桥、沅江以南的常德大道、桃花源路、沅江三桥、兴德路、紫缘路、柳叶大道及洞庭大道局部路段组成，共计 69.1 千米。

考虑常德山水园林城市景观需要，快速路采取准快速路的形式，避免大量的立交和高架桥梁。

骨架主干道

规划形成"八纵八横"共十六条骨架性主干路。

八纵为丹溪路、皂果路—阳明路、紫缘路—沅江大桥—善卷路、太阳大道、朗州路北段、沿河大道、德山大道和经十九路。八横为太阳大道、柳叶大道、洞庭大道及东端局部路段、鼎城路—建设东路、金霞大道—港区路、江南大道—莲池路、桃林路和纬十四路。

城市道路红线规划宽度：快速路 50—60 米，主干路 40—60 米，次干路 25—45 米，支路 12—25 米。

交叉口规划

快速路网络节点规划控制：规划与快速路相交设置全互通式枢纽立交 6 处，各占地 8—12 公顷；简单立交 15 处，各占地 2.5 公顷。其他与主要干道相交设置展宽式信号灯交叉口。

主次干路交叉口规划控制指导：为展宽式信号灯交叉口，根据交通量采取渠化设计，增加进出车道，在距离交叉口 60—100 米的范围内，道路红线增加 2—4 个车道的宽度。

过江通道规划

通过对跨沅江交通需求预测分析，至 2030 年，高峰期间跨江机动车交通需求为 18000 辆/小时，现状和原规划能提供的跨江车道通行能力为 13600 辆/小时，既有大桥已不能满足需求，需增加过江桥梁或隧道以适应交通增长。

对外交通建成"一环六射和北部、东部环线"高速公路网络。

建设常德至岳阳、常德至邵阳、常德至荆州高速公路，实现 6 个方向的对外联系，城市外围形成高速公路环，将减少过境交通对城区的压力，通过"一环六射"提高中心城市辐射带动作用。

五、江北城区道路网专项规划（2005—2020）

（1）2005 年版江北城区道路专项规划的重点是进一步深化已有各交通专项规划，对江北城区各种基础设施建设、工程建设提出具体要求，合理渠化交通流。主要方向集中以下几点：

①依据《常德市城市总体规划》所作道路交通规划，确定各主干路、次干路、支路的具体线路及其路幅宽度、路幅形式、坐标与高程。

②依据常德市规划局已审批的情况，征求和统一各界认识，并通过现场调查和测量，考虑社会经济发展要求，建设成本与效益，确定城市巷道的具体走向及其路幅宽度、路幅形式、坐标及高程。

③依据《常德市综合交通体系规划》及相关规划，确定常德市公共交通各设施的具体位置、面积和控制要求，包括确定公交保养场、公交首末站、公交场站等具体的位置、面积。

④依据《常德市城市总体规划》《常德市综合交通体系规划》确定各港口、码头的具体位置、用地规模以及处理好与外部交通的衔接。

⑤依据相关技术标准，运用多种预测方法，并结合常德市现状及发展趋势，预测常德市江北城区静态停车泊位总量，并结合商业网点及居民的机动车出行情况，确定各公共停车场的位置、面积。

（2）规划到 2020 年常德市江北城区道路（含主干、次干、支路）总长度为 130.127 千米，道路总面积 883.98 万平方米，道路网密度为 2.47 千米/平方千米，干道密度为 2.25 千米/平方千米。

图67：江北城区道路网规划图（2005—2020年）

六、江北城区道路网专项规划（2010—2030）

（1）2010年版常德市江北城区道路专项规划的重点是偏向于工程性，就是对总体规划确定的江北城区各种交通要素进行定量、定性解析，并且依据一些图表等方式加以确定，规划的主要方向集中于以下几点：

①调整和完善。对《常德市城市总体规划（2009—2030）》所确定的道路宽度、走向、道路分幅，结合实际情况作局部调整。

②依据《常德市城市总体规划（2009—2030）》所作道路交通规划，确定江北城区各

主干路、次干路、支路、巷道的具体线路及其路幅宽度、路幅形式、坐标与高程。

③依据《常德市城市总体规划（2009—2030）》结合江北城区公共交通实际运营和发展需求，确定公共交通各设施的具体位置、面积和控制要求，包括确定公交保养场、公交停车场、公交枢纽站等具体的位置、面积。

④依据《常德市城市总体规划（2009—2030）》确定各港口、码头的具体位置、用地规模以及处理好与外部交通的衔接。

⑤依据相关技术标准，运用多种预测方法并结合江北城区现状及发展趋势、预测江北城区静态停车泊位总量，并结合商业网点及居民的机动车出行情况，确定各公共停车场的位置、面积。

（2）至2030年，建成功能完善、等级匹配、畅通、高效、安全的城市道路网络系统，建设快速路69.1千米，干路密度达到3—4千米/平方千米，城市道路面积率15%左右。

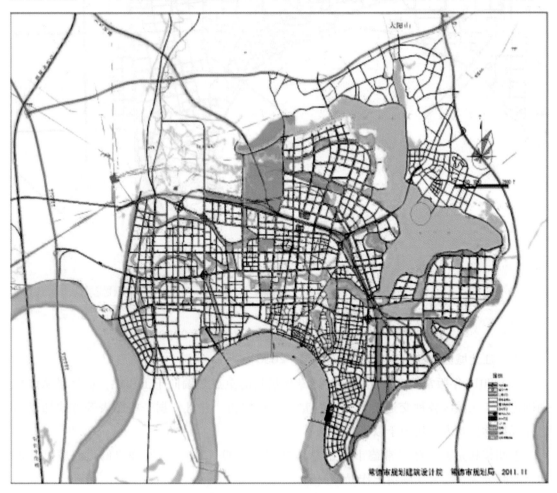

图68：江北城区道路网规划图（2010—2030）

七、江南城区道路网专项规划（2006—2020）

（1）2006 年版江南城区道路专项规划的重点是进一步深化已有各交通专项规划，对江南城区各种基础设施建设、工程建设提出具体要求，合理渠化交通流。主要方向集中以下几点：

①依据《常德市城市总体规划》所作道路交通规划，确定各主干路、次干路、支路的具体线路及其路幅宽度、路幅形式、坐标与高程。

②依据常德市规划局已审批的情况，征求和统一各界认识，并通过现场调查和测量，考虑社会经济发展要求，建设成本与效益，确定城市巷道的具体走向及其路幅宽度、路幅形式、坐标及高程。

③依据《常德市交通管理规划》及相关规划，确定常德市公共交通各设施的具体位置、面积和控制要求，包括确定公交保养场、公交首末站、公交场站等具体的位置、面积。

④依据《常德市城市总体规划》《常德市综合交通规划》确定各港口、码头的具体位置、用地规模以及处理好与外部交通的协接。

⑤依据相关技术标准，运用多种预测方法，并结合常德市现状及发展趋势，预测常德市江南城区静态停车泊位总量，并结合商业网点及居民的机动车出行情况，确定各公共停车场的位置、面积。

（2）规划到 2020 年，常德市江南城区道路总长度为 70.79 千米，道路总面积 214.2 万平方米，江南城区总建设用地面积 15.3 平方千米，道路网密度 4.63 千米/平方千米，干道密度为 3.63 千米/平方千米。

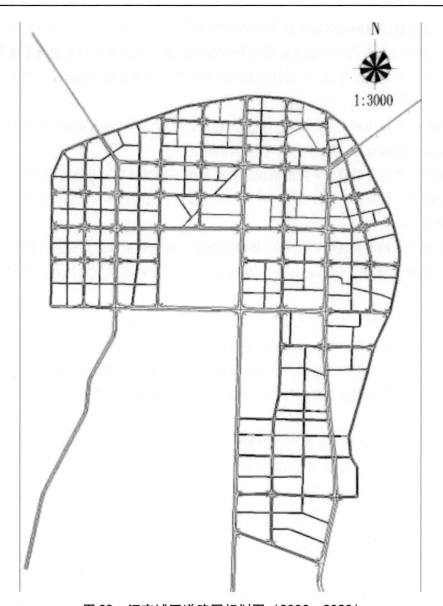

图 69：江南城区道路网规划图（2006—2020）

八、江南城区道路网专项规划（2010—2030）

（1）2010 年版常德市江南城区道路专项规划的重点是偏向于工程性，就是对总体规划确定的江南城区各种交通要素进行定量、定性解析，并且依据一些图表等方式加以确定，规划的主要方向集中在以下几点：

①调整和完善。对《常德市城市总体规划（2009—2030）》所确定的道路宽度、走向、道路分幅，结合实际情况作局部调整。

②依据《常德市城市总体规划（2009—2030）》所作道路交通规划，确定江南城区各

主干路、次干路、支路、巷道的具体线路及其路幅宽度、路幅形式、坐标与高程。

③依据《常德市城市总体规划（2009—2030）》结合江南城区公共交通实际运营和发展需求，确定公共交通各设施的具体位置、面积和控制要求，包括确定公交保养场、公交停车场、公交枢纽站等具体的位置、面积。

④依据《常德市城市总体规划（2009—2030）》确定各港口、码头的具体位置、用地规模以及处理好与外部交通的衔接。

⑤依据相关技术标准，运用多种预测方法并结合江南城区现状及发展趋势、预测江南城区静态停车泊位总量，并结合商业网点及居民的机动车出行情况，确定各公共停车场的位置、面积。

（2）规划到 2030 年，江南城区道路总长度为 113.064 千米，道路总面积 385.293 万平方米，规划区总建设用地面积 23 平方千米，道路网密度 4.92 千米/平方千米，干道密度为 3.74 千米/平方千米。

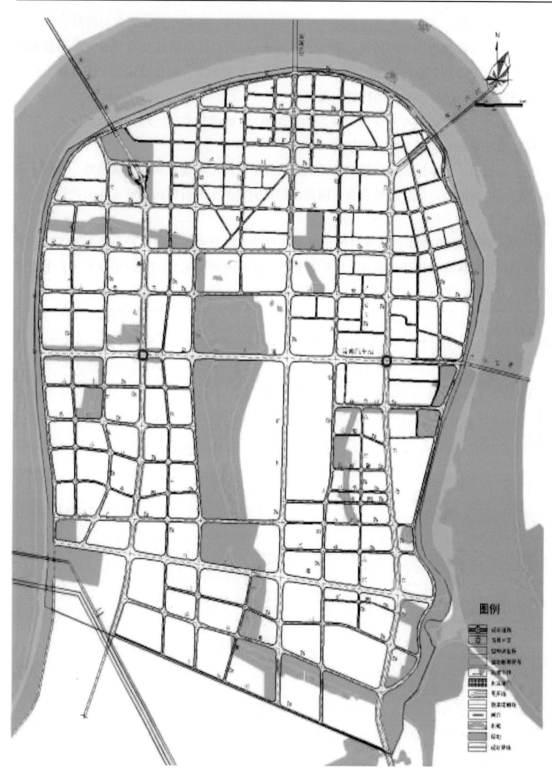

图 70：江南城区道路网规划图（2010—2030）

第四节　水系整治规划

沅江水系将城区分成北部城区和南部城区。由于缺乏有效的水质管理，现有的管网系统使大量水质较差的水排入新河渠和穿紫河，使得水质不符合城市发展的要求。

2009 年开始，常德市政府委托汉诺威水协制定了常德市江北城区内环水系整治规划，分别在几段水系的范围内进行水资源和景观的综合整治设计。

水系整治规划以可持续性为基本原则，在重视防洪的同时兼顾治理水质。

常德市江北城区水系主要分为内城水系、内环水系、外环水系几个部分。

内城水系以护城河为主，对护城河排水合流制加以改造，治理污染，翻修，将其打造成景观水系；内环水系以新河水系、穿紫河水系为主，重新恢复渐河与新河渠、穿紫河之间的水力及生态连通。并改善水质，增强亲水性。

外环水系包括渐河、花山河、反帝河、柳叶湖、沾天湖等，以泄洪、防洪为主要功能，水质较好，规划中未作整治设计。

西面的渐河是人工水系，建成后作为西部区域排水入沅江的渠道。与新河区域通过左侧地势较高的堤线形成分隔。来自沅江的回水被位于集水区的河洑闸截留。在北部区域，渐河发生洪水时可以通过一座堰将部分洪水导入反帝河，然后向东流经花山河进入沾天湖及柳叶湖。

内环水系包括新河水系、穿紫河水系和护城河水系。新河水系位于西部区域，由新河渠、杨桥河、南湖港以及几块较小的水域面积组成。径流主要来自柳叶湖与沾天湖的水回流进入花山河，再进入新河北段。部分来自天然集水区如南部的丹洲地区。非降雨期时，

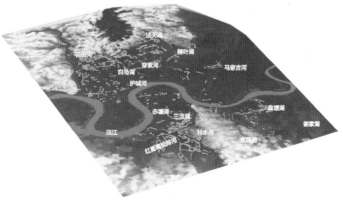

图 71：沅江水系图

这一水系中大部分都处于较低的水位，流量也大大减少。

穿紫河水系统被作为城市排水受纳水系。作为静止水系，穿紫河承担了很高的污水排放量，其水质较差。特别是穿紫河的西部区域受污染特别严重，由于缺乏西面的来水而几乎无法实现水体交换。

内外环水系未形成很好的连通，不能充分发挥内外环水系的生态廊道功能，水系的生

态景观功能、防洪调蓄功能难以较好的发挥。

护城河是常德老城区的东南边界，1988 年作为合流污水管网的一部分进行了扩充，汇水区面积约为 2.85 平方千米。长约 5.3 千米的护城河在城区内的大部分河段已经被盖板掩埋，局部被其他建筑覆盖，部分仍保持开敞。在护城河的西段的南边是屈原公园，东边的出水区域有与建设桥洪水机埠相连的污水机埠及调蓄池。护城河的大部分区域以及建设桥机埠都缺乏治理，污染严重。

一、景观规划

水系应该凸显"桃花源里的城市""水城"等城市特色，在城市中体验自然和水。水系方案的总体目标是将水系作为常德城市发展的命脉，其中重要的一点是对现有水系及其周边环境的品质进行改善，使其达到生态平衡、环境优美的效果。

在相关规划中分别对穿紫河、新河、护城河等水系进行了生态驳岸、生态湿地和富氧设施的设计，完善城市慢行系统，为建设美丽的水城常德增加亮点。

河岸区域设计与周边环境的设计整体考虑，以达到显著提升此区域价值潜力并使其发展成为休闲胜地的目的。但这一目标只有在相关水系的水质满足要求的前提下才有可能实现。因此在景观规划的同时，还需保障防洪安全，改善和保护水质。

二、防洪规划

由于城区中部分地区地势较低，因此保证防洪安全是此次设计的首要目标。

水位设计。规划中未来的新河与穿紫河水系将维持的常水位在 30.60 米，20 年一遇的洪水水位是 31.60 米，100 年一遇的洪水水位是 32.10 米。要达到将水位持续控制在 30.60 米的目标，整个管理体系会发生明显改变。

规划区域内的集水区及边界。针对与雨水管网相连接的地区，根据 2030 年总体规划对其发展状况进行计算。常德市 2030 年总体规划中包含约 108 平方千米的集水区，其中有 76.8 平方千米采用分流制，28.3 平方千米带接管的分流制，2.9 平方千米采用合流制。主要接受水体为新河渠、穿紫河、柳叶湖以及马家吉河。

最大的集水区分区是丹洲地区。丹洲地区未来将采用何种排水方式尚不明朗。可设置两个排水至沅江的机埠以及一个位于隔堤中向北延伸的箱涵。

为了确定集水区各分区的情况，在防洪方案中使用数字化地理模型，充分运用断面测量资料、渠道测绘和机埠位置等数据。同时，划分出高地势系统（超过 30.60 米时无需机埠抽排，可自排）和低地势系统（进入雨水管网），其峰值可通过机埠的排水能力进行限制。

新河水系与穿紫河水系的集水区包括整个江北城区和丹洲地区的部分区域。其中没有与雨水管网相连的部分硬化的农业地区面积为 45 平方千米，与雨水管网相连的部分城市排水集水区面积约为 60 平方千米。

洪水管理方案。2030 年总体规划中对于内环水系设计了多种多样的变化，并且在很大程度上保留防洪系统。北面大的集水区不再将沾天湖及柳叶湖作为缓冲区，而是通过机埠（马家吉或南碴）排入沅江。

新河西部集水区的排水情况将发生重大变化。基于未来较低的拥塞可能性（通过降堤），在穿紫河地区，可通过新建的新河—花山闸或南碴机埠排水。最终，洪水安全将作为来自调蓄容积、流入量和机埠调控的功能得到验证。

为了确保未来的防洪安全，还对在新河进入反帝河汇水处拟建的机埠进行设计。

三、水质规划

无论是对于城市形象、市民健康，还是对于水生生物来说，确保良好的水质都是非常重要的。这就尤其对城市排水和从外部引入用于水体交换的水质提出了更高的要求。

现在法律规定的常德水系水质标准（含新河及穿紫河）为四类水质。但是当水系景观工程完成后，游客在河岸区域休闲娱乐时，四类水质的标准是无法满足需求的。因此，规划在 2025 年，江北城区内环水系的水质将达到三类水标准。

对于常德市城区水系水质污染的分析表明，生活污水是最重要的污染源，工业废水污染较少，农业用地地表径流和养鸭场也是重要污染源。

常德市污水收集系统不完善，大量生活污水流入河道，对河流造成严重污染。因此规划对水系中污水进行截污，完善污水管网收集系统。新建皇木关污水处理厂解决城东片区及东江片区的污水收集和处理问题。同时现有污水处理厂的排放参数必须达到三类水标准。

在农业用地和水系之间建立一个至少 25 米宽的生态缓冲带，以避免农业用地中的污染物直接进入水系。此缓冲带主要由绿地、乔灌木或景观公园组成。

此外，规划中还提出了减少沉淀物内的污染物排放、通过技术措施提高含氧量、通过补水对水体进行换水、利用生态滤池进行净水等措施以改善水质。

四、水系整治工程

对江北城区内环水系的整治规划分为穿紫河东、新河南、护城河和船码头等一系列工程项目。

1. 穿紫河东项目

图 72：常德市江北城区内环水系治理工程—穿紫河东项目图

整个区域位于常德江北城区东部，姻缘河部分位于紫缘桥及柳叶闸之间，水面宽广，波光粼粼，河岸总长8千米；三闾港部分水道狭长，穿紫河汇入沅江，河岸总长约5千米。进行设计的景观面积（不含水面）为0.42平方千米。这个区域内分布着五座雨水/污水机埠，未经处理的雨污混合水流入河流，不断增加水域污染。水系南面仍是农业用地，其间水道交错，纵横分布；而水系北侧则已建成新的居民区。

河流生态治理的主导思想。姻缘河及三闾港两个分区的设计应符合汉诺威水协的"水城常德"总体规划理念。水，是常德发展的推动力。在项目设计中，不仅仅是历史水文、生态结构会得到重现，同时水质情况也会得到长足的改善。穿紫河拥有绵长的绿色河岸，地理位置得天独厚，是常德向北向东发展和扩张的重要根据地。

改善水质，是穿紫河作为城市发展契机的首要前提。因此，必须对现有机埠及其沉淀池、调蓄池进行治理，并添加多个先进自然的蓄水型生态滤池。

建立受控制的、清洁的穿紫河与其周边地区之间视觉和功能的连通，是保障城市成功发展另一个前提。可以采用去除多余河堤等措施，消除水面连通的障碍，利用局部公共景观设计措施，将这两项任务协调统一成一个整体方案。同时，将工程技术设施巧妙融入景观设计中，使其功能性和实用性更好的得到体现。

在整体项目中，水面上沿降至略高于洪水水位的31.80米。高程为32.60米的防洪河堤将后移，增加河岸公园与周边相邻建筑物及道路之间的过渡空间。在平缓的河岸景观区内人们可以毫无阻隔地欣赏美丽的水景。在周边环境城市化程度高、建筑密度高的河岸线区域，台阶和栈桥可直通水面。而在密度不高的景观区域，则设置绿色护堤连接水面。无论是哪种设计，都要在浅水区种植合适的水生植物，以此增强河流景观效果，改善水系生态及水体自净能力。

整体项目中河岸总长约13千米。路线绵长，无论是水岸线还是建成区边界都需要按照不同的设计主题进行分区。同时，这一区域也由于面积过大而应分段分步建设。建设分区与设计主题分区基本一致。

三闾港与姻缘河两部分区别很大，三闾港窄如渠道，紧邻中心城区，而姻缘河则宽如湖面。三闾港沿线风格各异的建成区大部分将被保留。西岸大部分为功能单一的由低矮住宅和拥挤街道组成的居住区，缺少绿地。其河岸景观将以静谧的大面积绿地的形式补充建成区的绿化面积。东岸功能混杂，拥有许多公共功能。这一特点也将以繁华的城市河岸步道的形式加以表现。

虽然两岸形式各异，但通过表现形式、节奏及树木设置等方面的统一性和连续性，避免在两者之间造成明显的区别。

作为相邻商业区的景观区域的姻缘河东岸公园是重要的休憩及活动场所。

在作为邻近居民区的休闲用地的南岸公园内可以开展各种体育及游戏活动。

两岸的景观设计非常紧凑，绿化率很高。狭长的北岸的景观设计贴近自然，作为已建成区的节点。姻缘河西岸则通过绿地与水面的互相转化形成分散的公园景观。

姻缘河河岸虽然多处水面超过百米宽，但仍能达到各种水景和谐统一的效果。

图73：常德市江北城区内环水系治理工程—新河南项目图

2. 新河南项目

新河南项目的设计范围由两个截然不同的区域组成，南部湖泊密布，北部水道狭长。

新河渠建于20世纪70年代，最初是作为泄洪渠使用。水渠两边都建有河堤或岸墙，岸堤高程为34米（黄海高程）。部分岸堤现在被当地居民种上蔬菜。局部水域的水质较差。

作为水系生态治理工程的一部分，新河南项目应符合"水城常德"总体框架规划理念。把新河水系改造成为生态稳定的城市内河。将来通过多个机埠，将常德市的常水位保持在30.60米，最高水位控制为31.60米，堤顶高程则控制为32.60米。排水所需泵的数量应减到最少。

将来，在河道内可以实现船只通航（踏板船和划桨船），满足广大市民的期望。常水位时水深应为2.5米，桥下净高2.5米。

改善新河水质，使人们可以放心地使用新河水。

整体项目的规划目标是在城市中体验自然和水。新河将充分展现城市特色，能对周边的居民产生巨大的吸引力。

设计的目标是在改善水质，确保防洪安全的同时，将堤顶高程降至32.6米，部分地段可以略高。并且建立各种富有吸引力的水边休憩方式和公共绿地，在健康的环境中，使人们体验亲水的快乐。

北段的设计原则是河滩顺着水流略微弯曲的走势，贴近自然。个别区域作为临近居民区的休闲娱乐场所。东岸大多为刚性河岸，而西岸则为柔性河岸。水资源管理方面的功能是在大雨时进行泄涝和调蓄。

南段由于其多湖的特性，将被设计成娱乐和休闲的自然水域。水资源管理方面的功能是调蓄和初级净化。

图74：常德市江北城区内环水系治理工程—护城河项目图

3. 护城河项目

护城河勾勒出常德历史老城区的东南边界。其总长约为5.3千米。护城河集水区为常德的政治、经济和文化中心区域。

护城河于1986—1988年作为合流污水管网的一部分进行了扩充。混合污水主要来自护城河以北的城区，积水面积约2.85平方千米。

护城河在城区内的大部分都已经被封闭，局部被其他建筑覆盖，部分仍保持开敞。全线约有20座桥梁/通道，31处检查井，30个管径大于600毫米的进水口。

位于护城河东头的建设桥雨水机埠，其排水能力约为8.8立方米/秒。现有由两个水池组成的调蓄池。水可以越过溢流堰流入下一个小湖。另外，泵站还通过一台最大功率约为0.9立方米/秒的污水泵将合流污水送往常德市污水处理厂。在降雨期，仅仅建设桥机埠将占有约70%常德市污水处理厂的处理能力（1.4立方米/秒）。

规划的目标是对护城河进行治理，在某些地段对水质进行改善后形成敞开水域。护城河的敞开部分不再排入混合污水，只有自然河水及雨水。

在此区域内形成一条沿河城市景观链是护城河改造的总体目标。

根据城建预备研究方案成果和"水城常德"中确定的总体理念，对重新敞开的河段进行河岸景观设计。同时，结合沿线城区的污水管道改造，不再将污水排入护城河。为此，护城河全线都要铺设截污管。

除暂时无法敞开的河段外，整条护城河沿线，从长港桥到建设桥将新建一条沿河林荫道。它就像一条贯穿老城区的珠链，多个现有和计划修建的景观节点，就像珠链的珍珠点缀其间。

在第一段护城河沿线设林荫道，新建一个社区广场。改造后的护城河会成为这个区域的中心，并流过七中校区。屈原公园中的护城河改造后，重新融入公园。

将来的大西门老城，在护城河和老城墙之间重现常德老城风貌。

滨湖公园内，敞开的护城河结合现有和待建元素，将这个城市中心的公园变得更美。

再就业广场的护城河沿线，林荫步道边坐落多个高档餐饮机构，休闲广场建在河道拓宽处。

沿用建设桥雨水调蓄池周边休闲功能，并增加一个环水步道、茶艺小岛，在老年人活动中心前新建一个休闲活动广场。

图75：常德市船码头机埠改造、白马湖连通及白马湖至长胜桥段景观绿化工程图

4. 船码头项目

船码头项目属于内环穿紫河水系，位于规划中的长胜桥（朝阳路）及白马湖桥（皂果路）之间，处于现有的船码头机埠北面（滨湖路）。总体规划面积为15公顷。居住区

"康桥蓝湾"以及一座木材市场则坐落于规划区域北部边界处。西面临近一块私人投资用地。

由于穿紫河河床多处被填埋，如今规划区域内的穿紫河段如同一潭死水。在冬季枯水期穿紫河水位降至29.00米。而在夏季雨季期间穿紫河水位大幅上涨并长期保持高水位。尽管如此穿紫河仍然成为城市排水系统中的受纳水体。

为了保持稳定的水体交换平衡状态，穿紫河须在规划区域南部不间断的从沅江引水。

总体方案的宗旨是使城市中的水与自然都能成为人们生活的一部分，并能让人们通过设置在河岸边的一些特殊设施来学习与自然有关的各种知识。公共绿地的设计和使用应秉承可持续性发展的原则。

在船码头至长胜桥段的河流生态治理工程框架内，总体规划的设计原则将在两项措施中得到实现。第一项措施是穿紫河的水体全面连通及生态还原，第二项措施是现有机埠、调蓄池的改造以及位于穿紫河老河道的一处新的蓄水型生态滤池的修建。这两项措施都应通过公共绿地成为一个整体联系起来。目标是将工程技术设施与景观设计结合起来，使其在功能和使用两方面都能令人满意，让人能体会和水的相处。

在规划区域的河流两岸，河堤向后退让设置，堤顶降至32.60米。通过这一措施形成可无障碍观赏水景的平缓的护坡，各类水生植物在沿河岸线设计的水域平面内生长。这样不但能增加河流流域的观赏性，又使水体本身的生态环境和自净能力得到改善。而"船码头"这一传统地名也将因为在河流开阔区域为小型赛艇和脚踏船而设立的码头而重新焕发光彩。

在堤顶设立的小路可作为人行步道、单车道和维护道路使用，它沿着整个河道一直延伸，可承担救护、消防通道及防洪紧急情况下抢修抢险车辆通行道路的功能。小路会被街道空间隔断，但不允许私家车通行。小路两边设有带信息牌的教育装置，让人们学习水体净化及本地动植物的相关知识。

在高程低一些的地方设计一条河边的人行小道。它一部分是岸边道路，一部分是水上栈桥，可以让人们在这里亲身体会水体与水位的变化。在水面宽阔的地方它还可以延伸至与栈桥相连的浮游小岛。其中一座小岛作为鸟类栖息的保护区而禁止行人入内。

穿紫河小路与河岸小道也会通过一些道路连接，可以无障碍地欣赏水景，有些地方通过栈桥也能饱览水上风光。河流的南北岸由一座步行桥连接。

公共绿地内设置如栈桥、露台和广场一类的活动场点，供人们休息、游玩和开展体育活动。并设有3处入口，北边2处，南边1处。

在南边的入口广场，亲水休闲区向人们展示水体净化过程以及人与自然、技术之间的和谐关系。

而在入口广场下则保留了现在的沉水进水管道。在穿紫河回水区设置了可通过栈桥进入的蓄水型生态滤池。而经滤池净化的水会沿着一条作为景观设计的小溪流入穿紫河。小溪有台阶或护坡供人入内游玩。

蓄水型生态滤池附有一条水槽，而一座栈桥作为步道则像盖板一样覆于其上。暴雨时从调蓄池溢流过来的水由一条开放型的渠道引入穿紫河。人们可以由此观看这一自然现象发生的全过程。渠道通向穿紫河，也因此与河水水位相同。洪水时随着水位上升，与渠道平行的小溪会被淹没。而常水位时人们则可以通过小堤坝在渠道与小溪之间穿行。

附属于机埠的露天调蓄池拥有带平缓水域的绿化护坡。它不但能发挥本身的作用，而且还能制造相应的景观。而另一处地下调蓄池则会成为一处极具吸引力的城市休闲空间和停车场。

这里将建成一座引人入胜的，生动有趣的多功能公共绿地，在这里，水的储存、净化，防洪及景观表现将有机地结合在一起，让人们可以充分体验这些在大自然中发生的情景。

图 76：姻缘桥

第五节　绿地规划

一、2002年版总规中的绿地规划

绿地系统规划范围为武陵区的城区、河洑镇、护城乡、东郊乡、东江乡、丹洲乡、南坪岗乡、芦荻山乡、德山开发区和柳叶湖旅游度假区；鼎城区的武陵镇、灌溪镇、石门桥镇、斗姆湖镇、白鹤山乡和太阳山林场，总面积约638平方千米。

该规划中的绿地规划，是想通过20多年系统地绿化，争取在2020年规划期末使常德市的绿化水平有一个很大的提高，绿地面积由247.02公顷增加到2218.6公顷，其中公共绿地面积由1999年的228.14公顷增加到1218.4公顷，人均公共绿地面积争取达到14平方米/人。因此，总的构思是通过绿化，创造城市的绿色大背景，在市区内形成大面积的城市公园、公共绿地及绿色开敞空间，使城市范围内形成点、线、面相结合的完整的绿地系统。对城市街道、广场的重点地段进行绿色点缀，并搞好单位和街坊内部庭院绿化、部分建筑的垂直绿化，同时严格保护好现有的城市绿地，绿地建设与河道整治结合起来，使绿地和广场及重要的公共建设相结合，使其形成有机的整体。

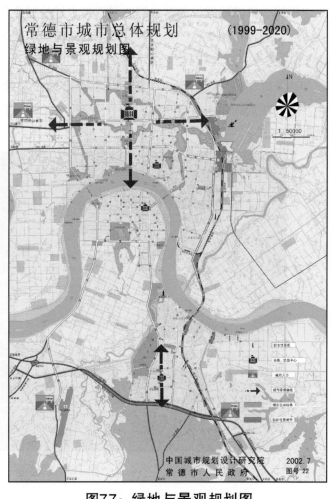

图77：绿地与景观规划图

1999年公共绿地规划，市区主要公园有：江北公园57公顷、柳叶湖湖滨游乐园168公顷、中心公园122公顷、滨湖公园36公顷、临江公园40公顷、北桥头公园35公顷、南桥头公园13公顷、江南公园95公顷、王家铺公园14公顷、孤峰塔公园16公顷、德山森林公园（含动物园）158公顷、崇德公园7.7公顷、建德公园6.8公顷。在维护好这些公园的同时，绿化茶褐色外围山地，50米以上交通性干道两侧建设10—30米的绿化带。营造城市大的绿色背景。江北城区新建7座综合性公园，1座儿童公园，江南城区新建3座综合性公园，在德山公园内新辟动物园，在郊外河洑建植物园。在居住区的中心部位、城市出入口、桥头等地建设大量居住区——小区级公共绿地、方便居民休憩。利用姻缘桥河（及南碛）——新河渠江北水系、城市生活性干道的林荫道等带状绿地串联各类大小广场、绿地，江北水系两侧绿地按30米—100米宽建设，使绿色空间得到有机的联系和灵活的延展。

在搞好生活区绿化的同时，搞好生产防护绿地规划。城区内生产绿地主要在德山森林公园南侧及柳叶湖畔柳叶路南侧。对生产绿地如苗圃花圃的建设，主要以市场调节为主．柳叶路南侧的生产绿地布局主要是为控制该片用地的建设，保持柳叶湖与市区间有一个绿色的开敞空间联系，在未建生产绿地前可保持农业耕作现状。

防护绿地主要在铁路、过境干道与城市之间及高速公路两侧布置，铁路两侧绿化带宽度不小于50米，高速公路两侧绿化带宽度不小于30米。

在德山开发区东部三类工业用地与居住区之间布置防护隔离带。

二、2012年版绿地规划

城市绿地系统规划是对各种城市绿地进行定性、定位、定量的统筹安排，形成具有合理结构的绿地空间系统，以实现绿地所具有的生态保护、游憩休闲和社会文化等功能的活动。

随着常德经济实力的增强，人民生活水平的提高，市民对良好品质生活环境的渴望日益显现。街头绿地少成为广大市民及社会各界关注的热点问题。在城市的中心城区，改善城市物质和文化环境，提升居民生活质量，已成为市民的迫切要求和政府工作的重中之重。

从2010年开始，常德市规划局、常德市风景园林绿化管理局委托北林苑景观及建筑规划设计院共同编制常德市绿地系统规划。

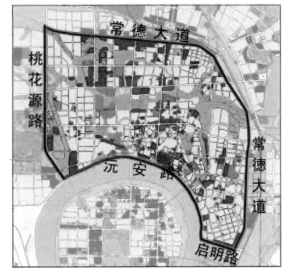

图78：绿地规划图（2012）

此次的规划范围，包括江北城区桃花源路以东，常德大道以南、以西，沅安路、启明路以北的区域，总面积为3856.5公顷。

街旁绿地，除城市道路用地之外，相对独立成片的绿地、街道广场绿地、小型沿街绿地等都在绿化规划之列。

2009 年年底，江北城区已建成街旁绿地约 45 处（其中社区公园 6 处，专类公园 1 处），绿地面积 37. 84 公顷，主要分布在居住区或居住小区内、城市道路交叉口节点四周及城市道路沿线。这些街旁绿地大都是 21 世纪初在创建国家园林城市、国际花园城市过程中建设而成的。

由于历史、财政能力、经济发展水平以及居民对环境的需求等多方面原因，江北城区街头绿地数量偏少，对于近 40 平方千米的已建成区来说，平均每平方千米只有 7000 平方米的街头绿地，即使加上体育中心绿地、文化广场绿地、沅水一桥下两侧绿地、五岔、火车站广场、紫缘路与常德大道交叉口（16 977 平方米）、皂果路与柳叶大道交叉口（80 413 平方米）绿地，这些绿地面积虽然都在 1.5 万平方米以上，但整个城区公共绿地总数量少，且分布不均，也没有达到街旁绿地服务半径不超过 500 米或者步行 10 分钟行程有成片绿地的要求。

因此，在 2012 年版总规的绿地专项规划中，对街旁绿地进行了规划。街旁绿地均沿街道而设，以主次干道路口节点、居民密集区及现状资源较好地点为主设置，面积从 100 平方米至 5000 平方米不等。一般为开放形式，即使有护栏也是低矮、通透的，使市民举目可见。街旁绿地植物优先选择为突出地方特色、景观特色的乡土树种。植物配置方式以自然式配建为主，乔灌木、花草相结合。力求每处街旁绿地重点突出一种主要树种（花卉），形成主题鲜明的标志性植物，又力求在统一中求变化，形成植物的构图、造型、色彩的多样化，以丰富的色彩，优美的造型和意境，美化城市景观、丰富城市街景。

在规划设计中主要考虑以下几方面的因素：以营造景观为先导，充分展示城市特色；坚持"以人为本"的理念，注重市民所需功能的安排；街旁绿地的设计遵循国家"实用、经济、美观"的原则，充分考虑城市的经济承受能力，不盲目追求豪华；设计方案征求其周边居民的意见，提高民众的参与度，真正体现民意所向。

按绿地系统规划要求及规划范围内城市实际，实现三个确保。一是确保规划区内街旁绿地服务半径不超过 500 米；二是确保每个街区或社区至少建成一处 1000—5000 平方米的街旁绿地；三是确保每处街旁绿地能体现城市景观，提升城市品位。力争通过 5—10 年的努力，建成总量适宜，分布合理，功能完善，植物多样，景色优美，具有本土历史文化内涵，地域特色明显的街旁绿地系统。

第六节 给水规划

一、1981年版给水规划

1981年版总体规划中的给水规划是一水厂完善配套5万吨/日的规模，规划在城区黄家巷建三水厂，规模10万吨/日，德山二水厂新建6万吨/日生产能力的新水厂一座，远期规模达12万吨/日。完善输水、配水管网。

二、1991年版给水规划

1989年常德市又重新制定了新一轮总体规划，并于1991年经省政府批准实施。其中给水规划生活用水标准近期按180公斤/人·日，远期按220公斤/人·日，供水普及率100%。工业用水按每亿元产值耗水量1万吨计算，则城市总用水量近期为41.2万吨/日，远期为80.82万吨/日。近期将二水厂由5万吨/日扩建为7.5万吨/日，三水厂由7.5万吨/日扩建到30万吨/日。在腰堤新建第四水厂，近期规模为10万吨/日，远期规模为30万吨/日。供水管线采用环状多水源供水系统，实现江北城区、德山和武陵镇三片联网，并规划从三水厂敷设过江干管，解决武陵镇的供水问题。武陵镇水厂因规模较小，地下水水质不太稳定，远期不保留。

三、2002年版给水工程规划

《常德市给水工程规划（1999—2020）》由常德市自来水公司和常德市总体规划修编办公室于2000年11月编制完成。是常德市第一部专业《给水工程规划》。

规划期限近期2005年，远期2020年。

规划范围包括江北城区、江南城区、德山城区，总面积约95平方千米。

规划主要目标。统一规划，实行三片联合供水；控制城市自备水源，近期控制，远期取消；规划期内供水普及率达到100%。

水厂与管网规划。新建四水厂、扩建三水厂、江南水厂、供水规模达到95万吨/日，取消一水厂和三水厂。

近期供水管网建设主要是完成德山开发区和江北城区东边的管网铺设与改造，共需敷设DN500—DN1500供水管道约18.5千米。四水厂建成后，供水主管就近和德山区管网连接，再铺设一条过江管横穿沅江，与江北东区的管网相连，在整个规划区内供水管网成为一个整体。对于规划区内的自备水源，对其发展加以严格控制，做到近期控制，远期取消。

四、2007年版给水专业规划

2006年，常德市规划局委托湖南省城市规划研究设计院和常德市规划建筑设计院编制了《常德市江北区给水工程专业规划（2007—2020）》。

规划期限，近期2007—2010年；远期：2010—2020年。规划范围区为沅江以北规划期末的建成区，总面积54.44平方千米。

规划目标，保证城市所需水的水量、水质、水压。

生活饮用水满足《生活饮用水卫生标准GB5749－2006》指标。

规划的主要内容有：确定合适用水量指标和城市供水规模，确定江北区用水量；统一考虑全市供水系统，并对江北城区水管网平差优化，确定供水管网布局，达到可指导城市规划管理的目的；确定水厂建设方案；明确水源保护区范围，便于管理。

给水工程设施规划，常德市实行分区分压供水。江北城区由三水厂、四水厂联合供水。三水厂规划供水能力30万吨/日；四水厂一期工程30万吨/日，近期规模15万吨/日，远期规模60万吨/日。两水厂扩建后可以满足常德市供水要求，其他水厂供水规模小，技术落后，可逐步淘汰。优先扩建四水厂，完成一期工程建设，规模达到30万吨/日，近期对三水厂实行技术改造，提高出水水质和自动化水平；远期扩建四水厂，规模达到45万吨/日，适时改造（扩建）三水厂，使其规模达到30万吨/日。

给水工程管网规划，经管网平差，干管布置方案为四水厂远期出厂增加DN1400输水干管，过江管道为DN1200，沿沅安路延伸至市委；常德大道东段原DN1200干管向北与洞庭大道干管连接，DN1000、DN800、DN600接柳叶路干管，向北接南坪路管道。三水厂输水干管为DN1400。南北向干管沿长庚路、龙港路、武陵大道、常德大道东段布置，东西向干管沿南坪路、常德大道、洞庭大道布置，形成环状管网。

给水管材选用以保障水质安全、环保和经济实用为原则。建议DN1200以上采用钢管，DN200—DN1000采用球墨铸铁管。DN150以下，采用复合管材。管道内防腐材料必须无毒，耐久。室外消火栓间距120米，与给水管道同步建设。城市道路新建、扩建时，同步建设给水管道。规划建立实用可靠的信息管理系统，使城市供水生产、销售、服务、管理在计算机技术和数字技术的指导下进行。确保提高水质、确保供水安全、科学优化成本、提高服务质量。近期建立常德供水信息化工程。

五、2009年版常德市城市总体规划中的给水规划

沅江为主要给水水源。自备水源纳入统一管理，原则上不再开发自备水源，原有自备水源逐步取消。严禁擅自开采地下水资源。

规划人均日综合用水量为440公斤，2030年常德市市城区总用水量约为85万吨/日。

2030年总供水规模达到95万吨/日。迁建常德市沅北水厂，近期供水能力为30万吨/日；2030年供水能力为40万吨/日。

扩建常德市沅南水厂，在近期供水规模30万吨/日（分两步实施，一步已实施15万吨/日）的基础上，继续实施后续建设，2030 年供水规模达 60 万吨/日；

保留江南水厂（是时的规模为 5 万吨/日），辅助两大水厂向鼎城区供水。水厂出水水质必须达到《生活饮用水卫生标准》（GB5749－2006）规定的饮用水标准。

结合市政道路、桥梁建设，设置给水管网，构成各大水厂联网、联合供水方式，形成科学、完善的环状供水管网。在黄海高程 35 米以下地区，保证市政给水管网供水上六楼。

完善供水系统管理机制，引进 GPS 和 GIS 系统对整个供水系统进行有效的监控和管理。积极采用新技术、新设备、新材料，提高供水系统的科技含量。

采用节水技术，加强《水法》宣传力度。关停并转部分高耗水型企业，制定有效的节水措施，降低耗水量。提高工业用水重复利用率，中水回用率达到国内先进水平。

六、2012 年版给水工程专项规划

2011 年，常德市规划局委托常德市规划建筑设计院编制了《常德市城区给水专项规划（2012—2030）》。

规划期限：近期 2012 年—2015 年；中期 2016 年—2020 年；远期 2021 年—2030 年。

规划范围：规划范围包括中心城区，2015 年控制在 105 平方千米，2020 年控制在 118 平方千米，2030 年控制在 160 平方千米，以及河洑镇、灌溪镇、花山片区、白鹤山乡、芦荻山乡、石门桥镇、空港新城（考虑远景发展和边缘区域）。

规划目标：经济、安全可靠地供给城市居民生活用水和工业企业生产用水，保证保障人民生命财产的消防用水，坚持建设节约型社会的理念，逐步形成先进的供水模式，建立安全、可靠的城市供水系统。

城市供水近期实现规划区自来水普及率达到 85% 以上，远期和远景规划区自来水普及率达到 100%。

供水水质全面符合《生活饮用水卫生标准》（GB5749－2006）中的各项相关标准。

规划内容主要有用水水源、水量和水压规划、水厂设置和工艺规划、输配水工程规划、水质监测工程规划、给水应急保障工程规划、附属配套工程规划。

近期人均综合用水指标为 400 公斤/日·人；中、远期人均综合用水指标为 440 公斤/日/人。规划近期用水量为 60 万吨/日，中期用水量为 79 万吨/日，远期用水量为 100 万吨/日。

水质目标执行城区给水工程供水水质目标，按照城市类别和经济发展水平，在满足现行国家生活饮用水水质标准的同时，必须达到《生活饮用水卫生标准 GB5749－2006》的时限为 2012 年。

水质保护措施：做好水源防护、水源水质检测工作；城区供水近期纳入常德市供水水质管理，沅南水厂对江北城区供水后，全市实行统一管理。

水质检测能力：2015年以前完善"两级网三级站"。网站具备所有常规项目的检测能力；设置一定数量的余氯、浊度在线监测仪，每10平方千米设置一个在线监测仪。供水企业制水所用的各类净水剂及各种与制水有关的材料，在使用前按照国家有关质量标准进行检验；未经检验或者检验不合格的，不得投入使用。用于城市供水的新设备、新管网投产前或者旧设备、旧管网改造后，必须进行清洗消毒，并经技术监督部门认证的水质检测机构检验合格后，方可投入使用。城市供水企业建立健全水质检测机构和检测制度，定期检测水源水、出厂水、管网水的水质。从事二次供水设施清洗消毒的单位，必须经审查批准并取得卫生行政主管部门许可后方可从事清洗消毒工作。

水厂设置与工艺规划：常德市城区及卫星镇用水由沅北水厂、沅南水厂和江南水厂联合供水。近期保留江南水厂2.5万吨/日的现有规模，中远期取消。沅南水厂现状规模为15万吨/日，近期扩建到30万吨/日，中期扩建到40万吨/日，远期规模为60万吨/日。沅北水厂现状规模为20万吨/日，规划迁建至沅安路与金丹路交叉口附近，用地15公顷。近期建设规模30万吨/日，中、远期规模为40万吨/日。各水厂周边安全距离不得少于50米，厂区安装监控系统。水厂工艺流程规划均采用以快速混合、絮凝、沉淀、过滤、深度处理、消毒为特征的工艺流程。

输配水工程规划：管网布局，沅南水厂增加向江北区供水的DN1200和DN2000配水干管各一根。江北城区南北干管沿金丹路、桃花源路、龙港路、武陵大道、朗州路北端、太阳大道、常德大道南段布置，东西向干管沿常德大道西段、柳叶大道、紫菱西路、洞庭大道布置形成环状管网，管径DN400—DN2000。

江南城区南北干管沿善卷路、阳明路、桃花源路等布置，东西向干管沿临沅路、鼎城路、花溪路、金霞路、永富路、江南大道等布置。此外在沅江三桥、过江隧道布置DN1200、DN2000管与江北城区管网联网。最终形成多环的环状管网，管径DN300—DN2000。

德山城区南北向沿善卷路、仁德路、尚德路、同德路、枫林路、长冲路、长安路、德山大道，东西向沿怀德路、益德路、二号路、中联路、盛德路、桃林路、政德路布置，形成环状管网，管径DN400—DN1200。

改造城市规划区已建供水管网。对城市规划区内投入使用已满50年、属劣质管材、漏损率高于12%、水压长期偏低的管网以及未实施"一户一表"改造的支管网实施改造。并保证"一户一表"改造率近期达90%，中期达95%，远期达100%。

给水中途综合加压泵站规划：北部新城加压站近期6.5万吨/日，中期8万吨/日；德山加压站近期5万吨/日，中期7万吨/日；灌溪加压站近期3.5万吨/日，中期5.5万吨/日；白鹤山加压站近期1.6万吨/日，中期2.0万吨/日；河洑加压站近期1.6万吨/日，中期 2.0 万吨/日；石门桥加压站近期 1.6 万吨/日，中期 2.0 万吨/日；空港新城加压站近期 0.6 万吨/日，中期 1.5 万吨/日；花山加压站现有 1.0 万吨/日，近期 1.5 万吨/日，中期 2.0 万吨/日。

管材 主干管采用球墨铸铁管；次干管采用复合管材；特殊地质条件采用钢管。球墨铸铁管内壁采用水泥砂浆衬涂，钢管外壁采用加强级环氧煤沥青防腐，钢管内壁采用无毒环氧树脂防腐。

生活输配水管网严禁与其他非饮用水管道直接连接，严禁与自备水源供水管道直接连接。对二次供水水箱、水池、水塔等蓄水构筑物应定期清洗消毒。淘汰传统二次供水模式，积极推广使用无负压二次供水设备。

室外消火栓间距应小于 120 米，连接消防栓的管道直径不小于 100 毫米，与给水管道同步建设。

城市道路新建、扩建时，同步建设给水管道。

第七节　排水规划

一、1981 年版排水规划

1981 年版城市总体规划中的排水规划内容为疏通治理护城河，敷设排水干管，逐步改造原有排水系统。

为解决城市排水系统混乱，排水不畅，污染严重的状况，规划按以下步骤进行改造：排水体制由目前的合流制过渡到分流制；在城东和德山新建污水处理厂两座，对城市生活污水集中处理；雨水采用分区排水（3—4 处）的办法排放；疏通治理护城河排污干管。

二、1991 年版排水规划

根据城区排水现状和自然地形条件，排水按江北城区、德山和武陵镇三片自成体系、独立布置。按照抽排与自流相结合的原则形成三片各自相对独立的排水系统，排水体制由现状的合流制逐步过渡到分流制。

江北城区：祝家堰和龙坑一带因生产生活污水量较少，采用合流制，将污水直接排入护城河干渠；护城河干渠以南、南碈以东、建设路以南保留合流制现状，其余均采用分流制。雨水排放依地势，分别流入护城河、船码头、柏子园、三闾港以东、粟家垱、楠竹山机埠，改造杨武垱机埠，增加抽排能力。雨水经提升后直接入三闾港、穿紫桥河、姻缘桥河。污水按洞庭大道、护城河以南、三闾港以东、尼姑桥等四个分区系统，分片集中引入东江乡杨柳堤附近进行污水资源化处理。

武陵镇：该区域西高东低，北高南低，依其地势排水向东南方向排放。规划排水主干线沿东西和南北干道埋设，排水体制为雨、污分流，在迎宾路和阳明路设雨水主管和干管。利用王池湖、燕子湖作为雨水调蓄池，雨水通过常沅机埠直接抽排至沅江。常沅机埠现为农用排灌机埠，抽排能力较小，规划按 5.5 立方米/秒进行改造。在王家铺附近新建日处理能力为 2.1 万吨的污水处理厂 1 座，沿迎宾路和玉霞路敷设污水总干管，污水自流送入污水处理厂进行处理。

德山：德山为起伏不大的丘陵区，地势高差一般在 10 米以上。由于地形限制，排水采取分区片排放，合流与分流并举的方式进行。老码头、乾明路一带、市电机厂以北人口密集的建成区，拟利用现有管道，仍采用合流制自流排入沅江，其他地域的雨水一般依地形就近排入枉水和东风河。并按 5.3 立方米/秒和 3.6 立方米/秒改造姚湖和新包垸机埠。

近期建设规划：筹建杨柳堤城市污水资源化工程，新建柏子园排水泵站及滨湖路排水干管。

三、2002 年版排水工程规划

作为 2002 年版常德市城市总体规划附件的《常德市排水工程规划（1999—2020）》由常德市建筑勘测设计院和总体规划修编办公室于 2000 年 11 月编制完成。是常德市第一部《排水工程规划》。

规划期限：近期 2005 年，远期 2020 年。

规划范围：江北城区、江南城区、德山城区，总面积约 95 平方千米。

规划原则：江北城区、江南城区、德山开发区分别建立独立的排水系统，并以分流制为主要排水体制；城市排水与城市防洪相结合，综合考虑。

充分利用现有的河道，并加以改造、疏通；充分利用地形，就地就近排放雨水，尽量利用现有排水设施并保留一些低洼地、池塘作为雨水调蓄池；工业、企业不符合排放标准的生产污水，自行处理，达到排放标准后，方可排入城市污水系统；充分考虑污水的资源化利用，将处理后的污水用于农业灌溉，并可适当考虑工业回用及市政用水；近、远期结合，分期实施，并为远景发展留有余地。

排水体制：根据实际情况及实施可能性，江北城区护城河以南老城区包括市第一人民医院、市委、楠竹山区域采用合流制，护城河以北及新规划区采用分流制；江南城区采用分流制；德山开发区采取分流与合流并存、并以分流为主的排水体制。

雨水系统规划：

江北城区雨水共分为 11 个排水系统，其中 2 个属合流制系统：护城河、楠竹山，9 个属分流制系统：马家垱、樟树湾、船码头、夏家垱、尼姑桥、柏枝园、粟家垱、皇木关、护城碴。本次规划，要求疏通长港水系，夏家垱水系，穿紫桥河水系，并将各水系连通。为使各水系保持一定的水量且保证水系中的水在一定时间内处于流动状态，拟在长港与反修河交界处建一调节闸，必要时引反修河的水进入各水系。

南碛机埠仍为江北城区的总排水机埠。

江南城区南部有赤塘湖、刘家湖、王池湖、燕子湖，总面积约 50 公顷，雨水系统应充分利用这几个湖面作调节。规划本区分为常沅、永安碛两个雨水系统。

德山开发区雨水都是就近排入水体，临沅江大堤也是如此，致使德山老码头至苏家渡一带不足三千米的沅江大堤上就有 11 处排放口。不仅造成了大面积污染，而且给防洪带来了很大隐患。规划拟取消一批沅江大堤上的排放口，采取集中排放。同时规划将常纺机合流系统改造为分流系统。全区共分为 8 个雨水系统，其中 1 个属合流系统即老码头合流系统，7 个属分流系统：枉水、棉纺厂、叶家堰、新包垸、樟木桥、省柴、民建雨水系统。

污水系统规划：

常德市区污水量根据用水量及排水体制计算。旱流污水量取综合用水量的 80% 计算，合流制排水系统初期雨水量按截流倍数为 1 估算。根据供水规划，常德市区 2005 年人均综合用水量 700 升/日（最高日），2020 年 900 升/日（最高日）。按照 1.25 的日变化系数，2005 年旱流污水量共 26 万吨/日，2020 年 54 万吨/日。规划保留的合流制系统共 8 平方千米，占远期城市建设总用地的 8.4%，截流的初期雨水约 4 万吨/日。各片区污水量见下表。

常德市中心城区各区污水量

表 3－1－7－1

片 区	2005 年污水量（万吨/日）			2020 年污水量（万吨/日）		
	旱流污水	初期雨水	小计	旱流污水	初期雨水	小计
江北城区	16	3	19	32	3	35
江南城区	5	—	5	8	—	8
德山开发区	5	1	6	14	1	15
合 计	26	4	30	54	4	58

污水处理厂规划：根据城市布局情况，规划期内布置城市污水处理厂 3 座，分别处理江北城区、江南城区、德山城区污水。

污水管网规划 各片区污水管网根据污水处理厂布局确定。

江北城区。根据江北城区的地形及现有排水设施，江北城区污水分为四个系统建设，即柏园桥污水系统、尼姑桥污水系统、夏家垱污水系统、三闾河以东污水系统。

江南城区。本片区新建排水系统按分流制埋设管道，并对现有合流管网逐步进行改造，最终实现雨、污分流。污水干管沿双潭路、玉霞路、大湖路、阳明路、德安路、善池路埋设，污水经干管流入金霞大道污水总干管，然后进入污水处理厂。

德山开发区。德山地形西高东低，污水干管根据地形呈东西向埋设，主要埋设在莲池路、桃林路、有德路、崇德路、兴德路、樟桥路。污水通过干管从南、北两侧向中间汇集，汇于桃林路与樟桥路交叉口东侧的低洼处，然后从此位置穿越东风河，进入污水处理厂。苏家渡片的污水汇集后从污水处理厂的东边进入污水处理厂。

四、2007年版排水专业规划

2006年，常德市规划局委托湖南省城市规划研究设计院和常德市规划建筑设计院编制《常德市江北区排水专业规划（2007—2020）》。

规划期限：近期2007—2010年；远期2011—2020年。

规划范围：沅江以北规划期末的建成区，总面积54.44平方千米。

规划目标：完善城市排水系统，改善城市生产、生活环境，保护沅江水域和洞庭湖生态环境。

排水制度：常德市江北区排水制度规划为新建城区采用分流制，已建城区维持护城河以南区域的合流制，改造楠竹山区域合流制为分流制。

旧城区内新建设的小区严格按分流制排水制度规划建设，先从"源头"上实行雨、污分流，提高截污效果，改善环境质量。随着旧城改造面积的增加，逐步改造为分流制排水制度。确定合适用水量指标和城市供水规模，确定江北区用水量。

常德市江北城区规划范围内地势平坦，道路标高虽有一定坡度，但起伏不大。根据《常德市城市总体规划》的城市规划布局，结合江北城区原有排水泵站与排水设施的设置和规划路网布置，将常德市江北城区排水区域划分为1个合流制系统，11个分流制雨水系统，6个分流制污水管渠系统。

一个合流制管道系统为H1区（护城河区域）。

11个分流制雨水系统分别为Y1区域（船码头区域）、Y2区域（柏子园区域）、Y3区域（夏家垱区域）、Y4区域（尼姑桥区域）、Y5区域（余家垱区域）、Y6区域（柳叶湖戴家岗度假区）、Y7区域（粟家垱区域）、Y8区域（西部区域）、Y9区域（东南部区域）、Y10区域（楠竹山区域）、Y11（吉生路区域）。

6个分流制污水系统分别为W1区（柏园桥污水区域）、W2区（高职院西部城区、夏家垱与穿紫河以北区域）、W3区（东城区青年路北部污水区域）、W4区（高坪头污水区域）、W5区（柳叶湖戴家岗度假区污水区域）和W6区（楠竹山污水区域）。

污水处理规划：

污水处理厂。江北区污水处理工程建设规模2020年为30.6万吨/日，选用"规划一座污水处理厂+江北污水净化中心扩建至25万吨/日"方案的规划方案。在市东城区南郊的皇木关处规划一座处理规模为 10 万吨/日的污水处理厂，将护城河收集系统、楠竹山污水系统与高坪头污水泵站收集系统三个排水区域的污水排入皇木关污水处理厂；将江北污水净化中心处理规模扩建为 25.0 万吨/日，将夏家垱、高级职业技术学院区域的污水和柏园桥污水泵站收集系统、青年路北部系统与柳叶湖戴家港度假区四个排水区域的污水汇入江北污水净化中心处理。

污水泵站。常德市江北区规划 11 座污水泵站，其中规划维持柏园桥泵站、粟家垱泵站、建设桥泵站等 3 座污水泵站；规划改造夏家垱污水泵站；规划新建紫菱泵站、樟树湾泵站、沙港泵站、南坪泵站、高坪头泵站、戴家岗泵站、楠竹山泵站等 7 座污水泵站。

污水管网。在 W1 区（柏园桥污水区域）规划沿滨湖路、龙港路等城市干道敷设污水管道。W2 区（高职院西部城区、夏家垱与穿紫河以北区域）规划沿沿金丹路、人民路、滨湖路、紫菱路、长庚路、芙蓉路、常德大道等城市干道敷设污水管道。W3 区（东城区青年路北部污水区域）规划沿紫缘路等城市干道敷设污水管道。W4 区（高坪头污水区域）规划沿常德大道、人民路、建设路、沅安路、港区路等城市干道敷设污水管道。W5 区（柳叶湖戴家港度假区污水区域）规划沿常志路、常乐路、柳溪路等城市干道敷设污水管道。W6 区（楠竹山污水区域）规划沿人民路、建设路、沅安路、东苑路等城市干道敷设污水管道。

雨水规划：

雨水泵站。江北城区规划雨水（合流）泵站 21 座，其中合流制泵站 2 座，分流制雨水泵站 19 座。规划维持建设桥一、三泵站等 2 座合流制泵站；维持船码头泵站、柏子园一、二泵站、麦家溪泵站、杨武垱泵站、皇木关、罗湾泵站等 7 座雨水泵站；规划改造夏家垱泵站、粟家垱泵站、刘家桥泵站等 3 座雨水泵站；规划新建尼姑桥泵站、余家垱泵站、老溪口泵站、甘垱泵站、樟树湾泵站、聚宝泵站、赵家碴泵站、楠竹山泵站、前进泵站等 9 座雨水泵站。

南碴电排站规划 南碴电排站是常德市域冲柳撇洪工程的组成部分，江北城区雨水经穿紫河调蓄后由南碴电排站提升排入沅江，南碴电排站目前总装机容量 4000 千瓦。近年来，由于沅江内外水情的变化、排区内地形水系的复杂性以及南碴电排站存在的一些问题，排区内部分地区的洪、涝、渍灾害时有发生，影响排区内人民的生活安定。结合江北城区规划范围扩大、导致雨水流量发生变化的情况，根据湖南省水利厅编制的《常德市南碴泵站扩建可研报告》，南碴电排站规划新增装机容量 2000 千瓦。

五、常德市城市总体规划（2009—2030）中的排水规划

2009 年，中国城市规划设计研究院 城市规划与住房研究所编制了《常德市城市总体规划（2009—2030）》，其中排水工程规划主要内容如下：

规划目标：保护水环境质量，改善人居环境，2030 年常德市中心城市工业废水达标处理率达到 100%，污水处理率达到 100%，城市污水处理厂的出水水质不低于《城镇污水处理厂污染物排放标准》（GB18918－2002）的一级 B 标准，污水处理厂的污泥脱水后含水率小于 80%。

排水体制：规划常德市中心城区原则上采用雨污分流制，对现有合流制地区结合旧城改造建设项目逐步转变成雨污分流制，改造难度大的地区可以保留合流制系统，同时采用高效的截流措施收集污水，避免污水未经处理直接排入自然水体，其他地区均采用雨污分流制。

污水规划：

污水量预测：城市污水量按给水日变化系数 1.25、污水排放系数 0.85、污水处理率 100% 计算，中心城区平均日污水量为 58 万吨/日。

污水排水分区 依据常德市中心城区发达的水系，将常德共分为城北、皇木关、江北、江南、德山 5 个污水排水分区，各分区收纳处理范围内的污水。

城北分区包括金丹路及新河渠以西，新河路以北，朗州路以西的城市新建的西北地区。此分区内污水管网的建设，应与花山污水处理厂的建设基本同步。分区内污水收集后排入花山污水处理厂进行统一处理。

皇木关分区包括护城河系统、常德大道以东青年路以南的地区、常德大道以西、洞庭大道东延长线以南的地区。此分区内的污水管网建设应结合城市东部地区的开发分期建设。分区内污水收集后排入皇木关污水处理厂进行统一处理。

江北分区指除去城北分区和皇木关分区此外的江北城区的大部分地区，分区内的污水收集后排入常德市江北污水处理厂进行统一处理。

江南分区包括江南城区全部城市建设用地，分区内污水收集后排入江南污水处理厂进行统一处理。

德山分区包括德山城区全部城市建设用地，分区内污水收集后排入德山污水处理厂进行统一处理。

污水处理厂规划

规划期末城市污水处理设施规模按照 58 万吨/日进行控制。规划扩建常德市江北污水处理厂，处理规模达到 17 万吨/日，总占地维持现状用地 18 公顷；扩建德山污水处理厂至 17 万吨/日，占地面积为 13.2 公顷左右；规划新建皇木关污水处理厂，厂址位于江北城区皇木关地区，马家吉河河口北侧，处理能力达到 10 万吨/日，占地 8 公顷；规划新建花山污水处理厂，厂址位于花山河以南、皂果路以西，处理能力 5 万吨/日，占地 7 公顷；规划扩建江南城区的江南污水处理厂，占地面积 8 公顷，设计处理能力提高到 9 万吨/日。

污泥处置规划：

污水处理厂的污泥应进行稳定化处理和脱水处理，污泥处理后的控制指标应符合《城镇污水处理厂污染物排放标准》（GB18918－2002）和《城镇污水处理厂污泥处理处置及污染防治技术政策（试行）》（建城〔2009〕23号）中的相关标准及其修编更新的后续标准。

再生水回用规划

污水处理后的再生水替代优质水资源，应用于工业、城市园林绿化、洗车及市政景观等用水，逐步实施分质供水，满足不同的用水要求。

规划2030年，常德市污水资源化利用率达到25%。

雨水系统规划：

根据《常德市城市总体规划》的城市用地规划布局，以及河流水系的分布及走向，结合各个城区原有排水泵站与排水设施的设置和规划路网布置，依据统一调度、泄蓄并重、以泄为主的排涝原则，分别对各个城区划分排水大分区，明确各分区内的雨水排除方向。

规划将常德市江北城区划分为11个排水大分区，将江南城区划分为7个排水大分区，将德山城区划分为8个排水大分区。

排水管网规划：

结合现状分流制排水管道情况，确定规划区新建分流制排水管道的平面位置，老城区污水管网的改造和新城区污水管网的建设应同时进行。结合旧城区的改造，分步骤、分阶段地进行合流制管网的改造。污水管网沿道路铺设，并设立中途提升泵站，保证污水管网较为经济的正常运行。

六、2013年版排水工程专项规划

2010年，常德市规划局委托常德市规划建筑设计院编制《常德市江北城区排水专项规划（2010—2030）》，2012年，德国汉诺威水协与常德市规划建筑设计院共同对其进行修编。

规划期限：近期2010年—2015年；

远期2016年—2030年。

规划范围：沅江以北规划期末的建成区，面积100平方千米。

规划目标：完善城市排水系统，改善城市生产、生活环境，保护穿紫河、沾天湖、柳叶湖水域、沅江水域和洞庭湖生态环境。

排水制度：常德市江北区排水制度规划为新建城区采用分流制，已建城区暂维持护城河以南区域的合流制，逐步改造为分流制。旧城区内新建的小区严格按分流制排水制度规划建设，先从"源头"上实行雨、污分流，提高截污效果，改善环境质量。随着旧城改造面积的增加，逐步改造为分流制排水制度。

在排水分区上，江北城区近期为合流制排水区域 1 个，分流制污水排水区域 19 个，汇入柳叶湖污水处理厂（常德市污水净化中心）以及皇木关污水处理厂；分流制雨水排水区域 24 个。

近期合流制排水区域为护城河以南老城区，服务面积 285 公顷。该系统以护城河为收集渠，区域内的雨水、污水合流汇入护城河，设总截流管，流入建设桥污水泵站，近期提升至柳叶湖污水处理厂，远期经人民路、常德大道汇入皇木关污水处理厂。

分流制污水排水 19 个区域分别是：（1）柏园桥区域，服务面积 990 公顷，污水收集后经柏园桥污水泵站提升到柳叶湖污水处理厂（常德市污水净化中心）；（2）穿紫河以北区域，服务面积 1425 公顷，设置夏家垱、沙港、南坪、粟家垱等四个污水泵站；（3）东城区青年路北部区域，服务面积 290 公顷，污水经粟家垱污水泵站提升进入柳叶湖污水处理厂（常德市污水净化中心）；（4）楠竹山区域，服务面积 140 公顷，设置楠竹山污水泵站；（5）李家湾区域，柳叶湖以南、洞庭大道以北、东溪路以东、马家吉河以西区域，服务面积 830 公顷，新建李家湾污水泵站，将污水提升至柳叶湖污水处理厂（常德市污水净化中心）；（6）青年东路以北区域，青年路以北、太阳大道以东、二广高速以西、以及渔场区域，该区域自流进入柳叶湖污水处理厂（常德市污水净化中心），服务面积 220 公顷；（7）新坡区域，人民路以北、马家吉以西、洞庭大道以南、铁路线以东区域，服务面积 440 公顷。设置新坡污水泵站；（8）唐家溶区域，服务面积 430 公顷，设置唐家溶污水泵站；（9）皇木关自流区域，双拥路以南至马家吉河、常德大道以西至沅江，该区域服务面积 400 公顷；（10）太阳大道自流区域，朗州路以东、万寿路以南、铁路线、柳常路以北、柳叶湖以西区域，自流到太阳大道污水泵站，服务面积 780 公顷；（11）黄土港区域，主要汇集朗州路北延线两侧的污水，服务面积 618 公顷。设置黄土港污水泵站；（12）柳常路以南自流区域，柳常路以南、铁路线以东、S306 以北、柳叶湖以西区域，服务面积 181 公顷，自流进入柳叶湖污水处理厂；（13）二十里铺区域，服务面积 87.5 公顷，设置二十里铺污水泵站；（14）月亮大道区域，月亮大道以北、朗州路以西、新河渠以东、服务面积 420 公顷，设置月亮大道污水泵站；（15）沅安路区域，新河渠以西，滨湖路以南，服务面积 1037 公顷，设置沅安路 1 污水泵站；（16）青林区域，新河渠以西，紫菱路以北，新桥路以南，服务面积 544 公顷，设置桃花源污水泵站；（17）宋家堰区域，新河渠以西，太阳大道以南，杨桥河以东，服务面积 437 公顷，设置宋家堰污水泵站；（18）岩桥寺区域，新河渠以西，紫菱路以南，滨湖路以北，服务面积 290 公顷，设置岩桥寺污水泵站；（19）太阳大道自流区域，皂果路以东、月亮大道以南、铁路线以北、朗州路以西区域，汇水面积 280 公顷，自流到太阳大道污水泵站。

江北城区分流制雨水排水区域分为中部、西部、东部、北部四个部分。（1）江北城区中部区域，总汇水面积 3289.7 公顷，其中：①船码头区域，汇水面积 606.5 公顷，设置船码头雨水泵站；②柏子园区域，汇水面积 219 公顷，设置柏子园雨水泵站；③夏家垱区域，汇水面积 612 公顷，设置夏家垱雨水泵站；④尼姑桥区域，汇水面积 460 公顷，设置尼姑桥雨水泵站；⑤余家垱区域，汇水面积 210 公顷，设置余家垱雨水泵站；⑥粟家垱区域，汇水面积 230 公顷，设置粟家垱雨水泵站；⑦杨武垱区域，汇水面积 110 公顷，设置杨武垱雨水泵站；⑧楠竹山区域，汇水面积为 244 公顷，设置楠竹山雨水泵站；⑨邵家垱区域，汇水面积 81 公顷，设置邵家垱雨水泵站；⑩甘垱区域：汇水面积 379.2 公顷。⑪长港泵站：汇水面积 203 公顷，设置甘垱雨水泵站；（2）江北城区西部区域，总汇水面积为 2921.6 公顷，其中：①岩坪区域，汇水面积 566.7 公顷，设置岩坪雨水泵站；②城堰堤区域，汇水面积 490 公顷，设置城堰堤雨水泵站；③刘家桥区域，汇水面积 1365.7 公顷，设置刘家桥雨水泵站；④聚宝区域，汇水面积 499.2 公顷，设置聚宝雨水泵站。（3）江北城区东部区域，总汇水面积为 3080 公顷，其中：①赵家碃区域，汇水面积 250 公顷，设置赵家碃雨水泵站；②皇木关区域，汇水面积 520 公顷，设置皇木关雨水泵站；③靳家湾区域，汇水面积 1370 公顷，设置靳家湾雨水泵站；④护城碃区域，汇水面积 940 公顷，设置护城碃雨水泵站。（4）江北城区北部区域：总汇水面积 2799.7 公顷，其中：①花山苑区域，汇水面积 998.9 公顷，设置花山苑雨水泵站；②黄土港区域，汇水面积 90.2 公顷，设置黄土港雨水泵站；③二十里铺区域，汇水面积 465.7 公顷，设置二十里铺雨水泵站；④双桥岗区域，汇水面积 693.2 公顷，设置双桥岗雨水泵站；⑤前进区域，汇水面积为 202.8 公顷，设置前进雨水泵站；⑥老家垱区域，汇水面积 348.9 公顷，设置老家垱雨水泵站。

排水工程规划

污水处理厂。近期规划新建一座皇木关污水处理厂，皇木关污水处理厂建设规模近期为 10 万吨/日，位置在规划的港区南路侧皇木关处，用地面积为 14 公顷，收集护城河系统、楠竹山污水系统与唐家溶污水系统等排水区域的污水；扩建柳叶湖污水处理厂（常德市污水净化中心），建设规模扩大至 30 万吨/天，收集柏园桥区域、穿紫河以北区域、东城区青年路北部区域及柳叶湖戴家岗区域的污水，用地面积为 39 万公顷。

远期皇木关污水处理厂全部建成后逐步取消柳叶湖污水处理厂（常德市污水净化中心），改建为柳叶湖污水泵站；扩建皇木关污水处理厂，建设规模扩大至 60 万吨/天，收集江北城区及丹洲、城西、灌溪、花山湿地片区、白鹤山片区的污水，用地面积约 67 万平方米。

污水泵站。新建 17 座污水泵站，总用地面积 6.68 公顷，总装机容量 14 955 千瓦。雨水泵站。新建 24 座雨水泵站，总占地面积 36.47 公顷，总装机容量 24 990 千瓦。

第八节 电力规划

一、"十五"（2001—2005 年）电力规划

根据常德市《常德市国民经济和社会发展"十五"计划纲要》，随着城市建设步伐的加快，生活水平的日益提高，预计到 2005 年全市供电量为 33 亿千瓦时，最大负荷为 693 兆瓦。其中城区供电量为 8.4 亿千瓦时，最大负荷达 185 兆瓦。到 2010 年全市供电量为 43 亿千瓦时，最大负荷为 925 兆瓦。其中城区供电量为 12.5 亿千瓦时，最大负荷达 300 兆瓦。

到 2005 年，常德市共有 500 千伏变电站 1 座，主变容量为 500 兆伏安；220 千伏变电站 7 座，主变容量共为 1170 兆伏安，容载比为 1.69；全市新、扩建 110 千伏变电站 25 座，更换 7 台主变，新增主变容量 716 兆伏安；新建 110 千伏线路 261.3 千米，其中新建电缆 6 千米。其中城区有 2 座 220 千伏变电站，主变容量为 570 兆伏安；110 千伏变电站有 11 座，主变容量为 545 兆伏安。

到 2010 年，全市共有 500 千伏变电站 1 座，主变容量为 500 兆伏安；220 千伏变电站 11 座，主变容量共为 1710 兆伏安，容载比为 1.85；全市新、扩建 110 千伏变电站 24 座，新增主变容量 701 兆伏安；新建 110 千伏线路 494 千米，其中新建电缆 3.6 千米。其中城区有 3 座 220 千伏变电站，主变容量为 750 兆伏安；110 千伏变电站有 13 座，主变容量为 731 兆伏安。

2001—2005 年常德市电网 35 千伏及以上输变电工程及二次系统投资估算总计约 61 878 万元。220 千伏输变电工程投资约 12 950 万元，110 千伏输变电工程投资约 26020 万元，二次系统投资约 15 858 万元，35 千伏输变电工程投资为 7050 万元。其中 2001 年总投资为 8455 万元，2002 年总投资为 24 978 万元，2003 年总投资为 13 277 万元，2004 年总投资为 7468 万元，2005 年总投资为 7700 万元。

2006—2010 年常德市电网 110 千伏及以上输变电工程投资估算总计约 65 545 万元。

"十五"电力规划的常德电力网充分利用了现有电力网潜力，各水平年便于过渡。其网络结构合理，事故应变能力强，运行管理方便，供电可靠性高，能满足各水平年工农业生产发展和人民生活的用电需求。所规划的电网运行的各项指标满足经济运行要求，且随着各水平年的递进而不断优化，在提高输送能力、保证电压质量、降低线损等方面将产生比较好的社会效益和经济效益。

二、"十一五"（2006—2010 年）电力规划

按照《常德市国民经济和社会发展"十一五"计划纲要》，依据《常德电网十一五负荷预测报告》计算结果，预测常德电网"十一五"及 2020 年供用电及负荷情况如下：

2005 年全口径供电量为 48.8 亿千瓦时，用电量为 45 亿千瓦时，线损率为 8.4%，最大负荷为 1053 兆瓦；预计 2010 年全市供电量为 71.4 亿千瓦时，用电量为 66 亿千瓦时，线损率为 8.2%，最大负荷为 1530 兆瓦；2020 年全市供电量为 138 亿千瓦时，用电量为 128 亿千瓦时，线损率为 8%，最大负荷为 2850 兆瓦。

2005 年，常德电网共有 500 千伏变电站 1 座，主变容量为 2×500 兆伏安；220 千伏电压等级变电站 8 座，主变容量共为 1260 兆伏安；2005 年含创元铝厂局属口径最大负荷 1053 兆瓦；220 千伏容载比为 1.78，110 千伏容载比为 1.67。

到 2010 年，常德电网共有 500 千伏变电站 1 座，主变容量为 2×500 兆伏安，500 千伏线路长度达到 239.65 千米；220 千伏变电站 10 座（不计用户变电站 1 座），主变容量为 1920 兆伏安，容载比达到 1.82，220 千伏线路长度为 912.7 千米；110 千伏变电站达到 44 座，主变容量为 1962 兆伏安，容载比达到 1.65，110 千伏线路长度为 1349.8 千米；35 千伏变电站为 66 座，主变容量共为 432.75 兆伏安，35 千伏线路长度达到 1292 千米。

2006—2010 年常德电网共新建 220 千伏变电站 3 座、扩建及扩改 2 座、改造 1 座、退运 1 座，新增主变容量 660 兆伏安；新改建 220 千伏线路 89 千米。新建 110 千伏变电站 11 座、扩建及扩改 9 座、改造 4 座，新增主变容量 675.5 兆伏安；新改建 110 千伏线路 356 千米。新建 35 千伏变电站 10 座、扩建及扩改 14 座、改造 1 座，新增主变容量 73.1 兆伏安；新改建 35 千伏线路 265 千米。

到 2020 年，常德电网全市共有 500 千伏变电站 2 座，主变容量达到 2×500 兆伏安，500 千伏线路长度达到 239.65 千米；220 千伏变电站 13 座（不计用户变电站 1 座），主变容量达到 3720 兆伏安，220 千伏容载比达到 1.6，220 千伏线路达到 971.7 千米；110 千伏变电站 73 座，主变容量达到 3846 兆伏安，110 千伏容载比达到 1.65，110 千伏线路达到 1764.8 千米。

2011—2020 年常德电网共新建 500 千伏变电站 1 座，新增主变容量 500 兆伏安；220 千伏变电站新建 3 座、扩建 1 座、开关站新建 1 座，新增主变容量 1800 兆伏安；新改建 220 千伏线路 59 千米。2011—2020 年全市新建 110 千伏变电站 29 座、扩建 14 座，新增主变容量 1884 兆伏安；新改建 110 千伏线路 415 千米。

2006—2010 年常德市电网 35 千伏及以上输变电工程及二次系统投资估算总计约 98285 万元，其中 220 千伏输变电工程投资约 33 100 万元，110 千伏输变电工程投资约 44 800 万元，35 千伏输变电工程投资为 13 685 万元，二次系统投资约 6700 万元。

2011—2020 年常德市电网 110 千伏及以上输变电工程及二次系统投资估算总计约 138 925 万元，其中 220 千伏输变电工程投资约 36 900 万元，110 千伏输变电工程投资约

95 825万元，二次系统投资约6200万元。

规划的2006—2020年常德电网充分利用了现有电网潜力，各水平年便于过渡，使网络结构尽可能合理，事故应变能力较强，运行管理方便，供电可靠性高，能够满足各水平年工农业生产发展和人民生活的用电需求。规划期间电网运行的各项指标满足经济运行要求，且随着各水平年的递进而不断优化，在提高输送能力、保证电压质量、降低线损等方面将产生比较好的社会效益和经济效益。

三、"十二五"（2011—2015年）电力规划

1. 负荷水平

预测2008年常德市全口径供电量为100.49亿千瓦时，全口径最大负荷为1657兆瓦，局属供电量为86.99亿千瓦时，局属供电量（除创元）为51.99亿千瓦时，局属最大负荷（除创元）为1050兆瓦。

预测2010年常德市全口径供电量为115.41亿千瓦时，全口径最大负荷为1913兆瓦，局属供电量为71.41亿千瓦时，局属供电量（除创元）为68.41亿千瓦时，局属最大负荷（除创元）为1350兆瓦。

预测2015年常德市全口径供电量为161.97亿千瓦时，全口径最大负荷为2985兆瓦，局属供电量为117.97亿千瓦时，局属供电量（除创元）为114.97亿千瓦时，局属最大负荷（除创元）为2400兆瓦。

预测2020年常德市全口径供电量为211.13亿千瓦时，全口径最大负荷为4009兆瓦，局属供电量为167.13亿千瓦时，局属供电量（除创元）为164.13亿千瓦时，局属最大负荷（除创元）为3420兆瓦。

2. 建设规模

（1）2008—2010年电网规划

①500千伏电网　2008—2010年，常德电网规划新增500千伏开关站1座，新建500千伏线路32千米。

至2010年常德电网将拥有500千伏变电站1座，500千伏开关站1座，500千伏主变单相6台，主变容量1000兆伏安。

②220千伏电网　2008年—2010年期间，常德电网规划新建220千伏变电站4座，新增主变6台，新增容量1020兆伏安，扩建220千伏主变三台容量420兆伏安；新建220千伏架空线路162千米。

至2010年底，常德电网拥有公用220千伏变电站11座，总容量2700兆伏安。

③110千伏电网　2008年—2010年期间，常德电网规划新建110千伏变电站12座，新增主变容量535.5兆伏安；扩、改建110千伏变电站共17座，新增容量403.5兆伏安；

新建 110 千伏线路 329.8 千米。

至 2010 年底,常德电网拥有公用 110 千伏变电站 50 座,总容量 2570.5 兆伏安。

④35 千伏电网 2008 年—2010 期间,常德电网规划新建 35 千伏变电站 10 座,新增容量 48.3 兆伏安;改、扩建变电站 7 座,扩建容量 29 兆伏安;新建 35 千伏线路 223 千米。

(2)2011—2015 年电网规划

①500 千伏电网 2011—2015 年,常德电网规划新建 500 千伏变电站 1 座,新增主变 1 台,新增容量 750 兆伏安。扩建常德东开关站,新上主变一台,新增容量 1000 兆伏安。新建 500 千伏线路 8 千米。

至 2015 年常德电网将拥有 500 千伏变电站 3 座,500 千伏主变单相 6 台,三相 2 台,主变容量 2750 兆伏安。

②220 千伏电网 2011—2015 年期间,常德电网规划新建 220 千伏变电站 4 座,新增主变 5 台,新增容量 840 兆伏安;扩建 220 千伏变电站 4 座,新增主变 4 台,新增容量 660 兆伏安;新建 220 千伏架空线路 254 千米。

至 2015 年底,常德电网拥有公用 220 千伏变电站 15 座,总容量 4200 兆伏安。

③110 千伏电网 2011—2015 年期间,常德电网规划新建 110 千伏变电站 26 座,新增容量 1168.5 兆伏安;扩、改建 110 千伏变电站 9 座,新增容量 444.5 兆伏安;新建 110 千伏线路 544 千米,其中电缆 10 千米。

至 2015 年底,常德电网拥有公用 110 千伏变电站 76 座,总容量 4183.5 兆伏安。

④35 千伏电网 2011 年—2015 期间,常德电网规划新建 35 千伏变电站 6 座,新增容量 35.85 兆伏安;改、扩建变电站 8 座,扩建容量 37.75 兆伏安;新建 35 千伏线路 285 千米。

(3)2016—2020 年电网远景规划

①500 千伏电网 2016—2020 年,常德电网规划扩建 500 千伏变电站 1 座,新增主变 1 台,新增容量 750 兆伏安,到 2020 年,常德电网将拥有 500 千伏变电站 3 座,主变容量为 3500 兆伏安。

②220 千伏电网 2016—2020 年,常德电网规划新建 220 千伏变电站 1 座,改、扩建 6 座,新增容量 1350 兆伏安,至 2020 年常德电网将拥有 220 千伏公用变电站 16 座,主变容量为 5550 兆伏安。

③110 千伏电网 2016—2020 年,常德电网规划新建 110 千伏变电站 4 座,改、扩建 24 座,新增容量 1073 兆伏安,2020 年常德电网将拥有 110 千伏公用变 80 座,变电容量合计 5256.5 兆伏安。

3. 投资估算

（1）2008—2010年常德电网投资估算总计约363915万元。其中500千伏输变电工程投资约68 128万元，220千伏输变电工程投资约80 925万元，110千伏输变电工程投资约91 135万元，35千伏输变电工程投资为16 130万元，电网改造投资为21 888万元，10千伏配网工程投资为55 004万元，专项规划投资约30 705万元。其中2008年总投资为124 584万元，2009年总投资为144 620万元，2010年总投资为94 712万元。

（2）2011—2015年常德电网投资估算总计约341 549万元。其中500千伏输变电工程投资约59 264万元，220千伏输变电工程投资约55 921元，110千伏输变电工程投资约92 091万元，35千伏输变电工程投资为16 250万元，电网改造投资为2431万元，10千伏配网工程投资为79 957万元，专项规划投资约35 635万元。其中2011年总投资为62 455万元，2012年总投资为108 428万元，2013年总投资为47 897万元，2014年总投资为55 284万元，2015年总投资为67 485万元。

（3）2016—2020年常德市电网110千伏及以上输变电工程投资估算总计约84 925万元。

第九节　通信行业规划

根据国家加快战略性新兴产业发展和推进电信基础设施共建共享相关政策，为实现对各运营商通信基础设施建设需求进行全面统筹、合理规划布局、优化建设模式、提高资源利用率、减少资源消耗、降低环境影响，积极对接城市总体规划、城市风貌保护的发展要求，按照市委市政府的要求，市经济和信息化委员会、市规划局、市建设局、市无线电管理委员会、市国土资源管理局、市住房保障和房屋管理局、市环境保护局共同组建《常德市通信行业专项规划（2013—2030）》项目工作组，并委托湖南省邮电规划设计院有限公司作为具体编制单位进行规划编制工作。

规划范围：《常德市城市总体规划（2009—2030）》确定的城市建设用地160平方千米范围及灌溪、白鹤山、斗姆湖、芦山和蚂蝗溶，总面积约为222平方千米。

规划期限：2012—2016年，中远期为2017—2030年。

规划内容：城市通信专项规划主要包括通信机房规划、通信管道规划、光交接箱规划、通讯基站规划、室内分布系统规划。

通信机房主要包括核心、汇聚、接入、小区机房四类。核心机房是指设置有长途出口设备、软交换设备、IP城域网核心路由器设备、本地传输网核心节点和省集中系统业务节点设备的机房，机房内设备作为整个市域内重要的网络出口，并与其他运营商互联互通，有着非常重要的地位。汇聚机房是指设置数据业务汇聚节点（BRAS/SR）以及本地传输网中心汇聚节点等汇聚设备的机房，机房内设备用于汇聚、处理接入机房的各种业务，在接入层设备和核心层设备之间起到桥梁作用。接入机房是指本地网中面向终端用户有线接入的接入网设备（OLT）间、模块局点等机房（不包括无线基站机房）。规划主要是确定各类通信机房的总体数量、地理位置、面积要求、覆盖范围。

通信管道是沿道路进行敷设，用于承载通信用光缆、电缆的地下通道。规划主要根据通信有线机房布局、城市空间规划确定通信管道路由、管孔数。

光交接箱按地理位置不同分为道路光交和小区光交。道路光交接箱位置一般设置在交叉路口、道路边；小区光交一般设置在小区内。规划主要根据通信有线机房布局、通信管道路由确定光交接箱的总体数量和服务范围。

移动通信基站是指在一定的无线电覆盖区中，通过移动通信交换中心，与移动电话终端之间进行信息传递的无线电收发信电台。规划主要考虑室外站点设置，根据地理位置特征、建筑类型、覆盖范围、站间距离、用户分布等因素确定基站总体数量。

室内分布系统（本规划简称室分系统）是利用室内覆盖式天馈系统将基站的信号均匀分布在建筑物内各个部位，从而保证室内区域拥有理想的无线信号覆盖，主要针对室内用户群。室内分布规划主要为根据各规划期规划区域内高层建筑建设情况，提出相应的规划和建设指导原则。

各项目分期规划投资汇总

表 3 - 1 - 9 - 1 　　　　　　　　　　　　　　　　　　　　　　　　　单位：万元

	核心机房	汇聚机房	接入机房	管道	光交	基站	室分系统	合 计
近期	800	144	984	43635.2	2040	7350	2208	57161.2
中远期	0	135	337.5	28906.2	0	2628	10080	42086.7
合计	800	279	1321.5	72541.4	2040	9978	12288	99247.9

其中近期规划投资占总投资的 57.6%，中远期占 42.4%。

规划总体实施建议：

1. 以制度和机制为保证，有序推进通信基础设施建设。市移动通信协调领导小组及其各成员单位，共同做好信息基础设施规划和建设工作，及时解决通信基础设施建设中存在的问题，实现资源共建共享。将通信基础设施建设纳入市重点工程建设项目，在规划和审批等环节上纳入"绿色通道"。严格执行后期编制的规划实施细则，并由领导小组牵头建立通信基础设施建设联合会审制度，定期对各运营商申报的建设计划进行联合审核。特别是要加强公用移动通信基站设置管理，维护移动通信用户、移动通信业务经营者和社会公众的权益，保障公用移动通信的健康发展。

2. 加强规划宣传，落实公众参与，为通信基础设施建设营造和谐的外部环境。建立重大问题的政策研究机制和专家论证制度，建立重大建设项目公示与听证制度；建立健全城市专项规划的监督检查制度，包括市人民代表大会、政协、各基层社区组织以及社会团体、公众通过法定的程序和渠道有效的参与规划决策和监督；加强对规划的宣传，增强城市总体规划公开透明的力度和公信力，提高全社会对维护和执行规划的自觉性。相关管理部门和各通信运营商要充分利用电视、广播、报刊、互联网等媒体，及时全面地向社会各界宣传通信方面的基础知识，特别是无线电常识、电磁辐射科学知识，引导公众走出对电磁辐射的认识误区，消除恐慌心理，为移动通信基站建设提供和谐的发展环境。

3. 加强规划与总规衔接，预留相关资源。充分认识信息基础设施对社会经济发展的基础先导性作用，逐步将局房、管道、基站、光交接箱等信息基础设施建设项目纳入城乡发展规划、统筹安排土地等相关资源。严格按照《湖南省信息化条例》和《住宅小区及商住楼通信设施建设标准》要求，建设小区配套使用的小区通信机房。针对当前存在的基站选点难、建设难问题，各级政府、企事业单位要带头配合做好基站选点工作，优先支持在政府机关、国有企事业单位、体育场馆、大型公共设施等场所设置必要的站点通信设施。规划部门在进行土地利用控制性规划时，必须将通信基础设施规划纳入城市整体控制性规划要求；各级住房和城乡建设、规划、投资主管部门在审批住宅小区、商住楼、办公楼等建筑项目时，应明确要求建设单位为通信、广电网络建设预留配套设施资源（包括机房、管线、基站站址、分布系统、公共接入点等），并将其所需投资纳入建设项目概算。

第十节　燃气工程规划

常德市管道燃气一期工程 1998 年 12 月建成投产，约 4000 户居民用气，为管道燃气事业发展打下良好的基础。为进一步加速管道燃气事业发展，市政府在 1999 年进行二期工程建设，可供应 6.0 万户居民、相应公共建筑和部分小型工业用户用气。2000 年 2 月，国务院作出实施"西气东输"工程的重要决策，特别是重庆忠县至武汉天然气输气干管的建设给常德市的燃气事业大力发展带来了极大的机遇。2007 年在常德市燃气总体发展规划基础上，委托湖南省城市设计研究院，进行燃气专业规划的编制。

一、《常德市城市总体规划（1990—2010）》中的燃气工程规划

到 1991 年常德市城区使用液化石油气的人数仅占城区总人口的 14%，液化气来源除一部分由液化石油气站组织供应外，大部分由各单位自行解决。

20 世纪 90 年代规划仍以型煤为主，发展液化石油气，并积极着手筹备新建煤气厂是这一近期燃气发展的主要任务。规划在江北城区东面叶家岗建气源厂 1 座，第一期工程为 6 万立方米／日。煤气管网布置采用中、低压两级系统，主要干管采用地面敷设，连成环状。煤气调压站 26 个，储配站设在气源厂内。现有液化石油气站要加强统一建设和管理。为解决近期生活用气问题，在江北城区东江乡新安村建液化石油气站 1 座。

二、《常德市城市总体规划（1999—2020）》中的燃气工程规划

气源采用液化石油气，远期主要气源为天然气，液化石油气为辅助气源，江北城区扩建混气站，管道供应液化石油气和空气的混合气，部分地区采用瓶装液化石油气；江南城区大部分地区采用瓶装液化石油气，原气化站供应少量液态液化石油气；德山开发区全部采用瓶装液化石油气。

近期城区居民气化率 100%，其中管道气化率为 40%，瓶装液化石油气气化率为 60%。远期城区居民气化率 100%，其中管道气化率为 93%，瓶装液化石油气气化率为 7%。

近期全市液化石油气总供气量 34 418 吨／年。远期天然气总供气量 16 769 万标立方米／年，瓶装液化石油气 10 810 吨／年。

近期江北城区混气站在原址扩建，年 LPG—AIR 供气量 1468 万标立方米／年，建设用地 2.1 公顷。在江北城区皇木关建设一座 4×1000 立方米的 LPG 储气中心。

建设液化石油气汽车加气站，江北城区 2 座，江南城区和德山开发区各 1 座。

远期在江北城区西北部岩坪 LPG—AIR 混气站附近建设天然气门站一座。用地面积约 2.5 公顷。采用压力储气方式，容积为 12.0 万立方米。

远期输配管网建成三城区各自独立系统。自天然气门站用一根输气干管送至江北城区，另一根干管送至江南城区和德山开发区。各城区输配管网系统均采用中压一级管网，柜式和箱式调压相结合的供气方式。

三、《常德市城市总体规划（2009—2030）》中的燃气工程规划

用气原则。加强政策引导，大力推进节能减排，鼓励使用清洁能源，加快推进常德市资源节约型、环境友好型城市的建设。中心城区燃气气源以天然气为主、以液化石油气为辅。天然气利用应优先保障城市居民生活用气、公建设施用气和 CNG 汽车用气，控制工业用户用气。

用气量预测。2030 年，中心城区天然气总用气量约为 65.6 万立方米／日。

气源规划。规划常德市中心城区天然气气源仍来自长沙 - 常德输气管线，至 2030 年，长 - 常输气管线每年需向中心城区供气约 2.33 亿立方米／年。

燃气设施布局。近期，保留现状皇木关门站，并将现状德山混气站改建为德山门站。

远期，取消德山门站，在樟桥路东侧新建德山门站。规划在皂果路北段新建 1 座高中压调压站。

燃气管网规划。规划江北城区天然气管网采用高－中两级压力级制。其中，高压管网设计运行压力 1.6MPa，中压管网采用中压 A 级压力级制，设计运行压力 0.2—0.4MPa；江南城区和德山地区天然气管网采用中压一级压力级制，管网运行压力为 0.2—0.4MPa。燃气管网沿城市主干道路布置。次高压、中压燃气管道与建筑物、构筑物或相邻管道之间的水平净距离应满足《城镇燃气设计规范》要求，其中次高压燃气管道敷设道路上应设立管位警示标志，并在距管顶不小于 500 毫米处埋设预警带。

汽车加气站规划。鼓励车用加气站建设，规划至 2030 年，中心城区共有汽车加气站约 10 座，每座加气规模按 1 万立方米/日计。

四、《常德市江北城区燃气专业规划（2007—2020）》

燃气现状及存在的问题

燃气现状 江北城区于 1998 年 9 月建成混气厂 1 座，后因液化石油气价格居高不下，2004 年在原混气厂内建设一个液化天然气气化站，是年 11 月，用液化天然气替代液化石油气混空气。日供气约 1.5 万立方米/日，供应 2 万户居民及公建等用户的用气。城区输配管网亦随之初步建成，已敷设中压干管 40 千米，管径分别为 DN300、DN200、DN150 和 DN100，材料为焊接钢管和无缝钢管，中压支管、庭院管除部分采用无缝钢管外其余采用有缝钢管和中密度聚乙烯管（PE 管），户内管采用镀锌水煤气钢管。中压管道设计压力 0.2MPa，供气方式为中压一级管网箱式调压输配系统。江北城区现有液化石油气储配站四座，其中对外经营的有百江、天发、宇虹三家液化石油气经营企业，自供站 1 个为常德市卷烟厂液化气站。

存在问题主要有四方面，一是管道燃气气化率较低。常德市燃气市场以液化石油气供应为主，液化石油气瓶装用户较多，而管道燃气气化率低于全国大中城市管道燃气的气化率。管道燃气是城市现代化标志之一，亟待加大发展管道燃气的力度。二是 LPG 储配站规模、数量需逐步控制。市区范围内有 LPG 储配站 5 座，，且大多数建站较早，装备水平一般，安全防火设施待改进。随着天然气的普及，储配站数量需减少。三是 LPG 瓶装供应点规模小，数量多。因液化石油气用户多，市内瓶装液化石油气供用点无法严格按规范的要求设置，供应点安全管理难度大，且瓶装液化石油气供气不适合向高层住宅供应，从运输、储存、使用的全过程与管道供气相比，存在压力高、泄漏危险性大，从灌装至使用参与环节多，出事故的可能性大。四是液化石油气价格的波动大，对社会造成不良影响。

气源的选择。2006 年 9 月，四川的管道天然气进入常德市，因此，气源规划为四川管道天然气，对于天然气供应区域内不具备管道供气的各类用户，采用瓶装液化石油气作为过渡和补充。即主气源为天然气,辅助气源为液化石油气。

供气范围。根据管道燃气供应现状及至 2010 年管道燃气发展能力,江北城区规划人口 42 万人,天然气气化人口 25 万人,根据江北城区建设情况,在道路新建、扩建的同时进行天然气管网的同步建设,达到建成一片、供气一片的目标。

管线规划原则。遵循常德市燃气发展规划的原则和要求,近远结合,满足近期供气需求,适应长远发展的要求;根据供气区域,结合城市总体规划和城市建设发展的现状,合理规划近期管道的走向,考虑到近、远期的结合,保证远期用户发展的需求;充分利用现有燃气管道系统。

输配方式。根据江北城区的用户分布情况,充分利用已敷设的管网输气能力,并对部分现有管道进行改造,以适应远期发展的需要,输配系统采用中压一级管网系统,柜式和箱式调压相结合的供气方式。这种方式与中、低压二级供气方式比较,具有管网投资省、用户灶前压力稳定,节省用地等优点。对于部分高层建筑可采用中压入户,即采用户内调压器供气。

加气母站工程项目。根据常德市天然气长输管线工程建设情况,江北城区门站设置在皇木关,为充分利用长输管线压力,从高压管线上取气、加压,节省能耗,且易于选点,安全间距便于控制,在皇木关门站设加气母站一座。

五、《常德市江南城区燃气专业规划(2008—2020)》

至 2007 年年底,江南城区已建成 5000 户规模的液化石油气气化站 1 座,最大供气能力为 1000 公斤/小时,日供气约 800 公斤,供应 2000 户居民及公建等用户的供气。天然气进入常德后,江南城区于 2007 年 4 月建成一座区域性门站,管输天然气已置换原有的管道液化石油气,日供气量 2000m³,城区输配管网亦随之初步建成,燃气管道材质为 20 号无缝钢管和 SDR11 的 PE 管,中压管道设计压力 0.1MPa,供气方式为中压一级管网柜式和箱式调压输配系统。

但也存在一些问题,首先是管道燃气气化率较低。江南城区燃气以液化石油气供应为主,管道燃气气化率低于江北城市管道燃气的气化率。管道燃气是城市现代化标志之一,亟待加大发展管道燃气的力度,天然气进入江南城区,给管道燃气的推广普及,提供发展机遇。

其次 LPG 瓶装供应点规模小,数量多。因瓶装液化石油气用户多,市内瓶装液化石油气供用点无法严格按规范的要求设置,供应点安全管理难度大,且瓶装液化石油气供气不适合向高层住宅供应,从运输、储存、使用的全过程与管道供气相比,存在压力高、泄漏危险性大,从灌装至使用参与环节多,出事故的可能性大。

第三,液化石油气市场价格的波动大,对社会造成不良影响。同时煤锅炉的污染严重：江南城区现有锅炉均为使用燃煤，排放大量的 SO_2、CO_2 等废气和污染物，对环境污染严重。

规划中，天然气气源仍以忠县管道天然气为主气源，以液化石油气为辅助气源。

天然气供应。

近期管道燃气气化率 20%，气化人口 2.51 万人，远期管道燃气气化率 70%，气化人口 10.5 万人。

管线规划遵循常德市燃气发展规划的原则和要求，近远结合，满足近期供气需求，适应长远发展的要求；根据供气区域，结合城市总体规划和城市建设的发展的现状，合理规划近期管道的走向；充分利用现有燃气管道系统。

加气站工程项目

CNG（压缩天然气）加气站根据加气站站址和城市天然气管道实施状况，规划采用标准站或加气子站形式。2012 年，CNG 加气站数量 1 座，站址为江南区域门站（阳园路与善卷路）；2020 年，增加 1 座，站址为金霞西路与桃源路。

六、《常德市江南城区燃气专业规划（2012—2030）》

由于常德市城市总体规划的修编及国家新的政策出台，2012 年 6 月，常德市鼎城区住建局委托湖南省城市规划研究设计院根据新的城市规划对燃气专项规划进行修编。同时，增加鼎城区 34 个乡镇的液化石油气供应站的规划。

第十一节　中心城区加油（气）站规划

随着常德市中心城区社会经济的快速发展，城区加油（气）站的建设保持快速增长的态势，同时出现了布局不够合理，存在安全隐患等一系列问题。为进一步规范市场秩序，严格市场准入，整合现有资源，优化现状布局，科学指导中心城区加油（气）站行业健康有序发展，解决加油站发展建设中存在的主要问题和矛盾，常德市规划局组织编制了《常德市中心城区加油（气）站规划》。该规划范围为《常德市城市总体规划（2009—2030）》中确定中心城区范围以及高速公路连接线沿线。由常德市规划建筑设计院编制。

中心城区加油（气）站规划以《常德市城市总体规划（2009—2030）》中的总体发展目标为依据，根据城市用地布局和城市路网结构形式，结合常德市加油（气）站发展现状并考虑加油站相对均衡以及相关规划标准要求，逐步建立起与常德市城区发展相适应、满足广大消费者需要、布局科学合理、竞争有序、功能完善、安全便捷的现代化加油（气）站服务网络体系。规划范围内现状有加油（气）站 41 座，其中中心城区 35 座、中心城区对外交通连接线上 6 座。通过规划对加油站进行调整优化后，根据江北、江南城区和德山城区各自用地规模、结构形态以及三个城区之间的功能差异，采取服务半径分析法预测及类比推算法对中心城区加油（气）站规模进行校核，江北、江南城区加油站服务半径取0.9千米，德山城区加油站服务半径取1.0千米。规划在中心城区保留现状加油（气）站30座，拟迁移加油（气）站5座，规划新增加油（气）站28座，共63座。其中：在江北城区设置加油（气）站39座，其中现状保留18座、拟迁移3座、规划新增18座。江南城区设置加油（气）站12座，其中保留现状4座、拟迁移加油站3座、规划新增加5座。德山城区设置加油（气）站12座，其中保留现状7座、规划新建5座。同时，以总体规划为基础，结合中心城区对外交通连接线，按照相关规划标准要求，对中心城区对外交通连线现状加油站进行调整优化，规划保留现状加油（气）站5座，拟迁移加油（气）站1座（沿省道S306向北迁移至白鹤山集镇），规划新增加油（气）站5座，共11座。

2012年，该规划经部门专家审查会审查通过。

第十二节　常德市城市夜景照明规划

为规范市区夜景照明建设，更好地反映常德市特有的地理、历史、人文特色，提升城市品质，市规划局组织了《常德市城市夜景照明总体规划》编制工作，通过政府采购确定由重庆大学城市规划与设计研究院编制。

此次规划范围为常德市江北城区北岸城区。其中规划重点区域范围包括北部新区的沾天湖片区；新河桥、

图79：常德市城区夜间景观图

紫缘大桥、姻缘桥、泉水桥；沅江、穿紫河、柳叶湖、沾天湖；滨湖公园、白马公园、屈原公园、丁玲公园；八条城市主要道路上的皂果路、武陵大道、朗州路、常德大道、柳叶大道、洞庭大道、沅安路、桃花源路。

形象定位：营造出绿树环绕中、典雅深致、相映成趣，华灯映水、动静相宜的诗城夜景。

常德市城区的夜间整体景观基本框架规划为"四水四桥，五园八线，数节点"。"四

水"景观是指沅江、穿紫河、柳叶湖、沾天湖沿岸夜景照明；"四桥"是指新河桥、紫缘大桥、姻缘桥、泉水桥；"五园"景观是指滨湖公园、白马公园、屈原公园、丁玲公园、环形公园夜间景观照明；"八线"景观是指皂果路、武陵大道、朗州路、常德大道、柳叶大道、洞庭大道、沅安路、桃花源路的道路照明、广告照明、街景及周边建筑照明；"数节点"指各个道路节点的地标性建（构）筑物或广场、景区在内的各个重要节点的夜景照明。

该规划已于2013年3月经部门专家审查会通过。

第十三节　广告规划

为了规范市区户外广告设置与运营，美化城市环境，市规划局组织了《常德市广告总体规划》编制工作，通过政府采购确定由上海同异城市设计公司编制。

规划通过对现状广告存在问题进行归纳、梳理，提出合理的解决方案，对广告数量、位置、规格等进行控制，对广告材质、色彩、工艺等进行引导，达到美化城市环境，提升城市形象等目的。

此次规划的范围为城市总体规划确定的160平方千米规划建设用地。

规划中，对户外广告分严禁设置区、严格设置区、适度设置区和重点展示区。

严禁设置区包括市政府机关、市政广场；博物馆、文化公园核心景点、中心绿地、滨水公园；跨河、跨江大桥两侧；沿沅江两侧防护林带、高压走廊。

严格设置区包括社区绿地、市民活动广场；居住小区、街坊、企业单位；中学、高校园区内及入口处；市级医院、区级医院、疗养院；火车站、长途汽车站、城市主干道、景观大道、城市出入口。

适度设置区包括通讯社、出版社、广电中心、图书馆、体育场馆、经济技术开发区、银行、保险、信用社、小型市场等；电影院、青少年活动中心、老年活动中心等、城市次干道、城市支路、停车场、商居混合用地等。

重点展示区包括汽贸城、商贸城、商业广场、娱乐中心、商业步行街、大型超市、农贸市场等商业中心区。

总体布局概括起来是三个中心、八条轴线、十六个集中展示区、五个城市门户、十一个交通节点。

三个中心：江北城区广告展示中心，以常德火车站和常德汽车总站为中心，半径500米范围内为户外广告集中展示中心；江南城区广告展示中心，以鼎城路与善卷路交叉口为中心，半径500米范围内为户外广告集中展示中心；德山城区广告集中展示区，以德山大道与莲池路交叉口为中心，半径 500 米范围内为户外广告集中展示中心。

八条轴线：常德大道、柳叶大道、紫缘路—善卷路、桃花源路、武陵大道、洞庭大道、朗州路、德山大道。

十六个集中展示区：江北城区商业中心、沾天湖片区商业中心、河洑片区商业中心、东江片区商业中心、城东片区商业中心、常德综合物流园、常德汽车西站及河洑物流中心、创普仓储物流中心、桥南物流中心、常德东部物流中心、德山物流园、桥南汽车总站、德山火车货运站、常德城际客运站及德山区汽车站、常德汽车东站、桃花源机场。

五个城市门户：长常高速常德大道出入口、常张高速与桃花源路立交口、柳叶大道与常张高速出入口、二广高速常德汽车东站出入口、二广高速通光路出入口。

十一个交通节点：武陵大道与柳叶大道交叉口、武陵大道与洞庭大道交叉口、柳叶大道与桃花源路交叉口、常德大道与桃花源路交叉路口、常德大道与紫缘路交叉口、常德大道与洞庭大道交叉口、桃花源路与鼎城路交叉口、常德大道与桃林路交叉路口、桃花源路与金霞大道交叉口、善卷路与金霞大道交叉口、德山大道与莲池路交叉口。

户外广告近期实施战略

2012 年—2015 年：完成高速公路两侧、城市入城口、主要干道道路两厢的户外广告整治改造，拆除违章违规广告、更新陈旧及破损的广告、新建广告鼓励采用高科技、信息量大的广告形式。

2015 年—2018 年：实施亮化与提质工程，对中心城区户外广告实施品质提升与亮化，同时结合外围重点建设区域，结合城市设计做好户外广告建设与管理。

基本实现户外广告空间环境优化与良性发展，户外广告分布有序，内部以广告位的自我更新与提质为主，外围结合城市建设逐步拓展户外广告位，促进广告与城市建设的双赢。

2012 年 8 月，该规划已通过部门及专家审查。

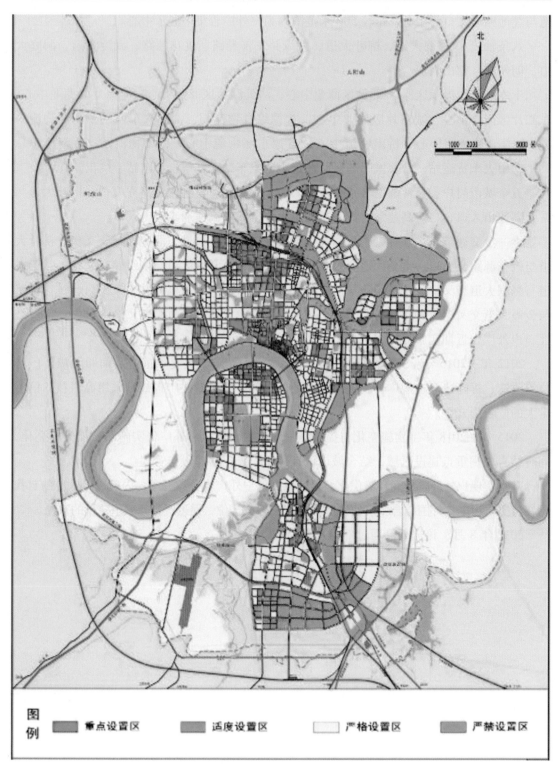

图80：常德市户外广告总体布局图（2011年）

第十四节　城市消防专项规划

为了提高城市抵御火灾的能力，防止和减少火灾危害，保护公民人身、公共财产和公民财产的安全，市规划局与市公安消防支队联合组织了《常德市消防总体规划》编制工作，经公开招标确定由常德市建筑设计院有限公司编制。

规划范围为城市总体规划确定的 160 平方千米建设用地，并对规划区范围（623 平方千米）的消防布局提出指导性意见。

对消防安全布局进行规划，对城市火灾风险进行评估，将城市规划建成区分为城市重点消防区、城市一般消防地区、防火隔离带及避难疏散场地共三大类，针对不同分区进行消防安全布局。

消防站规划。对城区消防站进行了分类：分为普通消防站、特勤消防站和战勤保障消防站三类。普通消防站分为一级普通消防站和二级普通消防站。详细制定了各类消防站的建设标准，人员配备及消防组织的建设规划，对消防站点的布局进行了规划。

消防训练培训和消防后勤保障基地规划。

消防给水规划。常德市城市消防供水主要依靠城市供水系统，在改造现有管网、建设新的管网的同时，同步改造市政消火栓、消防水池。充分利用城市广场、公园、小区中心及喷水池等水体及天然水源作为消防水源，并修建通向天然水源的消防车通道和取水设施。

消防通信规划。城市消防通信以多功能、现代化城市消防指挥中心为基点，建立消防有线通信、无线通信、计算机通信、数据和图像等多种通信手段和设备构成的消防通信网路。

消防通道规划。各片区间交通通道不足，结合市政道桥工程建设，解决交通瓶颈问题。

消防站近期建设规划。

规划实施保障措施。

该规划于 2013 年 3 月通过部门与专家审查。

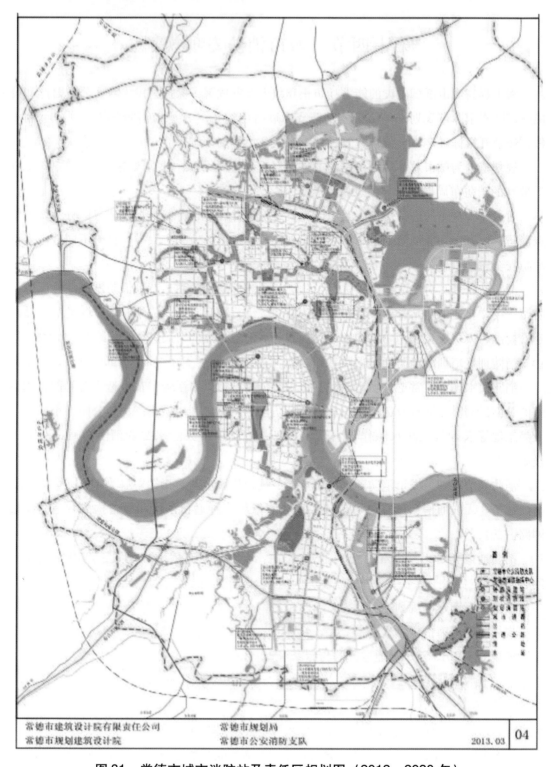

常德市建筑设计院有限责任公司　　　常德市规划局
常德市规划建筑设计院　　　　　　　常德市公安消防支队　　　　2013.03　04

图81：常德市城市消防站及责任区规划图（2012—2030 年）

第十五节　常德市城市雕塑规划

为协调常德城市雕塑与城市建设之间的关系，发挥城市雕塑的审美引导与文化标志作用，指导城市雕塑发展、建设和管理，2006年，常德市规划局委托上海同异城市设计有限公司编制了《常德市城市雕塑总体规划》。2009年5月，该规划经市人民政府批准实施。

规划范围包括常德市域两区六县一市，规划重点为常德市中心城区。

市域雕塑布局分为五大类型主题功能区和三级雕塑建设重点城镇。

五大类型主题功能区分别为常德城市雕塑核心区和世外桃源、中华文明史、河湖水乡、山水景观主题区。

常德城市雕塑核心区主要包括柳叶湖旅游度假区、诗墙公园、德山森林公园、太阳山森林公园、河洑山森林公园等景观及沅江、穿紫河水系。该区域雕塑以"德文化"为核心主题。

世外桃源雕塑主题区包括桃花源国家重点风景名胜区、花岩溪国家森林公园及沅江、夷望溪水系。该区域雕塑以隐逸文化、田园文化及相关的历史人物、独特动植物为主题。

中华文明史雕塑主题区包括城头山、宋玉城楚文化主题园区、九里楚墓群、夹山寺等。该区域雕塑以史前文化、荆楚文化、禅宗文化及其相关的历史、人物为主题。

河湖水乡雕塑主题区包括珊珀湖、西洞庭湿地及澧水水系。该区域雕塑以芷兰水乡文化、自然生态文化为主题。

山水景观雕塑主题区包括壶瓶山自然保护区、皂市水库、热水溪温泉、龙王洞、东山峰农场等景区，以及南北镇、罗坪乡。该区域雕塑以民族文化、自然山水、特色动植物为主题。

三级雕塑建设重点城镇分别为：一级城镇为常德市；二级城镇为石门县楚江镇、津市市、澧县澧阳镇和桃源县漳江镇；三级城镇为汉寿县城关镇、安乡县城关镇和临澧县城关镇。

中心城区雕塑主题定位为"化万物之常、树古今之德"。空间结构为"一环、二心、三带、四轴"。

"一环"即中心城区城市雕塑环。沿207国道、常张高速公路、金丹路、机场路等城市主干道，结合重要交通节点、交通环岛、大型绿地等重点区域布置雕塑。中心城区雕塑环包含了城市对外交通的各重要门户，其雕塑景观应着重强调标识性和可读性，给到访来客留下良好的城市第一印象。

"二心"即芙蓉公园主题雕塑核心区和德山公园主题雕塑核心区。芙蓉文化主题雕塑核心区以体现常德现代城市精神"德行天下、和谐奋进"为主题；德山公园主题雕塑核心区以常德特有的德文化为主题。

"三带"即沅江两岸雕塑带、柳叶湖沿岸雕塑带和穿紫河雕塑带。沅江两岸雕塑带以常德文化主旋律荆楚文化和芷兰文化为雕塑主题；柳叶湖沿岸雕塑带以运动休闲和隐逸文化为雕塑主题；穿紫河雕塑带以自然生态文化为雕塑主题，强调天人合一的环境营造理念。

"四轴"即玉霞路——善卷路雕塑景观轴、武陵大道雕塑景观轴、洞庭大道雕塑景观轴和城市文化景观中轴雕塑景观轴。玉霞路——善卷路雕塑景观轴以善德文化为主题；武陵大道雕塑景观轴以千年常德历史事件为主题；洞庭大道雕塑景观轴以当代城市精神为主题；城市文化景观中轴雕塑景观轴以代表常德城市形象的特有文化名胜为主题。

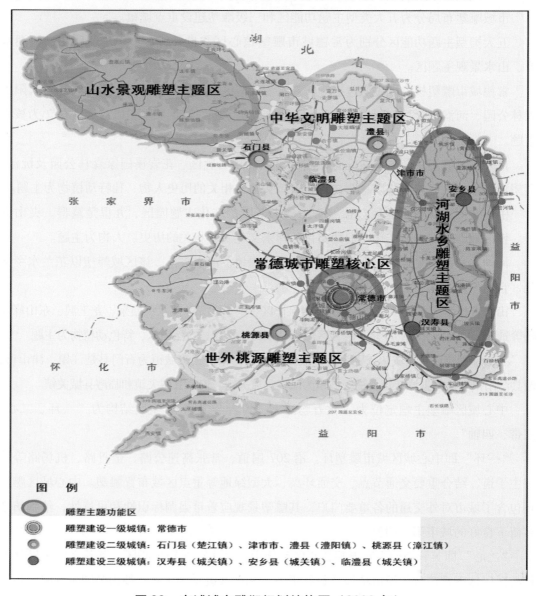

图82：市域城市雕塑规划结构图（2006年）

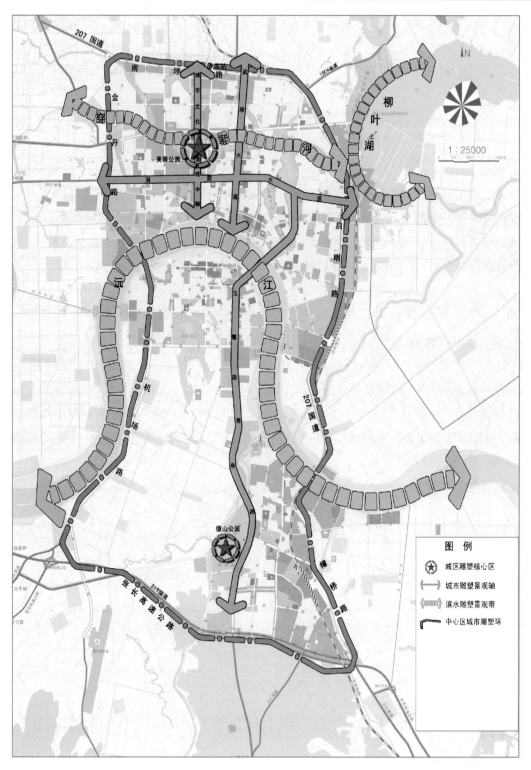

图83：中心城区城市雕塑规划结构图（2006 年）

第二章　公共服务设施规划

第一节　市城区学校布局规划

为了满足常德市教育事业发展的需要，优化教育资源配置，提升教育发展水平，实现教育均衡发展，编制了《常德市城区学校布局规划（2009—2030）》。规划范围为《常德市城市总体规划（2009—2030）》中确定的中心城区建设用地范围（160平方千米）。该规划由常德市建筑设计院有限责任公司编制。

规划通过对城区规划范围内现有各类学校246所（幼儿园127所，小学48所，中学27所，其他学校44所）进行总体规划、合理布局，新建改造并举、撤并整合并进。至2030年，市城区将增加幼儿园建设用地80.50—111.75公顷，新增小学建设用地177.80—248.85公顷，新增初级中学建设用地130.40—192.40公顷，新增高级中学建设用地52.65—106.20公顷，新增其他学校建设用地506.77公顷。通过对用地规模及居住人口的分析，规划撤消小学6所、保留（包括扩建）小学42所、新增小学38所；撤消初级中学1所、保留（包括扩建）初级中学24所、新增初级中学20所；保留（包括扩建）高级中学11所、新增高级中学8所。

2010年，该规划经市规委会研究通过。

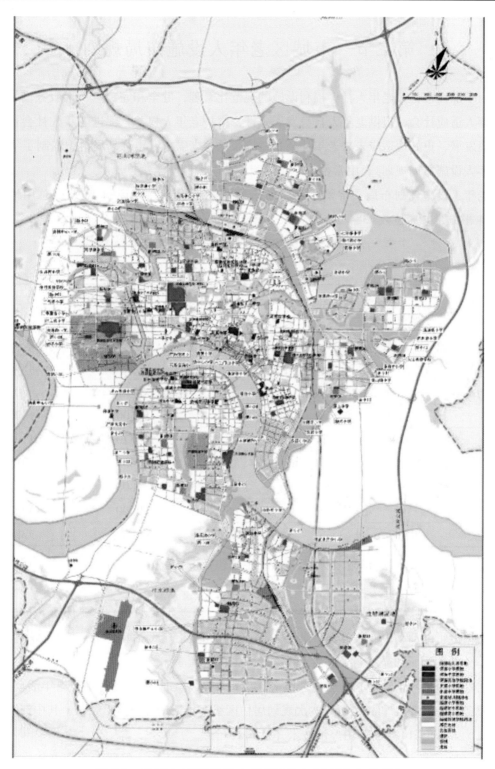

图84：常德市城区学校布局规划图（2011年9月）

第二节 市城区老年人设施布局规划

为了加强常德市老年人社会福利设施的规范化管理，健全和完善老年人服务设施，帮助老年人适应社会，提供老年人自身发展条件，维护老年人权益，促进老年人社会福利事业健康发展，更好地适应未来老年社会日益增长的养老需求，市规划局组织编制了《常德市老年人设施布局规划》，由常德市建筑勘测设计院编制。

老年人设施规划布局：常德市中心城区范围老年人设施共规划 30 所，总用地面积399124 平方米，床位数 7384 床。

常德市老年人设施规划一览（2011 年）

表 3 - 2 - 2 - 1

所属区域	名　　称	数量	用地面积（平方米）	床位（张）
江北城区	保留（扩建）老年人设施	9	117354	2172
	新增老年人设施	9	148000	2700
	小　计	18	265354	4872
江南城区	保留老年人设施	1	6470	70
	新增老年人设施	5	57500	1120
	小　计	6	63570	1190
德山城区	保留（扩建）老年人设施	2	10400	202
	新增老年人设施	4	59800	1120
	小　计	6	70200	1322
总　　计		30	399124	7384

老年活动中心规划布局：规划老年活动中心包括市（区）级老年活动中心、居住区级老年活动中心、市（区）级老年学校。

市（区）级老年活动中心。本次规划市（区）级老年活动中心主要保留并扩建现有的常德市老干部活动中心、常德市老年大学、常德市委老干部活动中心、常德市军队干休所、军分区老干所和鼎城老干部活动中心等。

居住区级老年活动中心。居住区级老年活动中心为综合服务设施，含老年活动中心、老年服务中心（站）和托老所。本次规划居住区级老年活动中心共 105 个，其中江北城区76 个，江南城区 14 个，德山经济技术开发区 15 个。

市（区）级老年学校。规划市（区）级老年学校有 3 所，保留常德市老年大学、新增鼎城区老年大学和德山老年大学。

保留和改（扩）建老年人设施一览

表 3 - 2 - 2 - 2

名　　称	用地面积（平方米）	原有床位（张）	新增床位（张）	总床位（张）	备注
常德市社会福利院	45000	200	0	200	—
常德市和生源老年公寓	15884	160	607	767	扩建
武陵区敬老院	1200	50	0	50	改造
武陵区长寿休养园	10800	200	20	220	改造
常德市夕阳红颐养院	4000	80	40	120	搬迁
武陵区爱心颐养园	1100	60	0	60	改造
白鹤山乡敬老院	22500	50	400	450	改造
鼎城区社会福利中心	6470	70	0	70	扩建
五一敬老院	3700	67	33	100	扩建
永丰敬老院	6700	50	85	135	改造
合　　计	117354	987	1165	2172	

新增老年人设施布局规划一览

表 3 - 2 - 2 - 3

所属区域	名　　称	用地面积（平方米）	床位（张）	备　　注
江北城区	常德市养老院	15000	200	共规划300个床位，近期建设200个床位
	常德市老年公寓1	5000	150	共规划300个床位，近期建设150个床位
	常德市老人护理院1	7500	200	共规划350个床位，近期建设200个床位
	南坪岗乡敬老院	12000	100	共规划240个床位，近期建设100个床位
江南城区	鼎城区社会福利服务中心	15000	300	共规划600个床位，近期建设300个床位
	鼎城老人护理院	7500	150	近期完成建设
	鼎城养老院1	5000	100	近期完成建设
德山城区	德山养老院1	12000	240	近期完成建设
	德山老年公寓	7500	100	共规划380个床位，近期建设100个床位
合　　计		86500	1540	

该规划已于2010年12月经部门专家审查会通过。

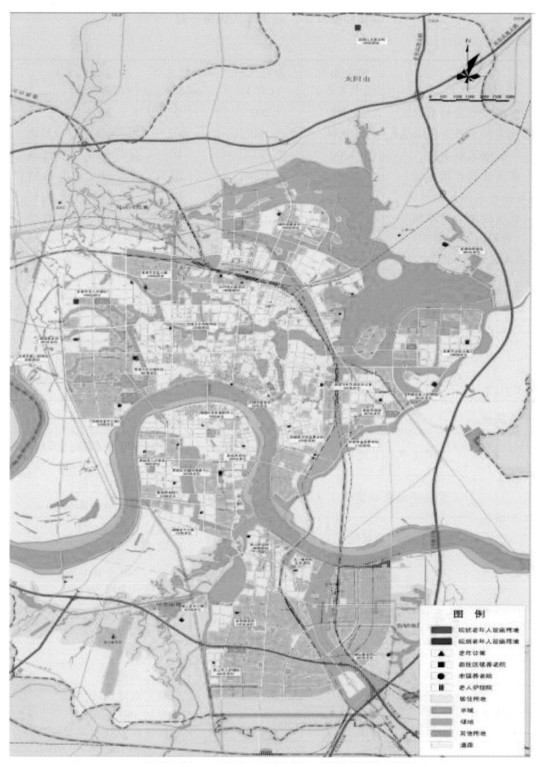

图85：老年人设施布局规划图（2011年9月）

第三节 常德市农贸市场专项规划

随着常德城市化进程加快，现有农贸市场的布点和建设远不能满足人民群众的需求。为方便城市居民生活，促进市区农贸市场规范有序发展，2009 年，市规划局和市商务局委托市规划建筑设计院编制了《常德市农贸市场专项规划（2010—2030）》。该规划经多轮审查修改，并在网上公示征求公众意见后，2011 年 12 月，经市人民政府批准实施（常政函〔2011〕134 号）。

规划范围为常德市中心城区，城市建设用地范围包括江北城区、江南城区和德山城区，规划面积约 160 平方千米。

农贸市场等级：农贸市场分为 A、B、C 三级。A 级农贸市场为区域性综合大市场，主要服务对象为常德市城区、郊区及其周边县市；B 级农贸市场主要服务社区以及相应酒店、单位内部食堂等，定点配送；C 级农贸市场为基层市场，主要解决社区居民日常生活需求。

农贸市场布局：规划至 2030 年，市城区共有农贸市场 109 处。新建 A 级农贸市场 1 处、B 级农贸市场 2 处、C 级农贸市场 68 处，提质改造 C 级农贸市场 30 处，原址重建 C 级农贸市场 6 处，保留已规划选址的 B 级专业市场 2 处。

A 级农贸市场位于江北城区腾飞路与人民东路交叉口的西北侧地块，规划用地约 20 公顷。

B 级农贸市场分别位于江北城区和江南城区。江北城区 B 级农贸市场位于柳叶路与珠港路交叉口的东北侧地块，规划用地约 10 公顷；江南城区 B 级农贸市场位于阳明路与杨家港交叉口的东北侧地块，规划用地面积约 13.3 公顷。另外保留已规划选址的江北城区的活体动物市场和江南城区的水产品大市场两个 B 级专业市场。

C 级农贸市场：一般结合居住用地布置，每个 C 级农贸市场服务人口约为 1.0 万人—1.5 万人。

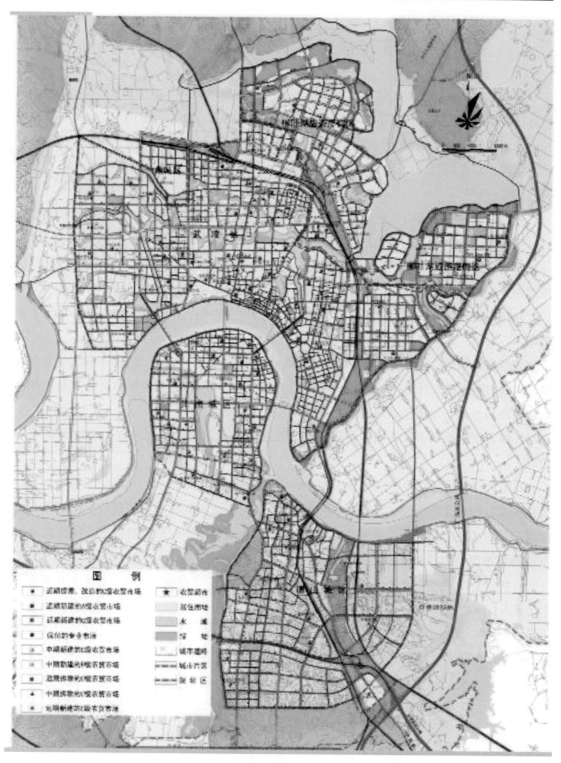

图 86：常德市农贸市场规划（2010—2030 年）

第四节　常德市现代商贸物流产业发展规划

2009 年，根据常德市商贸物流业发展情况，市规划局组织编制了《常德市现代商贸物流产业发展规划》。

规划目标　规划编制围绕把常德市建设成"泛湘西北区域性中心城市"的目标和推进"两型"社会建设综合配套改革试验的工作部署，以《城市商业网点规划编制规范》《常德市城市总体规划（2009—2030）》为指引，推进常德市现代商贸物流产业发展，优化城市功能结构，提升城市现代商业产业的综合服务能力。

规划范围　规划总面积 208 平方千米，包括"一城六镇"，其中："一城"为《常德市城市总体规划（2009—2030）》确定的城市建设用地范围，约 160 平方千米；"六镇"为陬市、白鹤山、灌溪、石门桥、芦荻山、斗姆湖，约 48 平方千米。

规划期限　规划期限为 2013—2030 年，其中：近期为 2013—2017 年；中期为 2018—2022 年；远期 2023—2030 年。

规划原则　1. 突出城市战略要求，强化区域商业布局。切合常德市的城市综合发展战略目标，突出支撑常德建设泛湘西北现代化的区域中心城市的大型区域性商贸物流设施的规划布局，并以此作为构建常德市城市商业网点体系的核心节点。2. 适应"两型社会"建设需要，推动现代商贸发展。贯彻落实"两型社会"综合配套改革试验区的政策部署，积极推动传统商贸物流产业优化升级，优化业态、完善布局，实现规划对城市现代商贸产业发展的前瞻性引导。3. 遵循商业发展规律，平衡供需科学布局；以详实的现状调研和区域分析为基础，预测未来的商业需求规模和供给规模，从不同空间范围尺度的商业发展规模供给与需求平衡视角出发，建立空间布局平衡有序的商业网点体系。4. 服务城市产业发展，规划特色商业网点。发挥商贸流通的服务业本性，切合常德建设国内知名旅游目的地、现代农业示范区、湖南最大建材生产基地、湖南乃至全国重要盐化工生产基地等产业发展目标要求，按照供应链一体化整合的要求，布局打造一批支撑特色产业发展的特色商业网点。5. 衔接城市总体规划，对接双层规划体系。以常德市城市总体规划为主要规划依据，将本次规划作为城市总体规划指导下的专项规划，落实城市总体规划中有关商贸物流发展与规划的重要内容，对其进行深化完善；同时，考虑专项规划对下层次城市控制性详细规划的指导功能，强化专项规划中重要商业网点的用地规模、经营规模、建造模式等指引内容，强化与下层次控制性详细规划的衔接。6. 关注民生商业需求，便捷日常商业服务。将便捷居民日常生活购物作为城市宜居的一个重要内容，健全城市社区商业网点配置标准和配置要求，构建便捷、齐全、均衡的社区商业服务网络，切实推进步行低碳、生态宜居城市建设。

总体布局　以空间策略为指引，构筑"四心两翼服务拓展、两圈八点对接区域；两环六轴强内支撑，三层网点均衡布局"的现代商贸物流布局体系。

"四心两翼"：服务常德中心城区的城市战略格局拓展方向，优化提升人民路传统城市商业主中心，加快建设白马湖现代城市商业主中心，打造"一核双心"的城市商业主中心格局；积极培育火车站、江南两个城市商业副中心和德山、灌溪两翼产业新城片区综合商业服务中心，以商业服务引导和支撑"四心两翼"的城市格局战略拓展。

"两圈八点"：服务常德市打造湘西北区域性中心城市的战略目标，充分发扬常德市山水生态城市优势，构筑依托环城高速公路的区域性商贸物流圈和串联柳叶湖、白鹤山、太阳山、花山、河洑山、枉水湿地、德山、盘塘湖湿地的区域性生态游憩圈，培育柳叶湖、白鹤山、太阳山、灌溪、陬市、空港、德山、芦山乡等八个区域性商贸服务节点，形成提升城市优势、服务外围区域的区域性现代商贸服务功能集聚带。

"两环六轴"：适应常德两型社会示范建设要求，在中心城区内部构建由常德大道—桃花源路—桃花源大桥—鼎城路—善卷路—莲池路围合的内城商贸配送环以及由穿紫河、沅江围合的内河休闲商业环；打造以皂果路—阳明路串联白马湖市级现代商业中心、江南城市商业副中心和赤塘湖的城市现代商业中心轴线，提升自太阳山—朗州路、武陵大道—善卷路的贯穿城市南北的现代商贸次轴，培育依托丹溪路和常德大道北段串联常德综合物流园、河洑物流园和空港物流园的城西商贸物流集聚带，优化提升以常德大道东段为支撑的城东商贸流通集聚带，塑造柳叶大道现代商务政务服务集聚带和洞庭大道零售商业集聚带，形成推动常德城市经济结构转型升级的现代商贸物流产业空间集聚骨架。

"三层网点"：在城市内部构建由城市商业中心——新城商业中心、片区商业中心——社区商业中心的三级城市零售商业中心布局体系，优化提升人民路城市商业主中心，以TOD、SOD、EOD为导向均衡布局社区零售商业中心，提高常德零售商业的现代业态水平和服务效能。

城市商业中心规划布局　以传统城市三大商圈为依托，实施"扩容提质、差异优化"的发展策略导向，适应城市人口规模聚集扩张和扩展城市区域辐射能力的发展需求，引导单中心的城市商业中心格局向"一主两副、一核双心，主副互补、各有侧重"的城市商业中心布局格局转变。做优做强人民路商圈，充分挖掘城市特色，提升人民路传统城市商业中心的服务能力；结合"三改四化"建设工程，依托"三馆三中心"，积极推进皂果路与柳叶大道交汇处的现代城市商业主中心建设，培育现代商业业态，全面扩展城市商业主中心的商业发展空间。适应城市南拓北延、一体两翼的空间伸展格局，扩展两大商圈在中心城区南、北地区的商业服务范围，优化提升为城市商业副中心，分担人民路中部商圈的部分市域商业服务职能。

专业（批发）市场布局体系 以城市高快交通网络为指引，结合现状与规划的商贸物流用地安排，在规划区内构筑"两环一轴八大集聚区"的专业（批发）市场布局格局。

商贸外环：依托城市外围高速公路的区域快速衔接功能，在二广高速公路—常岳高速公路—常张高速公路围合的环线沿线地区布局常德市域及湘西北地区的地方物产商贸交易市场，打造地方物产商贸交易圈，支撑常德及湘西北地区农林产业和工矿产业的发展。

商贸内环：以江南桥南市场集聚区为主体，依托桃花源路—鼎城路—善卷路—常德大道构成的物流通道，沿线集聚布局服务常德及湘西北地区的中小、快消商品商贸交易市场，形成常德建设湘西北区域性中心城市的重要支撑。

商贸轴线：依托常德大道衔接"一体两翼"城市核心功能区的核心轴线功能，沿线集中布局大宗、耐用、高值商品商贸交易市场，打造支撑常德建设湘西北区域性中心城市、充分彰显城市经济活力的重要商贸景观轴线。

八大集聚区：在"两环一轴"沿线地区集中布局8大商贸市场集聚区，提高常德批发（交易）市场的专业集聚度、交易集散能力，扩展和强化市场的区域辐射范围。

物流网点布局体系 适配常德中心城区的都市区组织格局和常德市域的都市圈组织格局，依托港口、机场、铁路编组站、高快速公路枢纽、城市快速干道等便捷通道，以圈层模式组织构建市域物流节点的空间布局体系，形成"外围区域物流、中层市际物流、内层城市物流"的货畅其流的高效、节能物流体系，构筑"两圈三带、四区多点"的物流网点布局体系。

"两圈"：依托环城高速公路构筑的区域性商贸物流圈，服务常德市打造湘西北区域性中心城市的战略目标；由常德大道—桃花源路—沅江三桥—鼎城路—善卷路—莲池路围合的内城商贸物流环，服务城市商贸服务功能和居民生活需要。

"三带"：服务城市两大产业新城和重要商贸集聚区的常德大道产业物流集聚带；接空港物流新城和常德综合物流园、灌溪产业新城的丹溪路城西物流集聚带；沅江水运物流带。

"四区"：沿城市外围高速公路出入口集聚布局的四大物流基地，包括德山产业新城内衔接常张高速的德山物流基地、二广高速城东出入口处的城东物流基地、空港和常张高速公路衔接处的空港物流基地以及常德大道北段衔接常岳高速公路的常德综合物流基地（含灌溪物流园）。

"多点"：分布于城市内部的组成物流中心、配送中心两个层级的多个物流网点。

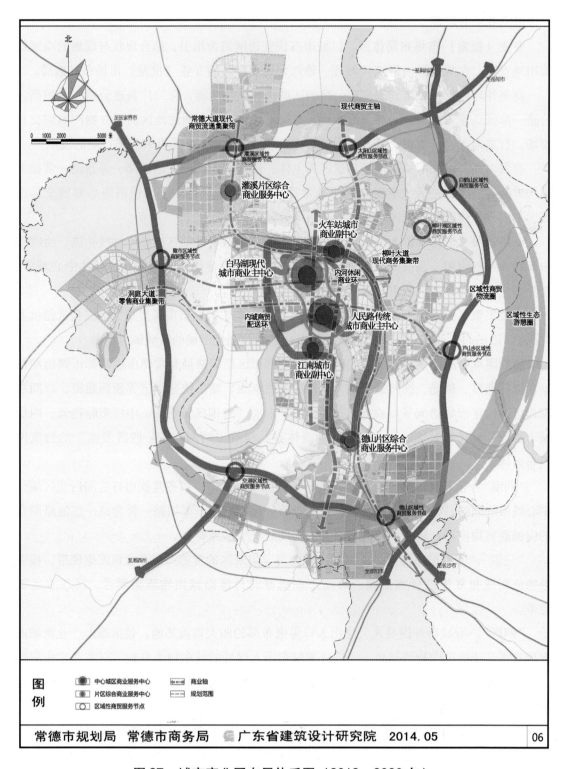

图 87：城市商业网布局体系图（2013—2030 年）

第三章　风景名胜保护规划

第一节　桃花源国家重点风景名胜区总体规划

1990年10月，设立湖南省桃花源风景名胜区管理处，内设风景园林科负责景区内规划管理工作。12月，湖南省建设委员会根据国务院发布的《风景名胜区管理暂行条例》的规定，对桃花源风景名胜区的总体规划进行了全面部署。1991年2月常德市人民政府成立以副市长为组长的规划领导小组，成员单位有湖南省城建高等专科学校、湖南省园林建设公司、桃源县建筑设计院、桃花源风景名胜区管理处。规划领导小组负责桃花源风景名胜区总体规划的编制工作。规划组于1991年3月进场考察调研，1994年6月完成正式成果，1995年3月，桃花源国家重点风景名胜区总体规划获湖南省人民政府批复。

该版总体规划将桃花源风景名胜区的性质定为：以秀丽的自然山水和田园风光为基础，以模拟《桃花源记》中描述的"世外桃源"的人文景观为内涵，可供游览观光和开展科学文化活动的省级风景名胜区。风景区范围包括桃花源林场，桃花源镇，龙虎乡三合村、茶庄村，沅江桃源段水域及两岸独立景点，总面积为157.55平方千米。其中主体景区面积8.12平方千米，主景区内水面0.4平方千米，沅江桃源段水域长69千米，约44.85平方千米。风景区被划分为四区一线，即桃花山景区、桃源山景区、秦人村景区、灵境湖景区和沅江水上浏览线。

2004年1月，桃花源风景名胜区被国务院批准为第五批国家重点风景名胜区。同年，管理处委托湖南省城市规划研究设计院编制第二版《桃花源国家级重点风景名胜区总体规划（2006—2025）》，该规划于2009年通过由住建部等国家九部委召开的联席会议批准。2011年，桃花源管理体制调整，桃花源风景名胜区管理处上收常德市管理，桃花源发展思路发生重大变化。桃花源旅游管理区委托湖南省城市规划研究设计院根据国家九部委联席会议意见，结合桃花源的实际情况，对《桃花源国家级重点风景名胜区总体规划》（2006—2025）进行修改完善，于2012年完成《桃花源国家级重点风景名胜区总体规划》（2012—2030）并上报至国家住建部。

该版总体规划将桃花源风景名胜区的性质定为以千古名篇《桃花源记》为主题，秀丽深邃的江南山水田园风光为背景，为可供观光游览、宗教朝拜、文化教育、科考活动的国家级风景名胜区。风景名胜区范围包括沅江西起桃源与沅陵交界处，东北到桃源沅水大桥，全长 65.11 千米的水域及其两岸临江面第一层山头，或防洪堤所包围区域；夷望溪北起水心崖，南到竹园水库的山羊坝，全长约 18.14 千米的水域及其两岸第一层山头；主体景区北到桃源县城至常吉高速的联络线，东至常吉高速，南至水溪（桃花溪），西至沅江。风景名胜区总面积 157.55 平方千米，其中水域（包括沅江、夷望溪水域）面积 36.8 平方千米。

外围保护区范围及面积。根据保持景观特色、维护风景名胜自然环境和生态平衡、防止污染和控制建设活动，形成和谐优美、独具特色的风景名胜区与旅游城镇的需要，划定桃花源风景名胜区的外围保护区，大致沿风景名胜区界线外侧的最近的山头或界线外 500 米—1000 米范围线，面积约 70 平方千米。根据桃花源风景名胜区风景资源分布特征，自然地理空间特征，风景名胜区在总体布局结构上呈现出"一线串五珠"的形态。

"一线"——指沅江。沅江自高都驿蜿蜒东去，全线长 67 千米，流径兴隆街、凌津滩、郑家驿、剪市、桃花源、漳江等乡镇，汇集了夷望溪、青铜溪、大杨溪、水溪、澄溪、甘潭溪、路溪等溪涧，沅江是风景名胜区的主动脉，也是风景名胜区的主要载体，重要的联络线。

"五珠"——即五个景区。自上游而下分别为以夷望丹霞景区、马石悬棺景区为主的两处自然景区和以世外桃源景区、仙境桃源景区、桃川古韵景区为主的三处文化景区。这些景区有的是沅江风光带的一段，有的位于其侧，均被沅江有机的串联，其中世外桃源景区为其核心景区，是一处最为夺目的珍珠。

根据风景名胜区内景观资源特征、类型、区位、交通联系等延续风景名胜区的总体结构，将风景名胜区分成九大功能区。这九大功能区沿沅江自西向东分别为水心寨武陵丹霞观光游览区、夷望溪峡谷生态游览区、凌津滩工业文明观光游览区、马援征蛮历史文化游览区、桃花山古典文化游览区、桃源山道教山水游览区、桃仙岭悠然田园游览区、"三溪"生态保育区和桃川古韵文化休闲区。

水心寨武陵丹霞观光游览区包括高都驿、海螺山、锣鼓山、水心崖等独具特色的丹霞地貌景观，该游览区以大尺度的空间感、逼真的象形地貌、山环水绕的生态格局构成桃花源风景名胜区内重要的自然景观，也为湘西北少见的丹霞类景观。

夷望溪峡谷生态游览区为利用夷望溪狭长曲折，两岸青山绿树、竹海平湖的自然环境，开展生态游览，充分融入自然，融入绿色。

凌津滩工业文明观光游览区是以凌津滩大坝为核心的上下区域，重点是参观考查凌津滩建设情况、发电原理、沅江通航的办法等，作为现代工业文明时代的观光游览项目。

马援征蛮历史文化游览区以穿石、营盘洲、伏波祠、马石悬棺等景观点为主要内容，以马援率军征蛮的历史文化为背景，辅以山、石、水自然景观的历史文化游览区。

桃花山古典文化游览区。桃花山内有众多的明清建筑，有历代文人骚客留下的诗词咏联、碑刻字画，是桃花源文化之源，区内的菊圃、桃花观、渊明祠、集贤祠等均与千古名篇《桃花源记》及陶渊明紧密相关，是风景名胜区内重要的古典文化游览区。桃花山后的秦人村整体保持古朴、原始、完整的秦楚风格，再现《桃花源记》所描写的场景，满足游客的文化原型探源愿景。

桃源山道教山水游览区。桃源山是道教的胜地，区内有桃川宫、天宁碑院等道教文化场所，其中桃川宫始建于晋，鼎盛于宋，毁于元末明初，1992年重建，道宫聚紫，香火缭绕。同时，桃花源被道家史册称为天下第三十五洞天、第四十六福地，为湖南省为数不多的福地洞天之地，成为湖南省重要的道教宗教场所。桃源山位于沅江之滨，山清水秀，滨江半山间建有水府阁，是观看辽阔山水风光和潇湘八景之一的"渔村夕照"景观（白鳞洲附近区域）的最佳观景点。

桃仙岭悠然田园游览区。桃花源因《桃花源记》而闻名天下，《桃花源记》描绘了山清水秀、芳草鲜美的田园风光和充满诗情画意、安康快乐的隐居生活，桃花源也成为陶渊明"采菊东篱下，悠然见南山"理想的寄托之地。桃仙岭附近区域有着阡陌田园与山重水复良好结合的现状条件，规划将此作为桃花源优美田园风光、悠然农耕生活的游赏体验区。桃仙岭附近区域不强求历史文化原型的"形似"，而是利用良好的现状条件来追求悠然生活状态的"神似"。在桃仙岭山岭上种植桃花，打造浪漫爱情之都；设置陶渊明塑像、建造陶公阁等与陶渊明文化相关的建筑景点。这些都可以与周围的农田、村庄、池塘、溪涧等田园风光相结合，规划进一步挖掘、打造新的农耕文化、休闲体验景点，共同构筑让现代都市人向往的悠然田园游览区。

"三溪"生态保育区。"三溪"指梅溪、路溪、甘潭溪，范围北起梅溪桥、东到常吉高速公路，南到甘潭溪，西到319国道的区域，此区域景观单元少，资源品位度不高，主要作为自然保留区，景观缓冲区，为主体景区创造"世外桃源"意境提供良好的外围生态环境。

桃川古韵文化休闲区南起洞洲和吴家洲，北至沅水大桥的沅江及其两岸区域，包括桃源古八景的桃川仙隐、白马雪涛、绿萝晴画、梅溪烟雨四景。确定以水上休闲漂流，感受桃川古风文化意境为主要游赏内容。

第二节　太阳山森林公园总体规划

太阳山位于常德市北部，又名梁山，属武陵山脉系脉，主峰叫玄天第一峰，海拔568.4米，是武陵山脉向东延伸的最后一座高峰。中心距常德城区仅14千米，曾是著名的佛、道教文化中心，也是太阳文化的重要发祥地之一。屈原在《九歌》中生动地描述了6000年前楚人对太阳神的祭祀活动。太阳山的天然太阳神像就反映了当时楚人的祭祀历史，因此被上海基尼斯认证为年代最久远的楚人祭祀天然太阳神像。

一、2003 年版太阳山森林公园总体规划

2003 年，《太阳山森林公园总体规划》所包括的范围主要为原常德林场大部分国有土地，包括乌龟岩、馒头岭、长窝、凉水井、神鹰展翅、太阳山、背阳坡、高家岭、两碗水、脚山窝、好汉坡、苞谷湾、白鹭寺、黄毛岭、黑岭、水牯台、六豆塘、岩口、鸡公堡等，总面积为 9.6 平方千米。并根据太阳山所处的地理位置，自然风景资源和社会经济条件，明确太阳山森林公园的性质为集森林生态旅游观光，休闲娱乐，宗教文化和科普教育于一体的城郊休闲公园。将风景区规划为 2 个景区，即森林旅游区、管理生活区。并划定了 5 个分区，即：太阳山中心景区、白鹭寺度假游乐区、花山观光区、乌龟眼森林生态观赏区、生活管理区。

二、2012 年版太阳山森林公园总体规划

2012 年，常德市规划局对太阳山森林公园总体规划进行修编，针对太阳山森林公园的规划范围、景区规划和配套设施规划等方面进行了调整完善。

2012 年版太阳山森林公园总体规划范围包括太阳山林场及周边地区，面积为 70.7 平方千米。

1. 规划范围 北界：双堰岔—彭家湾—（以卫星水库北为界）—陈家湾——（以山体为界）—打山岔—（以 150 米等高线为界）—打山湾—杨家岭—（以国丰水库为界）—姜家湾。

南界：青龙咀—（水域为界）—赵家湾—玉皇庵—（退田还湖界限为界）—顾家嘴—窑嘴上。

西界：彭家湾—（以 75 米等高线为界）—桂花堰—回龙庵—王府冲—立房湾—白龙潭水库—枫树桥—（以沟谷线为界）—大溪水库—（以 100 米等高线为界）—龙铺水库—（以沟谷线为界）—蒿稻冲—喻家湾—青龙咀。

东界：姜家湾—（以山脊线为界）—祝丰水库—廖家坡—谷王家—（以沟谷线为界）—胡丘溶—（以 65 米等高线为界）—黄家湾—李家屋场—乌龟咀—（水库东南侧为界）—窑嘴上。

2. 规划布局和景点规划 太阳山森林公园总体规划以自然山水风光为景观特色、民俗村落风貌和宗教文化为地域特色，创建一个供游客游览观光、尝果品茗、自然保护科普与休闲度假的常德市国家级森林公园及国家 AAAAA 级旅游景区。

根据太阳山森林公园现状资源特点和周边用地条件，规划布局为太阳山谷、美丽山谷

（已审批的新农村建设整体规划）、野生动植物园、太阳金鼎、文化村、水星小镇、太阳小镇及七星伴月8个子景区。每个子景区由若干个景点组成。

太阳山谷规划主要景点有月亮井、太阳井及酸枣林，此外在高杜路上，从酸枣林至杜窝一段，散布太阳神图腾柱及树屋、休息屋、急救屋等休闲设施。以各国太阳神文化为基础，增加太阳神文化的比较性和厚度。

美丽山谷景区是针对常德市柳叶湖旅游度假区白鹤山乡所辖的肖伍铺村、梁山村、郑家河村（部分）和柳叶湖街道办事处下辖白石村4个主要村庄新农村建设的整体规划。主要景点有茶盐老街、马家湾民俗风情山庄、精品园艺博览园、葡萄产业观光园、米粉博物馆、郑太有机蔬菜观光产业园、白鹿巷民俗风情街、白石矿8个。

野生动植物园在太阳山主峰以西位置，形成以野生动植物为主的生态游赏区，规划主要景点4处，即生态知识馆、百花园、百味居、动物观览道。

太阳金鼎景区内主要为宗教题材建筑，以佛教、太阳神文化为依托，发展文化旅游。规划主要景点3处，即盘古广场、太阳神广场、普光寺宗教文化区。

文化村结合白龙潭水库，布置文化村。规划主要景点5处，即农家乐体验区、垂钓园、荷园、彩色农田区及观鸟塔。

水星小镇规划结合太阳山森林公园的入口区进行布置，规划主要景点3处，即欧式商业街、游客接待中心、时尚酒店。

太阳小镇以白石路洞、泉灌水库为依托设置，规划主要景点2处，即太阳神主题公园及太阳社区。

七星伴月以罗湾水库、月亮湾水库、黑湾水库、白鹿水库、老堰水库、经济水库、冲峰水库七水库为依托，利用绝佳的山脊视域空间和极具特色的湖泊群景观，围绕武陵文化创意产业园，规划七星伴月景区。

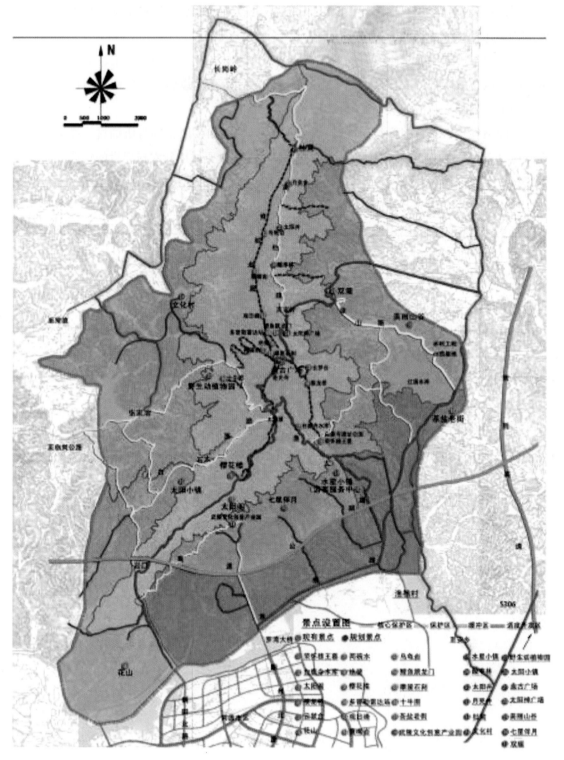

图88：太阳山森林公园景点规划图（2012年）

　　太阳山园区游览按时间主要分为半日游、一日游、两日游，通过不同的景点组织形成 8 种不同的游览路线。

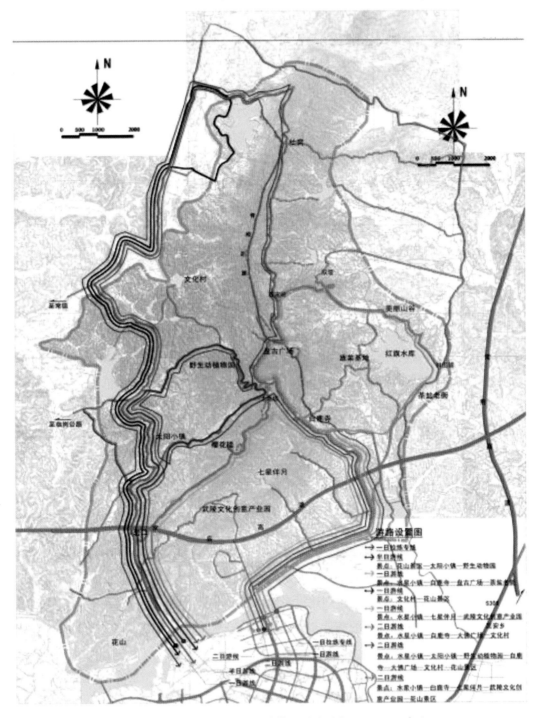

图 89：太阳山森林公园游览路线规划图（2012 年）

3. 保护区规划

依据规划目标和规划原则，综合分类保护和分级保护两种方法，将太阳山园区划为核心保护区、生态保护区、生态缓冲区和适度开发区四大区域。

核心保护区，主要针对太阳山园区内自然条件优越、人为干扰和破坏较小的山林、湖滨、岛屿等地带，进行范围的划定和保护培育的控制；是针对自然山林植被的保护培育而划定的一级保护区是缥缈峰中部的山林区域，面积共约23.2平方千米。

核心保护区是园区内天然景源和景观保存较为完好的区域，在该区域内，对开发行为应做严格限制，控制游人进入，不得安排与其无关的人为设施。严禁机动交通工具及其设施进入。严禁破坏自然植被、山体、湖岸的破坏性建设，可以配置必要的步行游览和安全防护设施，局部地段可考虑环保型的电动交通工具进入。

生态保护区以卫星水库、大溪水库为核心，以自然山林背景为依托，面积为13平方千米。

生态保护区对现存的生态环境进行重点保护，同时保护其周边环境，保证保护区景观环境的和谐。可根据旅游发展需要少量安排旅宿设施，但必须限制与其无关的建设，局部地段考虑机动交通工具的进入，但应对其数量进行限制。

生态缓冲区主要在太阳山东侧及高速公路北侧，面积为22平方千米。

生态缓冲区，可进行适度的资源利用行为，适宜安排各种游览欣赏项目，可考虑少量安排旅宿等旅游服务设施，但必须限制与风景游赏无关的建设，考虑机动交通工具的进入，但应对其数量进行限制，园区交通以电动交通为主。

适度开发区指高速公路以南的地区，面积为12.2平方千米。

适度开发区与城市距离较近，现已纳入两型社会示范区，可以合理安排建设项目，但严禁有污染的项目对周边区域进行破坏。

4. 太阳山交通规划

规划原则 兼顾旅游和村镇交通，形成通达的交通体系，使对外公路、环山公路、景点支线公路及游览步行道功能明确，联系便捷。根据园区现状，结合园区内景点建设，将原有道路提质，增修新的步行游览路，使之与规划交通网络串联，方便交通。在道路尽端和主要景点附近设置停车场，但规划建设必须以不破坏景点的原有景观风貌为前提。道路交通规划不仅要考虑交通功能的满足，更要根据游览需要和游人心理，形成安全、舒适的交通环境，增加沿途旅游风光，使游客能在沿线观赏到较好的景致。

道路系统规划 园区主路以现有道路为基础，路宽为6—7米，完善各路段路面及绿化环境建设，减轻其对园区环境的破坏作用，形成园区交通体系的环状骨架。

园区次路是通往各主要景点的通车路，园区次路宽3—5米，主要以游览车辆的通行为主，由于太阳山园区山体面积较大，园区次路近期要形成连通有较大难度，因此次级路多规划为尽端路，远期使其形成环路。

园区游步道依托原有的登山步行道，形成富有特色的步行交通体系，山林中游步道的建设以现状山道为基础，尽可能突出园林曲线美，路面材料可尽量丰富，游步道规划宽度为1.5—2米。

交通设施规划　为满足游客游览和当地居民生活需要，合理组织交通线路。环山交通除利用现有公交运输外，可开辟专营旅游线路，主要为游客服务，使游客能方便到达各景点，除采用不定班小公共汽车作为旅游车外，还应大力发展环保型的电动游览车，并在以下景点设电瓶车站：杜窝、双堰、文化村、高家岭、茶盐老街、野生动植物园、土地坡、水星小镇、太阳小镇、七星伴月、武陵文化创意产业园。

公共交通规划　为保护太阳山生态景观，尽量减少私家车辆对太阳山大气的污染，规划在花山、岩口、盘古广场设置公交总站点，设三条公交线路。分别是：

花山—岩口—薛家冲—太阳小镇—土地坡—盘古广场；

花山—岩口—樱花楼—土地坡—盘古广场；

罗湾大桥—水星小镇—土地坡—盘古广场。

各景点设公交换乘点。

停车场规划　为满足游客游览和当地居民生活需要，合理组织停车。在双堰、文化村、高家岭、盘古广场、美丽山谷、茶盐老街、土地坡、太阳小镇、樱花楼、岩口、水星小镇、花山、渔樵村、武陵文化创意产业园、七星伴月设置室外停车场。

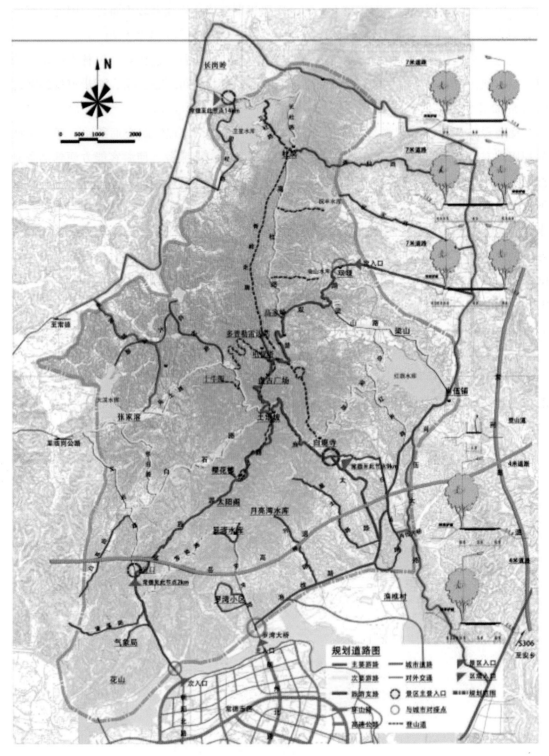

图90：太阳山交通规划图（2012 年）

第三节 河洑森林公园暨周边地区规划

河洑山在历史上又名平山、武山、太和山等，位于常德市江北城区西部，东临渐河，南濒沅水，西邻桃花源。河洑山地形为低丘岗地，森林资源丰富，于1994年批准为国家级森林公园。

河洑山由于地理位置独居险要，历为兵家必争之地，并保存有地堡、战壕及碉堡等历史遗迹；自然、人文景观资源丰富，有犀牛把口、美女梳头、螺丝旋顶三大自然景观，仙源关、太和观、催婆井等六处历史遗存，严颜寨、卓刀泉、会仙桥、月亮井等十处人文景观。

考虑到河洑山的森林风景资源条件、生态状况和区位特点，在可持续发展的前提下，为加强对河洑森林公园及周边地区的合理保护与开发利用，2007年，常德市规划局委托湖南大学设计研究院有限公司开始《常德市河洑森林公园暨周边地区规划（2008—2020）》编制工作。

该规划主要分为河洑森林公园总体规划和周边地区规划两个部分。

一、河洑森林公园规划

规划范围包括河洑山的大部分山体以及渐河水面，北至华南光电厂南部界线，南至河洑镇围山路，西至常慈公路，东至渐河东岸，总面积为5.1平方千米。

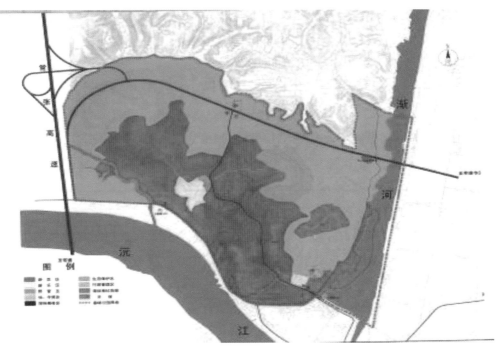

图91：常德河洑森林公园概念性总体规划功能分区图（2008—2020年）

森林公园总体规划以 2008—2020 年共 13 年为规划期限，建设分两期，近期 2008—2015 年，远期为 2016—2020 年。

该规划对河洑森林公园定位为：依托丰富的森林景观和人文景观资源，建设成以爱国主义教育基地和山地活动、休闲为主要特色的城市森林公园。

森林公园划分为游览区、游乐区、野营区、休闲疗养区、接待服务区、生态保护区、行政管理区七个功能区。游览区主要包括南入口景区、太和观景区、古战场景区、植物园景区、生态观光景区、水上乐园景区等六个景区；野营区主要包括九盏灯野营探险区。

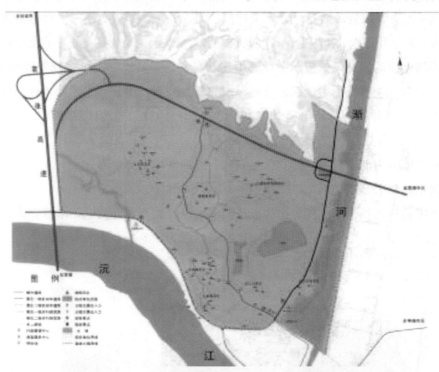

图 92：常德河洑森林公园概念性总体规划景区规划图（2008—2020 年）

南入口景区位于森林公园东南部，规划入口广场、滨河广场及停车场设施等，引导游客进入公园。

太和观景区位于森林公园西南部，以太和观为中心。太和观原名道德观，始建于南北朝，距今有千余年历史。探访古迹、领略文化、宗教旅游为太和观景区主要游赏内容。

古战场景区位于太和观景区北部，河洑有着辉煌的革命战争历史，曾是"中日常德会战"的主战场，有部分暗堡、交通壕、烟火台等历史遗存保存较好。规划对现有遗迹进行保护，增建和平广场、常德会战纪念馆开展革命教育，并设置射箭、骑马等和战争有关的参与式游览活动。

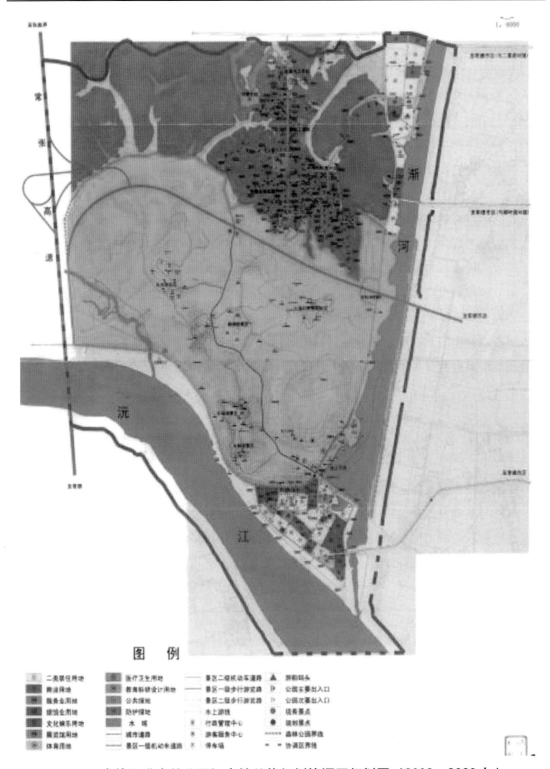

图 93：常德河洑森林公园概念性总体规划协调区规划图（2008—2020 年）

植物园景区位于河洑森林公园中部，风景资源种类丰富，生态状况优良，自然地形多变，适宜开展生态游览、登山健身等森林游憩活动。规划完善游览步行道，优化树种配置，并设置休闲配套设施。

生态观光区位于森林公园西部，规划建设生态果园及以花卉为主题的园区。

水上乐园景区位于南入口景区东侧，渐河河畔，规划主要对沿河景观进行整治，并合理设置好各类游乐设施，规划建设水上活动中心、游船码头等。

九盏灯野营探险区位于森林公园东北部，该区是以野营探险为主的景区，规划重点是在各类探险设施的设置，建设户外运动、野战场、自行车运动营等。

二、河洑森林公园周边地区规划

周边地区规划主要分为两部分，对河洑镇及河洑森林公园北部的土地利用、交通设施、产业发展及城市设计给予了发展指引。

河洑镇规划重点是调整产业结构，发展第三产业，发展成为河洑森林公园的旅客接待基地；完善交通体系及基础设施，维护良好的生态环境。

河洑森林公园北部规划重点是完善华南光电厂的用地布局与道路系统；对森林公园外围的环境资源进行保护；东部临渐河处进行一定程度的保护性开发，以房地产与旅馆服务业为主。

第四节 德山森林公园修建性详细规划

德山森林公园及周边地块位于德山经济开发区西北部，该区域工业用地与居住用地混杂，道路与基础设施建设滞后。为了进一步提高德山森林公园品质，提升周边地块土地价值，塑造崭新的城市形象，科学指导该区域各项开发建设，特编制《常德市德山森林公园及周边地块修建性详细规划》。规划设计既强调自然环境的保护，又考虑该区域的合理开发，重点是优化道路交通，加强基础设施建设，强化市民公共活动功能，美化片区环境，增强片区活力。

本次规划范围东至乾明路、西依枉水河、南邻崇德路、北抵善卷路、桃林路。规划总面积325.18公顷（其中德山森林公园168.31公顷、周边地块156.87公顷）。

该区地形、地貌较为复杂，山冈林立，呈北高南低，西北高东北低之势。区域内现状非城市建设用地以林地和耕地为主，园地为辅。

一、规划设计理念

山水人文理念：总体上天人合一的思想，即追求自然与人的和谐一致。以山水为图，人文为架；充分挖掘德山的历史文脉，形成具有德山地方特色的城市新片区。新片区背山依水，自然资源得天独厚，山水之间一脉相通，人文与自然和谐一致。

完善公园建设，树立核心景观空间。充分利用德山森林公园现有的资源条件，提高德山森林公园品质，注重公园景观的渗透，实现城市与自然生态的共融、共生、视觉景观和空间环境的共享，形成"水、城、绿"结合的充满生机的核心景观空间。

绿地共享，提升景观环境。完善德山森林公园的同时，把公园绿地延伸至各地块内，形成纵横交错的绿色通道，并在地块内连接多个院落空间形成多个景观节点，以此增加地块的公共空间，在此基础上辅以绿化和景观小品以及城市家具，提升地块的景观价值和环境质量。

置换重构，形态整合，提升居住及商业价值。以地块本身良好的自然条件、区位条件为依托，对该区域内部分地块的功能进行置换重构，将地块中的居民私人建房以及一些的工业用地进行有效整合，并将其用地性质转变为居住或商业金融用地，进而提升地块的开发价值。

二、规划布局结构

规划区域的规划结构可概括为"一心一轴八片区"。"一心"：指德山森林公园。它是整个区域的核心景观空间，也是休闲娱乐、观光旅游的中心。"一轴"：指善卷路中轴线。"八片区"：指四个居住小区，三个教育区，和一个工业区。

三、总体布局

整个公园规划为自然生态风景区、历史人文景观区、休息娱乐活动区和旅游度假区四个功能区。

自然生态风景区共规划了枉水春色、梅岭冬雪、松林、竹林四大景点。历史人文景观区主要规划了屈原塑像、善卷观两大景点。休息娱乐活动区共规划了金色年华、朝花夕拾、彩霞苑三大景点。旅游度假区共规划了休闲度假区、篝火风情、鱼类水禽观赏区三大景点。

根据公园地形南北走向的特点，规划有三个入口（一个主入口，两个辅助入口）。

主入口在临善卷路中段，正对桃林路，远望有一种导景作用。将此规划为公园景区的序幕，并设置入口广场，以满足游人安全与停车的需要。在前广场设有音乐喷泉、时令花坛；两边均设有绿化林，在进入干道处辟有一广场建有两段层次的浮雕墙，墙上刻有关大自然环境保护的名句、格言，以提示人们对保护生态的重要性。顺着浮雕墙可以直望有德楼，形成对景。在主入口南边有一盆景园，取名为绮芳园，主入口北侧规划有一座展览会议中心，可供各级会议的召开，也是各种书画、收藏品展览的理想场所。

北入口是方便市区游人进园的辅助入口，结合湖堤外移，填补土方辟有停车场和管理用房、售票、检票以及小卖等功能。进入园区可见游览指示牌。透过花架可以直望知春轩，对景鲜明、引人入胜。

南入口在有德路北侧，这是方便旅游开发和火车站客流入园的辅助入口，可纳入公园二期开发之中。

四、周边地块用地布局

规划区域内围绕小区中心绿地布置有北部居住小区（纬九西路以北）、中部居住小区（有德路以北）、西部居住小区（善卷路以西）、南部居住小区（有德路以南）等四个居住小区。居住小区公共服务设施如购物中心、幼托等安排在小区中心绿地附近；以建筑的围合形成街坊、庭院等公共空间，丰富居住小区外部空间层次，增强居民之间的交往。规划片区居住用地总面积为 82.66 公顷，其中居住小区用地 71.31 公顷，中小学幼托用地 11.35 公顷，居住小区总人口 42 990 人，居住户数 12 283 户。

工业用地位于规划区域东南部，总用地面积 16.97 公顷。

片区道路总用地面积 30.20 公顷，道路由主干路、次干路、支路组成，形成五纵五横格局。道路分为主干道、次干道、支路、小区路、组团路、宅前路六个层级。居住小区道路分为小区路、组团路、宅间路，它们的宽度分别为 8 米、5 米、3.0 米。为保证小区环境特色，居住小区停车场以地下为主，同时结合各组团宅后情况，安排地面停车场，在组团宅前、屋后布置适当停车位。

本次规划确定的公共设施用地分为区域性公共设施用地和居住小区配建公共设施用地。市政公用设施用地中取消德山火葬场，保留永丰变电站，在乾明路与龙梅街交叉口西北侧规划一处特勤消防站。

第五节 德山乾明寺景区及周边地块控制性详细规划

一、德山乾明寺景区规划

德山乾明寺景区位于常德市南部，南靠德山乾明路，东南傍沅江，西北邻玉霞路，规划总用地面积 57.02 公顷。枉水从中部穿过向东流入沅江。德山孤峰岭，是德山城区的制高点，海拔高度 97.58 米。景区现状用地总面积 21.39 公顷。

德山是常德古文化源远流长的表征之一，是一片具有鲜明地域特色和深厚文化底蕴的厚土。德山的每一个地方都充满着神奇的传说，从远古时代的善卷到佛教文化中著名的南禅祖师之一的宣鉴大师等无不与德山息息相关，其展现的文化内涵是崇尚道德，也是常德暨沅澧流域传统文化的精髓。

德山同时也是人文荟萃的胜地。屈原是中国历史上伟大的文学家，在中国文学史上占有重要的地位，他行吟沅江之畔，在德山活动最多。其后，来德山的文人雅士不少，如唐代刘禹锡、宋代朱熹、明代的王守仁、袁宏道、袁中道、清代的查慎行等，他们或诗或文，在德山留下了许多踪迹。

然而由于历史的变迁，特别是侵华日军的焚毁和"文化大革命"的动乱，使德山的文物古迹荡然无存。由于对德山建设缺乏规划，乾明寺景区用地逐渐被城市建设吞没，现状用地狭小，呈楔形，极不规则。因此，要挖掘乾明寺景区文化遗产的价值，重振德山乾明寺佛教圣地风貌，重扬德山历史文化，必须重新进行规划，提高历史文化名山的地位和品位。

规划充分利用现有的自然地形和现有条件，合理分区组景，完善景区功能。充分挖掘历史文化遗产，彰显善卷古文化，展示常德德山南楚要塞之风韵，重振德山佛教名山形象。规划中突出以人为本的设计理念，按照游人的活动空间和行为心理，配置园林建筑、小品，配套完善各种公用设施。乾明寺规划与枉水风光带相结合，把德山乾明寺建成一个集宗教文化、旅游、休闲娱乐为一体的佛教胜地。

整个景区以枉水为界划分为东西两部分，根据现状特点，规划中枉水以东、孤峰岭部分以文物古迹为主，而枉水河以西则以自然生态为主。东部景区又分为入口景观区、香火街、乾明寺、孤峰塔主景区、疏林草坪及夕阳坡六个景区。西部又分为综合服务区、游憩区、水景区、沿河自然生态区等四个区域。

东部孤峰岭区域主入口设在乾明路，该地段为一狭窄洼地，易积水，中间比东西两边低5—6米，一条狭窄的道路通往公园主景区，景观单调。规划中将该地段两侧标高适当降低，将洼地填平，将进入公园的道路东移，在入口用地边界两侧密植高大乔木，可改善现有景观，形成夹景。从乾明路入口进入后即为香火街，长约280米，以出售香火、佛教用品和旅游纪念品为主。香火街两侧建筑整体上对称布置，局部灵活进退，在空间上有缩有放；两侧建筑以一、二层为主，以连廊贯通；高度随空间的缩放而有韵律地变化；其建筑风格与乾明寺庙宇建筑保持一致。在香火街内以种植桂花树为主。

沿道路往前走，经过香火街，到达乾明古寺的二进牌坊。这里用地开阔，让游人感到豁然开朗。为减少拆迁，规划中保留了二进牌坊左侧的两栋质量较好的宿舍，并在右侧布置了一处素食馆，供游人香客品尝佛家素食。以二进牌坊为起点，向西北方向延伸的轴线上依次布置有山门、金刚殿，山门左侧可以登上规划中的罗汉山，沿金刚殿前广场右侧道路可直达孤峰塔，在塔前的山坡两侧对称设置了铁经幢和万德鼎。

金钢殿之后即为观音殿，由于地形条件限制，西北向轴线在此发生转折，地势也由此开始爬升。经观音殿，过碑亭，沿坡道向上而行就到达了孤峰岭的脊背之上。沿孤峰岭脊线依次布置有天王殿、万佛殿、法堂、藏金阁、禅堂和方丈室。

孤峰岭脊线东北端点处即为孤峰塔。孤峰塔始建于 1607 年，距今已有四百年多历史，历经三次重建，现在的孤峰塔是 20 世纪 80 年代重修。古人建塔初始，就议定建塔方案："塔宜稍近水、风行水上。塔必侧影江流，庶濯日月之华，涵烟霞之秀"。后来建成的塔正体现了古人的初衷。唐之典的《孤峰顶》就描绘了孤峰岭的美好景色："瑶坛紫翠间，古木引跻攀。水漱一溪雨，云藏十里山。林泉同响答，猿鹤共幽闲。极目春江远，风帆任往还。"塔前是开阔的台阶地，以孤峰塔为中心；左右相称，突出了古塔的庄重。规划中整理现有地形，保护并丰富现有植被。塔的南北角有三座大型楚墓尚未挖掘。据记载春秋战国以后，楚人从澧水流域大量进入常德，建起一系列楚城网络，形成楚人占主导地位的德山发展的又一高潮，德山密集的楚墓群反映了德山在常德举足轻重的地位。保留这三座古墓，将对研究常德历史以及楚文化有着重要意义。另外在塔的东、西分别规划重建临睍亭、仰止亭、楚望亭。这三座亭子原为宋绍定年间太守袁申儒因敬慕善卷的高风而捐修。本次规划重修三座亭子，不仅有助弘扬善德精神，同时为公园增加了景观，提高了文化品位。

德山为道教第五十三福地。唐咸通元年，朗州太守薛廷望重修善德观，"以表高风峻节，置主以祀"。并建乾明寺，请宣鉴禅师安排僧徒守护善德观，使其香火不断。佛教从此在德山立根，且名声大振，成为禅宗圣地。因此德山成为融儒释道一体的宗教之地，乾明寺中有金刚殿、五百罗汉堂、天王殿、大雄宝殿及其他配套设施。并重建有神秘色彩的来木井。

孤峰塔右侧枉水入沅江处是自来水厂的取水泵房，也是传说中善卷先生的钓鱼矶，屈原《涉江》中的诗句："朝发枉渚，夜宿辰阳"，以及《楚辞》和历史文献中的"枉渚"指的就是这里。该处独特的现状条件及历史赋予它的文化内涵，更增添了公园的魅力。规划中重建钓鱼台，并在江边建"枉渚亭"以纪念伟大的爱国诗人屈原。同时该地段背山、幽静，又因为水厂的建设变得平坦，规划中在该处设一茶室供游人休息。游客在此驻足，远眺沅江，品茗吟诗，更添意境。

现武陵酒厂仓库地段用地平坦，仓库内有一古井，也有人把该井称为白龙井。该地段东临沅江，也是传说中的老龙潭。传说白龙井与沅江相通，这井底下镇有一条白龙，所以叫白龙井。规划中保留白龙井，让人充满遐想。仓库拆除后，将该地段辟为疏林草坪，是人们晨练的最佳场所，并配适当的管理设施。

孤峰岭的北面夕阳坡是公园临玉霞路入口的对景，创造良好的立面景观，对整个公园的形象有重要意义。该处地形陡峭，高差达 30 米，现状植被较差，仅有一些杂树，规划中对该处植物进行配置，选择一些适宜于在陡坡地生长的树种，如湿地松、乌桕、红叶李等，常青与落叶树搭配，常绿树与色叶树相搭配，形成良好的立面景观。

景区的西部又被防洪大堤分为两部分，堤外洪水淹没区地势平坦，规划种植一些耐水淹的植物，如水杉、池杉等，丰富沿江景观。枉水入沅江处，由于水流不断往下冲击，在此堆积成一个高地，规划中用这个高地，建成一个休息亭，可以极目远望沅江景色，看大江东去。

堤内部分分为三部分：入口综合服务区、游憩区、水景区。该区主入口设在玉霞路，该入口也是西部景区主入口，从市区和武陵镇来的人流从此入口进入。该区域规划了停车场，管理用房及小卖部等设施。从主入口通过导向型的绿带及中心圆形花坛来到水景区，该区现状为大片鱼塘，规划中利用这些鱼塘进行改造，水面连通，水中种荷花、养鱼，形成以养殖观赏为主的景区。水面周围种植大片芦苇，设一些农家小院。游人进入该景区映入眼帘的是大片的芦苇，不时有野鸭飞过，芦苇中点缀一些农家小院，人们在这里赏花、垂钓、有一种心旷神怡回归自然的感觉。

游憩区位于该片的西部，该区划地势平坦，由于常德市除滨湖及临江公园外，还没有儿童游乐的场所，因此规划在此设置儿童游乐区，布置一些较大型的游乐设施，主要为武陵镇和德山的居民服务。该区靠近水面处，相对幽静，规划老年人活动区、配置老人之家，老人在此品茗、聊天、下棋、颐养天年。

景区两大部分由于被枉水分割，规划中采取索桥把南北两部分衔接起来，市内过来的人流可通过索桥上乾明寺进香拜佛，德山方向人流也可跨过枉水进入北部自然生态区。

根据常德市城市总体规划，孤峰公园与枉水风光带及德山已连成一片，成为德山片绿地系统的主要部分。因此，本次规划立足于将孤峰乾明寺景区、枉水河、德山森林公园建成一个综合性常德市近郊公园。规划中在枉水河设游船码头，可开辟沿枉水至德山林场的游路，也可开辟游沅江的活动。游客荡着轻舟，沿江设桃苑、莲苑、桂苑、梅苑、竹苑、松苑等，步移景异体味一种"古树方竹，山翠水光"的绝景。

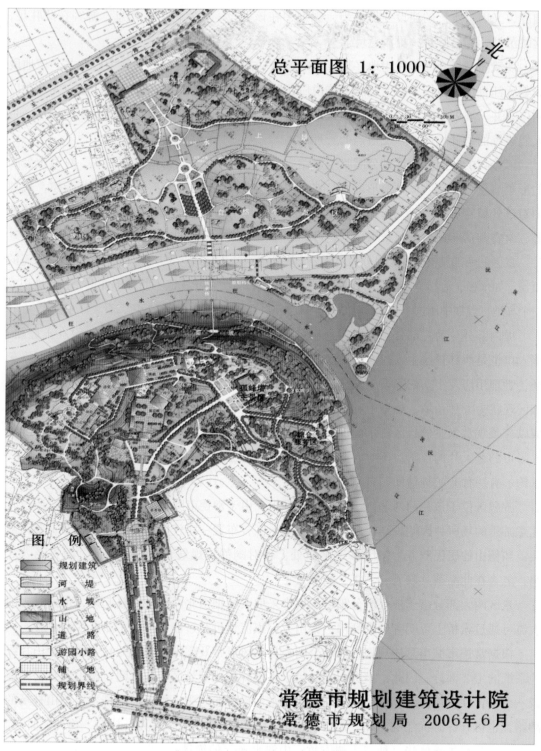

总平面图 1：1000

北

图例
规划建筑
河堤
水域
山地
道路
游园小路
铺地
规划界线

常德市规划建筑设计院
常德市规划局 2006年6月

图94：常德市德山乾明寺景区规划总平面图（2006年6月制）

二、德山乾明寺周边地块控制性详细规划

德山是常德市古文化源远流长的表征之一，是一片赋予独特文化魅力的厚土。从远古时代的善卷到佛教文化中的乾明古寺无不与德山息息相依，其展现的文化内涵，都是崇尚道德。乾明寺在孤峰岭的新建落成，标志着德山佛教文化焕发出新的生机。为了更好地保护孤峰岭及其周边生态环境，形成独特的城市空间和良好的城市绿地景观，正确指导该片区城市用地的开发建设，特编制本规划。

乾明寺片区位于德山开发区西北角、东北面临沅水，西北面靠孤峰公园，总规划面积约37.4公顷。片区内地势崎岖，多为山体开挖后形成的台地。现状用地以居住、工业、仓储和河港用地为主。

规划充分利用孤峰岭和乾明寺周边现有自然与人文景观资源优势，创造城市景观特色区，将德山乾明寺片区打造成集宗教文化，旅游、休闲为一体的湘西北宗教文化圣地。

1. 用地规划

（1）居住用地规划

规划中，主要为二类居住用地，总用地面积为24.56公顷；其中包括一所中学（常德市二中），规划面积为10.25公顷，比现状扩大了1.24公顷；一所小学（乾明小学），规划面积为1.35公顷，比现状扩大了0.12公顷；一个菜市场，面积为1655平方米。

（2）公共设施用地规划

①商业用地　商业用地布置在乾明路东侧，乾明小学以西的用地上，面积约0.55公顷，主要为居民的日常生活提供服务。

②旅馆业用地　旅馆业用地布置在市二中东面紧临沅水的坡地上，总用地面积为7.64公顷，规划中的旅馆业用地上将建一座高档宾馆，并打造高品质的园林绿地，为临沅水景观增加了新的亮点。

③港口用地　规划中港口用地为现德山港区的一部分，面积为0.82公顷。

④社会停车库用地　规划中的社会停车场用地位于玻璃巷与乾明路南夹角上（原乾明小学操场），主要为前往乾明寺的车辆提供停车服务。停车场用地面积为0.19公顷。

2. 园林绿地系统与环境景观规划

（1）园林绿地系统

园林绿地的主体为乾明寺（原孤峰公园），乾明寺现状植被较好，但树种单调，大部为香樟，有少量广玉兰、雪松、梧桐等树种点缀其间。规划中对现有植被与现状山体进行严格保护，禁止一切破坏现有植被和山体形态的建设活动，对现状树种较好地段，适当补充一些其他树种，使常绿与落叶结合，常绿与色叶树种结合，增加绿化的层次感；而对枉水、沅水沿线进行重点处理，进行改造。沿枉水两侧高地，密植常绿乔木与色叶灌木，而

两侧的低地易淹区恢复一些湿地植被，形成沿枉水的高密林低湿地景观带。而沿枉水和沅水的峭壁带，选择一些适宜在陡坡地生长的树种，如湿地松、乌桕、红叶李等，形成随季节变而色彩炫丽的园林绿化景观。对于乾明寺周边用地，适当提高用地的绿地率，降低建筑的容积率与密度，使周边用地与乾明寺形成协调统一的园林绿地系统。

（2）环境景观控制

片区环境景观控制重点为四处：孤峰塔、乾明寺、枉水、沅江沿岸和乾明路街景。

①孤峰塔景观区

孤峰塔始建于1607年，距今已有四百多年历史，现有的孤峰塔是20世纪80年代在原址上重建。古人建塔初始就议定建塔方案："塔宜稍近水，风行止水，致出焉。塔必侧影江流，庶灌日月之华，涵烟露之香"。现塔身最高点海拔约110米（黄海高程），孤峰塔已成为德山的标志性景观，也是常德历史文化的一个缩影。规划中拟在塔的东西面重建枉诸亭、临睨亭和楚望亭、仰止亭，以此烘托孤峰塔的秀美与挺拔。到时人可临亭眺江或驾舟仰塔。

②乾明寺景观区

乾明寺始建于唐咸通元年（公元860年）。现在的乾明寺为2002年重建，已初具规模。乾明寺建筑群体的布置依山就势，尽量减少对现有山体和植被的影响，与东北面的孤峰塔遥相呼应，互为衬托，这样既丰富了孤峰公园的景观层次，又为德山的佛教文化发展注入了新的活力。

③枉水、沅江沿岸景观带

沿枉水、沅江沿岸景观带的标志性景观为孤峰塔，建筑的最高点为塔顶，规划中沿枉水与沅水的建筑，体量不宜过大，以低层群体建筑为宜，使其掩映在山体绿树丛中。同时加强枉水与沅水沿岸绿化植被的改造，使常青与落叶树搭配，常绿与色叶树搭配，形成色彩丰富的沿岸绿化立体景观。

④乾明路街道景观

对乾明路街道两侧建筑进行高度控制，宜以3—4层的低层建筑为主，在建筑设计中加入古建筑符号与元素，与孤峰塔和乾明寺遥相呼应。同时宜以绿化种植、建筑围合等方法形成街道空间的封密与渗透，形成虚实结合，序列节奏感强的街道立面景观。

第四篇 《

城乡规划行政管理

第四篇　城乡规划行政管理

第一章　城乡建设用地与建设工程规划管理

第一节　建设用地规划管理

1988 年 12 月，市规划处成立。1990 年 12 月，依据《城市规划法》，市规划处两个内设机构规划科和红线科分别更名为建设用地规划管理科和建设工程规划管理科。此后，规划处依法依规对常德市城区建设项目的规划选址、规划用地及建设工程项目进行审批。

2004 年 12 月 6 日，为进一步落实《城市规划法》《中华人民共和国行政许可法》及《湖南省〈城市规划法〉实施办法》等相关法律和法规，常德市规划局印发了《常德市规划局行政许可实施与监督工作细则》，该细则对市规划局行政许可事项的受理、审查时限、责任追究等问题做了详细规定，并明确规定市规划局在进行项目审批时，要按制度进行公示。

2005 年 4 月 1 日，常德市规划局印发《建设项目修建性详细规划（总平面规划）管理规定》和《常德市城市建设用地使用强度管理规定》。

《建设项目修建性详细规划（总平面规划）管理规定》规定了建设项目修建性详细规划与建设项目总平面规划的编制原则、内容、深度，报批时需要提供的资料及审批、修改程序。同时明确"用地面积 3 公顷以上或总建筑面积 5 万平方米以上的项目，必须由市规划局组织有关部门和专家进行规划设计方案评审，按审查意见修改完善后，方可进行审批。大型项目或重点地段的修建性详细规划审批前，应报市规委会进行审查"。规划方案必须由市规划局组织有关部门及专家进行评审的制度由此建立。

《常德市城市建设用地使用强度管理规定》对常德市建设用地使用强度指标的调整，特别是容积率调整在调整前置条件、调整程序、申报资料等方面提出了明确要求，是常德市对于建设用地使用强度指标管理的重要依据。

2006 年 4 月 19 日，市规划局印发《关于对大中型建设项目进行交通影响评价的通知》，该通知对需要进行交通影响评价的项目范围及实施办法进行了划定，并明确"交通影响评价报告及其审查论证结论，是建设项目设计方案审查的主要内容之一"。该规定的实施，为科学控制和疏导建设项目对新增交通的影响，确保城市建设协调发展起到了重大作用。

2006年7月15日，市规委会讨论通过了《关于加强城市空间环境管理的规定》，该《规定》对常德市新旧城区建设项目容积率（包括工业、仓储用地及行政办公用地容积率的上限和下限）控制作了明确规定；明确了新旧城区临街建筑退让、建筑层数及高度控制要求；明确了低层、多层、高层建筑及各类建筑的建筑间距控制要求；明确了新旧城区各类用地绿地率控制要求；明确了机动车停车泊位控制要求。该规定的颁布实施，提高了常德市规划管理水平，发挥了城市规划对城市土地利用和城市空间环境的调控作用，为常德市的规划管理工作提供了相应量化标准。

2006年10月11日，常德市规划局制定了《关于建设项目规划管理有关问题的规定》，该《规定》对建筑面积与层数的计算口径、建设项目总建筑用地的计算、房屋用途的管理等问题作了明确规定，是市规划局为适应城市建设发展制定的有较强操作性的文件。

2010年4月21日，常德市规划局印发《控制性详细规划图则管理暂行规定》，该规定针对《常德市城市总体规划（2009—2030）》确定的建设用地范围内未编制控制性详细规划的地块，这类地块进行建设项目审批时，因无详规而审批无依据，改用图则替代详规。该规定对规划图则的编制原则、审查、公示和审批等作出了明确规定，解决了控制性详细规划尚未全覆盖的问题。

2011年11月27日，为推进实施"阳光规划"，提高规划管理工作效率，常德市规划局印发《常德市规划局关于总平面、建筑单体设计修改管理规定》，该规定对建设项目规划修改的前置条件、修改原则、修改程序等方面做了明确规定。

为加强和规范城市规划管理，建设生态宜居城市，根据《城乡规划法》《湖南省〈中华人民共和国城乡规划法〉实施办法》《常德市城市总体规划（2009—2030）》及有关法律、法规、规章与技术规范，结合常德市实际，2012年8月21日，常德市人民政府印发《常德市规划管理技术规定（试行）》。该规定对建设用地、建筑管理、环境与景观、道路交通、管线工程、规划条件核实六大方面规划管理工作提出了详细、明确的技术管理要求，是常德市规划区范围内实施规划管理的技术依据。

附：规划审批项目统计表

"选址意见书"发放统计（1995—2012）

表 4 - 1 - 1 - 1

年　份	受理项目数	办理项目数	用地面积（公顷）
1995	44	44	125.5
1996	50	50	138.8
1997	17	17	55.5
1998	84	84	313.7
1999	58	58	101.5
2000	60	60	351
2001	54	54	195.3
2002	76	76	168.1
2003	86	86	149.2
2004	47	47	67.3
2005	50	50	
2006	33	33	53.1
2007	52	52	230.6
2008	35	35	47.4
2009	69	69	385.6
2010	64	64	205.2
2011	55	55	231.7
2012	29	29	78.1

"建设用地规划许可证"发放统计（1991—2012）

表4-1-1-2

年　份	受理项目数	办理项目数	用地面积（平方米）
1991	26	26	
1992	114	114	
1993	76	76	
1994	95	95	
1995	103	103	
1996	116	116	
1997	86	86	
1998	124	124	
1999	102	102	
2000	100	100	
2001	155	155	
2002	217	217	
2003	165	164	
2004	114	114	
2005	88	88	
2006	43	43	655895.79
2007	104	104	2438126.8
2008	61	61	1139028.12
2009	76	76	2529148.42
2010	126	126	3819197.13
2011	152	152	3432519.68
2012	137	137	2535662.93

总平面方案审查统计（1992—2012）

表 4 - 1 - 1 - 3

年　份	受理项目数	办理项目数
1992	92	92
1993	107	107
1994	120	120
1995	158	158
1996	128	128
1997	140	140
1998	180	180
1999	133	133
2000	95	95
2001	86	86
2002	83	83
2003	107	107
2004	129	129
2005	173	173
2006	24	24
2007	68	68
2008	42	42
2009	99	99
2010	90	90
2011	107	107
2012	93	93

第二节　建筑工程规划管理

民国初年，常德城区内各城市建设因无规划管理机构，均处于各自为政状态，市民建房，皆立碑于墙根，刻写"某姓墙角"字样，若他人侵犯，引起纷争，则诉诸政府裁定。

民国35年（1946年），国民政府内政部和湖南省政府相继颁发收复区城镇营建规划及实施办法，对土地利用、城镇规划及道路、下水道、住宅、公共建筑的营建等作出规定，各县政府据此相应制定具体计划。

1949年新中国成立后，常德市依据建设规划实施管理。次年，常德市将人民大街划定红线宽28米，其中车行道14米，人行道各7米。

1958年，常德市基建局设置规划组，负责城市规划的编制和管理。次年先后完成德山工业区规划和旧城改建规划，市区新建工程均按规划进行管理，由市财政局审批征用土地，市基建局审批定点。

1962年4月，常德市人委会先后颁布《常德市建筑管理暂行规定》和《常德市城市建设管理暂行规则》两个公告，加强城市的规划和建设管理。

1972年8月，常德市革命委员会发出《加强城市建设规划管理》的通知。

1976年2月，常德市革命委员会公布《常德市城市建筑管理试行办法》，规定单位建房须办理征地报批手续，领取施工执照；拆迁居民房由房地产公司按城市规划统一迁建，临街私人房屋不得就地翻修。

1981年8月，常德市成立城市规划办公室，负责城市规划的编制和实施，规划管理和日常工作由常德市建委城市管理科负责。

1982年4月，常德市人民政府颁布《常德市城市建设暂行规定》，规定市城区内一切新建、扩建工程均须服从城市统一规划管理，不准乱拆乱建，市规划办有权对违章者发出"停止违章工程通知书"，并停止拨款、供电、供水。

1983年9月，湖南省人民政府批准了第一部《常德市城市总体规划》。

1984年开始发放建设许可证。

1985年3月，常德市人民政府召开城市规划、管理工作会议，并拟定《常德市规划管理实施细则》。

1986年，城市规划推行目标管理，市建委城市管理科全年接待建设单位200个，划定建筑红线250处，建成区规划控制率达97%。

1987年2月，印发《常德市规划管理实施细则》，3月印制选点通知书和建设许可证申请表。规定建设单位申请选址后，规划部门15天内发出选点通知书，建设单位凭通知书办理征地手续，再至规划部门填报建设许可证申请表，最后由建委工程监督站核发施工许可证。城市居民改建、新建房屋须得四邻同意，并经所在居委会、办事处签署意见后，方可向城建部门申请。批准后房主按建设面积每平方米 10 元标准交纳保证金。当年，全市划定建筑红线 510 处，办理建设许可证 120 份。

1988 年，常德"撤区建市"，原常德市规划处、城管站和常德地区建委城镇科合并组建常德市城市规划管理处。

1989 年，市规划处共受理和核发建设工程规划许可证 197 个，建筑面积 392 486 平方米。

1990 年 4 月 1 日，《城市规划法》实施。全年共受理和核发建设工程规划许可证 284 个，建筑面积 374 898 平方米。

1991 年，市规划处共受理和核发建设工程规划许可证 304 个，建筑面积 353 844 平方米；1992 年，共受理和核发建设工程规划许可证 306 个，建筑面积 488 880 平方米；1993 年，共受理和核发建设工程规划许可证 288 个，建筑面积 485 622 平方米。

1994 年，市规划局共受理和核发建设工程规划许可证 253 个，建筑面积 395 628 平方米。

1995 年，江北城区共受理和核发建设工程规划许可证 153 个，建筑面积 311 579 平方米；市规划局二分局共受理和核发建设工程规划许可证 8 个，建筑面积 37 687 平方米；市规划局一分局共受理和核发建设工程规划许可证 90 个，建筑面积 240 731 平方米。

1996 年，市规划局三分局共受理和核发建设工程规划许可证 155 个，建筑面积 306 496 平方米；市规划局二分局共受理和核发建设工程规划许可证 10 个，建筑面积 37 940 平方米；市规划局一分局共受理和审批建设工程规划许可证 25 个，建筑面积 49 657 平方米。

1997 年，江北城区共受理和核发建设工程规划许可证 129 个，建筑面积 423 938 平方米；市规划局二分局共受理和核发建设工程规划许可证 20 个，建筑面积 35 940 平方米；市规划局一分局共受理和核发建设工程规划许可证 31 个，建筑面积 58 179 平方米。

1998 年，江北城区共受理和核发建设工程规划许可证 181 个，建筑面积 586 284 平方米；市规划局二分局共受理和核发建设工程规划许可证 99 个，建筑面积 36 557 平方米；市规划局一分局共受理和核发建设工程规划许可证 58 个，建筑面积 130 480 平方米。

1999 年，江北城区共受理和核发建设工程规划许可证 156 个，建筑面积 628 568 平方米；市规划局二分局共受理和核发建设工程规划许可证 95 个，建筑面积 25 750 平方米；市规划局一分局共受理和核发建设工程规划许可证 22 个，建筑面积 55 706 平方米。

2000 年，市规划局四分局成立，负责管理规划区范围内柳叶湖旅游度假区的规划管理工作。全年，江北城区共受理和核发建设工程规划许可证 171 个，建筑面积 852 994 平方米；市规划局二分局共受理和核发建设工程规划许可证 105 个，建筑面积 84 580 平方米；市规划局一分局共受理和核发建设工程规划许可证 19 个，建筑面积 149 108 平方米。

2001 年，江北城区共受理和核发建设工程规划许可证 161 个，建筑面积 957 541 平方米；市规划局二分局共受理和核发建设工程规划许可证 42 个，建筑面积 34 995 平方米；市规划局一分局共受理和核发建设工程规划许可证 12 个，建筑面积 43 769 平方米；市规划局四分局共受理和核发建设工程规划许可证 1 个，建筑面积 57 557 平方米。

2002 年，江北城区共受理和核发建设工程规划许可证 161 个，建筑面积 1 316 300 平方米；市规划局一分局共受理和核发建设工程规划许可证 30 个，建筑面积 103 274 平方米，市规划局四分局共受理和核发建设工程规划许可证 7 个，建筑面积 122 363.26 平方米。

2003 年，江北城区共受理和核发建设工程规划许可证 195 个，建筑面积 1 157 306 平方米；市规划局二分局共受理和核发建设工程规划许可证 62 个，建筑面积 129 918.21 平方米；市规划局一分局共受理和核发建设工程规划许可证 17 个，建筑面积 36 769 平方米；市规划局四分局共受理和核发建设工程规划许可证 6 个，建筑面积 226 293.38 平方米。

2004 年 7 月 1 日，《中华人民共和国行政许可法》施行，为进一步加强建设工程项目规划批后管理，充分发挥公众在规划管理中参与和监督作用，确保城市规划顺利实施，9 月，市规划局发布《关于设置建设工程规划许可公示牌的通知》，市城区范围内所有建设工程项目都必须设置建设工程规划许可公示牌，并悬挂在施工现场的醒目位置，接受社会监督。是年，江北城区共受理和核发建设工程规划许可证 182 个（不含广告牌等临时建设工程，下同），建筑面积 1 430 500 平方米；市规划局德山分局共受理和核发建设工程规划许可证 35 个，建筑面积 100 594.9 平方米；市规划局鼎城分局共受理和核发建设工程规划许可证 39 个，建筑面积 174 121 平方米；市规划局柳叶湖分局共受理和核发建设工程规划许可证 8 个，建筑面积 299 656.96 平方米。

2005 年，为加强城市规划管理，规范建设工程规划验收工作，确保建设工程按批准的城市规划实施，《常德市建设工程规划验收管理规定》开始实施，该《规定》对建设工程验收必备资料，验收内容，验收标准及法律责任都做了详细规定。是年，江北城区共受理和核发建设工程规划许可证 170 个，建筑面积 1 585 334 平方米；市规划局德山分局共受理和核发建设工程规划许可证 41 个，建筑面积 309 956.76 平方米；市规划局鼎城分局共受理和核发建设工程规划许可证 50 个，建筑面积 213 421 平方米；市规划局柳叶湖分局共受理和核发建设工程规划许可证 6 个，建筑面积 347 554 平方米。

2006 年，江北城区共受理和核发建设工程许可证 153 个，建筑面积 1 952 383 平方米；

市规划局德山分局共受理和核发建设工程规划许可证 63 个，建筑面积 147 645.532 平方米；市规划局鼎城分局共受理和核发建设工程规划许可证 36 个，建筑面积 122 804 平方米；市规划局柳叶湖分局共受理和核发建设工程规划许可证 5 个，建筑面积 176 864.69 平方米。

2007 年，江北城区共受理和核发建设工程规划许可证 155 个，建筑面积 2 374 662 平方米；市规划局德山分局共受理和核发建设工程规划许可证 42 个，建筑面积 187 152.75 平方米；市规划局鼎城分局共受理和核发建设工程规划许可证 62 个，建筑面积 223 887 平方米；市规划局柳叶湖分局共受理和核发建设工程规划许可证 7 个，建筑面积 139 942.03 平方米。

2008 年 1 月 1 日，《城乡规划法》开始施行。是年，江北城区共受理和核发建设工程规划许可证 156 个，建筑面积 1 837 188 平方米；市规划局德山分局共受理和核发建设工程规划许可证 44 个，建筑面积 276 077.2 平方米；市规划局鼎城分局共受理和核发建设工程规划许可证 77 个，建筑面积 333 838 平方米；市规划局柳叶湖分局共受理和核发建设工程规划许可证 4 个，建筑面积 88 238.14 平方米。

为深入学习实践科学发展观，建设人民满意政府，进一步优化服务环境，提高建设工程竣工验收工作效率，2009 年 5 月，由市规划局代市政府起草并由市人民政府办公室印发了《常德市建设工程竣工联合验收实施办法》。由市规划局牵头组织联合验收，市建设局、市公安消防支队、市人防办、市环保局、市气象局、市水利局、市国土资源局、市园林局等单位对建设工程联合验收，限时办结，统一发证，各验收单位积极推行政务公开，将验收结论等信息及时上网公开。是年，江北城区共受理和核发建设工程规划许可证 210 个，建筑面积 2 265 728 平方米；市规划局德山分局共受理和核发建设工程规划许可证 123 个，建筑面积 524 117.93 平方米；市规划局鼎城分局共受理和核发建设工程规划许可证 59 个，建筑面积 220 681 平方米；市规划局柳叶湖分局共受理和核发建设工程规划许可证 17 个，建筑面积 1 499 809.8 平方米。

2010 年，江北城区共受理和核发建设工程规划许可证 526 个，建筑面积 3 050 582 平方米；市规划局德山分局共受理和核发建设工程规划许可证 105 个，建筑面积 627 399.12 平方米；市规划局鼎城分局共受理和核发建设工程规划许可证 168 个，建筑面积 620 236 平方米；市规划局柳叶湖分局共受理和核发建设工程规划许可证 11 个，建筑面积 1348 895.55 平方米。

2011 年 4 月，市规划局驻桃花源工作组成立，负责桃花源旅游管理区规划管理工作。是年，江北城区共受理和核发建设工程规划许可证 460 个，建筑面积 3 080 192 平方米；市规划局德山分局共受理和核发建设工程规划许可证 46 个，建筑面积 30 万平方米；市规划局鼎城分局共受理和核发建设工程规划许可证 133 个，建筑面积 634 795 平方米；市规划局柳叶湖分局共受理和核发建设工程规划许可证 34 个，建筑面积 1 188 607.67 平方米。桃花源旅游管理区规划管理工作组未办理建设工程规划许可证。

2012 年，江北城区共受理和核发建设工程规划许可证 279 个，建筑面积 1 887 213 平方米；市规划局德山分局共受理和核发建设工程规划许可证 203 个，建筑面积 913 535.71 平方米；市规划局鼎城分局共受理和核发建设工程规划许可证 149 个，建筑面积 1 183 298 平方米；市规划局柳叶湖分局共受理和核发建设工程规划许可证 169 个，建筑面积 661 794.74 平方米。桃花源旅游管理区规划管理工作组未办理建设工程规划许可证。

第三节　市政管线工程规划管理

2003 年 12 月，成立正科级市政管线工程规划管理办公室，主要负责市政工程、管线工程和市政广告的规划审批工作，核发市政管线方面的《建设项目选址意见书》、"建设用地规划许可证""建设工程规划许可证"；参与市政管线工程建设项目选址工作；负责市政管线工程的验线和竣工验收；负责建设项目综合管网的验线和竣工验收；参与城市规划的编制与审查；参与市政管线工程建设项目的可行性研究与初步设计审查；负责市政管线工程报表的填报。

2004—2012 年，市管线办共办理各类市政管线工程选址意见书 148 件，提供设计条件 150 份，审批方案 1128 件，办理建设用地规划许可证 139 件，办理建设工程规划许可证 160 件。市规划局管线办成立前的市政管线项目，有少量办理规划手续的，分别在建设用地科和建设工程科办理。

管线办 2004—2012 年审批项目统计

表 4 - 1 - 3 - 1

年　份	选　址	设计条件	方　案	用地证	工程证
2004			24		6
2005			119		5
2006	1		132		27
2007			149	1	5
2008	16		64	10	14
2009	25	22	115	18	16
2010	29	30	155	35	34
2011	61	82	227	51	15
2012	16	16	143	24	38

第四节　广告工程规划管理

凡在城市规划区范围内设置户外广告，先由市城管局考虑形式和内容，市城管局内部审查通过后再以市城管局的名义报市规划局审批。市规划局批准后，再由市城管局组织广告位拍卖。设置户外广告需办理临时建设工程规划许可证，有效期2年。2008年至2012年，共办理各类广告工程临时建设工程规划许可证38件。

第五节　交通影响评价

为了加强城市交通管理，科学控制和疏导建设项目对交通的影响，确保城市建设协调发展，市规划局和市交警支队于2006年4月19日联合印发《关于对大中型建设项目进行交通影响评价的通知》。《通知》要求所有大中型建设项目在方案审查前要进行交通影响评价，《通知》还对大中型建设项目进行交通影响评价的范围和实施方法提出了要求。市交警支队是交通影响评价审查的牵头单位，市规划局负责对交通影响评价报告进行技术审查，交通影响评价报告和审查结论是大中型建设项目方案审查的主要内容之一。

2012年8月21日，常德市人民政府印发《常德市规划管理技术规定（试行）》，其中第48条规定：建设项目规模（指标）达到或超过规定的交通影响评价启动阈值时，应进行交通影响评价（以下简称交评）。

截至2012年年底，市规划局会同市交警支队组织相关部门共完成63个项目的交通影响评价审查工作并出具了审查意见，审查意见针对每个项目的具体情况提出了有效的交通改善措施，通过改善措施的落实，建设项目对道路交通的影响为可接受。

2013年1月22日，常德市规划局和常德市交警支队联合印发《关于进一步加强建设项目交通影响评价管理的通知》，该通知对建设项目交评的启动阈值、评价阶段和交评的编制依据、要求、内容以及审查程序进行了详细说明。

第二章　私人建房规划行政管理

第一节　武陵区私人建房行政审批

1951—1981 年，政府开始对私房交易进行管理，通过私房交易收取相应税费。

1981 年 8 月，常德市成立城市规划办公室，规划管理和日常工作由常德市建委城市管理科负责。1982 年 4 月，常德市人民政府颁布《关于城市管理暂行规定》，市区内一切新建、扩建工程均须服从城市的统一规划管理，不准乱拆乱建，对违章者，市规划办对其发出"停止违章工程通知书"，私房建设必须服从规划管理。

1987 年 2 月，常德市印发《规划管理实施细则》，规定城市居民改建、新建房屋须征得四邻同意，并经所在乡、村、镇（场）、居委会、办事处签署意见后，方可向城建部门申请。市建委、市农委负责编制乡村规划，按审批的规划选址、定点。此间，四乡（东江乡、东郊乡、护城乡、德郊乡）规划全部编制完成。

1996 年 5 月，常德市规划局成立三分局，专职负责规划区范围内江北城区各街道办事处、乡、镇（场）的居民和村民住宅建房的规划管理。私人住宅建房须符合城市规划要求，并按照适当集中的原则，所有建房户都应按程序在市规划局三分局办理"建设用地规划许可证"及"建设工程规划许可证"。

1996 年 5 月—2007 年 7 月，私人住宅建设先由个人申请，报村、乡（镇）、国土、规划等部门审核和审定，国土部门审发"建房资格认定书"后，到规划部门办理"建设用地规划许可证"、再到国土部门办理"建设用地批准书"，最后到规划部门申请规划验线，领取"建设工程规划开工单"。房屋竣工验收合格后，分别向国土、规划部门申请核发"土地使用权证"和"建设工程规划许可证"，建设完成后按程序办理房屋产权登记。2007 年 7 月 1 日前，审批私人住宅建筑的原则是：占地面积 80 平方米，层高不超过 2 层。

2007 年，市委、市政府对城市规划区内私人住宅建设提出了新的要求，开始谋划对市江北城市规划区征地拆迁房屋实行公寓楼安置，在江北城区共编制了 44 个公寓楼安置小区。根据常国土资发〔2007〕8 号文件规定，为防止形成新的"城中村"，避免造成二次拆迁，从 7 月 1 日起，私人住宅建设停批。

2009 年，市政府出台《常德市城市规划区私人住宅建设管理办法（实行）》。该办法明确城市规划区内私人住宅每户使用耕地面积不超过 130 平方米、使用其他土地不得超过

图95：新安拆迁安置小区

市武陵工业新区管理委员会统一组织实施和报建，由常德市建筑勘测设计院统一编制了安置小区修建性详细规划，用地面积10公顷，建筑层数统一为3层，户均建筑占地面积为80平方米，小区配套有篮球场、公共绿地、停车场等设施。

2. 仙源拆迁安置小区

仙源安置小区位于长庚路以东、烟机路以北，主要安置常德大道拆迁安置居民。项目至2003年起启动，由常德市城建投资开发公司统一组织

180平方米，建筑占地面积为96平方米、层高不超过3层。

2012年，为缓解拆违压力，解决缓冲区农民建房矛盾，根据武陵区区长办公会议纪要精神，从2012年3月12日起，允许在城市规划区部分范围内建设私人住宅。具体范围为：丹洲乡隔堤以南；芦荻山乡丁马线以北、芦牛线以北、芦牛线以西外的其他区域；东郊乡和平村允许符合条件的农民经报批后进行新（改、扩）建和翻建住房；河洑镇渐河以西区域允许符合条件的农民经报批后原址翻建住房。

附：拆迁安置小区选介

1. 新安拆迁安置小区

位于常德大道以东、人民路以北，主要安置武陵开发区工业新区居民。项目至2003年起启动，由常德

图96：仙源拆迁安置小区

实施和报建，由常德市天城建筑规划设计有限公司统一编制了安置小区修建性详细规划，用地规模 2.8 公顷，户均建筑占地面积为 80 平方米，建筑层数为 3 层。

3. 白马湖拆迁安置小区

白马湖拆迁安置小区位于芙蓉路以东、沙港路以北，与仙源拆迁安置小区为同一时段安置常德大道拆迁安置居民。项目至 2003 年起启动，由常德市城建投资开发公司统一组织实施和报建，由常德市建筑勘

图97：白马湖拆迁安置小区

测设计院统一编制了安置小区修建性详细规划，用地规模 10.08 公顷，户均建筑占地面积为 80 平方米。

4. 青林安置小区

青林安置小区位于桃花源路以西、紫凌路北侧，主要安置桃花源路拆迁居民，项目于 2010 年由城投天健公司修建，2014 完成建设，小区用地面积 7.17 公顷，总建筑面积 136 338 平方米、居住面积 124 740 平方米，商铺面积 2720 平方米，建筑统一为 6 层，由常德市规划建筑设计有限公司设计，小区配备公共活动用房和物业管理用房，并设有休闲广场、健身活动器械、停车场等配套设施。

图98：青林安置小区

5. 杨桥安置小区

杨桥安置小区位于桃花源路以东、青林路南侧，主要安置烟厂拆迁居民，项目于 2011 年由城投天健公司建设，2014 年交付使用，总建筑面积 81 457 平方米、居住面积 73 800 平方米、商铺面积 2923 平方米，建筑统一为 6 层，由上海都市建筑设计有限公司设计，小区配备公共活动用房和物业管理用房，并设有休闲广场、健身

图99：杨桥安置小区

活动器械、篮球场、停车场等配套设施。

6. 双桥安置小区一期

双桥安置小区位于年寿路以东、高丰路以南，主要安置太阳大道、月亮大道及柳叶湖建设工程拆迁居民，项目于 2010 年由经投泰达公司建设，2013 年交付使用，小区用地面积 4. 36 公顷，总建筑面积 70 198 平方米、居住面积 60 240 平方米、商铺面积 5360 平方米，建筑统一为 6 层，由常德市建筑勘测设计院设计，小区配备公共活动用房、物业管理用房及幼儿园，并设有休闲广场、篮球场、停车场等配套设施。

图 100：双桥安置小区一期

武陵区私人建房规划行政审批（1990—1996 年）

表 4 - 2 - 1 - 1

年　份	户数（户）	占地面积（平方米）	建筑面积（平方米）
1990	17	1360	2975
1991	47	3760	8225
1992	418	33440	73150
1995	21	1680	3675
1996	27	2160	4725

武陵区私人住宅建设用地规划许可证发放统计（1997—2012 年）

表 4 - 2 - 1 - 2

年 份	建设用地规划许可证	
	份 数	面积（平方米）
1997	135	11 475
1998	101	8585
1999	295	25 075
2000	299	23 920
2001	355	248 400
2002	498	39 840
2003	425	34 000
2004	561	44 880
2005	728	58 240
2006	652	52 160
2007	603	48 240
2008	502	40 160
2009	244	19 520
2010	81	6480
2011	28	2688
2012	263	25 248

第二节　鼎城区私人建房行政审批

1987 年，私人建房兴起。8 月 12 日，常德县人民政府印发《武陵镇城区内私人建设住宅暂行管理办法》。规定私人建房用地标准为：4 人以下建筑面积 60 平方米；5 人以上建筑面积 120 平方米。当地村民建房用地面积亦不准超过 80 平方米、建筑面积不准超过 160 平方米。需建房者必须持有单位介绍信和武陵镇户口簿，向县城建办提出申请，经审查合格后，县城建办为其发给"建房许可证"和"土地使用证"。建房者获得以上"两证"后，再向规划部门提出申请，规划部门到现场放样，划定红线。工程竣工后，由规划部门验收。验收合格后，由房产部门进行房产登记，发给房产证。为使武陵镇规划、建设、管理法规落到实处，县人民政府组建城管队，专门监督规划红线管理。武陵镇所有私人住房建设必须符合《武陵镇总体规划》要求，必须按照《武陵镇总体规划》和城镇管理法规进行建设，从宏观上控制城镇区规划范围内单位和私人建设项目。

1991 年 7 月，成立鼎城区城乡规划建设管理站，负责全区各乡镇规划管理工作。至此，鼎城区规划管理工作走上正常化轨道。

1992 年至 1995 年期间，全区规划管理工作围绕以"编制乡集镇总体规划为突破口，以宣传《城市规划法》等法律法规为重心"的工作思路，逐步加大了"一书两证"审批制度的贯彻落实。

1995 年 5 月，常德市城市规划局一分局成立，负责鼎城区辖区内武陵镇、斗姆湖镇、灌溪镇、石门桥镇、白鹤山乡（"四镇一乡"）的规划管理。鼎城区辖区内其他乡（镇）场的规划管理仍由鼎城区城乡规划建设管理站管辖。

2009 年 5 月 1 日，《常德市城市规划区内私人住宅建设管理办法》（试行）出台，叫停"一户一基"式私人住宅建设，实行公寓楼安置。按照《办法》，私人住宅属于 D 级危房的仍可以改建，但必须得到规划部门批准。

2010 年 1 月，对鼎城区城乡规划建设管理范围进行调整，市城市规划局鼎城分局负责鼎城区辖区内 36 个乡（镇）场的城乡规划管理工作，贺家山原种场也一并由其代管。5 月 17 日，区国土局、市规划局鼎城分局、区建设局、区房产局、区城管局联合发出《关于武陵镇（含行政村）和鼎城经开区范围内私人建房及安置管理有关规定的公告》，规定国土、规划、建设等部门原则上不再办理零星建房的一户一基审批，但 D 级危房经三部门同意后仍可以改建。10 月 10 日，鼎城区人民政府发布《对全区城市规划范围内违法建筑集中整治的通告》，严格限制私人住宅建设的审批，对违法建设，规划、国土、房产部门不得办理行政许可。以后，私人住宅建设停止审批。

鼎城区"四镇一乡"私人建房规划行政审批（1995—2010年）

表4-2-2-1

年 份	建设用地规划许可证		建设工程规划许可证	
	份数	面积（平方米）	份数	面积（平方米）
1995年	/	/	112	32 256
1996年	/	/	98	28 224
1997年	/	/	107	30 816
1998年	/	/	85	24 480
1999年	/	/	78	22 464
2000年	/	/	167	39 873
2001年	/	/	69	19 872
2002年	32	2 780	82	18 158
2003年	16	1 172	9	2 724
2004年	14	1 516	9	2306
2005年	38	4039	36	8516
2006年	58	4818	3	950
2007年	56	4730	4	616
2008年	45	4432	9	2019
2009年	69	6568	41	9075
2010年	92	7946	101	27 375
2011年	160	16 366	14	4350
2012年	12	864	/	/

市规划局鼎城分局个别年份"临时规划许可证"核发

表4-2-2-2

年 份	份 数	用地面积（平方米）
2003年	1	53 350
2005年	1	280
2008年	1	224
2009年	2	3318
2010年	5	2728
2012年	1	360

第三节　常德经济技术开发区私人建房行政审批

开发区成立之初，村（居）民需要修建房屋的，先由村（居）民提出申请，再由村（居）民小组、村（居）委会、镇政府逐级对其申请进行审核，审核合格的，交由开发区规划、国土部门审批。审批合格，即可领取"建设规划用地许可证"和"建设用地批准书"。村（居）民获得一证一书后，即可建房。

为了严格开发区私人建房管理，合理利用土地，开发区管委会于 2008 年 5 月 29 日召开专题会议，对村（居）民个人建房进行严格控制，城市规划范围内不再允许新建、改建、扩建个人住房。为了加强对这项工作的领导，开发区成立了村（居）民建房管理领导小组。村（居）民个人住房确实困难，或因房屋破旧、无法居住，需要进行改建的，先由村（居）民个人提出申请，区安置办负责对个人申请进行集中受理和审查，并将审查结果在村组内张榜公示，公示没有异议的，报请区房管局初审，最后报请开发区村（居）民建房管理领导小组批准。2008—2011 年，全区共有 182 户村（居）民向区安置办递交了危房改造申请，房管部门对其进行了危房鉴定，规划国土部门对其建房资格进行了审查，对符合条件的办理了相关手续。

为了搞好农村危房户的安置工作，2010 年 1 月 6 日，开发区下发《关于开发区城市规划范围内农村危房户安置问题的专题会议纪要》（以下简称《安置纪要》）。《安置纪要》提出对开发区城市规划范围内农村危房户推进公寓式安置，并对开发区城市规划范围内农村危房户推行公寓式安置的范围进行了界定。推行公寓式安置的范围是北至沅水，西至枉水河，南抵南区二号路往南 500 米及东区。上述范围内的农村危房户，经公安、房管、国土、规划等部门和镇政府、村级集体经济组织共同认定后，自愿选择公寓式安置的，在原构筑物享受征地拆迁补偿政策的同时，还给予货币安置补偿（原拆迁户每户补偿 9 万元、分支户每户 6 万元）和购房补贴。购房补贴标准有两种：一是在开发区范围内购买商品房的，根据实际购房面积，按照 700 元/平方米的标准给予补贴，但安置户补贴面积每人最高不超过 40 平方米；二是购买开发区投资兴建的公寓楼的，购房款按公寓楼建设成本付给。

第三章　法治建设

第一节　法治教育

常德市规划处的法制教育紧紧围绕《城市规划法》这根主线进行。

为了加强对《城市规划法》学习宣传工作的领导，1990 年，市依法治市办公室、市建委、市司法局、市规划处联合组成常德市《城市规划法》学习宣传领导小组，在全市城镇开展《城市规划法》宣传普及教育活动。普及活动分宣传发动、学习普及和检查验收三个阶段。领导小组按照"四个率"（《城市规划法》知晓率、成年居民受教育率、考试及格率和各级领导特别是市长、县长、区长、镇长带头学习到场考试率）考核城镇和单位。4 月 1 日，常德市《城市规划法》学习宣传领导小组在市城区汉寿街举行"规划法宣传一条街"活动，利用横幅、法制宣传车、规划法宣传站、咨询台等形式，进行宣传教育。

1991 年 3 月 26 日，市规划处在桃林宾馆举办城市规划法座谈会，邀请市人大、市政府、市政法委以及市直各部门的领导谈学习《城市规划法》的感受。4 月 2 日，市规划处在《常德日报》组织专版文章，大力宣传《城市规划法》。

"二五普法教育"期间，市规划处法制科制定了第二个五年普法教育规划。普法对象为市规划处全体干部职工及职工待业子女。普法内容为三类：一是《宪法》及国家基本法律如《行政诉讼法》等；二是城市规划法律体系，主要有《城市规划法》《城镇体系规划条例》《城市综合开发管理条例》《城市规划编制和审批办法》等；三是与城市规划管理工作相关的其他法律知识，主要有《市政管理法》《住宅法》《建筑法》等。为了把对法规的学习落到实处，市规划处把上述法规的主要内容摘编成册，发到每一个干部职工及待业子女手中；为了帮助他们掌握有关法律条款，市规划处从高等院校和律师事务所请来老师、律师上课，加深理解。

1993 年，市政府颁布《常德市城市规划管理试行办法》。该办法是根据《城市规划法》《湖南省实施〈城市规划法〉办法》，结合常德市实际情况制定出来的。市规划处利用电视台、广播电台、《常德日报》等宣传媒体进行重点宣传，并印刷单行本 1000 册赠送全市有关单位。

从 1994 年起，法治宣传一改过去每年只限 4 月份集中宣传的单一模式，每年增加法治宣传的时间。上半年集中在 4 月份，下半年集中在 11 月份；宣传形式也有所变化，除在有线电视台进行《依法治城的故事》专题宣传外，还在市广播电台开辟专栏，进行为期3个月的宣传。在《常德日报》设置专栏——《城市规划系着你和我》，请市人大、市政府、市建委和市规划处领导以及有关建设单位撰写规划管理方面的文章。印刷各种宣传资料3000多份，分送有关单位和个人。邀请市人大领导视察城市规划、指导城市规划，在电视台进行报道，市民城市规划意识得到进一步提高。

从1997年起，市规划局把每年的4月作为《城市规划法》宣传月，利用广播、电视、报刊和在主要街道悬挂横幅、出动宣传车对《城市规划法》进行宣传。在1997年的宣传月活动中，市规划局与市广播电视局合作，利用图文电视条文滚动的方式宣传《城市规划法》《常德市城市规划管理试行办法》。在有线电视台黄金时间播放中央电视台摄制的《迈向二十一世纪中国城市——常德》，宣传城市规划成果，强调城市规划在城市建设中的地位和作用。为庆祝《城市规划法》颁布实施8周年，1998年4月1日，市规划局在《常德日报》第4版开辟专栏进行宣传。市规划局局长刘谷良发表《争创一流城市，迎接新世纪挑战》一文。同时邀请记者采访市规划局领导，撰写了《浓墨重彩绘新图》的长篇新闻报道，回顾了8年来常德市城市规划的主要成就和近期规划蓝图。在宣传活动中，设立咨询站3处，接受市民咨询，散发各种宣传资料30000余份，悬挂条幅46条，宣传牌35块，气球6个，对城市规划法律法规的宣传起到了很好的促进作用。

2002年，市规划局发布《关于加强〈城市规划法〉宣传的通知》，规定4月1日为《城市规划法》宣传日，每年4月1日—7日，为《城市规划法》学习周。此后每年在学习周期间，市规划局组织全局干部职工学习《城市规划法》及《湖南省〈城市规划法〉实施办法》，并向社会做好宣传工作。从2002年起，每年5月，结合执法证年检培训考试，对全局工作人员，特别是执法人员，采取自学和集中讨论学习相结合的方式，举办为期一个月的行政执法学习。是年7月最后一周，对常德市规划局新任职、新上岗工作人员举办一期行政执法综合培训。

2005年4月7日，市规划局联合市广播电视局举办《城市规划法》知识竞赛及专场晚会。

为庆祝《城乡规划法》的颁布实施，市规划局从2007年12月23日至2008年1月23日，启动了为期一个月的宣传活动。宣传活动采取设咨询点、媒体宣传和网络宣传相结合的形式，邀请专家授课讲学、答疑解惑，广泛学习、宣传、贯彻《城乡规划法》。在步行街设立宣传主阵地，在火车站广场、中心城区等人口密集区及全市各施工现场挂宣传条幅、设标牌达130多条（块）。《常德日报》整版刊登了《城乡规划法》，向市民发放城乡规划法单行本及《城乡规划法》宣传资料1000余份。

2009年4月20日至4月23日，市规划局举办全市城乡规划培训班，参训人员有各县

（市）规划局长，分管规划编制、行政许可、法制、监察执法的副局长，规划编制、行政许可专干，法制、监察执法专干，培训内容为《城乡规划法》、规划编制、规划许可、规划监察执法以及听证、行政复议和行政诉讼等。

《湖南省实施〈中华人民共和国城乡规划法〉办法》（《实施办法》）于2010年1月1日起施行。为宣传和贯彻落实好《实施办法》，根据省建设厅关于开展宣传贯彻《实施办法》文件精神要求，市规划局宣传活动从2009年12月7日开始，于2010年1月7日结束，为期一个月。2009年12月29日为集中宣传日，市规划局在人民路步行街设立宣传台。宣传《实施办法》条文摘录及释义和部分城乡规划设计成果，向市民发放《实施办法》单行本2000余册，设置宣传条幅25条、宣传标牌18块。

从2012年起，市规划局在以往对执法人员进行业务培训的基础上，要求所有执法人员只有获得"行政执法证"后才能持证上岗。为达到这一目的，市规划局坚持定期组织法律法规知识集中授课。每季度，局领导轮流讲法规课，并进行典型案例解析。至2012年年底，市规划局公职人员学法用法考试参考率达100%。

第二节　办理、参与行政诉讼案件

1990年《中华人民共和国行政诉讼法》颁布实施。随着国家四个五年"普法"计划的开展，公民的法治意识随之增强，开始用法律武器维护自己的利益。

赵某不服市规划局事后认可案。在《行政诉讼法》颁布的第十一年，市规划局办理了第一个行政诉讼案件。2001年5月，原居住在西园小区的赵某因不服市规划局事后许可的行政行为，向常德市中级人民法院提起行政诉讼，要求市规划局撤销对开发公司颁发的行政许可证。这是《中华人民共和国行政诉讼法》自1990年实施以来，市规划局作为行政诉讼被告的第一案。1994年4月15日，赵某向市房地产开发公司购买了武陵区西园小区内商品房一套。1996年1月，开发公司在赵某所住房屋的西面山墙外，修建了一栋三层的物业大楼。1997年7月11日，市规划局作出了同意修建大门、传达室、信报间、物业楼及间隔内门面的行政许可。1998年11月，开发公司接着物业楼的北面修建了一栋两层的门卫楼。市中级人民法院在调查清楚事实的全过程后，作出了维持市规划局1997年7月11日对常德市房地产开发公司修建门卫楼事前予以许可的行政行为的裁决，撤销市规划局1997年7月11日对常德市房地产开发公司修建物业楼作出的事后予以认可的行政行为。2005年赵某不服一审判决，以"常德市规划局事后认可的具体行政行为侵犯了自己的财产权、相邻权"等为由，向常德市中级人民法院申请再审。2006年7月16日，法院以赵某房屋于2004年4月11日转卖他人，故不存在申诉所述多种侵权事实，且主张的损害赔偿属民事法律调整范围，超越了行政审判范围为由驳回了赵某的申诉。至此，历时6年的"赵某不服市规划局事后认可案"终于尘埃落定。

"明珠花园"C栋业主请求撤销建设项目行政许可案。 2003年，龚某等23位居住在"明珠花园"C栋的业主，不服市规划局对"金地香榭"建设项目的行政许可，请求市中级人民法院依法撤销该行政许可。经法院审理查明，"金地香榭"商住小区建设项目所占宗地是依法取得了计划、建设、环保、消防等部门的批准后，被告市规划局为其核发了"建设用地规划许可证"和"建设工程规划许可证"。"金地香榭"项目与"明珠花园"C栋间距符合《城市居住区规划设计规范》，不影响"明珠花园"C栋的日照和采光。"金地香榭"项目占用"明珠花园"使用的22平方米土地征得了"明珠花园"物业管理公司的同意，取得了国土部门的行政许可，并进行了土地补偿。市规划局在此基础上调整"金地香榭"项目规划用地总面积的行为不违反法律规定，因此法院维持了被告作出的行政许可行为并驳回原告其他诉讼请求。2004年7月16日，原告不服一审判决向湖南省高级人民法院提起上诉。二审法院以一审判决认定事实清楚，适用法律正确，驳回上诉，维持原判决。

居民告市规划局行政行为违法案。 2005年5月，尹某、刘某、方某和敖某不服市规划局2001年12月14日对"金陵大厦"建设项目发放的"建设工程规划许可证"，要求武陵区法院确认被告市规划局具体行政行为违法，并责令被告限期拆除金陵大厦或由被告比照相邻地段对原告进行拆迁补偿或安置与现住房同等条件的住房。武陵区法院以原告的诉讼请求超过了诉讼时效为由裁定驳回原告起诉。方某不服上诉到中级人民法院，二审法院以方某请求"判令常德市规划局限期拆除金陵大厦或由被告比照相邻地段对原告进行拆迁补偿或安置与现住房同等条件的住房"这一请求事项不是市规划局的行政法定职责，且其请求不属《行政诉讼法》调整范围为由，驳回上诉，维持原判。

居民张某告市规划局、市城管局强制拆除案。 2006年4月26日，张某不服市规划局、市城管局强制拆除的具体行政行为，向武陵区人民法院提起诉讼。经查，张某未经规划部门行政许可，在武陵区红卫居委会贺八巷其自有房屋旁修建偏屋。2004年9月15日，被告市规划局对原告的该行为立案调查，并于当日调查终结。2004年9月20日，被告联合市城管局作出《关于拆除违法建（构）筑物的通知》，责令原告2日内自行拆除，否则规划、城管将会同公安、巡警、交警、城建等部门依法组织强制拆除。该通知送达后，原告并未按期自行拆除。2005年3月，市规划局会同市城管局、市公安局武陵区分局等相关部门对原告的建（构）筑物强制拆除。法院以被告依法实行的职权行为经立案、调查取证、审批决定及送达等程序符合法律规定，故驳回原告诉讼请求。2006年11月26日，张某不服初审判决上诉至市中级人民法院。2007年1月31日，终审法院驳回张某诉讼，维持原判。

市规划局涉外行政案。 2006年5月29日，杨某以常德市电业局、市规划局武陵分局和鄢某为被告要求人身损害赔偿，向中级人民法院提出民事诉讼。经法院审理查明，2005年7月，杨某与儿子（均出生在法国）回中国探亲，居住在杨某母亲家中。2005年8月7日下午，因杨母家中喷洒驱蚊药，杨某便带儿子到邻居鄢某家休息。杨某儿子在进入二楼平台时，被距平台仅1.4米高的10千伏陵罗高压线击倒死亡。根据常德市安全生产监督管理局对这起事故的调查报告，造成杨某儿子电击死亡的直接原因是城区供电局的陵罗线与鄢某家房屋平台安全距离不够，且无任何警示标志；间接原因是市规划局武陵分局对鄢某擅自扩建房屋到第二层查处不力。市规划局在鄢某1998年违规建房时仅对其下达了停工通知书，并未责令其限期拆除，从而导致房屋与高压电线的垂直安全距离不够。鄢某明知上空有10千伏陵罗高压电线穿过，违规建房，使得所建房屋二楼与高压线垂直距离仅1.4米，且在杨某儿子玩耍时未尽告知义务。法院据此要求三被告赔偿杨某各项损失1 106 933.6元人民币，其中市规划局根据责任比例承担221 386.72元。这是市规划局受理的涉外行政不作为的第一案。从此，市规划局加大了对违法建设执法监察的查处力度。

湖南湘邮置业不服市规划局行政处理决定案。2010年11月11日，湖南湘邮置业有限公司不服市规划局于2010年5月13日作出的征收城市基础设施配套费的行政处理决定，向武陵区法院提出行政诉讼。原告认为"湘邮·紫金华庭"项目的实际建设单位是常德天德房地产开发有限公司，正是因为被告市规划局的延迟收缴行为致使配套费无法收缴，被告亦应承担相应的法律责任。法院经审理认为，市规划局作为常德市建设规划行政主管部门，有权向建设单位征收城市基础配套费，其做出的征缴程序正当合法。原告与天德公司签订的《合作开发协议》中明确约定"湘邮·紫金华庭"项目由天德公司以原告的名义对外开展开发建设工作，该项目的国有土地使用权证上登记的为原告，因此原告是"湘邮·紫金华庭"的开发建设主体，必然也是该项目城市基础设施配套费的缴纳义务人。被告作出的行政处理决定事实清楚，证据充分，适用法律、法规正确，且程序合法，法院予以维持。原告不服一审法院判决，中级人民法院对一审判决予以维持。这是公司为主体诉市规划局的第一案。

居民贵某告市规划局不公开政府信息行为案。2012年7月，贵某不服市规划局不履行土地征收政府信息公开法定职责向武陵区法院提出诉讼，诉称2012年5月9日，原告依据《政府信息公开》第十三条向被告申请公开"常德市储备工业用地（烟厂异地新迁1号地块）项目"之建设用地规划许可证及规划红线图，但被告未给任何答复。经法院审理查明，原告贵某向市规划局武陵分局申请政府信息公开，市规划局武陵分局在规定时间告知贵某获取政府信息的方式和途径。但原告并未行使获取政府信息的权利，未向市规划局申请政府信息公开。而且，被告在收到市规划局武陵分局移交的申请表后，已主动告知了原告贵某获取政府信息的方式和途径，而原告又再一次没有行使权利。据此，法院驳回原告贵某要求确认常德市规划局不公开政府信息行为违法及要求判令被告依法公开涉案政府信息的诉讼请求。

第三节　受理行政复议案件

1999 年 10 月 1 日，《中华人民共和国行政复议法》颁布实施。2003 年 6 月，市规划局受理了第一起行政复议案件。胡某不服市规划局一分局 2002 年 12 月 16 日作出的"限期拆除违法建筑"的行政处罚决定。经市规划局审查，该行政处罚决定事实清楚，适用依据正确，程序合法，处理适当，维持了一分局的行政处罚。12 月，常德市法制办受理了杨某不服市规划局作出的《限期拆除通知书》的复议申请。复议机关以"申请人杨某的建筑应属违法，但不在规划法律规定的严重影响规划范围之列，不构成规划法定的拆除条件"为由，撤销了市规划局《违法建设限期拆除通知书》。

随着监察大队对违法建筑认定工作的进行，2005 年，行政复议案件呈增加趋势。在市规划局法制科处理行政复议案件 7 起案件中，除畔池街五十号居民组不服"左右领寓"建设项目规划设计方案外，其余皆因《违法建设限期拆除决定书》而被复议，这些复议案件均被市法制办维持具体行政行为。

2006 年 1 月 18 日，市规划局收到申请人冯某关于要求撤销汉寿县建设局《限期拆除决定书》的复议申请。这是《行政复议法》实施以来市规划局受理的第一个对县（市）规划部门具体行政行为不服的行政复议案。经审理查明：申请人冯某未经被申请人批准于 2005 年 9 月擅自在汉寿县建设西路东侧占用道路红线修建住宅，严重影响了城市规划，依法应予拆除。市规划局维持了汉寿县建设局的《限期拆除决定书》。

2009 年 2 月 28 日，常德市工商行政管理局武陵分局向市法制办提出复议申请，请求撤销市规划局认定新一村市场管理间为临时建筑的确认书。经市法制办审理查明：1984 年 12 月至 1985 年 5 月，原常德市工商局根据常德市委、市政府要求，新建常德市新一村农贸市场，并在原市国土、规划部门办理相关审批手续。1985 年 5 月中旬，原市工商局在新一村路口邻市电力局东北角围墙处，新建新一村农贸市场管理间两间半，但未办理任何规划手续。2004 年 11 月，通过公开招标，市工商局武陵分局将其永久经营权分别出售给该局工作人员易某、杨某和社会人员肖某。2008 年 12 月，因常德市"电力南苑"工程建设拆迁需要，建设施工单位委托常德市中房拆迁安置事务所向被申请人市规划局申请确认房屋建筑性质。2009 年 1 月 7 日，市规划局向市工商局武陵分局发出了《提交证据通知书》。至 2009 年 1 月 15 日，市工商局未提交相关证据，故市规划局将上述建筑物确认为临时建筑。市法制办因此维持了市规划局的具体行政行为。该行政复议是行政单位复议市规划局的第一案。

根据中共常德市委、常德市人民政府《关于进一步理顺城市管理体制的意见》，市规划局将行政处罚权转移到市城管部门集中行使，因此至 2009 年 9 月之后，市规划局被复议的案件便逐年减少，各县（市）向市规划局申请复议变成行政复议案件的主体。

2010 年，安乡县启动经济适用房和廉租房工程，刘某等 12 人以安乡县规划局作出的"建设用地规划许可证"未履行告知义务和未履行听证程序，侵犯了申请人在安乡县城关镇围庵村土地承包经营权为由，要求市规划局确认被申请人作出的具体行政行为违法并依法予以撤销。经过审理查明，市规划局对安乡县规划局作出的具体行政行为予以维持。全年市规划局处理行政复议案件 5 起，其中 4 起均以安乡县规划局为行政复议被申请人。

随着安乡县"白云廉租小区"二期工程的推进，市规划局 2011 年—2012 年，受理 3 起行政复议案件，均涉及安乡县深柳镇文昌湾社区房屋拆迁问题。岳某等以安乡县规划局不履行公开"白云廉租小区"《项目选址意见书》、"建设用地规划许可证"等政府信息法定职责为由，向市规划局申请行政复议，均被复议机关责令被申请人根据《中共人民共和国政府信息公开条例》予以公开。两年间，收到雷某等要求撤销安乡县规划局作出的"白云廉租小区"《项目选址意见书》、"建设用地规划许可证"的复议申请 3 起，常德市规划局经调查审理之后，维持了安乡县规划局作出的具体行政行为。

第四节　办理房屋认定（行政确认）手续

市委、市政府为提升城市整体水平和档次，2001 年 6 月提出在东起红旗路，西至芙蓉路，南起沅安路，北至洞庭大道区域实施城区旧城改造。

2003 年，城东半边街进行改造，因半边街私房众多，建房无证和大量违章建筑同时存在，需要进行规范处理，市政府副市长刘剑英委托市城区改造指挥部副指挥长张国政组织市规划局、市国土局、市法制办等单位进行专题研究，提出对不同历史阶段修建（搭建）的房屋建筑要区别对待，对规划部门认定为严重违反城市规划，乱搭建的房屋建筑，规划部门要组织拆除。经过规划部门数月的工作，对这一地段所有修建（搭建）的建筑进行了认真鉴别，对该区域的违法建筑由市规划部门和业主申请人民法院强制拆除。

2007 年，一批市政府重点工程开始启动，紫缘路、三闾路（青年路—人民路）等项目做前期准备工作。市规划局应市征地拆迁事务处和有关部门要求，对被拆迁房屋进行认定。7 月，为让市城市规划区征地拆迁范围内建（构）筑物法律性质认证工作顺利进行，市规划局、市国土局、市城管局联合出台了工作方案，成立了常德市城市规划区征地拆迁范围内建（构）筑物法律性质认定工作组，办公室设市规划局法制科。

　　2008 年 5 月，市规划局就征地拆迁范围内房屋性质认定问题召开专题会议。会议就征地拆迁房屋性质工作中遇到的特殊情况：规划未审批，但有国土证；已办理了房产证；乡政府已批准建房，并发了简易证件；有相关拆迁安置证明；有用地资格证书；有建房许可证；区政府已批准建房等 6 种情况进行研究，作出决定：1. 已经规划部门审批的，依法认定为合法建筑。出具认定结论为"合法建筑"。2. 未办理任何建房手续的，认定为违法建筑，出具结论为"违法建筑"。3. 未办理任何建房手续，但已由规划部门处罚了的，出具认定结论为"符合规划要求"。4. 1994 年前建房的，有简易批件的，认定为历史遗留问题，出具认定结论为"历史遗留问题"。"历史遗留问题"按国办发明电〔2003〕42 号文件由征地拆迁部门处理。5. 1999 年之前，只要是因市政工程拆迁，并且有拆迁指挥部的安置证明的，均认定为历史遗留问题，出具认定结论为"历史遗留问题"。6. 1995 年后，未经规划审批，仅有国土证或其他证明的，认定为违法建筑，出具结论为"违法建筑"。按照这一决定，市规划局向有关部门提供三间路（青年路—人民路）房屋认定 57 份。10 月，《湖南省行政程序规定》施行，提出行政确定是行政机关行政执法的具体行政行为。是年，市规划局对不严重影响城市规划、无消防安全隐患、四邻无矛盾纠纷的，办理行政确认手续，该年共办理行政确认 32 份。

　　2011 年 5 月，市规划局出台《关于城市规划区内违法建设处理办理规划手续工作的意见》，对违法建筑通过整改，基本符合规划要求（满足结构、消防、电力安全要求）的，并且已经处罚（理）完毕的，严格审查，按程序报批后，可以办理《行政确认书》。此后，行政确认工作更加规范。

办理房屋认定（行政确认）手续统计（2005—2012 年）

表 4 - 3 - 4 - 1

年　份	房屋认定手续		行政确认手续	
	份数	面积（平方米）	份数	面积（平方米）
2005	5	348.18	2	145
2006	3	216.7	11	2547.8
2007	35	3864	1	75.6
2008	57	6541	32	33275.83
2009	15	1557.8	17	6586
2010	3	246	12	7385
2011	2	154.6	18	199073.5
2012	3	264	12	9855

第五节　制度建设与执法监督

一、制度建设

1989 年 2 月，市规划处印发《工作职责及规章制度》，明确了市规划处职责范围，明确了综合科、人事教育科、规划科、红线科工作职责，对规划监察站工作职责从 6 个方面予以规范。制定工作纪律、财务管理制度、办公会议制度、考勤请假制度、清洁卫生制度等。10 月，市规划处印发《关于职工生活福利管理的若干规定》。

1991 年 2 月，市规划处制定并印发了《机关工作岗位责任制》，进一步明确了处领导、中层骨干和一般干部的岗位职责。5 月，市规划处制定下发《有关工作程序和制度》《常德市城市建设用地审批暂行规定》《建设工程规划审批程序》（内部暂行稿）、《常德市城市居民私人建房审批暂行规定》《常德市违法建设处罚工作暂行程序》《建设用地规划审查要点（试行）》《建设单位总平面图审查要点（试行）》《私房建设工程审查要点（试行）》等。

1992 年 2 月，市规划处修订完善《机关工作岗位责任制》。3 月 25 日，出台《常德市城市规划管理处内部业务工作承办制度》。

1993 年 1 月，市规划处颁布《常德市城市规划管理试行办法》。

1999 年 4 月，市规划局制定《常德市各项专业规划基本要求》。

2003 年 5 月，根据《城市规划法》和省政府《关于加强规划监督管理的通知》精神，由市规划局工程科牵头制定"建设工程规划许可证"正、副本制度。8 月 4 日，市规划局下发《关于实行"建设工程规划许可证"正、副本制度的通知》，要求各建设单位只有在建设工程规划验收合格之后才核发"建设工程规划许可证（正本）"，否则不得向房产管理部门申请核发房屋所有权证。8 月 15 日，"建设工程规划许可证"正副本制度正式实施。

2004 年 12 月，根据《中华人民共和国行政处罚法》和《常德市人民政府令（第 2 号）》《常德市行政执法责任制暂行办法》的规定，制定了《市规划局行政执法责任制》。法制科从规划监察执法大队独立出来，实行真正意义上的查处分开。

2005 年 8 月 3 日，市规划局印发《〈常德市建设工程规划验收管理规定〉的通知》，制定了规划验收的一套完整制度并为联合验收打下了制度基础。

2009 年 3 月，随着《城乡规划法》《湖南省行政程序规定》等法律法规的相继出台，市规划局组织起草和修订《重大行政决策程序规定》《行政确认制度》《处罚程序规定》

《案审会制度》《听证程序规定》等规章制度，进一步完善管理制度体系。3月23日，常德市人民政府颁布《常德市城市规划区内私人住宅建设管理办法（试行）》。《办法》共六章二十一条，对规划区内私人住宅建设的新建、改建、扩建等建设行为予以规范。5月24日，为了进一步优化政务服务环境，提高建设工程竣工验收工作效率，建设人民满意政府，根据《常德市人民政府关于深入推进行政审批制度改革加强政务中心建设的意见》精神，由常德市规划局起草，常德市人民政府颁发《常德市建设工程竣工联合验收实施办法》。《办法》构建了市规划局牵头组织，市建设局、市公安消防支队、市人防办、市环保局、市气象局、市水利局、市国土资源局、市园林局等单位参与验收的新格局。9月20日，市规划局颁布《城市空间环境规划管理的规定》和《建设项目规划管理的若干规定》。《城市空间环境规划管理的规定》共二十三条，对项目容积率、临街建筑面宽和控制高度、建筑间距等多个方面予以规定，进一步加强了城市规划对城市土地利用和城市空间环境的调控作用。《建设项目规划管理的若干规定》共五章十八条，明了了建设工程规划许可公示制度，要求建设单位和个人在施工现场公示并设置建设工程许可公示牌。10月19日，为了进一步规范临时建设规划审批管理行为，市规划局颁布《临时建设规划审批暂行规定》。《规定》共十一条，规范了临时建设申报时所需的资料和审批程序等。11月25日，市规划局颁布《加强土地使用性质和强度管理的规定》，明确了规划变更的条件和变更程序。

2010年4月21日，为了解决控制性详细规划尚未全覆盖的矛盾，常德市规划局颁布了《控制性详细规划图则管理暂行规定》。《规定》共四章八条，对规划图则的编制、审查、公示和审批作出详细规定。12月，根据市委、市政府关于规范权力运行制度建设的工作部署，常德市规划局编印了《规范权力运行制度汇编》。全书采用分类、分项集合的方法，按照"一项权力建立一项制度"的原则，对职责职权、工作流程和管理制度三大类进行规范，突出提升工作效能和预防腐败两大目标，实现了规划管理部门权力配置科学化、行政裁量权标准化、行政程序规范化，使行政行为在阳光下运行。

2010年7月30日，常德市规划局颁布《常德市规划管理行政处罚自由裁量权基准》，《基准》共十二条，将违法行为分为"特别轻微、轻微、一般、严重和特别严重"5种，针对不同的违法行为处以不同的行政处罚，严格规范了城乡规划行政处罚自由裁量权。

2011年10月10日，常德市规划局、常德市国土资源局、常德市住房和城乡建设局和常德市房地产管理局联合下发《常德市城区住宅建设项目配套公共用房和设施建设管理规定》。《规定》共十八条，对公共用房和设施的所有权限、配置要求、房产测绘和验收作出了详细规定，从而提升了常德市房地产开发品质，优化了小区居住环境，保护了当事人的合法权益，12月27日，常德市规划局印发《关于总平面图、建筑单体设计修改管理规定》，共六章十四条。《规定》从适用范围、修改条件、修改原则、修改程序以及监督和处罚方面规范了总平面图、建筑单体设计的修改。

2012年5月15日，《常德市市政工程规划管理办法（试行）》由常德市规划局起草，常德市人民政府颁发，共二十八条。《办法》详细规范了市政工程的定义、适用范围、审批程序等，从此弥补了管线规划法治空白。

二、执法监督

2004年12月，市规划局出台《常德市规划局行政许可实施与监督工作细则》（试行），提出对行政许可相对人实施行政许可事项活动的情况进行监督，市规划局法制科对市规划局的各项行政许可项目及对行政许可项目的执行情况开展了定期不定期检查。

2007年，市规划局推行行政执法责任制试点工作。1月，市纪委组织市政府督查室、市法制办、市优化经济环境监督室、行政相对人、《常德日报》等单位和个人60多人，对市规划局的职责、执法程序、监督考核办法等提出意见和建议。同年，市规划局个别科（室）出现审批超时问题，市局党组启动《常德市规划局行政过错责任追究办法》，责令相关科室工作人员写出检查。

2008年9月，市规划局出台《行政许可监督检查制度》，制度规定在四个方面进行检查：一是规范化文件是否存在设定或者规定行政许可的情况，二是是否存在违法授权或者委托实施行政许可的情况，三是实施行政许可过程中是否存在违反法定条件、标准和程序的情况，四是是否存在违法收费或者不按法定项目和标准收费的情况。10月，对行政许可监督进行自评。行政许可工作制度方面建立了8个相关制度，对其开展行政许可监督案卷质量检查，检查结果是所有项目均纳入批后监管、监督检查，主体、形式、程序、行为均规范。

2011年，市政府开展"公正执法年"活动和"百岗千卷万名执法人员社会大评议活动"。为此，市规划局法制科组织了《市规划局规范权力运行制度汇编》，强化行政执法人员的资格管理，并设立行政执法监督举报电话，加强对全局行政许可案卷和行政处罚案卷检查。

2012年，市规划局转发市法制办《行政处罚案卷评议标准》和《行政许可案卷评议标准》，市规划局法制科按上级部门的要求对科（室）、分局、监察支队的行政许可文书与行政执法文书进行了清理和规范。11月，邀请市人大代表、政协委员、市法制办、行政相对人等行政执法案卷展开公开评议活动，查找问题，规范标准。

第六节　听　证

1998 年，市规划局规划监察站实行查处分家，法制科与规划监察站实行两块牌子、一套人马的体制。规划监察站开始对违法建设的单位或个人下达"关于对违法建筑进行行政处罚组织听证会的通知"和"违法建设单位（个人）关于对听证意见的回复函"，告知违法建设当事人听证的时间、地点。

1999 年，市规划局对听证文书进行修改，修改后的"常德市城市规划局行政处罚案件听证告知书"，下达的主体是市城市规划局，告知当事人可以要求听证，并告知其接到告知书之日起三日内提出是否听证的意见，否则，视为自动放弃听证权利。此后，市规划局对每起规划监察案件都下达听证通知，但很少有人要求听证。

《湖南省行政处罚听证程序规定》自 2001 年 5 月 1 日起实施，根据该规定，市规划局进一步规范了违法建设行政处罚案件的听证程序。行政处罚案件通过下达听证告知书，告知当事人依法享有要求听证的权利。

2002 年 7 月，武陵区南坪乡花山村丁某未经规划部门批准，在花山路旁擅自修建住宅，市规划局武陵分局下达文书后，当事人向市规划局要求听证。这是依法申请听证的第一个案例。

2004 年，对"行政处罚听证告知书"又做了进一步的完善，告知文书增加了行政处罚种类。行政处罚共分三类：整改并处罚款；限期拆除违法建设；没收违法建筑物、构筑物或其他设施。5 月，柳叶湖旅游度假区七里桥村黄某在 207 国道绿化带中修建餐馆。市规划局柳叶湖分局下达了"行政处罚听证告知书"，但黄某过了听证法定期限，提出要求听证，市规划局作出了"关于不予听证的决定"。7 月，《中华人民共和国行政许可法》颁布实施。从 2005 年开始，举行听证会逐步多了起来。市规划部门在行政处罚、行政许可、重大事项等三方面开展听证。是年，行政处罚听证会举行了 5 次，行政许可听证会举行了 3 次，重大行政许可事项听证举行了 1 次。5 月，因城区主干道道路与常张高速连通，市政府拟对柳叶路西段进行改建，市规划局组织了市财政、市建设、市交警等部门参加柳叶路续建及改建听证会。柳叶路原道路宽度 50 米，变更后，以武陵大道为界，以西道路宽度扩建至 70 米，市规划局作出了听证报告，听证结果为柳叶路扩建符合规划和顺应民意，同意许可。

按照市政府规定，2009 年起凡重大行政决策都需要举行听证。

2010 年，《常德市城市总体规划（2009—2030）》修编草案工作完成。根据市政府的要求和 2007 年颁布的《城乡规划法》第二十六条之规定，城乡规划报送审批前，组织编制机关依法听取专家和公众的意见。市规划局于 4 月 28 日举行了《常德市城市总体规划（2009—2030）》修编听证会。

2011 年，市规划局举行了有部分市人大代表、市政协委员、市民代表和相关部门人员参加的听证会。听证会前 30 天，市规划局在市人民政府网站发布公告，公告听证代表的组成及产生方式，报告参加的地点与时间。听证会后，市规划局在政府网站发布了《关于常德市城市综合交通体系规划听证会采纳与不采纳意见》的公告。2012 年 12 月，以同样的方式，在市规划局举行了《常德市城区户外广告规划》听证会。

第七节　处理来信来访

1988—2001 年，市规划处信访工作由综合科办理。这一时期的群众信访以咨询为主，主要是咨询路网建设规划。2001 年 12 月，市规划局信访工作归口办公室办理，办公室开始安排专门工作人员负责接待处理群众的来信来访。

2001 年—2005 年 10 月，市规划局负责对城市规划区内的各项建设活动实施规划监察，参与对违法建设的调查取证并负责实施处罚决定，组织规划区范围内违法建设项目的拆除行为。这一时期的群众信访诉求主要是反映乱搭乱建和私房违法建设举报。2005 年 3 月，新光社区居民到市规划局信访接待室反映新光社区内有人违法建设土地庙。市规划局高度重视，经调查，情况基本属实。该违法建筑位于市图书馆与市烟草专卖局之间通往新光小区道路旁。社区个别居民封建迷信思想严重，不听劝阻，不肯拆除违法建筑，并阻挠执法行为。7 月 29 日上午，以规划部门为执法主体，由武陵区优化办、城管、国土、公安和新光社区组成的工作组对该违法建筑进行了强制拆除。

2005 年 4 月，市规划局建立局长接待日制度，每月逢五日为局长接待日（节假日顺延）。5 月，常德市规划局成立处理信访突出问题及群体性事件办公室，建立处理信访事项公开听证制度及信访举报工作机制。从 2006 年 3 月开始，根据全市处理信访突出问题、群体性事件暨信访工作会议精神，局长接待日改为每周一次。12 月，印发《常德市规划局信访工作管理办法》，规范了信访受理程序，明确了信访工作处理办法和责任追究办法。此后，市规划局注重把解决信访问题与平时工作相结合，实施"阳光规划"和"创满意活动"，对涉及城市公共利益和重点地段的详细规划、城市重大的公共建筑或可能对第三者利益产生直接影响的规划项目采取网站发布、登报、张榜、挂牌等形式进行公示公告；有效组织矛盾纠纷集中排查调处工作，把矛盾化解在萌芽状态，信访总量逐年下降。

2005 年 11 月后，市政府将市规划执法职能部分剥离划转给市城管局，市规划局只负责查处改变审批内容的违法建设。这一时期的群众信访诉求主要是规划审批影响通风采光等第三者利益以及违反建设工程规划许可证规定进行违法建设。为及时控制和妥善处理群体性冲突事件，维护社会稳定，按照市应急管理工作会议精神，2007 年 4 月，印发《常德市规划局应急处置群体冲突事件预案》。依照预案，市规划局建立应急处置群体冲突事件预警机制，成立工作机构，明确职责与分工，制定了应急响应和后期处理措施。11 月，市规划局收到武陵区原德诚小区业主信访件。反映强劲房产公司违规修建雅馨苑会所，对周边住户造成影响。11 月 20 日，市规划局执法监察大队对强劲房产公司的违法行为进行了立案调查，责令其停止建设并要求将其会所单体工程项目重新设计方案报市规划局审批。根据业主要求，2008 年 1 月 16 日，市规划局依法组织了该项目公示方案的听证会。

为了规范信访事项的复查、复核工作，保护信访人的合法权益，维护信访秩序，根据《湖南省信访事项复查复核暂行办法》，2008 年 2 月，市规划局成立信访事项复查复核工作小组。是年，为响应全国统一开展的县委书记大接访活动，市规划局组织班子成员同步开展大接访活动，每个工作日均安排局领导值班接访，畅通信访渠道，化解信访积案，维护社会稳定。11 月，市规划局信访专干夏炜根据规划局信访工作的实际，对规划局信访接待情况进行了认真总结，在《常德通讯》上撰文《做好信访工作 促进社会和谐》，把市规划局做好信访工作的主要经验概括为：领导重视是关键、解决问题是根本、以诚相待是前提。

随着互联网的普及，有很多市民开始在网上提出自己的信访诉求，为适应这一新变化，2009 年，市规划局开通市民网上诉求快速回复系统，顺利实现了及时掌握网上信访动态，第一时间进行网上回复，进一步畅通了信访渠道，方便了群众。2009 年至 2012 年，共及时回复市民网上诉求 277 例。

2009 年 7 月以后，原由市规划局行使的未按照建设工程规划许可证的要求建设的行政处罚权，移交给市城管局。市规划局负责对城市规划区内的建设进行日常管理与监督检查，对违法建设行为依法予以制止并移交市城管局处理。这一时期的群众信访诉求仍然集中在私房违法建设举报、规划审批影响通风采光等第三者利益以及变更使用性质和用途等。2012 年 1 月 4 日，市规划局接到信访举报，反映有人在朗州北路西侧违法修建"湖光山色"农家乐。经调查，情况属实。市规划局柳叶湖分局当即立案并下达了停止建设通知书，按照城管体制改革确定的职责，提出拆除处理意见后，于 2012 年 1 月 9 日移交市城管局处理。

2001 年至 2012 年，市规划局共收到群众来信 3000 余封，接待群众来访 4200 余人次，受理市长信箱交办件 92 件，回复率达 100%。

第八节　办理建议、提案

1998—2002年，市人大代表、市政协委员（以下简称代表、委员）反映的问题集中表现在旧城改造方面。为推进旧城改造工作有序开展，市规划局组织编制了相关地块的修建性详细规划及路网规划，有效地指导了金钻广场、红卫社区、彩滨市场等地块的改造工作。2002年以前，涉及规划方面的建议、提案由常德市建设局统一办理。2002年1月后，建议、提案办理工作归口市规划局办公室办理。随着办理建议提案机制的健全，方式的创新，收到的实效不断增强。

随着全市经济社会的快速发展，代表、委员参政议政的积极性不断高涨，提出的建议、提案数量逐年递增。2002—2012年，市规划局共承办全国、省、市人大代表建议和政协提案主办件244件，办结率、见面沟通率、满意和基本满意率、问题解决率逐年上升。自2004年起，市规划局建议、提案办理工作实现办结率、见面率、满意和基本满意率三个百分之百的工作目标。2004年，市规划局共接到市人大四届二次会议代表建议主办件8件，市政协四届二次会议委员提案主办件7件，武陵区政协十届三次会议委员提案主办件1件，是市直单位中的承办大户之一。市规划局指定专人负责建议、提案办理工作的综合协调，在交办建议、提案时按照"分级负责、归口管理"的原则，做到"五定"：定人员、定任务、定时间、定质量、定领导。对业务性非常强的建议、提案邀请领导、专家和业务骨干召开专题会议进行研究。市人大代表罗耀权提出的"城中村"的建设与管理问题，既是一个综合性的社会问题，也是规划的热点、难点问题。市规划局组织局专业技术人员（国家注册规划师、高级工程师）加强调研，拿出调研成果；同时向市政府请示，在新光和皂果两地进行村民进公寓式住宅安置试点。尽管解决城中村的问题需要一个过程，但市规划局所做的工作赢得了罗耀权代表的理解和支持。通过办理建议、提案，解决了很多代表委员普遍关注，基层群众反映强烈的热点、难点问题。2008年3月，市规划局建议、提案办理工作联络员夏炜根据规划局建议提案办理工作的实际，对规划局建议、提案办理工作情况进行了认真总结，在《常德政协》上撰文《办好政协提案、促进规划管理》。从落实目标管理、强化制度保障、注重解决问题和提高办理质量四个方面总结了市规划局建议、提案办理工作的做法和经验。

2011年，按照《常德市人民政府人大代表建议和政协提案办理工作规定》要求，市规划局把建议、提案办理工作作为"一把手"工程，落实"主要领导负总责、分管领导牵头抓、责任科室具体办"的层级责任体系，并对交办、承办、审核、答复、督办、回访、总结、考核等作出明确规定，推动了建议、提案办理工作的规范有序。2012年，正式启用了建议、提案信息化管理系统，建议、提案办理工作顺利实现网上交办、网上答复、网上征求意见，提高了办理效率，增强了办理工作的透明度。

2003—2007年，代表、委员反映的问题集中表现在宜居城市建设和配套城市功能方面。为使代表、委员反映的问题得到解决，市规划局认真开展调研，并积极向市委、市政府汇报。2008年2月，市政府召开市长办公会研究确定启动新一轮的城市总体规划修编。2011年9月，《常德市城市总体规划（2009—2030）》经省人民政府正式批准实施。市规划局以新的城市总体规划为指导，组织编制了各类专项规划，新区全覆盖编制控制性详细规划，重点地段编制修建性详细规划及城市设计。

2006年，陈本祥代表在市人大四届四次会议上提出建议，将常德市会展中心、常德市大剧院建在柳叶湖，将部分城市功能向柳叶湖转移。市规划局对此建议进行了认真研究，依据《北部新城沾天湖以南规划设计》开展规划选址，经过反复论证、现场调研，最终将会展中心、大剧院选址在泉水路以东、环湖大道以西，总用地面积约61公顷。

随着经济飞速发展和人民生活水平不断提高，汽车越来越多地进入百姓家庭，常德市城区特别是江北旧城区的交通出现了日趋拥堵的现象。2008—2012年，代表、委员反映的问题集中表现在市城区交通拥堵、停车难等方面。

2010年，范国军代表在市人大五届三次会议上提出《关于改善城市交通拥挤和停车位紧张的建议》，鲍虹宇委员在市政协五届四次会议上提出《关于解决常德市城区中心区域停车难问题的提案》。为了突出重点，办好这些建议、提案，市规划局从城市发展、功能分区、用地布局、城市对外交通和路网规划、重大公共建筑选址、公共交通建设等多方面加以研究，用城市规划来正确引导交通建设，并制定相应的对策措施，从根本上缓解了道路交通以及停车的问题。加快交通和城市环线建设，打通城市向东、向南出城口；科学规划城市内部道路，形成合理的交通网络；大力完善交通体系，新建、续建城市主次干道和巷道；大力实施公共交通优先的发展策略，抓紧编制公共交通规划和快速公交线网规划，通过统筹安排公共交通线路、站点布局，方便居民就近乘车，并使各线路间便捷换乘；严格规划管理，确保停车泊位配建到位，合理增加停车泊位，以解决停车难的问题。

第四章 规划展示馆与信息化建设

第一节 规划展示馆建设

为加快文化名城建设，2008年11月，市政府常务会议决定启动规划展示馆的建设。常德市规划展示馆，是市芙蓉文化中心的重要组成部分，是常德市文化名城建设的一项重要内容。2008年12月5日，市规划局组织了规划展示馆土建方案招标，2009年1月16日，对招标方案组织了评审，确定由湖南大学建筑设计院对

图101：常德市规划展示馆开馆典礼

规划展示馆土建工程进行深化设计。规划展示馆选址于白马湖文化公园内，北临柳叶大道，南倚白马湖。2009年9月土建工程开工，由常德市城建投龙马项目管理有限公司负责建设。规划展示馆主体建筑地面4层、地下1层，高23.8米，总建筑面积10 166平方米，工程投资6600万元，2011年2月主体工程建设竣工。

图102：鲁班奖奖牌

常德市规划展示馆布展及装饰工程实施性方案设计于2011年3月24日进行招投标，确定由上海风语筑展览有限公司负责规划展示馆的布展及装修深化设计。布展及装修工程于2012年6月6日进行招投标，确定由上海同济室内设计工程有限公司和湖南奥克信息技术有限公司负责展示馆一至四层的布展装修。装饰面积约9600平方米，布展面积约7000平方米，布展装修工程经过5个月夜以继日的奋战，于2012年12月28日揭牌开馆迎接全市"两会"代表参观。

常德市规划展示馆荣获"中国建设工程鲁班奖（国家优质工程）"，是常德市第一个获此殊荣的建设工程。

图 103：常德市规划展示馆全景图

第二节　城乡规划展示

常德市规划展示馆采用大量高科技声光电技术，融入虚拟主持人、全息成像、幻影成像、电子翻书、历史场景复原、魔镜墙、体育运动模拟体验、动感踩吧、总规模型、4D影院、2D影院等展示环节，有多项展示手段为国内首创，是一座集展示和宣传城市形象的窗口、招商引资和规划业务交流的平台、科普教育和爱国主义教育的基地等多功能于一体的综合型规划展示馆。

规划展示馆以"都市桃源、梦里水乡、现代常德"作为展示主题，诠释常德城市价值。展馆共分 4 层，陈列分为"印象常德、武陵风华、迈向未来"三大展示区：一层展示主题是"印象常德"，主要介绍常德历史文化概况和现状。设置了 6 个展区，分别是："城市客厅""领导关怀""触摸城市""历史名人""华夏第一城""阳光规划"。二层展示主题是"武陵风华"，主要展示常德历史发展变迁、山水风光和建设成就，设置了 8 个展区，分别是"古城记忆""古城建置沿革""常德会战""名城保护""常德砖城""山水篇""成就篇""寻找家园"。三层与四层展示主题是"迈向未来"，主要介绍常德市城市总体规划、交通与旅游、重点建设项目、重点片区、重点产业、生态景观规划和区县（市）规划等内容，设置了 15 个展区和 3 个影院，分别是"总体规划""交通规划""生态规划""重点项目规划""畅游柳叶湖""桃花源之旅""两型常德""魅力常德""游在常德"

"产业规划""招商平台""北部新城""畅想桃花源""缤纷区县""和谐常德"；三大宣传展示片：总规大模型展示区由总规大模型和解说片、舞台灯光组成，位于三层中心区域，模型面积约510平方米，由江南城区、江北城区、柳叶湖度假区、德山城区组成，全面介绍了桃花源里的城市——常德未来20年发展的美好蓝图；2D影院，位于三层南侧，屏幕全长29.6米、高6米、倾斜45度，为全国规划馆之最，12台进口投影机同步播放影片《诗画常德》，采用唯美的拍摄手法，分"脉、风、迹、景"四个主题介绍市域范围内的人文历史、山水风光、民俗风情、旅游度假等内容；4D动感影院，位于四层东侧，屏幕长13.1米、弧度130度，3台英国进口DP投影机采用主动投影方式播放3D影片，液压动感座椅与影片同步动作形成4D效果，可容纳48人同时观看。影片《远航》运用三维动画制作，主要介绍常德城市建设的过去、现在和未来，观影者跟随3D动画和动感座椅体验城区漫游，充分感受常德城市区域中心、交通枢纽、生态宜居的城市定位和山水交融的城市魅力。

图104：规划展示模型图

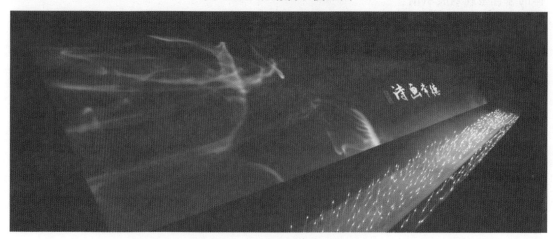

图105：规划展示馆2D影院

第三节　规划信息化建设

　　2003 年，常德市规划研究中心开始建设湖南城乡规划信息港常德分站，2004 年，建设基本完成并开始发布各类信息。2005 年，建设工程规划许可公示在网站上发布。2006年，应常德市电子政务办要求，网站整体迁移到常德市政府门户网站，由常德市规划研究中心负责更新维护。规划网站设立了政务公开、规划动态、规划管理、区县规划、政策法规和网上办事等栏目，每个栏目都不定期地对各类信息进行更新维护，各类信息的发布严格按照保密程序和制度进行。为完善其功能，网站经多次改版，提升各项功能水平。

　　为进一步提升行政效能，规范规划管理工作，常德市规划局于 2005 年建立了常德市规划管理信息系统——规管 2000，实现了常德市规划局统一规划，统一管理，实现了"一书两证"业务审批的图文表一体化管理；实现了对地理信息（地形图、规划数据、图形审批数据等）的有效管理。2010 年，伴随着 3G 时代的来临，信息技术飞速发展，规管2000 办公系统已无法满足工作需求，表现在图形资料管理复杂，图形转换复杂，对图形资料要求高，设计单位难以适从；绘图效率低下，经办人员每天要把大量的时间花费到绘图工作中，费时费力；分局及规划行政许可办公室亟待纳入规管系统的统一管理，达到集中管理和资源共享的目的；市政工程和规划监察系统亟待建立并完善。2010 年 11 月，市规划局向常德市人民政府递交了《关于规划管理信息系统升级改造的工作请示》，并获得了批准，得到常德市电子政务办、常德市财政局的大力支持。市规划局规划管理信息系统升级改造工作于 2012 年 7 月完成了政府采购，进入施工阶段。2012 年 10 月，常德市规划局制定了《常德市规划局 2012—2015 年信息化发展规划》。2013 年 1 月，常德市规划局中心机房建设、网络改造基本完成，常德市规划管理信息系统框架搭建基本完成。常德市规划局建立了覆盖整个规划区范围，集成所有规划管理业务的电子政务系统，形成全市一张图，建设集效能、质量和服务保障为一体的数字化、网络化、集成化的规划管理信息系统、OA 行政办公系统，满足了规划编制、业务审批、监察及政务公开、资源共享的需求。同时为市政府及市直部门信息化建设、"数字常德"建设提供相应的支持。

第五章　测绘与测量

第一节　城市地形图测绘

常德最早地形图是清同治《武陵县志》刊载的常德县"县境全图"，比例尺为"每方二十里"，县境全图除标明主要乡市、山脉、河流、湖泊外，尚有县界四方至相邻县主要乡市的距离。

1936 年，常德县政府绘制出常德城区《实测户地图》，共测街巷 169 条，计长 33190 米，面积 161457.5 平方米。1947 年，常德县政府议将县署由城区迁到德山。为比较两地建制利弊，县城市计划建设委员会配合湖南省建设厅，先后对城区和德山进行地形、地质勘测。

中华人民共和国成立后，1956 年 8 月，常德市完成德山至黄茅岭一带线形锁选点和城区线形锁导线点标注。1958 年，常德市在武汉测绘学院协助下，先后完成德山地区 100 平方千米控制测量和 60 平方千米地形测量。1959 年 1—3 季度，常德市测量队在中央和湖南省联合选厂工作组指导下，完成郊区 30 平方千米控制测量和 60 平方千米地形测量，并对城区及德山进行地形图测量和水源、地质勘探。

20 世纪 70 年代末至 80 年代初，常德地区内各市、县开始编制总体规划。常德地区建设委员会组织专门力量，在南京大学和湖南省地质测绘大队等单位帮助下，相继完成常德市、津市市及各县县城局部地形测绘任务。

受常德市建委的委托，湖南省测绘局于 1984 年在常德市城市规划区内建立德山独立坐标系。德山独立坐标系是利用已知国家三角点的平面坐标反算为大地坐标，再将起始点的大地坐标正算为通过测区中部的德山 Ⅱ 等三角点为中央子午线的高斯平面坐标、边长、方位角。德山独立坐标系中央子午线为 111°41′28″.0884，横坐标值一律加 500 千米，要求在常德市城市规划区内从事城市测量、设计、施工的单位统一采用 1984 年德山独立坐标系和 1956 年黄海高程系。

1984 年至 1986 年，常德市建委规划勘测室配合湖南省测绘局完成城市规划区大地控制测量和导线点测量：三、四等三角点 22 个，五秒小三角点 75 个，一级导线点 181 个、二级导线点 30 个；完成 1：2000 航测地形图 268 幅（面积 214.4 平方千米）；并在1：2000地形图基础上完成1：5000 和 1：1000 地形图缩放工作。同时，先后完成全市 76 个单位 3.32 平方千米的测绘图和市区 9 条新建道路（计长 1.7 万米）的工程测量以及全市测区内 359 个三角点、导线点的普查，共晒制各种比例尺地形图、设计图 15000 多张，为城市规划和城市建设提供了可靠依据。1986 年 8 月至 11 月，常德市规划办组织所属勘测队对测图范围内的 302 个地下标石和 26 座地上钢质砧标进行了普查，对 114 个地下标石进行加固，对 25 座钢标刷漆、维修加固。

1987 年，常德市规划勘测室先后完成城区金丹路、长庚路、芙蓉路、龙港路、武陵大道、朗州路、三闾路、滨湖路、洞庭大道的控制定线测量。

1988 年，常德市规划勘测设计院完成市区测绘项目 86 个，测图 95 幅，计 2.74 平方千米，主要项目有：319 国道线改线工程测量；德山公园工程测量；孤峰塔工程测量及城区张家台和红光村农民街放样；绘制治理护城河的竣工图和治理前的现状图；测绘了常德烟厂选址定位的 1∶1000 地形图以及常德地区金属材料公司、常德市塑料一厂、常德市第二建筑工程公司、德山工矿贸易公司、常德教师进修学院、西郊变电站等单位的 1∶500 工程建设测图。

至 1988 年年底，常德地区有常德市测量队、津市测量队、桃源县测量队、安乡县测量队、石门县测量队、澧县测量队等地形测量专业队 6 个，工程技术人员 35 人。

撤区建市以前，常德市的城市测绘由原常德市建委规划处管理；撤区建市后，常德市城市规划管理处管理城市测绘。

1990 年，常德市将城市测绘管理权划归为市建委。具体从事常德市城市测绘工作的有常德市规划建筑设计院测绘室、常德市建筑勘测设计院测量室、湖南省常德水文水资源勘测局、湖南省地质四一三测量分队等 4 个测绘单位。

1988 年至 1997 年间，常德市规划及建设系统没有进行大面积的地形图测绘，局部有变化地方采取修测方式完成。

1997 年 10 月至 1999 年，市规划局委托湖南省地质测绘局和湖南省国土测绘局在常德市规划区内进行 1∶1000 和 1∶2000 航测地形图，测图面积为 442.40 平方千米。

1999 年 10 月，为满足常德市城市规划、建设、管理对测绘成果要求，加强对测绘成果的立卷保管，便于测绘成果的查阅与使用，市规划局会同省地质测绘院、省国土测绘局二院，对所搜集到的常德市城市规划区历年来的测量控制点成果进行整理，编印了《常德市控制点成果表》。

为满足常德市城区规划设计、规划管理和城市建设的需要，受常德市规划局委托，2005—2012 年期间，中测新图（北京）遥感技术有限责任公司分三期完成了常德市城市规划区 1∶1000 数字测图和 1∶500—1∶50000 地形图编图项目。航测面积 707 平方千米。主要内容包括航空摄影、外业控制、外业调绘、地形图数字化测图与编辑和 1∶500—1∶50000 地形图缩编等工作。

第二节　建设项目测量

一、建筑工程项目测量

1996年以前，建筑工程项目测量的实施主要由建设工程项目的建设单位委托有测绘资质的测绘单位进行放线，然后由常德市规划局工程科组织验线。1996年起，常德市规划局为便于建设工程项目测量放线的规范管理，明确城市工程测量由常德市恒华建设事务有限公司承担。

恒华建设事物有限公司根据常德市规划局相关科、室发出的建筑工程项目放线通知单组织测量。具体测量内容包括放线测量、验线测量、竣工测量，其中竣工测量包括竣工地形图测量和地下管线测量。

2003年至2010年，建筑工程项目测量开始由常德市规划局研究中心负责，2003年至2007年，建筑工程项目测量项目约300个，更新面积10平方千米。2008年至2010年，地形图更新面积9平方千米，建筑工程放线670件，建筑工程项目范围内地下管线测量73千米。

2011年，由常德市规划局研究中心主要测量技术人员和常德市规划建筑设计院测绘室整合成立常德市规划建筑设计院测绘分院，承担建筑工程项目测量工作。2011年至2012年测量建筑工程项目约150个，竣工测量面积3.5平方千米。其中主要有常德市烟草公司卷烟物流配送中心、常德市公安局、滨江花苑、常德市人民文化影视城、江南大院、高坪头安置小区、尊德天城等建筑工程项目。

二、市政工程项目测量

常德市市政工程项目测量在2011年前，主要由常德市住建局负责管理。2005年，常德市规划局研究中心开始在实施建筑工程项目测量的同时，对建筑工程项目范围内的地下管线进行测量。

2011年起，常德市规划局对市政工程项目实行规划条件核实，规划条件核实包括市政工程对其道路、管线工程实施范围是否与规划一致，道路中心线、道路竖向控制节点标高、道路标准横断面等是否改变，道路附属设施是否按规划许可内容建设，管线、管径、埋设深度、管线中心线、转折点和检查井等是否与规划许可一致等。

常德市规划建筑设计院测绘分院根据常德市规划局相关科、室发出的市政工程项目放线通知单组织测量。具体测量内容包括放线测量、验线测量、地下管线竣工测量、竣工地形图测量。

2011年至2012年，常德市规划建筑设计院测绘分院完成了常德大道、荷花南路、沙港东路、沙河南路、龙港路、万寿路、金霞中路、桃花源大道等市政工程项目的测量。

第五篇《

规划执法监察

第五篇　规划执法监察

第一章　规划监察

第一节　规划监察机构

1988年常德撤区建市后，市规划处成立城市规划监察站，负责建成区20.7平方千米范围内的违法建设的查处工作。

1995年5月，市规划局一分局和市规划局二分局成立，城市规划区范围内的鼎城区武陵镇、斗姆湖镇、灌溪镇、石门桥镇和白鹤山乡的规划执法工作由市规划局一分局负责实施；城市规划区范围内的德山、德郊乡、康家吉乡的规划执法工作由市规划局二分局负责实施。

1996年5月，成立市规划局三分局，城市规划区范围内江北城区各街道、乡、镇（场）的居民住宅建房的规划执法工作由市规划局三分局负责实施。

为提高执法队伍快速反应的能力，1997年，监察站成立一支由10人组成的、对各类违法建设行为三天内作出快速反应的执法队伍。执法人员持证上岗，严格执法。向分局派监察人员查处违法建设，并将处罚结果上报市局或通报分局。在规划区范围内建立建设监控网络，充分发挥乡、镇、街道规划管理站的作用。这一举措，有效地遏制了违法建设行为的发生，改变了过去执法力量不够、监管面广、查处无法到位的局面。对无证建设积案较多且突出的单位采取现场集体办公的形式，就地研究解决问题。对有证建设项目加强批后管理，对部分扩大面积、不按审批要求进行的给予及时制止和查处。建立执法专项机制，保障各项建设按照总体规划的要求依法有序进行。1999年，市规划局调整和重组执法队伍，将监察站和执法队以及分局的执法人员统一集中，成立四个中队，各中队平时分别在辖区内执行监察任务，一旦有较大的违法建设案件，由站里统一调动执法人员集中采取行动。2000年7月1日至4日，监察站首次开展竞争上岗，按照规划监察分区划片要求，首先选出赵卫东、张灿、艾新华、易凯4人担任中队长，然后中队长和执法人员进行双向选择，最后确定每个中队 4 名队员的人选。规划执法队伍管理日趋成熟。

2000 年 9 月，成立市规划局四分局，柳叶湖旅游度假区的规划执法工作由市规划局四分局负责实施。

2001 年 12 月，常德市城市规划监察站更名为常德市规划局执法监察大队，正科级，由市规划局管理，核定全额拨款事业编制 15 名，其中大队长 1 名、副大队长 2 名、其他工作人员 12 名。此时，常德市规划执法监察工作形成执法监察大队与四个分局各负其责的格局，监察范围拓展到鼎城区、德山开发区、武陵区和柳叶湖旅游度假区，监察范围约 85 平方千米。

2009 年 11 月，根据常德市交通体制改革工作安排，常德市交通规费征稽处 9 名工作人员划转到市规划局执法监察大队。

2010 年 4 月，为贯彻执行市委、市政府城管体制改革关于执法工作重心下移的精神，市规划局出台《关于进一步加强规划执法监察工作的意见》，对全局规划执法监察体制进行调整。监察大队负责整个城市规划区范围内的执法监察工作，四个分局的执法监察人员划归大队管理。监察大队内设六个监察中队（2010 年 8 月后中队更名为大队），即鼎城中队、德山中队、柳叶湖中队、武陵中队、管线监察中队和直属中队。鼎城中队、德山中队、柳叶湖中队和武陵中队常驻分局办公，日常工作接受所驻分局的领导和目标管理考核。此时，监察范围覆盖到四区 42 个乡镇 7 个办事处，面积约 1150 平方千米。

2010 年 8 月，市规划局执法监察大队更名为市规划局执法监察支队，并增加全额拨款事业编制 9 名（编制来源从交通体制改革撤销单位连人带编划转），其机构级别维持正科级不变。调整后监察支队全额拨款事业编制总额为 28 名，其中支队长 1 名、副支队长 3 名、副科级纪检员 1 名、其他工作人员 23 名。11 月，为加强规划巡查执法力量，市政府批准同意市规划局由市财政支付向社会招聘 30 人充实规划执法队伍，2011 年初招聘工作完成，监察支队人数达 64 人。

2011 年 4 月，成立市规划局驻桃花源规划工作组，桃花源旅游管理区桃仙岭办事处和桃花源镇的规划执法工作由工作组负责实施。

第二节　工程监察执法

一、建设工程执法

城市规划监察站成立后，主要工作是负责对城市规划区内的各项建设活动实施规划监察；参与建设项目的验线、检查，发现和制止违法建设行为；参与对违法建设的调查取证，提出初审意见；负责实施处罚决定，组织规划区范围内违法建设项目的拆除行为。

随着城市建设整体快速推进，建成区、规划控制区范围成倍增加，违法建设增多，控违拆违任务艰巨，且情况复杂，拆迁矛盾日益突出。为加强控违拆违工作，2005 年 11 月，市委市政府将部分规划执法职能划归市城管执法局。规划建成区内未取得建设工程许可证的违法建设的行政处罚权从市规划局剥离，划归市城管执法局。市规划局行政执法主要对违反建设工程规划许可证规定的违法建设行使处罚权，包括对审批建设项目实施跟踪监察，查处改变规划审批内容的违法建设。

2009 年 7 月，常德市实行以相对集中行政处罚权为核心的城管体制改革，市城管执法局行使城市规划管理方面法律、法规、规章规定的行政处罚权，即原由市规划局行使的未按照建设工程规划许可证的要求建设的行政处罚权，移交给市城管执法局，原由市城管执法局行使的对未取得建设工程规划许可证的行政处罚权仍由其行使。市规划局负责对城市规划区内的建设活动依法行使行政管理监督检查职能，对发现的违法建设行为依法予以制止，及时提出处理建议，将案件及相关资料和证据移交市城管执法局，由市城管执法局按照有关程序实施行政处罚。

二、市政管线工程执法

2004—2009 年，管线执法主要以庭院管网监管为主，具体由监察大队和各分局在跟踪监管审批建设项目的过程中，重点对庭院管网进行监管，确保按规划要求实施。

2010 年 2 月，监察支队管线大队成立。管线大队负责对城市规划区内管线工程依法进行监督检查，主要监管建设工程给排水、电力、电信、有线电视、燃气各专业管线和综合管网及市政道路、河道水系、加油（气）站、通信基站和户外广告等工程。管线大队强化日常巡查和规划审批项目的跟踪监管，及时发现、制止、纠正违法行为，监管措施以责令停止建设、限期整改、拆除和督促补办手续为主，旨在确保管线工程符合规划要求。

2012 年 3 月，市政府召开管线执法专题会议，会议明确对城市管线建设中的违法行为，由市规划局负责查处。通过半年的摸索，为不给城市发展留下隐患，市规划局对发现的管线违法建设行为确立了"不能以罚代管、一罚了事"的原则，管线执法以整改为主。是年，查处的管线违法行为已全部整改，无一起罚款。2010—2012 年，市规划局共立案查处市政管线违法建设行为 59 起，督促整改管线工程 56 处，拆除户外广告、通信基站等 12 处，督促补办手续 9 处。

第二章　规划行政执法

第一节　立案查处

从 1989 年开始，城市规划监察站对城市违法建筑进行监察。为打开工作局面，城市规划监察站建立"分片包干、责任到人"的监察模式。监察站 14 名干部职工分为内勤、城西、城东、德山与武陵镇等四个责任小组，各组划分责任范围、明确工作目标，把查办违章效果与年终奖评结合起来，充分发挥每个规划监察人员的主观能动性。为确保监察效果，采取重点检查与经常性检查相结合，巡回检查与定点检查相结合，说服动员与强行拆除相结合等办法，对城市违法建设进行查处，1989 年共查处各类违法建设 245 起，违法建筑面积 1.1 万平方米，有效地遏制了城区违法建设的蔓延趋势，保证了常德市城市规划的顺利实施。

加强对武陵镇的规划管理是这一时期工作的重点。武陵镇是常德市城区的南大门，撤区建市以后，该镇的规划建设划为城区管理。由于隶属关系与管理体制不顺，造成该镇规划管理失控，在"二路一桥"（即常长公路、常沅公路和南引桥）地段违法建设比较普遍。通过摸清底子、主动协商、配备专人等措施，扭转了武陵镇规划管理的混乱局面。

《城市规划法》自 1990 年 4 月 1 日起施行。市规划处以此为契机，从健全执法程序，规范执法文书入手，严格依法办案，采取分片调查与小组复查，集体突击查与配合整顿结合等多种形式，发现、制止城区各类违法建设。同时，建立健全各项管理制度，逐步确立了以"定人、定片、定职责、定考核指标、定奖罚标准"为主要内容的五定目标管理责任制，使监察工作制度化、规范化，规划监察的执行力得到提升。同时，根据《城市规划法》，制定"停工通知书""违法建设调查报告表""违法建设行政处罚决定呈报表""违法建设行政处罚决定书""送达回证"等相关文书，严格依法履行职责，维护城市规划的严肃性。1991 年，在全省率先实行了填表式的调查取证方法。1993 年，实行查处分家，在执法监察过程中，将违法建设调查与违法案件处理分开，提高依法办案的准确率与工作透明度。1995 年 1 月 12 日，常德市中级人民法院城市规划法规行政审判工作室在市规划局成立，市中级人民法院行政审判庭副庭长陈立安任工作室主任，市规划局监察站站长黄飞华被聘为工作室副主任，副站长代泽刚和综合科副科长沈建国为联络员。工作室成立后，查处违法建设的力度进一步加大，很好地扭转了常德市违法建设连年上升的趋势。

《中华人民共和国行政处罚法》（以下简称《行政处罚法》）自 1996 年 10 月 1 日起施行。根据《行政处罚法》的要求，在总结执法经验和教训的基础上，从立案、取证、用法、结案等方面对执法文书进行清理和规范，初步形成了适应《行政处罚法》的规划执法程序，执法工作更加规范化、制度化。1997 年，在坚持违法建设查处分家的基础上，罚款实行银行代收。1999 年，制定《违法建设处理程序制度》《研究案件周会制度》《违法建设处罚原则》，特别是依据《湖南省〈城市规划法〉实施办法》第 36 条，制定出科学合理便于操作的处罚标准，并严格按照这一标准集体审批，实施处罚。实施处罚时，由法制科开出罚款通知单，监察站收缴罚款上缴财政，做到调查与处罚分离，收支两条线。对案件处理采取复查听证制度，严格履行法律程序，确保办案的准确性。

1996—2000 年期间，严格执行《城市规划法》《湖南省〈城市规划法〉实施办法》和《行政处罚法》的规定，在城市规划区内对城市各项建设实施规划监察。加强城区违法建设查处，对城乡结合部的混乱建设进行清理、整顿。一、二、三分局克服成立时间短、任务重、人员少、工作难度大的困难，坚持"全面整改、重点控制、严格查处"的工作方针，违法建设查处工作逐步走上正轨。推行建设工程项目联审签批制度，通过理顺内部工作关系，对所有项目实施批后监管，坚持现场放线、施工监督、竣工验收的工作程序，防止不按规划办事现象的发生。对于违法建设单位的后续工程，采取"前事不了，后事不办"的原则，有效地控制违法建设。此间，重点查处了一批违反《城市规划法》的大案、要案。其中，重点查处了鼎城区灌溪镇陆某父子非法购地，侵占规划预留的皂果儿童公园的违法行为。

21 世纪初，在执法力量比较薄弱、执法手段非常有限、执法环境相对较差的情况下，始终坚持依法行政，实行分区划片、包干负责、节假日专人值班、重大违法建设专人监控把守，做到了违法建设在动工 24 小时内发现，并及时制止，48 小时内上报处理。同时，加大《城市规划法》的宣传力度，组织开展宣传月活动，积极向市民灌输城市意识、规划意识、法律意识。通过一系列举措使违规违法行为得到有效遏制。

2001 年，对监察站和各分局的规划监察范围和职能作了相应调整，监察站改变原有监察体制，组成了 3 个巡查组、1 个复查组，负责对江北城区实施规划执法监察，并明确了各自的职责和奖惩措施，确保了违法建设及时发现，复查处理快速到位，拆违行动果断有力。2003 年上半年，监察大队就常德大道和 207 国道绕城线两侧违法建房比较严重的情况及时向市政府领导汇报，得到了市政府主要领导的高度重视，6 月，市政府就常德大道和 207 国道绕城线两侧村民违法建房问题专门下发了《关于常德大道和长张高速公路连接线规划控制区内严禁违法建设的通告》，监察大队以此为契机，及时加大了对违法建设的查处力度，有效地控制了局面。2004 年 12 月，在市委、市政府的支持下，对常德市规划区范围内的 19 个乡镇（街道）、157 个村（居委会）聘请了规划管理员、协管员 176 人，形成了市、区、乡镇（街道）、村（居委会）层级管理的有效机制。

2001—2005 年期间，加强有证建设的跟踪监管和地下管线工程的执法监察，及时制止、查处、纠正违反《城市规划法》的建设行为。2001 年 4 月 7 日，实通房产开发公司未经规划部门批准，擅自将实通花园 8#楼向北移位，严重影响了 6#楼居民的采光，经过规划监察严格执法，该公司主动拆除了 8#楼第六层，拆除面积 650 余平方米。2002 年 1 月 28 日，市第三医院擅自改变规划审批内容，将大楼底层楼面标高抬高到 1.7 米，侵占院内绿化用地 306 平方米，大楼填空补缺扩建占地面积 70 平方米。因第三医院拒不停工整改，市规划局专题向市政府作了汇报，并多次现场督促整改。在市委、市政府的督办下，第三医院于 9 月底拆除了侵占绿地的违法建设，对抬高标高问题也作了整改。2005 年，为适应部分规划行政处罚职能划转市城管局后出现的新情况、新问题，开始尝试开展违法建设的认定工作。对金健业滨湖公园改造中出现的 8 宗违法建设、人民东路拆迁中的违法建设、洞庭水殖育才路拆迁中的违法建设、市土地储备中心"冠亚汽车维修中心"的违法建设等进行了认定，拆除了严重违反规划的违法建筑。

2006—2009 年期间，根据规划部分职能剥离划转，市规划局适时调整监察工作思路，把过去以"面"为主调整为以"点"为主，重点对已批项目进行全程跟踪监管，加强与审批科室的衔接，加大对涉及增加层高、建筑移位、增加建筑面积、改变立面颜色等违法建设的监察力度，实施精细化管理，保障规划实施。为强化违法建设查处责任，实行了"过错追究制"，在施工规划公示牌上标示监察责任人，以便接受社会监督。2007 年年初，监察大队以武陵大道为界分成东、西两片，成立巡查一中队和二中队，设立复查中队负责两个中队的复查工作及私房补办手续，并建立健全监察机制，完善管理制度，形成长效管理。

《城乡规划法》自 2008 年 1 月 1 日起施行。根据《城乡规划法》的最新规定，及时修改、制作了符合法律要求的执法文书，进一步规范了依法行政、依法查处违法建设的程序。

2009 年 8 月，常德市新一轮城管体制改革后，规划行政处罚权移交给市城管局行使，按照市政府明确的行政执法职能分工，市规划局主要负责对建设活动进行巡查，监察大队及时把工作范围由圈内转向圈外，工作重点由公房转向私房，工作责任不分已批和未批，工作方式由单一的批后跟踪监察转向与圈外巡查相结合。根据职能调整后监察范围更广、工作任务更重、巡查频率更高等特点，监察大队将原来的三个中队调整为四个中队，确保了巡查范围的全覆盖，采取"地毯式"巡查、日常巡查和获取信息检查等方法，及时发现违法建设，及时将违法建设案件及处理建议移交城管执法局。

　　《湖南省实施〈中华人民共和国城乡规划法〉办法》（简称《实施办法》）自 2010 年 1 月 1 日起施行。根据《实施办法》的规定，在加强违法建设日常巡查和审批建设项目跟踪监察的同时，重点加大对临时建设的监管力度，并组织执法宣传，向在建工程项目发放《实施办法》法律宣传资料，开展现场宣讲，在城区主要路段、施工现场等地悬挂宣传横幅、制作墙体标语、设置宣传橱窗，合理引导城乡建设。2011 年，根据《城乡规划法》和《实施办法》，结合日常工作实际，监察支队支队长朱文锋牵头制定《常德市规划局执法监察管理规定》，填补了规划执法一直没有完整规范性文件的空白，该《规定》要求对审批建设项目的跟踪监管必须保证"验线、正负零、标准层、封顶、外装饰、配套设施"六个环节监察到位，对违法行为的及时发现和正确处置提出了更高要求。

　　2010 年 5 月，根据市委、市政府对城管体制改革确定的巡查工作重心下移的指导精神，市规划局对规划执法监察机构和工作职责进行调整，将全市规划执法力量整合到市规划局执法监察大队统一调配。形成监察范围覆盖武陵、鼎城、德山、柳叶湖的规划监察格局。2010—2012 年，根据城管体制改革确定的职责，监察支队不断健全查违机制，理顺工作程序，加强与市直相关部门及区、乡（镇）、村的联系协调，积极开展规划执法工作，确保对违法建设的及时发现、立案并移交。不断创新工作举措，组织"违法建设回头看"，对每月移送案件进行回访，适时掌握控违拆违动态；对违法建设巡查、立案、移送情况进行督查，实行巡查工作问责制，建立起"日巡查、重点复查、现场督查"的查违机制；强化建设项目批后监管，完善建设项目竣工后的综合检查程序和监察支队的违法建设案件审查会制度，保证项目监察及处理的准确性；继续深入与城管部门的互动与合作，建立规划、城管相互配合、相互制约的行政处理、处罚机制，规划部门的龙头作用更加明显。2012 年组织了常德大道、桃花源路、三闾路、朗州北路等重点道路两侧违法建设排查、住宅小区内违法建设挂牌监控、紫桥小区违法建设清理等工作，并逐步打开了市区管网工程的监管局面，督促市三中女生宿舍、第三加油站、公园世家等管网工程完成整改，督促北金城、伟星文津华庭等管网项目补办手续，有效保障了规划实施。

1990—2012 年违法建设查处情况

表 5 - 2 - 1 - 1

年 份	查处违法建设（起）	违法建筑面积（万平方米）
1990	250	4.8
1991	372	5.38
1992	600	12.85
1993	740	5.9
1994	639	13.3
1995	450	9.9
1996	320	16.8
1997	380	12.5
1998	1081	26.9
1999	706	11
2000	852	20.6
2001	952	14.6
2002	851	13
2003	952	17.8
2004	1073	20
2005	1586	23.5
2006	666	9.6
2007	531	15.5
2008	365	10.8
2009	938	15.6
2010	1249	19.2
2011	1733	30.3
2012	984	20.9

第二节　控违拆违

从 1989 年开始，随着城市创建工作开展，城市控违拆违工作也逐步开展起来。在执法实践中逐步探索控违拆违方法，认真做好违建户的宣传教育工作，对刚发生的违建苗头，及时派人上门劝阻，动员其自行停建，争取把问题解决在萌芽阶段；对不听劝阻继续修建违法建设的个人和单位，下达"违章建筑通知"，限期自行拆除违法建筑物。

1989 年 10 月 23 日，副市长陈德铨批转市粮食机械厂关于东郊乡甘露寺一村民超越厂区围墙建房的情况反映后，监察站人员深入现场进行实地踏勘，根据《城市规划条例》责令房主停工，并退回了所占的道路围墙。是年，在公安、城管、工商等部门的密切配合下，对多次不听劝阻，坚持违章的 65 处重点违法建筑物实行了强制拆除。

1990—1995 年的控违拆违工作主要以保障文明卫生城市创建和桃花源游园会的顺利召开为主线，重点对城市道路两侧的各类违法建（构）筑物实施了清理整治。

1991 年，在市建委领导下，市规划处副处长傅子建带领规划工程技术人员，会同城管、公安、法院等部门开展联合执法行动，对人民路两侧 183 个单位的 665 处违法建设，面积 8860 平方米，提出整治方案，通过政策宣传和行政手段，人民路的整改率达 85%。

1992 年，为保证首届桃花节主会场的规划整洁和交通安全，对体育馆两侧 78 户违法建设下达限期拆除通知书，3 月 11 日前大部分违法建设自行拆除，3 月 15 日对 24 个"钉子户"采取强制拆除；8 月 20 日，为迎接卫生城市检查，对德山洞庭路及江北城区等 32 处 800 平方米的违法建设强行拆除。

1993 年，集中精力参与人民中路不夜城灯饰工作及和平东街两侧违法建设拆除行动，对 46 户违法建设和滨湖小区内 100 多处违法建设及时进行拆除。是年，对临江公园大门、武陵开发区、紫桥小区等重点工程，进行重点保护，对周边的违法建筑（构）物强行拆除，拆除违法建（构）筑物 870 平方米，疏通道路 380 多米。武陵大道拆迁基地，违法搭偏建棚 11 处，占道面积 500 平方米，对此按法律程序组织了强行拆除。

1995 年，在青年南路（码头）改建、市房产公司光明巷综合楼新建、市华洋旧城改造公司城北街拆迁等城市重点建设工程中，出现了许多违章建筑，市规划局监察站发现后，立即组织执法队伍强制拆除，共拆除违法建（构）筑物 270 平方米，疏通道路 180 米。在青年南路（码头）改建工程中，需要拆除市水运公司、市砂场等单位和个人的历史违法建筑物 200 平方米，市政公司多次上门协调均未取得结果，严重影响了该工程的建设速度，9 月 15 日接到市建委领导指示后，监察站迅速行动，及时依法下达了限期拆除通知书，并多次上门督促有关单位和个人。在规定期限内，违建单位和个人自行拆除了占压在青年南路码头两侧的全部违法建筑物，保证了该工程顺利完工。是年，清除了城区 9 条主次干道两侧与两个居住小区内 380 起影响市容市貌与城市规划的违法建筑与违章偏棚建筑，拆除面积 7890 平方米。在整顿市容市貌的同时，积极为常德市重点工程建设服务，到现场协调、解决矛盾 116 起，及时有效地制止向建设单位敲诈勒索行为 56 起。1990—1995 年共组织大规模强制执法行动 85 次。

1996—2000 年，继续以文明卫生城市创建为契机，不断加强对违法建设的清理整顿，共组织大规模强制执法行动 144 次。

1996 年，东郊乡政府侵占三闾二桥东侧绿化用地，修建洗车场，严重违反《城市规划法》，影响城市景观，在武陵区政府的协助下，拆除了洗车场西侧非法建筑物，并处理了聚众闹事的不法分子。

1997 年，对城市 15 条主次干道进行了大规模清理整顿，拆除违法搭偏、接棚等影响市容市貌的违法建设 372 处，拆除面积 5200 平方米。丹洲乡金丹企业集团汇龙家具厂（丹洲高泗村 8 组金洲新村）无视规划执法人员三次下达的停工拆除通知书，强行实施违法建设。8 月 15 日上午，市规划局组织规划监察和有关单位执法人员 60 余人，对该起在建的 500 余平方米严重违法建筑执行强制拆除。在拆除过程中，丹洲乡党委、乡政府的个别领导以及汇龙家具厂厂长李某某等人煽动不明真相群众围攻

图 106：市联合执法队伍拆除违法建筑

殴打执法人员，大肆破坏、强行扣留执法车辆。此次事件是规划执法历史上典型的暴力抗法事件。

1998 年，拆除影响市容的障碍物 200 余处，有碍观瞻的亭棚 580 个，占道经营的电话书报亭 122 个，拆除面积 7328 平方米。

2000 年 3 月 30 日，"常德市纪念《城市规划法》颁布实施 10 周年暨城区拆违创无动员大会"在工人文化宫召开。市长陈君文代表市委、市政府在"拆违创无"动员会上作报告，报告进一步强调"拆违"目的，指出"拆违"范围，提出实施"拆违创无"的有关规定，明确"拆违创无"责任。会后，市政府发布"拆违创无"的公告。为了贯彻落

实市委、市政府的指示精神,规划执法人员日夜加班加点对四个区(武陵区、鼎城区、德山开发区、柳叶湖旅游度假区)影响城市容貌、道路、绿地,影响单位庭院、居民生活环境的违法建筑物、构筑物进行摸底、排查。市规划局多次召开"拆违创无"调度会,在市、区两级政府的领导和支持下,组织城管、公安、园林等有关部门成立联合执法队伍,开展大规模拆违行动,城市环境大为改善。4月8日上午,市委副书记莫道宏、市人大常委会副主任邹克忠、市政协副主席马桂迟、市政府助理巡视员姚止先等市级领导及市规划局局长刘谷良、副局长李友明、监察站副站长李书美等10余位领导对第一批列入"拆违创无"的27个单位逐个下发拆除通知书,并对各单位提出具体要求。4月15日,市委副书记莫道宏主持召开武陵区范围内的"拆违创无"工作会,并明确了武陵区"拆违创无"领导小组,武陵区"拆违创无"领导小组由市规划局李友明、李书美、易凯三人组成。为配合武陵区开展"拆违创无"活动,局办公会研究决定,将钱国辉等10名同志分别派到武陵区各街道办事处协助落实"拆违创无"任务。4月25日,市人大常委会副主任邹克忠、市政府副秘书长张家安担任正、副指挥长,市规划局牵头组织联合执法行动,市公安局、市巡警支队、市城管局、市中级法院、武陵区政府等单位派出100余名公安干警协助,在江北城区依法拆除了人民西路、落路口路、长庚路、芙蓉路、青年路、丹阳路、朗州路等街道的172处违法建(构)筑物,拆除面积4000余平方米。

2001年,市规划局启动市城区临街门面和建筑容貌整改活动。3月5日,根据市政府关于整治青年北路、人民东路市容市貌的要求,在其后的半个月间里,市规划局监察站会同城管、公安、交警、巡警、创建工作组拆除两路乱搭乱建行为52处,拆除面积1000多平方米。

2002年2月,在市委常委刘明的带领下,拆除了人民路、青年路、建设路的临街乱搭乱建;春节后,冒着大雨在对全市九纵八横46条大街小巷的乱搭乱建情况摸底后,会同有关执法部门予以拆除;6月,拆除了洞庭大道、皂果路、常澧路两侧和丹阳楼市场的违法建筑。2003年5月下旬至6月上旬,对武陵大道、洞庭大道、朗州路等六条主次干道两侧365幢临街建筑容貌进行了逐个调查摸底,对有碍市容的14 000多米遮阳罩、2.8万平方米防盗网的业主下达通知书,限期自行拆除,对3.9万平方米墙面破损污垢进行清理和喷涂料处理,同时加强商业门面的装修监管,整治有损城市容貌的门店73家。

居住小区和学校周边也是乱搭乱建的多发区,为此开展了一系列专项整治行动。2001年2月12日,为迎接"全省创建园林城市工作会议"在常德召开,监察站会同市城管局的执法人员,共40余人,拆除了芷园小区周边、火车站周围违章搭棚50余个,拆除面积1500平方米;6月27日,在市规划局纪检组长何亦兵的带领下,监察站会同城管、公安、巡警、常德师院、武陵区有关单位和部门的工作人员、执法人员,共计80多人,拆除了常德师院西院违章棚亭 71 处，面积 2600 平方米，与此同时，执法人员还拆除了市六中周边、春申阁附近的违章建筑 10 处，面积 300 平方米；9 月 27 日至 29 日，拆除了紫桥、三闾、滨湖小区乱搭乱建违法建（构）筑物 215 处，面积 5016 平方米。

私人违法建房成为影响城市规划实施的又一突出问题，对其中性质恶劣、影响较大的典型违法建设，依法实施了严厉打击。2001 年 9 月 15 日，市规划局局长李迪伟带领监察站执法人员在武陵区政府办、东郊乡政府及市城管局的配合下，出动 80 余人，对市武陵区东郊乡高坪头村七组两户刘姓居民侵占城市道路的翻建住宅依法进行强制拆除，面积 620 平方米。2002 年，武陵区仙源村五组 8 户村民，在临长庚路上擅自抢修住宅，监察大队组织百人队伍，动用挖机，对这 8 户村民的违法建设采取了强行拆除行动，较好地遏制了该区域违法建设的蔓延势头。2004 年 4 月，由市规划局牵头，组织百人联合执法队伍，对常德大道两侧控制区内的南坪乡沙港村一组 6 户 1000 多平方米的违法建筑实施了强拆；10 月，组织 120 人联合执法队伍对滨湖公园周边旧城改造规划控制区内 12 户和皂果路 7 户三间门面的违法建设实施了强制拆除，拆除面积 1.5 万平方米。2005 年 5 月，武陵镇迎宾社区两户燕姓居民在规划确定的江南体育休闲广场用地修建住宅，并不听劝止，利用节假日抢建至两层，市规划局鼎城分局会同市城管、公安等部门联合执法，使用挖掘机将其拆除，起到较大的震撼作用。

2001—2005 年，把"拆违创无"与"城市创建"工作结合在一起，加强城市主次干道、居住小区、学校周边环境和私人违法建房的清理整顿，拆除了违法乱搭乱建的建（构）筑物，共组织大规模强制执法行动 163 次，拆除违法建筑面积 20.9 万平方米。这一阶段的控违拆违工作成效明显，为常德市创建全国卫生城市做出了贡献。

根据规划部分职能剥离划转的体制变化，2006—2009 年控违拆违的工作重心转向确保规划审批的正确实施，把加层、平面移位以及大面积违法建房等严重违反规划审批内容的违法行为作为打击的重点，把群众反映强烈、严重影响规划实施的违法建设作为打击的对象，加强与分局的配合，建立执法互动机制，组成联合执法队伍，有效地遏制了违法建设的发生、发展和蔓延，维护了规划的权威性和严肃性。同时，积极主动与区、乡（镇）政府及城管、国土、公安等部门开展联合拆违行动，对乱占耕地、性质恶劣、不听制止等重点违法对象进行打击，收到了很好的效果。2006—2009 年，市规划局执法监察大队共组织、参与拆违行动 104 次，拆除违法建筑面积 12 万平方米。

按照 2007 年市拆违动员大会会议精神和 2008 年市委、市政府在城区开展"大拆违"行动的部署，这两年的控违拆违工作以坚决制止新增违法建设为重点。2008 年在市、区、乡（镇）各级政府的强力支持下，严格执法，掀起了拆违工作的高潮。4 月初，监察大队对南坪乡违法建设进行逐户清查，规划、城管两个部门联合对清查出来的违法建设下达限期拆除决定书。经执法人员和南坪乡政府工作人员的耐心劝说，南坪二组共产党员戈健全主动拆除违法建设仓库 500 平方米，屠姓兄弟自行拆除违法建筑 1100 平方米，南坪一组党员吴昌尤等积极带头，自行拆除数千平方米的违法建筑。在他们的带动下，100 多户村民自行拆除违法建筑 3 万多平方米。4 月 11 日，市规划局分管执法工作的副局长诸扬欢亲自指挥，监察大队副大队长朱文锋现场组织，联合市城管局、市公安局及南坪乡政府等部门，共出动 400 余人的拆违队伍，对南坪六组违建户 1.3 万多平方米的违法建筑实施了强制拆除，在周边产生极大的震慑作用，不少观望的违法建设户纷纷自行拆除了违法建筑。为稳步推进拆违工作，这一时期对历史遗留的违法建设予以重新认定。2007—2009 年，监察大队会同法制科采取调查摸底、现场踏勘、依规确认、正确处理等方法和原则，重点对市城区规划区内的城北、城西等五个街道办和东郊、护城等四个乡镇 68 个社区（村）历史遗留的违法建设进行了认定，共认定违法建设 5684 户，为有关部门提供了裁定强拆的依据。

2010—2012 年，根据城管体制改革确定的职责以及市委、市政府的工作部署，控违拆违工作重在加强与区、乡（镇）政府及城管、国土、公安等部门的联系与协作，实现部门联动，发挥拆违合力。2010—2012 年共组织、参与拆违行动 625 次，拆除违法建筑面积 16.9 万平方米。

2010 年 6 月，市规划局制定《关于贯彻落实〈关于建立城市规划区制止违法建设行为和拆除违法建筑工作长效机制的意

图 107：规划局监察执法支队人员拆除违法建筑

见〉的工作方案》，实行主要领导为第一责任人，分管领导为直接责任人以及分局长、大队长负总责的控违拆违责任包干制度。2011 年，构建了市区联动控违拆违工作机制，积极配合各区、乡（镇）政府及城管等部门的拆违行动，在全市范围内调度拆违力量，并添置了风炮机、切割机等拆违设备，确保了拆违行动迅速有力。

在控违拆违联动机制的运作下，拆除了一批有重大影响的违法建筑。2011 年 5 月 20 日，联合市拆违办、城管、公安等部门，依法对常德市恒华建设事务有限公司未按规划审批内容施工的违法建筑实施了行政强拆，拆除面积 3200 平方米。2012 年，确立了以

"拆"为主的控违拆违工作思路，加强与城管部门的配合，江北建成区内发现违法建设，规划、城管直接现场拆违，保障了规划实施。是年与各区及城管部门配合，拆除了紫缘桥头煤堆场、芷兰农贸市场违法门面、芙蓉尚城违法门面、"湖光山色"农家乐等社会反响强烈的违法建筑。在河洑镇、南坪乡、东郊乡、武陵镇、德山镇、柳叶湖街道办事处等地积极开展私人违法建房拆除行动，在一定程度上遏制了违法建设的蔓延，辖区内新增违法建设大幅减少，成效显著。

图108：执法人员拆除灌溪违法建筑

常德市规划建筑设计院

>> 第六篇

第六篇　常德市规划建筑设计院

第一章　机构与人员

第一节　机　　构

1989年4月，原常德市规划勘测设计院和原常德市建筑设计院合并组建常德市规划建筑设计院，为隶属市建委的正科级事业单位，实行企业化管理。是时，市规划建筑设计院为国家乙级勘察设计单位，负责常德市城市规划、市政工程建设、建筑工程设计及工程、地形、大地和地籍测量的技术咨询和科研工作，拥有经营场地（设计办公楼及库房）2125平方米，内设管理科室有办公室、总工程师办公室、生产办公室，全面质量管理办公室（简称全质办公室）。技术科室有设计一室（规划、市政）、设计二室（建筑）、设计三室（建筑）、设计四室（测绘），并制订了"全面质量管理奖惩制度""住房分配制度""职代会章程"等一系列规章制度。

1992年，管理机构调整为院长办公室、总工程师办公室、全质办公室、生产办公室、院办公室、财会室、技术资料档案室和党支部办公室、工会。生产机构为5个，分别是规划一室、规划二室、建筑一室、建筑二室和测绘室。为进一步规范内部管理，对"全面质量管理奖惩制度""住房分配制度""职代会章程"等规章制度进行修订。

2000年，市规划建筑设计院升格为副处级，仍归口市建委管理。内设科室新增市政设计室。10月，按有限责任公司要求组建兴业建设监理公司。2002年，原规划一室升格为规划设计分院，原规划二室改为建筑三室。2003年，市规划建筑设计院取得建筑工程甲级资质，成为湘西北地区第一家拥有甲级资质的设计单位。

2004年，市规划建筑设计院制定"建筑工程项目总设计师责任制"，同时，成立设备室，其组成人员为概预算、电气、给排水、暖通等方面的专业技术人员。是年，经国家建设部批准，市规划建筑设计院的市政资质升为乙级；经省建设厅批准，市规划建筑设计院监理资质升为乙级。为调动设计人员的生产积极性，从2005年起，实行与技术、经济目标管理责任制相适应的分配制度，该制度参照《民用建筑设计劳动定额》，对不同项目的各专业工作量做出科学、合理的规定，为工程奖金分配提供了比较科学的依据。

针对施工图审查中出现一次性通过率不高的问题，2007年，市规划建筑设计院下发《关于加强施工图设计质量管理的规定》，并规定每季度召开一次"质量例会"，发布施工图审查情况反馈意见表，进一步提高设计质量。

2010年3月，市规划建筑设计院归口市规划局管理。4月，撤销规划分院，成立规划一室、规划二室和创作室。为加强内部管理，制定行政后勤管理、生产经营管理和质量技术管理三大管理制度，并将制度印刷成册，分发给每位工作人员。2011年，设立规划三室，2012年设立景观设计室。

附：历届领导人名录

1989—1990年

　　院长、书记　张大刚

　　副院长　李雷声　钟叙铣　刘吾三

　　总　工　钟叙铣

1990—1993年

　　院　长　李雷声

　　书　记　沈子江

　　副院长　刘吾三　孙道源

　　总　工　钟叙铣

1993—2011年

　　院　长　康存前

　　书　记　杜文孝

　　副院长　鄢大富　旷建新

　　总　工　杜文孝

2011—2012年

　　院　长　康存前

　　书　记　汤巨龙

　　副院长　旷建新　王腊云

　　总　工　刘　忠

　　工会主席　何仁斌

2012年—

　　院　长　康存前

书　记　汤巨龙

副院长　旷建新　王腊云　张　成

总　工　刘　忠

工会主席　何仁斌

第二节　人　员

1991 年，全院在编干部职工 71 人，其中专业技术人员 66 人。为充分调动职工的工作积极性，提高院经济效益，解决业务不饱和问题，1993 年，市规划建筑设计院制定职工经济承包责任制，在全院实行经济承包责任制。2002 年，全院在编干部职工 78 人，其中 7 人有高级职称，30 人有中级职称。2003 年，张成、郭定善两位同志分获国家一级注册建筑师、国家一级注册结构工程师执业资格，王腊云获注册规划师资格，至此，全院共有一级注册建筑师 2 人，一级注册结构工程师 4 人。2007 年，刘忠、杨斌、文世平考取国家一级注册工程师。2008 年，段祥云、陆春获国家一级注册建筑师资格。2009 年，全院共有各类专业技术人员 98 人，其中一级建筑师 4 名，二级建筑师 5 名，一级注册结构工程师 7 名，注册设备工程师 4 名，高级工程师 16 名，工程师 41 名。技术人员中有 3 名为硕士研究生。2000 年以后，市规划建筑设计院抓紧对业务人员进行技术培训，不断提高他们的专业水平，与此同时，市规划建筑设计院还出台一系列优惠政策，鼓励专业技术人员钻研业务。在这些激励政策的指导下，市规划建筑设计院整体业务水平有很大提升。2010 年，在职员工 135 人，其中高级职称人员 17 人，中级职称人员 49 人，各类注册师 31 人，有中共党员 43 人，研究生 9 人。2011 年，在职员工 146 人，其中 17 人具有高级职称，49 人具有中级职称，有各类注册师 31 人，中共党员 43 人，研究生 10 人。是年，副院长兼总建筑师张成、总工程师刘忠被市政府聘为市重大行政决策专家咨询委员会建筑学专家和建筑结构专家。

2012 年，在内部管理上完善分配制度改革，推行向年轻人倾斜的分配政策。规划、市政设计人员基本工资按核定工资全额发放。3 月，市委编委办为市规划建筑设计院增加 10 个自收自支事业编，至此，常德市规划建筑设计院自收自支事业编增至 90 名。年底全院有在职干部职工 146 人，其中专业技术人员 138 人，专业技术人员中有 17 人具有高级职称，49 人具有中级职称，有 10 人为研究生学历。全院有一级注册建筑师 3 人，二级注册建筑师 7 人，一级注册结构工程师 7 人，二级注册结构工程师 1 人，注册规划师 6 人，注册设备工程师 5 人。

第二章　建筑工程与城乡规划设计

第一节　建筑工程设计

1992年，市规划建筑设计院制定工序管理表，把建筑工程各专业的38张工序流程图体现在8张工序管理表上。为了使建筑工程设计更加精细化，市规划建筑设计院为设计室配置了从中国建研院引进的"多层及高层建筑结构空间分析程序""高层建筑普通箱基与防空地下室箱基通用程序"等6个软件。市建委9000平方米的办公楼和生活小区工程在全市范围招标，规划院两名青年技术人员合作的方案中标。完成常德百货大楼扩建工程、常德卷烟厂西郊生活区初步设计等项目。

图109：2008年度省优三等奖——水榭花城中城一品

1998年，完成建筑项目38个，面积20.98万平方米，初步设计5项，投资1.42亿元。市体育中心体育场工程设计获湖南省1998年度优秀设计二等奖。4月，选送三个方案参加"迈向二十一世纪的中国住宅"竞赛，其中一个方案参加建设部决赛。8月，院长康存前带领4位技术专家到西藏隆子县进行设计，完成了西藏隆子县政府办公大楼、县中学综合大楼等施工图设计。

2001年，全年完成初步设计7项，面积33万平方米，投资1.9亿元，施工图48项、1.948万平方米、投资1.62亿元。这些项目中，以张成为设计负责人的市管道燃气调度中心、以杨正喜为设计负责人的市消防大厦、以陆春为设计负责人的市一中体育馆被评为优质项目。

2002年，全年完成施工图46项、24.086万平方米，投资2.45亿元。完成的较大项目有金健置业 H 组团、金健米业 A 组团高层设计、荣星公司综合楼、农产品大市场等。在工程勘察设计"四优"评选中，湖南文理学院音美馆项目获市优秀设计一等奖，常德市第一人民医院外科住院大楼获市优秀设计一等奖、省优秀设计三等奖；市人民路商业步行街获市优秀设计一等奖、省优秀设计三等奖；市长怡中学教学楼获市优秀设计二等奖、省优秀设计三等奖；市一中大门、市政建设总公司综合楼、鼎城区法院审判中心大楼均获市优秀设计三等奖。

2003 年，完成建筑设计 38 项，面积 15.8 万平方米，投资 9480 万元。项目中，市十一中学教学楼、市一中体育馆和市区管网普查设计均获省优秀设计三等奖。2004 年，完成建筑设计 40 项，建筑面积 41.577 万平方米，总投资 2.2238 亿元。2005 年，完成建筑设计 55 项，建筑面积 48.5 万平方米，总投资 2.91 亿元。在省市优秀设计评选中，常德市高职院风雨操场、看台获省优秀设计表扬奖，湖南文理学院老干活动中心获市优秀设计三等奖。

2007 年，完成建筑设计项目 110 余项，建筑面积 70 万平方米，总投资 5.6 亿元。从是年起，对项目实行总建筑师负责制，在这一制度的激励下，一大批项目被评为优秀项目。这些优秀项目主要有何仁斌为项目总建筑师的朝阳佳苑小区云锦纺织工业园、杨正喜为项目总建筑师的 20 万平方米的太阳城住宅小区、陈昌平为项目总建筑师的 6 万平方米的薪城外滩小区、郭定善为项目总建筑师的颐和电信小区、刘南清为项目总建筑师的君蓓苑小区、罗沅杰为项目总建筑师的移动公司铁塔基础工程。

2008 年，完成初步设计 70.6 万平方米、投资 14.9 亿元，施工图设计 63 项、39 万平方米、投资 14.9 亿元。优秀项目有：水榭花城中城（一期）获省优秀设计三等奖，鼎城一中景新教学楼、常德交通旅游学校教学楼获市优秀设计三等奖。

在省建设厅发起的《嘉盛地产杯湖南省中小套型住宅设计方案竞赛》中，总建筑师张成为指导，戴亮、李英慧、庹潇文为成员设计的"绿色蜗

图 110：2009 年度省优秀设计二等奖——古丈会务中心

居"被评为优秀方案竞赛三等奖。

2009年，完成初步设计7项、10万平方米、投资1.8亿元，施工图设计40项、58万平方米、投资7亿元。由总建筑师张成负责设计的援助项目"古丈县会务中心"设计获2009年度湖南省优秀设计二等奖。2010年，完成初步设计9项，56.2万平方米，投资10.5亿元。

2011年，完成建筑工程58项，建筑面积73.8万平方米。由副总建筑师段祥云为总设计师，杨斌、鲁海霞、邓金枝参与设计的"常德卷烟厂员工活动中心工程"获省优秀设计三等奖。在省建设厅组织的"保障性住房方案设计竞赛"活动中，段祥云、李琴设计的"朗湘居方案"获优秀奖。

2012年，土建设计完成工程55项，建筑面积54万平方米。

第二节　城乡规划设计

1992年，开展QC小组活动，其中规划一室的"东A区控制性详细规划研究"于5月上报省勘察设计协会参评并获奖。

1998年，完成总体规划16平方千米，详细规划258公顷。7月，在紫兰居住小区总平面规划设计招标中一举中标。8月，完成了西藏隆子县城总体规划。在遭遇百年不遇的特大洪水之际，派出10名技术人员到澧县灾区，对澧南垸和官垸进行总体规划、控制性详规和修建性详规设计。

1999年8月，完成常德市人民路商业步行街修建性详细规划，该项设计获省建设厅优秀设计三等奖。2000年8月，完成石门县皂市镇总体规划。

2001年，全年完成总体规划3平方千米，详细规划26.8公顷。以佘旭萍为设计负责人的德山公园规划设计获各界好评。

2002年，完成总体规划30平方千米，控制性规划928公顷，详细规划50公顷，城市设计15公顷。7月，完成常德市盐关片区控制性详细规划。

2003年，完成控制性详细规划1000公顷。7月，完成常德市近期建设规划，并获省优秀设计三等奖。

2004年，完成总体规划26公顷，修建性详细规划7.3公顷，控制性详细规划630公顷。5月，完成常德市五岔新区控制详细规划。6月，完成德山乾明寺景区修建性详细规划。

2005年，完成总体规划18平方千米，控制性详细规划362公顷。完成的项目有：江南城区道路路网规划、落路口控制性详细规划、皂市镇总体规划、河洑镇总体规划。

在省优秀设计评选中，常德市近期规划设计获省优秀设计三等奖。园林专业研究生戴亮，在中、日、韩国际设计大赛上获第三名。

2006年，完成常德市江北区新扩区域道路专项规划；完成安乡县安丰乡黄家台村新农村建设规划；完成常德市城市住宅建设规划。

2007年，完成总体规划20平方千米，修建性详细规划263公顷。完成湖南省澧县经济开发区总体规划、灌溪镇总体规划。

2008年，完成总体规划30平方千米，控制性详细规划1500公顷，修建性详细规划100公顷。完成湖南梦溪工业园总体规划、石板滩镇总体规划。

2009年，完成总体规划10平方千米，控制性详细规划1900公顷，修建性详细规划44公顷。甘林辉、欧阳锋、邓松青等义务为西藏隆子县进行了规划设计。完成常德市河洑片区控制性详细规划、澧县道路专项规划、桥南工业园控规、黄土山村整治规划。

2010年，完成总体规划8平方千米，专项规划6公顷，控制性详细规划18平方千米，修建性详细规划480公顷；设计完成常德市"一纵三横"街景整治规划。完成常德市武陵区棚户区改造规划设计、江北城区道路专项规划设计和常德市人防工程规划设计。

2011年，完成了专项规划8项，控制性详规1200公顷，修建性详规110公顷。完成的主要设计项目有：德山森林公园及周边地块详规；常德市综合交通规划；常德市江南城区西片区控制性详细规划。

2012年，编制完成常德市北部新城控制性详细规划；常德市鼎城区草坪镇总体规划以及文化广场、文化街、枉水风光带修建性详规，江南城区道路专项规划，江南城区棚户区改造规划，鼎城区村镇体系规划；武陵区芦山乡集镇总体规划及重点地区控制性详细规划；常德市加油站专项规划。

在省住建厅组织的优秀城乡规划论文竞赛中，李英慧撰写的《浅析宜居城市建设中城市特色的营造》获二等奖，阳国仁撰写的《浅析常德市公交建设》和胡桢颖撰写的《常德市经济发展特征及其发展策略的参考》分获三等奖，黄晔撰写的《论风景资源保护与开发利用之间的辩证关系》获表扬奖。完成总体规划4项，专项规划12项，控制性详规和修建性详规2400公顷。

第三节　市政工程设计

在1988年撤区建市后的几年里，市委市政府把工作的重点放在工农业生产上，对旧城的改造和市政建设项目的投入相对较弱，因此在较长一段时间里，市建筑规划设计院在市政工程设计方面的工作量较少。1989—1997年，每年市政工程的设计量都只有2—3项，最多的 1994 年，也只有 4 项。这以后，随着城市建设的迅速发展，市政建设工程增多，市规划建筑设计院完成的市政工程设计也随之增加。仅 1998 年，市规划建筑设计院完成的市政工程设计就有 6 件。到了 2001 年，完成的市政工程规划设计有 15 项，到 2002 年，又增加到 18 项。经过数年的发展，市规划建筑设计院设计水平也有很大提高，至 2004 年，市规划建筑设计院市政道路设计资质升为乙级。

2005 年，市规划建筑设计院完成市政项目 12 项，总投资 2.01 亿元。完成的主要市政工程有德山开发区有德路、善卷路、青山街道路设计，市城区人民西路、龙港路，德山医院拱桥设计。其中德山开发区莲池路新建工程获市优秀设计三等奖。

2006 年，完成市政项目 10 项。主要项目有德山南路、常澧路、仙源路、灌溪镇的岗中大道、兴工大道、邓家坪大道、中心路。

行车舒适的朗州路北延伸线

铁路框架桥处的朗州路北延伸线

图 111：2011 年度省优秀设计三等奖——"朗州路北延伸线"

2007 年，市规划建筑设计院完成的市政项目攀升到 38 项。以后几年，市规划建筑设计院完成的市政项目都在 20 项以上。同时也出现了一批有影响的获奖工程项目。2008 年，常德大道获市优秀设计二等奖；2011 年，傅关平、李晋华、张杰、郑亮、鄢晓佳、胡碧衡、田忠义、甘林辉、戴亮、邓金枝参与设计的"朗州路延线工程"获省优秀设计三等奖。此间，主要工程项目有朗州路北延线、皇经路、芙蓉北路、中联路等。2012 年完成道路设计 21 千米，总投资 8.87 亿元，主要道路有德山南路、文峰路、建新路、永安路。

常德市规划建筑设计院市政工程设计统计（1990—2011 年）

表 6 - 2 - 3 - 1

年　份	完成项目数（项）	年份	完成项目数（项）
1990	3	2001	15
1991	2	2002	18
1992	3	2003	5
1993	3	2004	8
1994	4	2005	12
1995	1	2006	10
1996	2	2007	38
1997	1	2008	23
1998	6	2009	25
1999	5	2010	25
2000	6	2011	20

第三章 工程监理与测绘

第一节 建设工程监理

常德市兴业建设监理有限公司成立于2000年11月，出资人为常德市规划建筑设计院的一部分职工。资质为丙级监理企业。公司中有国家注册监理工程师15人，湖南省注册监理工程师5人。公司成立初克服了在资质、资金、资信等不利因素的影响，依靠市规划建筑设计院的人才优势，在监理市场竞争中站稳了脚跟，取得较好成绩。2001年营业收入为36.9万元。

2002年，公司派16人参加省监理协会举办的总监理工程师培训班学习，42人参加省组织的学规范、学强标考试，并取得了培训合格证及考试合格证，10人参加见证取样员学习班，并取得了见证员证。公司在发展定位上，以市政工程监理为主，2002年公司承接市政监理工程10项，建筑工程38项，监理收入63.4万元。

2004年3月，公司通过湖南省建设厅工程监理资质审查，核定为乙级监理企业。技术人员素质也不断提高，从业人员增加到近60个，总监由15人增加到18人。全年完成工程监理32项，竣工建筑面积15.8万平方米，实现营业收入90余万元。

2005年，公司引进国家注册监理工程师4人，省注册监理工程师2人，添置了固定资产和检测仪器，为客户提供更优质的科学服务创造了条件。全年监理收入148万元。新开工建筑工程面积18.8万平方米，投资1.13亿元；新开工市政工程10项，投资0.348亿元；竣工建筑工程面积18.045万平方米，投资1.3亿元；竣工市政工程15项，投资0.45亿元。其中，康普制药车间获2005年市芷兰杯优质工程奖，望江名苑7#楼、军安小区等被授予市安全文明工地。

2006年，全年监理收入168万元。新开工建筑工程项目42项，建筑面积53.39万平方米，投资3.8亿元；新开工市政工程项目12项，投资5000万元。总计新接监理投资4.3亿元。竣工建筑工程项目28项，建筑面积26.63万平方米，投资1.98亿元；市政工程竣工8项，投资0.216亿元，工程竣工合格率为100%。其中，市亚运小区活动中心综合楼，鸿富佳苑1#、5#、6#楼被评为市优工程；龙城花苑、桂花园等工程被评为安全文明工地。

2007年，全年监理收入150.8万元。新开工建筑工程项目20项，建筑面积27.65万平方米，投资 1.75 亿元；新开工市政工程项目 10 项，投资 7877 万元。总计新接监理投资 2.5 亿元。竣工建筑工程项目 27 项，建筑面积 36.4 万平方米，投资 2.68 亿元；市政工程竣工 9 项，投资 7642 万元，工程一次验收合格率为 100%。其中，常德市六中第二教学楼、安乡中城豪园等 19 个工程被评为"安全文明工地"。为贯彻国家节能新规范，公司在蓬莱有约工地召开监理施工现场演示会，通过演示，大家对在建筑中运用国家节能新规范有了进一步的了解，受到各方责任主体及主管部门的一致好评。

2008 年，全年监理收入 140 万元。新开工建筑工程项目 18 项，建筑面积 14.399 万平方米，投资 1.07 亿元；新开工市政工程项目 3 项，投资 1480 万元，总计新接监理投资共 1.22 亿元。竣工建筑工程项目 19 项，建筑面积 16.2 万平方米，投资 1.21 亿元；市政工程竣工 5 项，投资 2360 万元，工程一次验收合格率为 100%。

2009 年，公司抓住市政基础设施投入加大的机会，积极拓展市政工程监理业务，业务量比 2008 年增加三倍。全年监理收入 148 万元。新开工建筑工程项目 24 项，投资 2.73 亿元；新开工市政工程项目 9 项，投资 0.6 亿元。竣工建筑工程项目 22 项，建筑面积 26.33 万平方米，投资 2.673 亿元；市政工程竣工 7 项，投资 0.4 亿元，工程验收合格率为 100%。

2010 年，全年监理收入 203 万元。新开工监理工程项目 34 项，总投资 3.2 亿元，建筑面积 33.1 万平方米，竣工监理项目 25 项，工程验收合格率为 100%。2011 年，完成监理新开工项目 25 项，总投资 4.9 亿元，建筑面积 36 万平方米。

2011 年，监理费收入 259.69 万元，新开工监理项目 25 项，总投资 4.958 亿元，建筑面积 36.803 万平方米；竣工监理项目 28 项。

2012 年，完成新开工项目 22 项，总投资 4.58 亿元，建筑面积 33.58 万平方米，监理费收入 326.32 万元。2012 年，公司有各类专业人员 68 人，其中国家注册监理工程师 26 人，国家一级注册建造师 3 人，注册造价师 3 人，湖南省注册监理工程师 20 人，高级工程师 15 人。公司拥有先进的检测仪器 28 余台（套）。公司拥有建筑、结构、设备安装、给排水、采暖通风、电气、道路、桥梁等各类专业工程技术人员，已具备国家甲级监理单位晋升条件，并向国家有关部门申报甲级监理企业资质。

第二节　建设工程测绘

1986 年，常德市规划勘测室配合湖南省测绘局完成市区及邻近市区的常德县部分区域（共 215 平方千米）的 1：2000 航测图测绘任务，成图 268 幅，并在 1：2000 地形图基础上完成 1：5000 和 1：1000 地形图缩放工作。同时，先后完成全市 76 个单位 3.32 平方千米的测绘图和市区 9 条新建道路（计长 1.7 万米）的工程测量以及全市测区内 359 个三角点、导线点的普查，共晒制各种比例尺地形图、设计图 15000 多张，为城市规划和城市建设提供了可靠依据。8 月至 11 月，常德市规划办组织所属勘测队对测图范围内的 302 个地下标石和 26 座地上钢质砥标进行了普查，对 114 个地下标石进行加固，对 25 座钢标刷漆、维修加固。

1987 年，常德市规划勘测室先后完成城区金丹路、长庚路、芙蓉路、龙港路、武陵大道、朗州路、三闾路、滨湖路、洞庭大道的控制定线测量。

1988 年，常德市规划勘测设计院完成市区测绘项目 86 个，测图 95 幅，计 2.74 平方千米，主要项目有：319 国道线改线工程测量；德山公园工程测量；孤峰塔工程测量及城区张家台和红光村农民街放样；绘制治理护城河的竣工图和治理前的现状图；测绘了常德烟厂选址定位的 1：1000 地形图以及常德地区金属材料公司、常德市塑料一厂、常德市第二建筑工程公司、德山工矿贸易公司、常德教师进修学院、西郊变电站等单位的 1：500 工程建设测图。

1989 年常德市规划建筑设计院测绘室成立，主要测绘技术人员来自原常德市（武陵区）规划勘测设计院．

1992 年 3 月，常德市规划建筑设计院测绘许可证由丙级升为乙级。1998 年，院长康存前带领旷建新、蔡新进、向湘粤完成西藏隆子县 1.9 平方千米 1：2000 地形图测量。

这以后，测绘室主要承担的测绘工作是地形图测量及局部地形图修测、道路带状地形图、纵横断面测量及道路放线测量。

图 112：2006 年度省优秀工程勘察三等奖——花山路

2005 年，完成花山路道路测量 8.5 千米，该项目荣获湖南省建设厅优秀勘测设计三等奖。

2011 年，由常德市规划局研究中心主要测量技术人员和常德市规划建筑设计院测绘室整合成立常德市规划建筑设计院测绘分院，并承担建筑工程项目测量工作。

人 物

人 物

一、人物简介

孙和松 男，汉族，1938年9月出生，常德市鼎城区人，1959年9月参加工作，1984年7月加入中国共产党，唐山铁道学院道桥专业毕业，大学学历。1959年9月至1971年9月，中国人民解放军铁道兵，1971年9月至1973年11月，常德市工程公司工人，1973年11月至1976年8月，任市人防办办事员，1976年8月至1981年4月，在市树脂厂基建科从事设计工作，1981年4月至1984年10月，任市建筑设计院工程师，1984年10月至1989年4月，任市建委副主任、工程师，1988年3月被评为高级工程师，1989年4月至1991年6月，任市规划建筑设计院副总工程师，1991年6月至1998年8月，任规划建筑设计院总规划师，1998年9月退休。1995年12月被常德市人民政府评为市级劳动模范。

刘启仪 男，汉族，1951年12月出生，常德市武陵区人，高级工程师，大学学历。1970年3月参加工作，1975年1月加入中国共产党。1970年3月至1972年4月，湖南凤滩电站机电大队工人，1972年4月至1975年12月，清华大学水利工程系水工建筑专业学习，1976年1月至1980年5月，任凤滩水电站技术员，1980年6月任湖南省水电工程局助理工程师，1983年4月任原常德市一建公司助理工程师，1984年5月，任原常德市建委秘书、科技科科长、建委副主任（兼任市规划处主任），原常德市土木建筑学会秘书长、副理事长。1988年12月，任常德市规划管理处规划科科长、管理处副处长、副主任，工程师，1994年12月评为高级工程师。1995年1月被建设部评为全国城市规划先进工作者。1996年2月任常德市规划局副局长，同年10月任局党组成员，2003年任党组副书记、副局长，2006年12月任市规划局调研员；湖南省城市文化研究会理事、湖南省城市规划学会常务理事。多次被评为市优秀共产党员，六次获市政府记功奖励。2011年12月退休。

胡少华 男，汉族，1964年11月出生于湖南省临澧县，中共党员，湖南大学本科毕业，工学学士，高级城市规划师，国家注册规划师。

1983年7月参加工作，1988年12月任常德市规划管理处规划科副科长，1994年3月任用地科科长（其间1998年10月至2000年2月，在石门县二都乡政府挂职锻炼，任党委副书记），2000年2月，任常德市规划局副总工程师，抽调市旧城改造指挥部任总工程师，2000年12月，任常德市建筑勘测设计院院长、书记，2001年8月，任常德市规划局党组成员、总工程师，2007年3月任党组成员、副局长，2012年3月任局党组副书记、副局长。

主编了《桃源县总体规划（1983—2000）》《常德市武陵大道详细规划》《常德市旧城改造规划（2000—2010）》等各类规划40余项，组织编制审查了《常德市城市总体规划（2009—2030）》《津——澧城市发展战略规划（2003—2030）》《德山经济开发区总体规划（1999—2020）》《常德市园林绿地系统规划（1999—2020）》等各类规划100余项，在《华中建筑》《华中科技大学学报》《湖南城市学院学报》《湖南城乡规划》等国家、省级刊物发表学术论文4篇，诗歌2首。其中：《论常德市城市形象与特色的塑造》获2002年度湖南省城乡规划论文三等奖。1992年，被常德市人民政府记三等功一次，2003年，被湖南省人民政府记一等功一次，2006年11月，应邀前往德国汉诺威大学访问学习。系中国城市规划协会规划管理委员会理事、湖南省人民政府首届城乡规划委员会专家委员会委员、常德市人民政府城市规划委员会委员、常德市建筑防火专业委员会副主任委员，湖南城建职业技术学院兼职教授，张家界市人民政府顾问，中共常德市委党校、常德市行政学院客座教授。

张　华 男，汉族，1974年6月出生，常德市鼎城区人，高中文化，1993年12月应征入伍，1996年8月加入中国共产党，先后在海南省军区132师396团和空军邵东场站95201服役，历任战士、班长、代理排长，荣立三等功一次，被评为优秀士兵二次、优秀士官一次。2009年12月转业，2011年11月安置在常德市规划展示馆工作。2012年被评为"湖南省见义勇为先进个人"，被湖南省人民政府记一等功，被中共常德市委员会授予"优秀共产党员"称号，被共青团常德市委评为"向善崇德，我们身边的好青年"。

二、人物表

（一）常德市规划局获注册规划师名录

姓　名	性别	出生年月	籍贯	工作单位	执业资格证	批准时间
胡少华	男	1964.11	临澧	市规划局	注册规划师	2000.10
夏欣蓉	女	1964.12	安化	市规划局	注册规划师	2000.10
刘建武	男	1962.9	安乡	市规划局	注册规划师	2001.10
谭丽平	女	1965.11	株洲	市规划局	注册规划师	2001.10
喻文军	男	1964.5	石门	市规划局	注册规划师	2001.10
阳兰君	女	1961.9	汉寿	市规划局	注册规划师	2001.10
何家伏	男	1964.3	益阳	市规划局	注册规划师	2001.10
曹华	男	1966.9	益阳	市规划局	注册规划师	2002.10
钱国辉	男	1963.4	沅江	市规划局	注册规划师	2003.10
陈世锋	男	1973.9	常德	市规划局	注册规划师	2003.10
刘　杰	男	1974.1	常德	市规划局	注册规划师	2007.11
汤文扬	男	1977.6	津市	市规划局	注册规划师	2009.10
王　莉	女	1981.5	桃源	市规划局	注册规划师	2009.10
戴宏凯	男	1980.9	澧县	市规划局	注册规划师	2009.10

（二）常德市规划建筑设计院获一级注册建筑师、一级注册结构工程师、注册规划师、注册公用设备工程师名录

姓　名	性别	出生年月	籍贯	工作单位	执业资格证	批准时间
张　成	男	1971.7	南京	常德市规划建筑设计院	一级注册建筑师	2002.8
段祥云	女	1971.12	重庆	常德市规划建筑设计院	一级注册建筑师	2009.2
陆　春	男	1974.2	常德	常德市规划建筑设计院	一级注册建筑师	2009.2
杜文孝	男	1945.5	常德	常德市规划建筑设计院	一级注册结构工程师	1999.1
代小伶	男	1963.12	常德	常德市规划建筑设计院	一级注册结构工程师	1999.1
郭定善	男	1964.7	澧县	常德市规划建筑设计院	一级注册结构工程师	2003.3
刘　忠	男	1963.3	桃源	常德市规划建筑设计院	一级注册结构工程师	2008.7
杨　斌	男	1979.20	常德	常德市规划建筑设计院	一级注册结构工程师	2008.7
佘旭萍	女	1964.12	桃源	市规划建筑设计院	注册规划师	2000.10
王腊云	男	1964.12	益阳	市规划建筑设计院	注册规划师	2002.10
周　曦	男	1976.8	常德	市规划建筑设计院	注册规划师	2003.10
阳国仁	男	1978.10	益阳	市规划建筑设计院	注册规划师	2007.11
郑　昶	男	1973.1	常德	常德市规划建筑设计院	注册设备工程师（供配电）	2005.10
鲁海霞	女	1974.2	鼎城	常德市规划建筑设计院	注册设备工程师（给水排水）	2006.9
田忠义	男	1966.4	常德	常德市规划建筑设计院	注册设备工程师（给水排水）	2010.4
甘林辉	男	1975.6	汉寿	常德市规划建筑设计院	注册设备工程师（给水排水）	2010.9

注：本表按一级注册建筑师、一级注册结构工程师、注册规划师和注册设备工程师的顺序排列，同类的按批准时间先后排列。

附 录

附　录

中共常德市委　常德市人民政府
关于进一步加强城镇建设工作的意见（摘录）

三、注重城镇规划，强化规划管理

城镇规划是指导城镇建设科学发展的蓝图，是对城镇各项建设进行综合协调和管理的重要依据和手段。要继续加强《城市规划法》的宣传，增强全民规划意识。要根据《城市规划法》的规定，抓好城镇总体规划的编制和修订工作，并按规定程序和审批权限，实行严格的分级审批制度。要根据总体规划及时制定分区规划、详细规划、专业规划和村组规划，以利总体规划的准确实施。要保证规划实施的严肃性，凡经批准的城镇总体规划，具有法律效力，任何人不得擅自更改。

凡在城镇规划区内的一切建设用地和建设工程，必须服从城镇总体规划，其选址、定点和布局，必须经城镇规划行政主管部门审批，并严格按审批要求实施。如需更改，需按规定程序，报原批准机关核准。

城镇规划管理要与城镇土地管理密切结合，坚持依法用地、合理用地、节约用地。对各项建设用地要认真规划、严格审查，坚决制止违法用地和违章建设。

中共湖南省常德市委

常德市人民政府

1991 年 10 月 18 日

常德市城市规划管理试行办法

（1993 年 1 月 13 日）

第一章　总　则

第一条　为加强城市规划管理，保证《常德市城市总体规划》的顺利实施，根据《中华人民共和国城市规划法》《湖南省〈城市规划法〉实施办法》，结合我市实际情况，制定本办法。

第二条　本办法适用于常德市城市规划区。任何单位和个人在城市规划区内利用土地和进行建设，从事与城市规划管理有关的活动，必须遵守本办法，服从城市规划管理。

第三条　常德市城市规划区范围是：武陵区，鼎城区武陵镇、河洑镇、石门桥镇、斗姆湖镇、灌溪镇、河洑乡、丹洲乡、南坪岗乡、芦荻山乡、康家吉乡及常德林场、河洑林场、鼎城区渔场（柳叶湖）、常德汽车改装厂（万金障农场）、鼎城区一职中地域范围。

第四条　常德市城市规划管理处是市人民政府城市规划行政主管部门，其主要职责和任务是：组织编制城市总体规划、分区规划和详细规划；根据批准的城市规划对规划区内的土地利用和各项建设实施管理，查处违反城市规划的行为。

市辖区人民政府城市规划管理部门在规定权限内负责本行政区域内的规划管理工作。

第二章　城市新区开发和旧区改建

第五条　城市新区开发和旧区改建必须遵循：统一规划、合理布局、因地制宜、综合开发、配套建设的原则，严格控制零星征地、分散建设，达到经济效益、社会效益、环境效益的统一，提高城市综合功能。

第六条　城市新区开发和旧区改建，必须在城市总体规划的指导下，编制详细规划，作为建设和管理的依据。

城市街区规划，由市规划行政主管部门或所在区人民政府组织编制。

城市重要地区（段）建设规划、居住小区规划和专项规划，由建设单位根据城市规划行政主管部门提供的规划设计要点，委托有规划设计证书的单位编制。

城市规划区内的乡、镇，由所在区人民政府组织乡、镇人民政府编制建设规划。城市规划区内的村民建房也应以村为单位，作好规划，逐步实行集资联建。

城区各单位应根据城市规划的要求，结合本单位实际，委托设计单位编制本单位内部建设规划。

第七条　城市旧区系指沅江以北、红旗路以西，三叉路以东、育才路以南以及德山莲花路以北、姚湖路以西，枉水河以东、沅江以南的区域。

旧区改建同改善居住环境和交通运输条件相结合，加强基础设施和公共设施建设。严格控制旧区建筑密度和容积率。

第八条　旧区内限制新建工业企业，对污染严重和影响居住环境的现有工业企业，应限期治理，治理期间不得进行扩建；无法治理的应按城市规划要求进行迁移，已确定迁移的工业企业，不得在原地进行改建。

第九条　在城市旧区内进行私人住宅建设，必须按照详细规划进行。

旧城区改建必须拆迁的私人住宅，由拆迁单位统一安置，实行集资联建，成片开发多层住宅。

第三章　建设用地的规划管理

第十条　城市规划区内的一切建设用地，必须符合城市规划，由城市规划行政主管部门按照规划要求安排使用。

本办法所称建设用地，系指除农田建设和小型水利建设用地外的各类建设用地。

第十一条　各项建设必须贯彻节约用地、合理用地的原则。提倡合建综合办公楼和兴建多层厂房、仓库。新建住宅必须进入住宅开发区，除原有院落外，不得安排工作、生活一体化的小院落建设用地。

第十二条　各项建设工程的立项和选址定点必须符合城市总体规划确定的用地布局，在项目建议书和可行性研究报告报批时须附有城市规划行政主管部门的选址意见书。

不需要报批设计任务书的的小型建设项目和技改项目，必须取得当地城市规划行政主管部门的定点意见后，计划部门方可列入年度计划。

大、中型建设项目的可行性研究，应有城市规划行政主管部门参加。

第十三条　申请领取选址意见书的程序：

（一）建设单位持批准建设工程的有关文件向城市规划行政主管部门提出选址申请。

（二）城市规划行政主管部门综合协调有关部门的意见，对建设工程的选址提出审定意见，核发选址意见书。

第十四条　单位或个人进行建设需要用地的，应先向城市规划行政主管部门提出定点申请，经城市规划行政主管部门选址定点，核发建设用地规划许可证后，方可向土地管理部门申请用地。建设用地规划许可证规定的用地位置、界限、使用性质必须严格遵守。

第十五条　申请领取建设用地规划许可证的程序：

（一）建设单位或个人持国家批准建设项目的有关文件，向城市规划行政主管部门提出定点申请。

（二）城市规划行政主管部门综合协调有关部门意见后，确定建设项目的具体位置和界限，划定规划红线，提出规划设计条件和要点，核发定点通知单。建设单位据此委托设计。

（三）城市规划行政主管部门根据批准的初步设计等有关文件核发建设用地规划许可证。

第十六条　建设单位在临规划道路红线一侧征用土地时，应同时征用规划道路中心线至道路红线内的土地。上述征用的土地预留为城市道路用地，任何单位或个人不得修建临时性或永久性建（构）筑物。

第十七条　严格控制临时用地。因建设确需临时用地的，须向城市规划行政主管部门申请办理临时建设用地规划许可证后，方可到土地管理部门办理临时用地手续。

第十八条　任何单位和个人必须服从城市人民政府根据城市规划作出的调整用地决定。土地使用权转让时，受让方必须先向城市规划行政主管部门申报，经批准后方可到有关部门办理转让手续。

第十九条　城市居民进行住宅改建，不准新增用地。村民建房严禁扩大宅基地面积。

第二十条　在城市规划区内进行采石，开矿，挖取砂石、土方，堆置废渣、垃圾，围填水面等改变地形地貌的活动，须取得城市规划行政主管部门的审查意见后，方可到有关主管部门办理批准手续。

第四章　建设工程的规划管理

第二十一条　在城市规划区内进行的各项建设工程，由城市规划行政主管部门实行统一规划管理。

本办法所称建设工程系指建筑工程、道路工程、防灾工程、环境工程、管线工程，临时工程及其他工程。

第二十二条　单位或个人新建、改建、扩建各项建设工程，均须取得城市规划行政主管部门核发的建设工程规划许可证。

申请领取建设工程规划许可证的程序：

（一）建设单位或个人依法取得土地使用权后，持有关批准文件，向城市规划行政主管部门提出建设申请。

（二）城市规划行政主管部门划定建设工程控制界限，提出建设工程规划设计要求。

（三）城市规划行政主管部门综合协调有关部门意见，审查建设工程施工图，核发建设工程规划许可证。

建设单位或个人取得建设工程规划许可证后须在 6 个月内开工，如未开工且未经原发证机关批准延期，该建设工程规划许可证自动失效。

第二十三条　单位或个人在领取建设工程规划许可证时，应按规定向城市规划行政主管部门交纳城市规划管理费和规划保证金，保证金在工程竣工验收确认无违法行为后如数退还，如有违法行为，保证金将作罚款金额抵支。

第二十四条　凡需进行临时建设的单位或个人，必须经城市规划行政主管部门批准，取得临时建设工程规划许可证后，方可进行建设。严禁在城市主、次干道两侧临街进行建设。

第二十五条　城市主、次干道临街建筑、高层建筑、大型城市公共设施、城市雕塑、建筑小品及其他重要建设工程，建设单位须按城市规划行政主管部门提出的建设工程规划设计要求，委托设计单位进行两个以上建筑方案设计，经审查确定设计方案后，方可进行初步设计或施工图设计。

第二十六条　新建、改建、扩建的建设工程间距必须符合下列规定：

（一）城市旧区建筑物纵侧面之间的间距为房屋高度的 0.8 - 1.0 倍，新区建筑物纵侧面之间的间距为房屋高度的 1.0 - 1.2 倍；山墙间的间距为 4 - 6 米；高层住宅、点式住宅其间距应满足消防、卫生、抗灾的要求，具体间距由城市规划行政主管部门核准；

（二）办公建筑、医疗建筑、文教建筑的间距应适当加大，并按有关设计规范执行；

（三）建筑物沿地基的界限布置，一般应退让上述规定建筑间距的一半，界外是水面、道路、绿地的，其退让距离由城市规划行政主管部门具体核准；

（四）确定房屋间距，以其房屋外墙与凸出部分为基准。

第二十七条　在规划道路红线内，不准修建永久性建（构）筑物（含外伸阳台、雨棚、踏步、建筑物基础、门廊、花池、化粪池等），原有建（构）筑物不准借维修、改建名义，扩大占地面积，如进行拆除改建，则必须退出道路红线。大型公共建筑、高层建筑以及使用性质有特殊要求的建筑，其后退道路红线深度为：新区 10 米以上；旧区 5 米以上；一般建筑，新区 3 - 5 米，旧区 1 - 4 米。

第二十八条　凡在城市主次干道两侧进行建设的临街建筑物，必须符合下列规划要求：

（一）建筑物必须沿干道平行布置；

（二）建筑物立面必须进行外装修，如设置冷储塔（箱）应有遮挡设施，并与建筑物立面相协调；

（三）不准开设敞开式生活性阳台；

（四）不谁设置围墙，在使用功能上确属需要须经批准，其形式应通视、美观，现有实体围墙应逐步进行改造；

（五）建筑物底层应安排商业营业用房；

（六）大型建筑、商业建筑，重要的公共建筑其立面必须按规划要求装设霓虹灯、轮廓灯等灯具装饰。

第二十九条　城市规划确定的公共设施建设项目的建设位置、界限，任何单位或个人不得移动或占用。

城市主次干道交叉口80米范围内不准开设车辆出入口，其他路段确需开设车辆出入口的单位，须向城市规划行政主管部门提出建设申请，经审查同意后方可施工。

第三十条　在城市干道沿街设置邮筒、电话亭、停车站（场）以及临街建筑物开、堵门窗，商业门面的装修改建等建设活动均应报请城市规划行政主管部门审查，经批准方可进行修建。

第三十一条　所有建设活动必须严格遵守城市景观规划，保护历史、文物古迹遗址和具有纪念意义的建（构）筑物。

第三十二条　经城市规划行政主管部门审定的各项建设设计图，不得随意变更使用性质、位置、面积、层数、造型、外装饰等。确需变更的，须经原批准机关审查批准。

第三十三条　所有建设工程的地形图，必须准确反映地物地貌的现状，采用统一的规范、图示、德山座标系和黄海高程系。

第三十四条　所有建设工程（含各类隐蔽工程）竣工后须报请城市规划行政主管部门验收。

建设单位应在竣工验收后6个月内向市规划行政主管部门报送竣工资料。

第五章　奖励和处罚

第三十五条　认真执行《中华人民共和国城市规划法》和本办法，在城市规划管理工作中做出显著成绩的单位或个人，各级人民政府或城市规划行政主管部门给予表彰和奖励。

第三十六条　在城市规划区内，未取得建设用地规划许可证而取得建设用地批准文件，占用土地的，批准文件无效，占用的土地由城市规划行政主管部门报请县级以上人民政府责令退回。

前款规定以外的其他违法用地由城市规划行政主管部门责令限期改正。

第三十七条　在城市规划区内，未取得建设工程规划许可证或者违反建设工程规划许可证的规定进行建设，严重影响城市规划的下列违法建设工程，由城市规划行政主管部门责令停止建设，限期拆除或没收：

（一）侵占城市道路红线的；

（二）影响城市交通、消防安全、环境保护的；

（三）侵占城市公共绿地，风景园林用地的；

（四）占压城市市政管线、测量标志、水文标志或消防设施，影响微波通道、通讯、航道净空、高压线路走廊等设施的使用与安全的；

（五）侵占历史文化遗址或文物保护区的；

（六）在成片改造区或新建区内进行违法建设的；

（七）临时建设逾期不拆除的；

（八）严重影响毗邻现有建筑通风采光的。

第三十八条　在城市规划区内，未取得建设工程规划许可证或者违反建设工程划许可证的规定进行建设，影响城市规划，尚可采取改正措施的违法建设工程，由城市规划行政主管部门责令限期改正，并对违法建设单位或个人处该工程违法部分造价30%—50%的罚款，屡次进行违法建设的加倍处罚。

对参与违法建设的施工单位或个人，由城市规划行政主管部门处该工程违法部分施工取费Ⅰ—5倍的罚款。

对参与违法建设的设计单位，由城市规划行政主管部门处该工程违法部分设计费10%－30%的罚款。

第三十九条　违法建设行为未处理完毕时，后续建设项目不予办理审批手续。土地管理部门和房地产管理部门不得向违法用地、违法建设单位或个人发放土地使用权证和房屋所有权证。

第四十条　当事人对行政处罚决定不服的，可自收到处罚决定之日起15日内，向作出处罚决定机关的上一级机关申请复议；对复议决定不服的，可自接到复议决定之日起15日内，向人民法院起诉。当事人也可直接向人民法院起诉。逾期不申请复议、不起诉、又不履行处罚决定的，由作出处罚决定的机关申请人民法院强制执行。

第四十一条　单位或个人应自觉履行《中华人民共和国城市规划法》和本办法，协助城市规划行政主管部门搞好城市规划管理工作。对辱骂、殴打、围攻或用其他方式阻碍城市规划管理人员依法执行公务的，由公安机关依照《中华人民共和国治安管理处罚条例》进行处罚；构成犯罪的，依法追究刑事责任。

第四十二条　城市规划管理人员玩忽职守、滥用职权、徇私舞弊的，根据情节轻重，由其所在单位或上级主管机关给予行政处分；构成犯罪的，依法追究刑事责任。

第六章　附　则

第四十三条　本办法由常德市城市规管理处负责组织督导实施。

各县（市）城镇和独立工矿区的规划管理可参照本办法执行。

第四十四条　本办法自发布之日起实行。

中共常德市委　常德市人民政府
关于进一步加快发展和建设小城镇的决定（摘录）

四、认真搞好小城镇建设规划

规划是"龙头"，只有抓住了"龙头"，才能保证小城镇建设科学、经济、高效地发展。市制定城镇体系规划，区、县（市）制定区域城镇体系规划，每个小城镇和拟设建制镇的集镇都要制定总体规划。规划要着眼于发展，做到科学、合理，要因地制宜、形成特色，并逐步做好控制性或修建性详细规划。规划要与水利规划、经济发展规划和村庄集镇规划有机地结合起来。在小城镇规划建设中，既要发挥交通优势，又要严格控制建设范围，杜绝沿公路两侧延伸建设的现象；既要利用土地优势，又要严格做到节约用地，少占耕地；既要做到工业小区、市场建设和住宅公共建筑相对集中，又要做到功能分区明确；既要建设新城区，又要改造老城区，重点抓好水、路、电、通讯、环卫、绿化等基础设施建设，为小城镇的经济和社会发展创造条件。

中共常德市委
常德市人民政府
1994 年 11 月 24 日

常德市人民政府《关于印发常德市城市规划区内私人住宅建设管理办法（试行）的通知》

常政发〔2009〕7 号

武陵区、鼎城区人民政府，德山开发区、柳叶湖旅游度假区管委会，市直有关单位：

《常德市城市规划区内私人住宅建设管理办法（试行）》已经市人民政府同意，现印发给你们，请遵照执行。

2009 年 3 月 23 日

第一章　总　则

第一条　为加强市城市规划区内私人住宅建设管理，根据《中华人民共和国城乡规划法》《中华人民共和国土地管理法》和《中华人民共和国建筑法》等法律法规的规定，结合我市实际，制定本办法。

第二条　在市城市规划区内建设私人住宅，适用本办法。本办法所称私人住宅建设是指村（居）民自筹资金建设以居住为目的的私人住宅，包括新建、改建、扩建等建设行为。

第三条　私人住宅建设必须遵循统一规划、合理布局、集中成片、节约用地、不得占用基本农田的原则，符合城市总体规划、土地利用总体规划及镇规划、乡规划和村庄规划。

第二章　私人住宅建设规划控制区域划分及管理

第四条　私人住宅建设区域在市城市规划区内分为城市公寓楼安置建设区和城市郊区建设区。

城市公寓楼安置建设区域范围：

（一）武陵区：东至石长铁路，南至沅江，西至金丹路，北至竹根潭路、石长铁路所围合的区域，以及岩坪村、聚宝村、合兴村、竹根潭村等行政村（社区），武陵区政府划定的其他范围。

（二）鼎城区：金霞大道与沅江所围合的区域，以及停车场村、福广村、三滴水村、孔家溶村、王家铺村、郭家铺村等行政村（社区）范围，鼎城区政府划定的其他范围。

（三）德山开发区：东至东风河，南至兴德路，西至枉水，北至沅江所围合的区域，以及崇德社区，德山开发区管委会划定的其他范围。

（四）柳叶湖旅游度假区：柳叶湖社区、戴家岗社区、七里桥社区，柳叶湖旅游度假区管委会划定的其他范围。

（五）村（社区）组成建制、成街区被征用和转用的区域。

城市郊区建设区域范围：在市城市规划区内实行公寓楼安置建设区域以外的区域。

第五条　城市公寓楼安置建设区内私人住宅管理：

（一）村（居）民一律不准新建"一户一宅基地"式私人住宅，符合私人住宅分户建房条件的村（居）民可申请购买公寓楼安置房或其他形式的补贴性质住房。

（二）经过房管部门技术鉴定，确属 D 级危房的私人住宅，村（居）民可提前申请入住公寓楼安置房或其他形式的补贴性质住房。

经过房管部门技术鉴定，确属 D 级危房的私人住宅，已纳入征地拆迁范围又未进行安置的，允许进行维修加固；其他范围的 D 级危房，按照集约用地、节约用地、不重复拆建的原则，符合城市规划的，允许按原规模翻修。

第六条　危房等级由房产管理部门房屋鉴定机构鉴定。市城市规划区内征地拆迁实行公寓楼安置的有关办法另行制定。

第七条　城市郊区建设区内的村（居）民不得在村（居）民点规划范围外新建私人住宅，限制建设零星分散的私人住宅，推行成片集中联建。

因自然灾害损毁等原因需拆除改建的零星私人住宅，应按照"拆旧建新、旧宅复垦"原则，在村（居）民点集中建设。

第八条　城市郊区建设区内私人住宅建设按下列标准执行：

（一）村（居）民私人住宅每户使用耕地面积不超过 130 平方米，使用其他土地不超过 180 平方米，其中建筑占地面积不超过 96 平方米。

（二）村（居）民私人住宅的建筑层数控制在 3 层以内（含 3 层）。

第三章　私人住宅建设申请条件及审批程序

第九条　私人住宅建设申请人符合以下条件之一者，均可在其户籍所在村（社区）申请私人住宅建设（入住公寓楼的申请条件及程序按公寓楼安置的有关办法执行）：

（一）依法取得土地使用证，拥有私人住宅需要翻建改建的；城市公寓楼安置建设区内确属 D 级危房的私人住宅按第五条第（二）款执行；

（二）属于原籍的常住户，符合下列条件之一的：

1. 村（居）民无房户；

2. 多子女户，有子女达到法定婚龄，结婚无房的可申请分户，但其父母须随其中一个子女居住；

（三）已依法办理离婚和财产分割手续 1 年以上，户口仍在本地，且确实无房的，再婚者按本条（二）项办理；

（四）从其他农村集体经济组织迁入的农村村民，在当地承包农用地进行种植或养殖，履行相应义务，且迁入时间满 1 年以上的无房户；

（五）移民户、返乡侨胞、返乡退伍军人等无住房的，按国家有关政策执行。

第十条 申请私人住宅建设有下列情形之一者，一律不予审批：

（一）村（居）民将现有住宅出售、出租或赠与他人以及改为其他非居住用途的；

（二）被拆迁的村（居）民已采用货币安置方式的；

（三）村（居）民户被拆迁后仍有一处或一处以上私人住宅（含公寓楼安置房）的；

（四）农村外嫁女，户籍未迁出，其配偶方拥有宅基地或在工作单位已享受住房补贴的；

（五）从城镇迁入农村的城镇居民；

（六）土地来源不合法的；

（七）村（居）民异地修建住宅，未"拆旧建新"的；

（八）原私人住宅建筑占地面积超过 160 平方米或人均建筑面积超过 90 平方米申请分户建设的；

（九）私人住宅建设选址不符合规划的；

（十）公示期内群众举报，经核实不符合私人住宅建设条件的；

（十一）违反法律、法规规定的其他情形。

第十一条 私人住宅建设申请人到乡（镇）规划站、国土站（或市、区政务中心规划、国土窗口）领取申请表，并按下列程序报批：

（一）村（居）民小组 2/3 以上农户（居民）讨论通过并签字后，村（居）民委员会签署意见，再报乡（镇）人民政府或街道办事处进行审签；

（二）乡（镇）人民政府或街道办事处审核同意后，报市国土资源部门对建房主体资格进行审查，对符合建房资格条件的核发"建房资格认定书"；对确需占用农用地的，办理农用地转用审批手续；

（三）申请人持"建房资格认定书"到市规划部门办理"建设用地规划许可证"；

（四）市国土资源部门依据"建设用地规划许可证"为申请人办理"建设用地批准书"；

（五）申请人持"建设用地批准书"及建筑单体方案到市规划部门申请规划验线，领取"建设工程规划许可证"副本。

第十二条　建房户应委托有资质的设计单位和施工单位进行建筑设计和施工。

房屋竣工验收合格后，建房主体分别向国土资源、规划部门申请核发"土地使用权证""建设工程规划许可证"正本，向房产部门申请房屋所有权证登记，在申请房屋所有权证登记前，必须提供有资质的中介鉴定机构鉴定的房屋质量安全文书。

第四章　监督检查

第十三条　城市规划区内私人住宅建设必须依法接受当地国土资源、规划、建设、城管等行政主管部门的监督管理。

第十四条　国土资源、规划、建设、城管等部门依法履行监督检查职责时，有权采取下列措施：

（一）要求当事人提供与监督事项有关的文件、资料，并进行复制；

（二）要求当事人就监督事项涉及的问题作出解释和说明，并根据需要进入现场进行勘测；

（三）责令有关单位和人员停止违反土地管理和城乡规划管理法律、法规的行为。执法人员履行前款规定的监督检查职责，应当出示执法证件。被监督检查的单位和人员应当予以配合，不得妨碍和阻挠依法进行的监督检查活动。

第五章　法律责任

第十五条　未经规划、国土资源部门批准，擅自进行个人住宅新、改、扩建的，或未按审批要求擅自改变个人住宅建房位置、高度、面积等进行建设的，均属违法建设，由相关执法部门按照法律、法规规定处理。

第十六条　村（居）民未经批准或者采取欺骗手段骗取批准，非法占用土地建设住宅的，根据《土地管理法》第七十七条之规定，由国土部门责令退还非法占用的土地，限期拆除在非法占用土地上新建的建筑物和其他设施。

非法占用基本农田的，根据《基本农田保护条例》第三十三条之规定，由国土资源部门责令改正或治理，恢复原种植条件，处占用基本农田的耕地开垦费 1 倍以上 2 倍以下的罚款；构成犯罪的，依法追究刑事责任。

第十七条　未取得建设工程规划许可证或者未按照建设工程规划许可证规定进行建设的，根据《城乡规划法》第六十四条之规定，由城乡规划主管部门和城市管理行政执法部门责令停止建设；尚可采取改正措施消除对规划实施的影响的，限期改正，处建设工程造价百分之五以上百分之十以下的罚款；无法采取改正措施消除影响的，限期拆除，不能拆除的，没收实物或者违法收入，可以并处建设工程造价百分之十以下的罚款。

第十八条　城乡规划主管部门和城市管理行政执法部门作出责令停止建设或者限期拆除的决定后，当事人不停止建设或者逾期不拆除的，根据《城乡规划法》第六十八条之规定，建设工程所在地县级以上地方人民政府可以责成有关部门采取查封施工现场、强制拆除等措施。

第十九条　买卖或非法转让宅基地的，根据《土地管理法》第七十三条之规定，没收非法所得；根据《土地管理法实施条例》第三十八条之规定，并处非法所得的百分之五十以下罚款。对有关责任人，依法给予相应处分。

第二十条　任何单位或个人违反本办法审批城市规划区内村（居）民个人住宅建设，其审批无效，并追究审批者行政责任；造成经济损失的，依法予以赔偿。国家行政机关工作人员玩忽职守、滥用职权、徇私舞弊的，由其所在单位或者上级主管部门给予行政处分，构成犯罪的，依法追究刑事责任。

第六章　附　则

第二十一条　本办法自 2009 年 5 月 1 日起施行，《常德市城市规划区内私人住宅建设管理办法（试行）》（常政发〔2007〕16 号）同时废止。武陵区、鼎城区人民政府，德山开发区、柳叶湖旅游度假区管委会可根据本办法制定相应的实施办法。

常德市人民政府办公室
《关于印发〈常德市市政工程规划管理
办法（试行）〉的通知》

各区县市人民政府，常德经济技术开发区、柳叶湖旅游度假区、西湖管理区、西洞庭管理区管委会，市直有关单位：

《常德市市政工程规划管理办法（试行）》已经市人民政府同意，现印发给你们，请认真贯彻执行。

二〇一二年五月十五日

常德市市政工程规划管理办法（试行）

第一条 为了加强市政工程规划管理，规范城市基础设施建设，保障城市总体规划的顺利实施，根据《中华人民共和国城乡规划法》、《湖南省实施〈中华人民共和国城乡规划法〉办法》等法律、法规，结合我市实际，制定本办法。

第二条 本办法所称市政工程，是指城市生存和发展所需要的工程性基础设施。包括：交通工程、给水工程、排水工程、电力工程、邮政通信工程、燃油、燃气工程、河道水系工程、环境卫生工程、园林绿化工程、人防工程等市政设施工程。

第三条 市城区规划区范围内的各类市政工程建设，适用本办法。

第四条 市规划局是本市市政工程规划行政主管部门，负责市政工程建设项目的规划管理，发展改革、财政、审计、住房城乡建设、交警、城管执法、园林、市政公用等部门按照各自职责配合市规划局实施本办法。

第五条 市规划局组织编制市政工程专业规划，报市人民政府审批；或由市规划局委托相关市政工程行政主管部门组织编制相应的市政工程专业规划，按程序审查后，报市人民政府审批。

第六条 市规划局组织编制控制性详细规划时，编制单位应根据城市总体规划、市政工程专业规划的要求，对各类市政工程设施作出综合安排。控制性和修建性详细规划成果应当包括管线综合规划内容。

第七条 市政工程建设单位应委托具有相应资质的设计单位进行工程设计，设计成果的内容和深度应符合有关技术规范要求。

第八条 城市管线工程在规划设计前，建设单位应当调查建设区域内的城市管线现状资料，在无准确现状资料的区域，建设单位应当委托具备相应资质的单位进行探测。建设单位查明地上及地下管线分布情况并经市政部门认可，在办理项目报建时一并将有关资料报送市规划局。

第九条 市政工程建设项目方案设计完成后，由市规划局组织相关单位和专家进行工程设计方案的总平面图（或规划方案）技术审查，审定后依法予以公布。

第十条 市政工程建设单位应当按法定程序持有关批准文件向市规划局申请办理《建设项目选址意见书》、《建设用地规划许可证》、《建设工程规划许可证》（副本）等相关规划手续。未取得《建设项目选址意见书》的，发展改革等部门不予立项；未取得《建设用地规划许可证》的，国土资源部门不予办理用地审批手续；未取得《建设工程规划许可证》（副本）的，相关主管部门不得办理其他审批手续，工程项目不得开工建设。

第十一条 市规划局应在市政工程开工前组织定位、放线。测绘单位应依据市规划局核发的《放线通知单》、依法审定的施工图实施定位测量，并及时出具放线报告，经市规划局核实后，方可开工建设。管线（包括庭院管网）等隐蔽工程覆土前，市规划局应当组织验线，核实通过后，建设单位组织具有相应测绘资质的单位进行管线测量。

第十二条 市政工程建设单位应当按照《建设工程规划许可证》（副本）的要求和核准的设计图纸施工，不得擅自变更。确需进行设计变更的，建设单位应持相关资料到原审批机关办理变更手续，经批准后方可按照变更的图纸施工。

第十三条 市城区规划区内新建、扩建、改建城市道路，在道路控制线以内的各类市政工程设施应与道路工程同步设计、同步建设、同步验收，并与道路工程一起办理《建设工程规划许可证》（副本）。确因特殊情况无法与城市道路同步实施的市政工程，须按程序报批并办理临时工程手续，采取临时过渡工程措施。未经市规划局批准，在道路控制线范围内不得修建任何建（构）筑物。

第十四条 管线建设单位在市城区规划区内新建、改建、扩建各类管线，需要挖掘城市道路的，应当持市规划局批准签发的文件和有关设计文件，到相关部门办理审批手续。

第十五条 市政工程施工完成后，建设单位应组织竣工测量，编制竣工资料，向市规划局提出验收申请。市规划局应按程序组织相关部门进行综合验收。

综合验收制度由市规划局制定并牵头组织实施。

第十六条 市政工程建设项目经综合验收合格后，由市规划局核发《建设工程规划许可证（正本）》。建设单位持相关批准文件和《建设工程规划许可证（正本）》向有关部门申请财政评审、竣工决算。

未取得《建设工程规划许可证（正本）》的，有关部门不得办理工程决算。

第十七条　需要进行临时市政工程建设的，建设单位应按法定程序持有关资料向市规划局申请办理《临时建设工程规划许可证》。经批准的临时市政工程使用期限为两年，确需延期的应在使用期满之前 30 日内提出延期申请。临时市政工程如影响城市建设，应无条件拆除。

第十八条　市政工程设施用地，任何单位不得擅自改变用途；确需改变的，应报市规划局办理变更许可手续。变更内容不符合控制性详细规划的，市规划局不予批准。

第十九条　有关部门应严格控制新增架空管线的设置，现有架空管线按有关规划逐步改造入地。

第二十条　市规划局对市政工程建设进行跟踪管理，建设单位应予以积极配合。

第二十一条　市规划局负责市城区地下管线综合信息系统建设，相关部门及管线权属单位予以配合。

第二十二条　涉及市政工程数据信息的单位，应当建立保密制度，有关信息未经其所有权部门批准，不得复制或者以任何形式向第三方提供；经批准复制的，复制件按照原件的密级管理。

第二十三条　编制专业规划，应委托具有相应资质等级的设计单位进行编制。否则，对有关责任人和直接责任人依法进行处理。

第二十四条　未取得《建设工程规划许可证》（副本）或者未按《建设工程规划许可证》（副本）及相关批准文件要求建设市政工程的，由相关部门责令停止建设，限期改正；无法采取改正措施消除影响的，限期拆除。

第二十五条　建设单位未在市政工程竣工验收后 6 个月内向市规划局报送有关竣工资料的，由市规划局责令限期补报；逾期不补报的，依法给予处罚。

第二十六条　开工前未经定位、放线或隐蔽工程覆土前未经验线的市政工程，建设单位不得组织竣工验收，不得交付使用。

第二十七条　临时市政工程建设有下列情形之一的，由市人民政府责令相关行政主管部门限期拆除：

（一）未经批准进行建设的；

（二）未按照批准的内容进行建设的；

（三）建（构）筑物超过批准期限不拆除的。

第二十八条　本办法自 2012 年 6 月 1 日起施行。

常德市城市规划管理委员会
关于加强城市空间环境规划管理的规定

为了进一步发挥城市规划对城市土地利用和城市空间环境的调控作用，控制旧城区人口密度，缓解旧城区交通压力和基础设施负荷，积极引导城市向新城区健康发展，提高居住水平，确保城市空间和环境达到和谐有序，特制定本规定。

第一条 旧城区建设应以降低人口密度，完善基础设施，调整城市功能，改善人居环境为目标，提倡成片综合开发，禁止掠夺性开发或剥皮式开发。

建设项目容积率旧城区不应超过3.0，新城区不应超过3.5。个别临城市干道地块，视城市空间及景观形象等要求，可适量增加容积率，但不得超过4.0。

建设用地小于1500平方米的零星地块不得单独开发。

第二条 控制旧城区建筑容量、交通容量和人口容量。旧城区居住建筑的建筑高度宜控制在60米以内，确因城市空间轮廓和城市景观需要，其建筑高度等于或大于60米时，须先经专家审查会议审查，报规委会同意后方可办理有关规划许可。

第三条 建设项目应贯彻节约用地、合理用地原则，禁止圈地浪费。工业、仓储用地容积率一般不宜低于0.8，最低不得低于0.6；行政办公用地容积率一般不宜低于1.2，最低不得低于1.0。

第四条 规范各类专业市场建设，将住宅与专业市场进行合理功能分区，严格控制市场与住宅连体开发。

第五条 影响城市空间环境的各项指标，如：容积率、建筑密度、绿地率、建筑间距、停车泊位等，应严格按批准的详细规划和国家、地方有关技术规范、规定执行。

第六条 城市广场、主次干道交叉口以及城市重点区域，应组织城市设计，综合考虑城市空间环境和城市交通等要素，确保城市景观（建筑风格、色彩及比例尺度等）的相互协调和交通畅通。

第七条 临街建筑应做到有进有退，高低错落，形成丰富的天际轮廓线。

临街建筑应退让道路红线：一般建筑新城区不小于5.0米，旧城区不小于3.0米；高层建筑、大型公共建筑等新城区不小于10.0米，旧城区不小于8.0米。

临街建筑面宽小于20米时，不能单独建设；临建筑面宽为20至25米，建筑层数不得超过4层，且建筑高度不得超过15米。

第八条 临街建筑的控制高度（H）不应超过道路规划红线宽度（W）加上建筑后退

道路红线距离（S）之和的 1.5 倍，即 H≤1.5（W＋S）。

第九条 城市公共绿地、河湖水面的退让要求：应按已标准的城市规划要求执行，且建筑物退让绿线和蓝线的最小距离为：低层山墙不得小于 3.0 米，纵墙不得小于 5.0 米；多层山墙不得小于 4.0 米，纵墙不得小于 6.0 米；高层山墙不得小于 8.0 米，纵墙不得小于 10.0 米。

第十条 临街底层商业用房的进深等于或大于 16 米的，需按第七条核定的建筑退红线的基础上加后退让，以满足人流疏散，交通停车需要：

1. 进深为 16—25 米，加退红线 2.0 米；

2. 进深为 25—35 米，加退红线 4.0 米；

3. 进深为 35 米以上，加退红线 6.0 米以上。

第十一条 应结合城市道路、山地、河塘水系，原则上以 500 米为半径，布置大小不等的街头绿地或小型游园。

第十二条 低、多层居住建筑间距应符合下列规定：

1. 低、多层住宅平行布局时的纵向间距：新城区按房屋总高度的 1.2 倍，旧城区按房屋总高度的 1.0 倍。确因用地限制，区内部分建筑间距可适当缩减，新城区不得小于房屋总高度的 1.0 倍，旧城区不得小于房屋总高度的 0.8 倍，但缩减间距的部分建筑不得超过建筑总量的 50%。

2. 低、多层住宅垂直布置时的间距：住宅山墙进深小于 12 米的，低层间距不小于 8.0 米，多层间距不小于 12.0 米；住宅山墙进深等于或大于 12 米的，低层间距不小于 10.0 米，多层间距不小于 15.0 米。

3. 低、多层住宅的山墙间的间距不小于 6.0 米。

第十三条 高层居住建筑间距应符合下列规定：

1. 南北向平行布局，南侧为点式中高层住宅或高层住宅（长宽比＜2）时，南侧建筑高度小于 60 米，其间距不小于南侧建筑高度的 0.55 倍，且不得小于 25.0 米；南侧建筑高度等于或大于 60 米时，其间距为 30 米加上建筑高度每增加 4 米，间距增加 1 米，即 L＝30＋（H—60）×0.25，且不得小于 33.0 米。

2. 南北向平行布局，南侧为板式中高层住宅或高层住宅（长宽比≥2）时，南侧建筑高度小于 60 米，其间距不小于南侧建筑高度的 0.7 倍，且不得小于 30.0 米；南侧建筑高度等于或大于 60 米时，其间距不小于南侧建筑高度的 0.6 倍，且不得小于 42.0 米。

板式高层住宅应控制其建筑总长度，一般以两个单元为宜，且长度不应超过 60 米；最长不得超过三个单元，且长度不得超过 80 米。

3. 垂直布置的间距：①高层与高层住宅垂直布局：七至十八层建筑之间不小于 18.0

米，十九层以上建筑之间不小于 22.0 米。②高层与多层住宅垂直布局：高层为小于 18 层时，其间距不小于 15.0 米，高层为 18 层以上时，其间距不小于 16.0 米。

4. 山墙间距：七至十八层住宅之间不小于 13.0 米，十九层以上住宅之间不小于 16.0 米。

第十四条　建筑间距以南向的建筑高度核定间距。当南向为低层或多层建筑，北向为高层建筑，其最小间距低层不小于 13.0 米，多层不得小于 22.0 米。

临相邻地界布局时，低层、多层建筑退让规定间距的一半。高层建筑位于南向地块时，退让离界距离为规定的高层建筑间距减 10 米；高层建筑位于北向地块时，退让离界距离为规定的高层建筑间距的一半。

第十五条　住宅建筑山墙的总进深等于或大于 16 米时，其山墙视作纵墙，按纵墙控制其与相邻建筑的间距。

第十六条　教学楼、住院楼、幼儿园及老年人公寓等建筑的间距，需按同类型布置方式的居住建筑间距要求上提高 15—20%，其他非居住建筑可按同类型布置方式时的居住建筑间距的要求酌情减少 15—20%，并不得小于各类专业规范要求的最小间距。

第十七条　为创造优良的城市环境，居住用地绿地率旧城区不小于 25%，新城区不小于 35%，组团人均公共绿地不小于 0.5 平方米/人，小区不小于 1.0 平方米/人，居住区不小于 1.5 平方米/人。办公、医疗、文化、教育、科研、体育用地绿地率旧城区不小于 30%，新城区不小于 38%。商业用地、服务业用地、市场用地绿地率旧城区不小于 12%，新城区不小于 20%。别墅区、星级酒店、疗养院、养老院等用地的绿地率应适当提高，不小于 38%。工业、仓储用地、对外交通用地、市政公用设施用地等绿地率视项目性质和用地区位条件确定，但不得小于 20%。

鼓励屋顶绿化、垂直绿化方式及绿荫式停车场建设，种植乔木，以提高绿化覆盖率，改善环境质量。

第十八条　为满足城市交通停车需求，应规划设置一定城市公共停车场。各类建筑应配套一定的停车场用地，其机动车停车泊车位按以下要求控制：

1. 住宅建筑：经济适用房 0.2 车位/户；普通住宅旧城区 0.4 车位/户，新城区 0.6 车位/户；高档住宅 0.7 车位/户；别墅 1.2 车位/户。

2. 办公建筑：旧城区 0.5 车位/100 平方米建筑面积；新城区 0.8 车位/100 平方米建筑面积。

3. 医疗建筑：0.5 车位/100 平方米建筑面积。

4. 商业场所：旧城区 0.4 车位/100 平方米建筑面积；新城区 0.6 车位/100 平方米建筑面积。

5. 酒店、宾馆及餐饮、娱乐建筑：1.0 车位/100 平方米建筑面积。

6. 学校建筑：中、小学校 0.2 车位/100 师生，高等学校 2.5 车位/100 师生。

7. 仓储式超市、大型商场、综合市场、体育馆、影剧院、展览馆、交通枢纽工程等建筑应根据交通影响评价分析确定合理的配建车位数。

第十九条　有关定义：

1. 旧城区范围：江北旧城区东起市六中，红旗路经建设路至紫缘路，南临沅江，北全洞庭大道，西至芙蓉路所围合的区域；江南旧城区主要在沅江大桥南引桥两侧的部分区域；德山开发区旧城区为北部临江城区及莲池路以北区域。

2. 房屋建筑总高度：指建筑特有使用功能的部分檐口或女儿墙顶面高出室外地面的相对高度。

3. 建筑间距：指两栋建筑物外墙之间的水平距离。外挑阳台等于或小于 1.5 米，不计入建筑间距；大于 1.5 米的，超过部分计入建筑间距；双向外挑阳台的，一个朝向外挑阳台计入间距；封闭式阳台计入间距。

4. 建筑红线：指临街建筑底层外墙距道路红线的距离。外挑等于或小于 1.5 米，不计入建筑红线退让；大于 1.5 米的，超出部分计入建筑红线加后退让。临街设置柱廊的，退让道路红线，应从柱廊外墙起计算退让距离。

5. 容积率：某一定地块内，总建筑面积与建筑用地面积的比值。地下车库等非经营性地下用房，不计入容积率中的总建筑面积，地下商场等经营性用房，计入容积率的总建筑面积；临城市主、次、支路、街巷的建设项目，总用地面积计算至道路红线。

6. 绿线：指城市各类绿地范围的控制界线。

7. 蓝线：指城市规划确定的江、河、湖、库、渠和湿地等城市地表水体保护和控制的地域界线。

第二十条　本规定适用于城市规划区，自 2006 年 7 月 15 日起执行，由市规划局负责解释。

2006 年 6 月 13 日

常德市规划局
关于加强城市空间环境规划管理的规定

为了进一步发挥城市规划对城市土地利用和城市空间环境的调控作用，确保城市空间和环境达到和谐有序，根据《城乡规划法》和国家相关法规、规范，结合我市实际，制定本规定。

第一条　旧城区建设应以降低人口密度，完善基础设施，调整城市功能，改善人居环境为目标；新区开发应坚持统一规划，成片综合开发，配套建设。禁止掠夺性开发或剥皮式开发。

第二条　控制旧城区建筑容量、交通容量和人口容量。旧城区居住建筑的建筑高度宜控制在 60 米以内，确因城市空间轮廓和城市景观需要，其建筑高度大于 60 米时，须先经专家审查会议审查通过，并报市政府同意后方可办理有关规划许可。

第三条　建设项目应创造优美宜居的城市空间环境，贯彻节约用地、合理用地原则，禁止浪费土地，其容积率应以批准的详细规划为依据。

低层居住项目容积率不超过 0.5，不小于 0.3；多层居住项目容积率不超过 1.8，不小于 1.4；高层居住项目容积率不超过 3.5；综合商业用途项目容积率不超过 4.5；工业、仓储用地容积率一般不低于 0.8，最低不得低于 0.6；行政办公用地容积率一般不低于 1.2，最低不得低于 1.0。

用地面积较小或临城市干道的建设项目，如超出上述容积率的，应根据地块用地性质、周边环境情况进行模拟规划设计，由城乡规划主管部门进行综合论证后报市政府批准。

第四条　规范各类专业市场建设，将居住与专业市场进行合理功能分区，严格控制市场与住宅连体开发。

第五条　城市广场、主次干道交叉口以及城市重点区域，应组织城市设计，综合考虑城市空间环境和城市交通等要素，确保交通畅通和城市景观（建筑风格、色彩及比例尺度等）的相互协调。

第六条　临街和临城市广场建筑退让应做到进退有序，形成丰富的天际轮廓线。

临街或临城市广场建筑退让红线应根据详细规划确定。一般建筑新城区不小于 5.0 米，旧城区不小于 3.0 米；高层建筑、大型公共建筑等新城区不小于 10.0 米，旧城区不小于8.0米。临城市巷道建筑退让红线，同时应满足日照、消防、管线敷设等间距要求。

第七条 临街建筑面宽小于15米时，不应单独建设；临街建筑面宽为15至25米时，建筑层数不得超过5层，且建筑高度不得超过18米。

第八条 临街建筑的控制高度（H）不应超过道路规划红线宽度（W）加上建筑后退道路红线距离（S）之和的1.5倍，即H≤1.5（W+S）。

第九条 临城市公共绿地、河湖水面的建筑退让要求，应根据详细规划确定。建筑物退让绿线或蓝线的最小距离为：低层山墙不得小于3.0米，纵墙不得小于5.0米；多层山墙不得小于3.0米，纵墙不得小于6.0米；高层山墙不得小于6.0米，纵墙不得小于8.0米。

第十条 临街或城市广场底层商业用房的进深等于或大于16米的，需按第六条核定的建筑退红线的基础上按以下情况加后退让，以满足人流疏散，交通停车需要：

1. 进深为16—25米，加退红线1.0米以上；

2. 进深为25—30米，加退红线3.0米以上；

3. 进深为30米以上，加退红线5.0米以上。

第十一条 应结合城市道路、山地、河塘水系，原则上以500米为半径，布置大小不等的街头绿地或小型游园。

第十二条 低、多层居住建筑间距应符合下列规定：

1. 低、多层住宅平行布局时的纵向间距：新城区按房屋总高度的1.1倍，旧城区一般按房屋总高度的0.9倍，最低不得低于0.8倍；且最小距离低层不得低于6米。

2. 低层住宅相互垂直布局时，其间距不小于6米；低层与多层住宅南北向垂直布局时，低层位于南向其间距不小于8米，多层位于南向其间距不小于15米；低层与多层住宅东西向垂直布局时，其间距不小于7米。

3. 多层住宅与多层住宅垂直布置时的间距：

（1）当一住宅的山墙位于另一住宅的北侧时，则两建筑之间的最小间距不得小于12米。

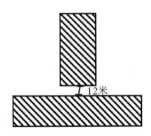

（2）当一住宅的山墙位于另一住宅的南侧时，则两建筑之间的最小间距不得小于16米。

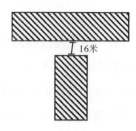

（3）当一住宅的山墙位于另一住宅的东或西侧时，则两建筑之间的最小间距不得小于10米。

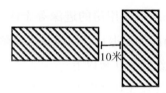

4. 多层住宅的山墙间的间距不小于6.0米。

5. 对城中村和江南旧城居住区的私房改造，其间距在满足消防的前提下可适当缩减，并编制详细规划后实施。

第十三条 低、多层住宅不得超过四个单元，面宽一般不应超过60米，最长不得超过80米。

第十四条 高层居住建筑间距应符合下列规定：

1. 南北向平行布局，南侧为点式中高层住宅或高层住宅时，南侧建筑高度小于60米，其间距不小于南侧建筑高度的0.55倍，且不得小于25.0米；南侧建筑高度等于或大于60米时，其间距为30米加上建筑高度每增加4米，间距增加1米，即：L＝30＋（H—60）×0.25，且不得小于33.0米。

2. 南北向平行布局，南侧为板式中高层住宅或高层住宅时，南侧建筑高度小于60米，其间距不小于南侧建筑高度的0.7倍，且不得小于25.0米；南侧建筑高度等于或大于60米时，其间距不小于南侧建筑高度的0.6倍，且不得小于38.0米。

3. 垂直布置时的间距：①高层与高层住宅垂直布局：七至十八层建筑之间不小于16.0米，十九层以上建筑之间不小于18.0米。②高层与多层住宅垂直布局：高层为小于18层时，其间距不小于15.0米，高层为18层以上时，其间距不小于16.0米。

4. 高层住宅山墙间距：七至十八层住宅之间不小于13.0米，十九层以上住宅之间不小于15.0米。

第十五条 建筑间距以南向的建筑高度核定间距。当南向为低层或多层建筑，北向为高层建筑，其最小间距低层不小于 13.0 米，多层不得小于 22.0 米。

临相邻地界布局时，其中一个方向建筑为永久性建筑时，应按日照分析结论核定另一个方向的建筑退让。两相邻地块建筑尚不能确定时，低层、多层建筑退让规定间距的一半。高层建筑位于南向地块时，退让离界距离为规定的高层建筑间距减 10 米；高层建筑位于北向地块时，退让离界距离为规定的高层建筑间距的一半。

第十六条 住宅建筑山墙的总进深等于或大于 16 米时，其山墙视作纵墙，按纵墙控制其与相邻建筑的间距。

第十七条 教学楼、住院楼、幼儿园及老年人公寓等建筑的间距，需按同类型布置方式的居住建筑间距要求上提高 15%—20%，其他非居住建筑可按同类型布置方式时的居住建筑间距的要求酌情减少 15%—20%，并不得小于各类专业规范要求的最小间距。

第十八条 临街建筑的临街面之间间距应满足消防和建筑施工要求，山墙原则上不得开设门窗，具体间距由城乡规划主管部门核定其总平面时核准。

第十九条 点式高层住宅应为一个单元，其面宽不应超过 32 米；板式高层住宅一般以两个单元为宜，且长度不应超过 60 米；最长不得超过三个单元，且长度不得超过80 米。

第二十条 为创造优良的城市环境，居住用地绿地率旧城区一般不小于 25%，新城区一般不小于 35%，组团人均公共绿地不小于 0.5 平方米/人，小区人均公共绿地不小于 1.0 平方米/人，居住区人均公共绿地不小于 1.5 平方米/人。办公、医疗、文化、教育、科研、体育用地绿地率旧城区不小于 30%，新城区不小于 35%。商业用地、服务业用地、市场用地绿地率旧城区不小于 10%，新城区不小于 15%。疗养院、养老院等用地的绿地率应适当提高，不小于 38%。工业、仓储用地、对外交通用地、市政公用设施用地等绿地率视项目性质和用地区位条件确定，但不得大于 20%。

鼓励屋顶绿化、垂直绿化方式及绿荫式停车场建设，种植乔木，以提高绿化覆盖率，改善环境质量。

第二十一条 为满足城市交通停车需求，应规划设置一定城市公共停车场。各类建筑应配套一定的停车场用地，在满足机动车停车的同时，应安排相应的非机动车停车位。其中机动车停车泊车位按以下要求控制：

1. 住宅建筑：经济适用房 0.2 车位/户；普通住宅旧城区 0.4 车位/户，新城区 0.6 车位/户；高档住宅 0.7 车位/户；别墅 1.2 车位/户。

2. 办公建筑：旧城区 0.5 车位/100 平方米建筑面积；新城区 0.8 车位/100 平方米建筑面积。

3. 医疗建筑：0.5 车位/100 平方米建筑面积。

4. 商业场所：旧城区 0.4 车位/100 平方米建筑面积；新城区 0.6 车位/100 平方米建

筑面积。

5. 酒店、宾馆及餐饮、娱乐建筑：1.0 车位/100 平方米建筑面积。

6. 学校建筑：中、小学校 0.2 车位/100 师生，高等学校 2.5 车位/100 师生。

7. 仓储式超市、大型商场、综合市场、体育馆、影剧院、展览馆、交通枢纽工程等建筑应根据交通影响评价分析确定合理的配建车位数。

第二十二条 城市空间环境管理有关定义界定：

1. 旧城区范围：江北旧城区东起市六中，红旗路经建设路至紫缘路，南临沅江，北至洞庭大道，西至芙蓉路所围合的区域；江南旧城区为鼎城路以北、善池路以东、迎宾路以北、大湖路以东、建新路以北与沅江以南所围合的区域；德山开发区旧城区为北部临江城区及莲池路以北区域。

2. 房屋建筑总高度：指建筑物有使用功能的部分檐口或女儿墙顶面高出室外地面的相对高度。

3. 建筑间距：指两栋建筑物外墙之间的水平距离。外挑阳台等于或小于 1.5 米，不计入建筑间距；大于 1.5 米的，超出部分计入建筑间距；双向外挑阳台的，一个朝向外挑阳台计入间距；封闭式阳台计入间距。

4. 建筑红线：指临街建筑底层外墙距道路红线的距离。外挑等于或小于 1.5 米，不计入建筑红线退让；大于 1.5 米的，超出部分计入建筑红线退让。临街设置柱廊的，退让道路红线，应从柱廊外墙起计算退让距离。

5. 容积率：某一定地块内，总建筑面积与建筑用地面积的比值。用地面积计算均按净用地面积计算。

地下车库、地下设备用房、结构转换层、技术设备层、公共活动的建筑开放空间等不计入容积率中的总建筑面积，地下商场、地下娱乐和办公等用房计入容积率中的总建筑面积。

6. 建筑面积：住宅建筑外墙外围线测定的各层平面面积之和。

底层杂物间和坡屋顶内空间阁楼在 1.2 米及以上，不足 2.2 米的，应计算 1/2 的建筑面积；坡屋顶内空间阁楼在 2.2 米及以上部分，应等面积计算建筑面积，并计入容积率中的总建筑面积；高度不足 1.2 米的，不计算建筑面积。

居住建筑标准层层高等于或大于 4.9 米，办公建筑标准层层高等于或大于 5.5 米，普通商业建筑标准层层高等于或大于 6.1 米，建筑面积均按该层水平投影的 2 倍计算。

7. 绿线：指城市各类绿地范围的控制界线。

8. 蓝线：指城市规划确定的江、河、湖、库、渠和湿地等城市地表水体保护和控制的地域界线。

9. 黄线：指对城市发展全局有影响的，城市规划中确定的必须控制的城市基础设施用地的控制界线。

10. 点式住宅：长边与短边之比 <2，且面宽≤32 米的住宅。

11. 板式住宅：长边与短边之比≥2 或面宽 >32 米的住宅。

第二十三条　本规定适用于城市规划区，自 2009 年 1 月 1 日起执行，由市规划局负责解释。

2009 年 2 月 20 日

常德市建设工程竣工联合验收实施办法

第一条 为深入学习实践科学发展观，建设人民满意政府，进一步优化政务服务环境，提高建设工程竣工验收工作效率，根据《中华人民共和国行政许可法》《湖南省行政程序规定》及相关法律法规和《常德市人民政府关于深入推进行政审批制度改革加强政务中心建设的意见》（常政发〔2009〕8号）文件精神，结合我市实际，制定本办法。

第二条 市城市规划区江北城区和德山开发区建设工程（私人自建住宅除外）的竣工联合验收，适用本办法。

第三条 市规划局牵头组织联合验收，负责解答咨询、统一受理申请和送达结果、组织集中验收、协调矛盾和问题、督促办理、收集整理和报告实施情况。

市建设局、市公安消防支队、市人防办、市环保局、市气象局、市水利局、市国土资源局、市园林局等单位参与联合验收。

第四条 牵头单位和参与单位（以下简称"验收单位"）设在德山开发区的工作机构负责实施德山开发区建设工程的竣工联合验收。

第五条 申请联合验收应当符合下列条件：

（一）建设工程分别由相关验收单位办理了行政许可和技术审查手续；

（二）建设工程按照相关验收单位行政许可和技术审查规定的内容进行建设并且已经竣工；

（三）建设工程现场清理完毕，有完整的技术档案资料、施工管理资料。

第六条 申请联合验收应当提交下列相关资料：

（一）建设工程规划验收所需资料：

1. 建设工程验收申请表；

2. 建设工程规划许可证副本；

3. 建设项目竣工地形图（电子版 maplnfo 格式）；

4. 综合管线竣工图；

5. 缴纳城市建设配套费发票。

（二）建设工程建筑验收所需资料：

1. 每一单位工程质量竣工验收记录表；

2. 小区管网设计图及审查意见、小区管网竣工图。

（三）建筑工程消防竣工验收所需资料：

1. 建设工程消防验收申报表；

2. 工程竣工验收报告；

3. 消防产品质量合格证明文件；

4. 有防火性能要求的建筑构件、建筑材料、室内装修装饰材料符合国家标准或者行业标准的证明文件、出厂合格证；

5. 消防设施、电气防火技术检测合格证明文件；

6. 施工、工程监理、检测单位的合法身份证明和资质等级证明文件。

（四）人防工程竣工验收所需资料：

1. 人防竣工验收备案表；

2. 人防工程竣工图；

3. 人防工程质量监理评价报告；

4. 外埠防护设备在湘销售备案批复。

（五）环境保护工程竣工预验收所需资料：验收监测报告（表）。

（六）防雷装置竣工验收所需资料：

1. 防雷装置竣工图；

2. 具备防雷装置检测资质的检测机构出具的防雷装置检测报告；

3. 防雷产品出厂合格证，安装记录和国家认可防雷产品测试机构出具的测试报告。

（七）水利工程竣工验收所需资料：

1. 水土保持验收资料：水土保持方案报告书及审批意见。

2. 涉堤安全建设项目验收资料：防洪补救工程验收鉴定书。

（八）国土验收所需资料：

1. 建设项目竣工地形图；

2. 宗地界址点图。

（九）绿化工程竣工验收所需资料：

1. 绿化工程竣工验收申请表；

2. 绿化竣工图；

3. 建设用地规划许可证。

（十）根据法律法规要求，需提供的其他相关资料。

第七条　相关验收单位应当根据建设工程的性质和用途，依照法律法规、国家规范标准以及行政许可内容，编制工程竣工验收内容目录（表格式），进行专项验收。

第八条　联合验收按照以下程序进行：

（一）建设单位向市政务中心规划局窗口（以下简称"市规划局窗口"）提出联合验收书面申请；

（二）建设工程符合申请条件的，市规划局窗口统一书面告知建设单位所需提供的相关资料；不符合申请条件的，不予受理申请，即时出具《不予受理通知单》；

（三）市规划局窗口组织审查报送的资料。资料齐全的，向建设单位即时出具《受理承诺单》；不齐全的，即时出具《补件通知单》；

（四）市规划局窗口在受理申请时与建设单位约定验收时间、地点，提前3个工作日通知相关验收单位；

（五）市规划局组织相关验收单位现场验收；

（六）相关验收单位制作专项合格或不合格结论性意见；

（七）市规划局综合联合验收情况，市规划局窗口通知建设单位到窗口领取验收结论。

第九条 现场验收按照以下程序进行：

（一）参加验收人员签到；

（二）建设单位简要介绍情况；

（三）审阅资料、现场勘验；

（四）相关验收单位发表意见；

（五）市规划局汇总意见，作总结发言。

第十条 联合验收实行限时办结。相关验收单位应当自现场验收之日起5个工作日内将专项验收书面结论性意见送达市规划局窗口。

第十一条 联合验收实行超时默许和缺席默认。相关验收单位在规定的时限内不将专项验收结论返回市规划局窗口的，视为超时单位默许验收通过；在规定的时限内不安排工作人员参与现场验收的，视为缺席单位默认验收通过。

超时默许和缺席默认的验收事项不得补验，由此产生的相关责任由超时单位和缺席单位承担。

第十二条 联合验收实行统一发证。对联合验收全部合格的（含视为默许、默认验收通过的情况），市规划局窗口一次性发放相关验收单位的结论性意见和建设工程规划许可证正本；对联合验收专项不合格的，市规划局窗口即时通知建设单位领取书面的不合格结论。

第十三条 联合验收实行限时整改或者行政处罚（处理）结案。建设单位自现场验收之日起10个工作日内就联合验收中存在的问题不能全部整改合格或者行政处罚（处理）尚未结案的，市规划局窗口作联合验收申请的退件处理。

作退件处理的申请，事后整改完毕或者行政处罚（处理）结案的，相关验收单位以书面形式告知市规划局窗口。建设单位向市规划局窗口重新申请，市规划局窗口即时发放全部专项审查合格的结论书和建设工程规划许可证正本。

建设单位不按时整改或者行政处罚（处理）结案，导致验收时间延误的，由建设单位自行负责。

第十四条　纳入联合验收的事项（环境保护工程的正式验收除外），联合验收牵头单位不得要求建设单位自行到参与单位办理验收，参与单位不得在联合验收之外自行受理申请、送达结论和单独组织验收。

环境保护工程的正式验收由建设单位直接向市政务中心环保局窗口提出申请。

第十五条　验收单位应当在工程建设过程中依法开展行政指导和行政监督，帮助建设单位提高竣工验收合格率。

第十六条　验收单位应当积极推行政务公开，提高工作透明度，将验收结论等相关信息及时上网公开。加强电子政务建设，完善单位与窗口之间以及窗口与窗口之间的网络体系，通过互联互通，实现验收信息共享和业务协同。

第十七条　市政府办公室、市监察局、市政府法制办、市政务中心等部门做好本办法实施情况的监督检查。对不执行本办法的，按照《湖南省行政许可监督检查规定》和《常德市行政过错责任追究暂行办法》（常政发〔2007〕3号）的规定追究有关人员责任。

第十八条　本办法由市规划局负责解释。

第十九条　本办法自公布之日起施行。

常德市人民政府办公室

2009 年 5 月 24 日

关于加强常德市江北城区
村（居）委会社区建设管理的规定

为加强常德市江北城区村（居）委会社区建设的管理，做到节约用地、合理用地，符合城市规划要求，结合本地实际，特制定本规定。

1. 根据城市规划要求，每个村（居）委会社区建设只布一个点，宜与公寓式安置小区相结合。选址定点宜临城市支路布置，主要功能为社区服务楼，有条件的可安排幼儿园。

2. 村（居）委会社区服务楼规划用地面积应根据建设规模确定，控制在 3300 平方米（合 5 亩），建筑容积率不低于 1.0。其主要功能为：一站式服务厅、办公室及文化室、村（居）民学校、图书室、计生室、居家养老服务站、劳保站、党员活动室、农技推广中心、社区医疗卫生服务站、警务室、远程教育中心、社区邮局等。

3. 村（居）委会社区幼儿园规划用地面积不超过 2 亩。

4. 村（居）委会农贸市场的建设按照有关规定作为公建配套，与该村（居）委会的公寓楼安置小区统一规划配套建设。农贸市场土地按照招拍挂的方式出让，采取市场运作进行建设。

5. 村（居）委会一级不设置养老院，由民政部门拿出规划后，养老院统一纳入社会化建设及管理。

常 德 市 规 划 局
常德市国土资源局
2010 年 1 月 19 日

常德市规划局
关于总平面图、建筑单体设计修改管理规定

第一章　总　则

第一条　为严格规范总平面图、建筑单体设计修改（以下简称规划修改）审批行为，推进实施"阳光规划"，提高规划管理工作效率，根据《中华人民共和国城乡规划法》《湖南省实施〈中华人民共和国城乡规划法〉办法》等法律、法规，结合我市实际特制定本规定。

第二条　本规定适用于在常德市城市规划区范围内经依法批准的总平面图、建筑单体设计的修改。

第二章　规划修改的前提条件

第三条　符合下列条件之一的，可按下列程序申请修改规划。

（一）因城市总体规划和控制性详细规划改变并依法批准、修改后对其产生较大影响的；

（二）国家重大建设项目选址对其产生较大影响，确需修改的；

（三）城市公共设施和市政基础设施对其产生较大影响，确需修改的；

（四）符合本条件1—3款条件，需调整规划和土地挂牌条件指标的，则按容积率调整程序办理。

（五）规划本身存在缺陷，需修改完善的；

（六）因其他情况经局业务例会研究同意调整的。

第三章　规划修改原则

第四条　规划的修改应遵循对于挂牌出让土地其挂牌条件内容不得修改（第三条中第1—3款除外），对于行政划拨用地其规划设计条件原则上不得修改和修改后的规划应优于原批准的规划的原则。

第五条　规划修改中下列强制性内容不得修改。

（一）已出让的土地和行政划拨用地的用地性质和对有两种以上用途用地中已明确的各类用地用途的建筑面积不得改变。

（二）已出让土地规划设计条件所确定的配套公共服务设施（幼儿园、学校、公厕等）不得改变。

（三）规划中权属归业主所有的公共用房和设施不得改变（详见《常德市城区住宅建设项目配套公共用房和设施建设管理规定》中的第七条）。

（四）规划设计条件中要求配建的停车泊位数量不得减少。

（五）规划修改不得减小原批准的规划中建筑间距和降低日照标准。

第六条 严格控制规划重复审查和多次修改，规划修改（总平面图和建筑单体设计）不得出现二次以上的审查和修改。

第四章　规划修改程序

第七条 申请：建设单位提出书面申请，详细阐述修改的理由，并附具有相应资质设计单位编制的论证报告。

第八条 受理、初审：相关审批科室对申请报告阐述的修改理由及提交的论证报告进行初审，提出初审意见报相关局领导审查，如拟同意修改则按程序组织专家评审会审查，需要公示的应先公示；如不同意则由相关科室直接回复。

第九条 公示：规划修改涉及第三方利益时应按程序进行公示，公示期限为七个工作日，公示期间如有异议需要听证的，应组织听证。

第十条 专家评审会审查：根据初审意见和公示意见按程序组织专家评审会审查，并形成明确意见和建议。

第十一条 业务例会审查：相关科室根据初审意见、公示和专家评审会建议报局业务例会审查，形成明确的意见，如需报市政府确定的由相关科室书面报市人民政府。

第十二条 经济技术指标复核：局业务例会研究同意修改的则按规定进行经济技术指标复核工作。

第十三条 申明程序：经局业务例会研究同意修改的规划在重新批准前，需执行登报申明原批准规划废止的程序。

第十四条 许可：局业务例会研究同意修改，并进行了经济技术指标复核工作的按程序申请行政许可，并收回原批准规划的有关资料。

第五章　监督与罚则

第十五条 局纪检联络员对规划修改负责监督，对违反本规定的人员，将按相关规定追究其责任。

第六章　附　则

第十六条　本规定自颁布之日起施行。

2011 年 12 月 17 日

常德市规划局　常德市交警支队
关于进一步加强建设项目交通影响评价管理的通知

各建设单位：

为促进城市建设与城市交通的协调发展，有效配置城市用地与空间资源，规范建设项目交通影响评价编制管理工作，根据《中华人民共和国城乡规划法》《中华人民共和国道路交通安全法实施条例》，住建部、公安部、国家发改委联合下发的《关于城市停车设施规划建设管理的指导意见》和《常德市规划管理技术规定》等法律和文件的有关规定，结合本市交通和项目建设具体情况，现将建设项目交通影响评价有关事项通知如下：

一、本市规划区内建设项目规模达到交通影响评价（以下简称交评）阈值的，建设单位应组织编制建设项目交通影响评价报告。

建设项目交评分为选址阶段交评与方案审查阶段交评。应当编制交评报告的项目由市规划局在项目选址或规划方案审查阶段分别提出要求。

住宅、商业服务、公共管理与公共服务设施等建设项目交通影响评价启动阈值

项目位置	建设项目新增建筑面积（万平方米）	
	住宅类项目	商业服务、公共管理 与公共服务等建设项目
I	2.0	1.0
II	3.0	1.5
III	4.0	2.0

注：1、建设项目的建筑面积，有建筑设计方案时按总建筑面积计算，无建筑设计方案时按容积率建筑面积计算。2、以居住为主附带商业的建筑按住宅类项目计算。

I、II、III区具体分区范围详见《常德市规划技术管理规定》有关说明及附图，其他建设用地参照III区管理。

二、建设项目交通影响评价应当以城市总体规划、控制性详细规划、综合交通体系规划有城市交通专项规划等法定规划和经相关主管部门认定的数据、指标为依据。建设项目交评报告的编制应符合住建部《建设项目交通影响评价技术标准》（CJJ/T141—2010）、《常德市规划管理技术规定》及相关技术规范、标准的要求。

三、建设单位应委托与项目设计不同的设计单位进行交通影响评价交评报告编制，编

制单位应具备城市规划乙级或城市交通咨询乙级以及市政甲级以上等级的资质。交通影响评价报告应包括下列内容：

1. 建设项目概况；

2. 确定评价范围与年限；

3. 相关调查和收集的资料；

4. 分析评价范围内土地利用和交通系统的现状分析、各评价年限的土地利用与交通状况；

5. 项目交通需求预测；

6. 分析评价项目新生成交通需求和交通影响程度；

7. 提出评价范围内交通系统改善措施及规划控制要求；

8. 评价结论和建议。

四、交通影响评价的审查

1. 市规划局牵头会同市交警支队组织相关部门及专家对交评报告进行评审。

2. 建设单位应按交评审查意见对项目的规划方案进行修改完善并报市规划局审批。

五、建设项目交评审查的结论作为核发《建设项目规划选址意见书》和规划方案审批的依据之一。

凡应该做建设项目交评而未做的或未落实交评审查意见要求的，该建设项目不予规划选址或规划方案不予审批。

六、市规划局市政管线工程规划管理办公室具体承办《建设项目交通影响分析报告》的论证、审查及批复工作。交评报告批复前需市交警支队签署意见。

常德市规划管理技术规定（试行）

第一章 总 则

第一条 为加强和规范城市规划管理，建设生态宜居城市，根据《中华人民共和国城乡规划法》、《湖南省实施〈中华人民共和国城乡规划法〉办法》、《常德市城市总体规划》及有关法律、法规、规章与技术规范，结合我市实际，制定本规定。

第二条 本规定适用于常德市规划区范围内与城市规划、设计、建设和管理有关的活动。各县（市）、西湖管理区、西洞庭管理区、桃花源旅游管理区（筹）可结合各自实际参照执行。

第三条 制定、实施城市规划和进行各类建设应采用常德市 1984 年德山独立坐标系和 1956 年黄海高程系。

第二章 建设用地

第四条 建设用地按照《城市用地分类与规划建设用地标准》（GB 50137 – 2011）（见附表一）分类与管理。

第五条 城市总体规划的城市建设用地划分为Ⅰ、Ⅱ、Ⅲ区（见附图一），其控制指标实行分区管理，其他区域建设用地参照Ⅱ区管理。本规定中未作明确分区说明的条文、附表，均适合城市的各类建设用地。

Ⅰ区范围：江北城区东起半边街，红旗路经建设路至紫缘路，南临沅江，北至洞庭大道，西至芙蓉路所围合的区域；江南城区为德安路以东，建新路以北，大湖路以东，永富路以北，与沅江大堤所围合的区域；德山城区为北临沅江，南至桃林路，西至枉水，东抵东风河所围合的区域。

Ⅱ区范围：江北城区为石长铁路线以西、以南与其Ⅰ区之间的区域；江南城区为其Ⅰ区以外的区域；德山城区为其Ⅰ区以外的区域。

Ⅲ区范围：江北城区石长铁路线以东、以北的区域。

第六条 建设用地的使用应符合城市总体规划、土地利用总体规划和控制性详细规划的要求，并遵循土地使用兼容性的原则。土地的兼容性必须符合有关规定（见附表二）。

第七条 除国家建设需要外，城乡规划确定的道路与交通设施、公共服务设施、公用设施及绿地与广场的用地，其用地性质不得调整。

其他确需变更规划用地性质的，应根据地块对周边环境的影响和外部基础设施的条件，组织详细规划的修改与论证，按规定程序报批后执行。

第八条　建设用地的使用应遵循成片开发建设的原则，并符合下列规定：

（一）建设用地面积小于1500平方米的零散用地宜作为公园绿地、停车场、广场等公共开放空间，或作为垃圾收集、变配电房、泵站、公厕等公用设施用地。

（二）除城市公用设施外，建设用地面积在Ⅰ区小于3500平方米、在Ⅱ区小于4000平方米、在Ⅲ区小于5000平方米的，不得单独开发建设。

（三）建设用地面积大于或等于1500平方米但小于本条第二项规定面积，有下列情况之一且不妨碍规划实施的，可核准建设：

1. 邻接土地已经完成建设或为道路、河道及其他类似情况，确实无法调整、合并的；

2. 因城市规划街区划分、市政公用设施等的限制，确实无法调整、合并的。

第九条　建筑容量应结合建设项目的区位、用地性质、规模、建筑高度、环境等因素，满足交通、安全、消防、人防等相关条件配套方面的要求，并符合下列规定：

（一）各类建设用地建筑容量控制指标应符合表一的规定。对混合性用地的地块，其建筑容量控制指标应按不同建设类型的建筑面积比例折算建筑容量。

（二）工业用地内严禁建设成套住宅、专家楼、宾馆、招待所、商店（场）和培训中心等非生产性配套设施。企业行政办公和生活服务设施用地面积不得超过总用地面积的7%。工业企业内部一般不得安排绿地，但因生产工艺等特殊要求安排一定比例绿地的，绿地率不得超过20%，工业类开发区（园区）内的生产性项目用地绿地率不得超过15%。

（三）建设用地内原有永久性建筑的容积率或建筑密度已超过表一规定指标的，不得进行扩建。

表一 建筑容量控制指标

各建筑容量指标按基地规模分为三组：3500平方米＜S≤5000平方米、5000平方米＜S≤10000平方米、10000平方米＜S≤20000平方米。每组均含建筑密度 D（%）、容积率 FAR、绿地率 G（%），各分 I区、II区、III区。

用地类型	基地位置	D(%) I区〔3500〕	II区	III区	FAR I区	II区	III区	G(%) I区	II区	III区	D(%) I区〔5000〕	II区	III区	FAR I区	II区	III区	G(%) I区	II区	III区	D(%) I区〔10000〕	II区	III区	FAR I区	II区	III区	G(%) I区	II区	III区
居住用地—二类居住用地	多层区	32	30	27	1.8	1.8	1.6	25	30	30	28	28	27	1.7	1.7	1.6	25	35	35	27	27	26	1.6	1.6	1.5	25	35	36
	中高层区	29	29	26	2.5	2.3	2.2	25	30	30	28	28	26	2.2	2.2	2.1	25	35	35	27	27	26	2.1	2.1	2.0	25	35	36
	高层区	24	22	22	3.5	3.0	2.8	25	32	32	23	22	21	3.0	2.9	2.6	25	35	35	22	21	21	2.8	2.6	2.4	25	36	37
	幼儿园用地	32	30	30	0.6	0.6	0.6	25	35	35	32	30	30	0.6	0.6	0.6	25	35	35	—	—	—	—	—	—	—	—	—
公共管理和公共服务设施用地—行政办公及文化设施用地	多层区	35	35	35	2.0	2.0	2.0	25	30	30	34	34	34	1.9	1.9	1.9	25	30	30	33	33	33	1.8	1.8	1.8	25	35	38
	高层区	30	30	30	5.0	4.5	4.0	25	35	35	30	30	30	5.0	4.5	4.0	25	35	35	28	28	28	4.5	4.0	4.0	25	35	38
教育科研用地	小学用地	—	—	—	—	—	—	—	—	—	32	30	30	0.6	0.6	0.6	25	30	30	32	30	30	0.8	0.8	0.8	25	38	40
	中学用地	—	—	—	—	—	—	—	—	—	—	—	—	0.8	0.8	0.8	25	40	40	—	—	—	—	—	—	—	—	—
	特殊教育及中等专业学校用地	≤30%			≥0.6			≥40%			≤30%			≥0.6			≥40%			≤30%			≥0.6			≥40%		
	高等院校及科研用地	≤30%			≥0.6			≥40%			≤30%			≥0.6			≥40%			≤30%			≥0.6			≥40%		
医疗卫生用地		33	30	30	1.8	1.6	1.6	30	30	30	33	30	30	1.8	1.6	1.6	25	25	25	33	30	30	1.8	1.6	1.6	30	38	40
社会福利设施用地		30	28	28	1.8	1.7	1.7	30	30	30	30	28	28	1.8	1.7	1.7	30	28	35	30	28	28	1.8	1.7	1.7	30	35	35
宗教设施用地		33	30	30	1.9	1.8	1.8	30	30	30	33	30	30	1.9	1.8	1.8	25	25	25	33	30	30	1.9	1.8	1.9	30	35	40
商业服务业设施用地（商业用地、商务用地、娱乐休闲用地）	低层区	47	45	43	1.4	1.3	1.2	12	15	15	47	45	43	1.4	1.3	1.2	12	15	15	45	43	42	1.3	1.2	1.1	12	20	25
	多层区	45	43	43	2.7	2.5	2.5	12	15	15	45	43	43	2.7	2.5	2.5	12	15	15	43	41	41	2.5	2.4	2.4	12	20	25
	高层区	45	43	43	6.0	6.0	6.0	12	15	15	45	43	43	6.0	6.0	6.0	12	15	15	43	41	41	5.6	5.6	5.6	12	20	25

说明：1. 此表绿地率取值均为下限值，其他无说明的取值均为上限值。2. 不同建筑类型混合的建设项目，在符合相关规范的基础上，应综合分别确定建筑容量指标。3. S 表示基地面积。

续上表

用地类型		基地位置	20000平方米＜S≤50000平方米									50000平方米＜S≤100000平方米									S>100000平方米								
			建筑密度D(%)			容积率FAR			绿地率G(%)			建筑密度D(%)			容积率FAR			绿地率G(%)			建筑密度D(%)			容积率FAR			绿地率G(%)		
			Ⅰ区	Ⅱ区	Ⅲ区	Ⅰ区	Ⅱ区	Ⅲ区	Ⅰ区	Ⅱ区	Ⅲ区	Ⅰ区	Ⅱ区	Ⅲ区	Ⅰ区	Ⅱ区	Ⅲ区	Ⅰ区	Ⅱ区	Ⅲ区	Ⅰ区	Ⅱ区	Ⅲ区	Ⅰ区	Ⅱ区	Ⅲ区	Ⅰ区	Ⅱ区	Ⅲ区
居住用地 二类居住用地		多层区	26	26	25	1.5	1.5	1.4	25	35	37	26	26	25	1.5	1.5	1.4	25	35	37	26	26	25	1.5	1.5	1.4	25	35	37
		中高层区	26	26	25	2.0	2.0	1.8	25	35	37	26	26	24	2.0	2.0	1.8	25	35	37	26	26	24	2.0	2.0	1.7	25	35	37
		高层区	22	20	20	2.7	2.5	2.2	30	37	37	22	20	20	2.5	2.3	2.0	30	37	37	22	20	20	2.5	2.3	1.8	30	37	37
		幼儿园用地	—	—	—	—	—	—	—	—	—	—	—	—	—	—	—	—	—	—	—	—	—	—	—	—	—	—	—
公共管理和公共服务设施用地	行政办公及文化设施用地	多层区	32	32	32	1.7	1.7	1.7	30	38	40	30	30	30	1.6	1.6	1.6	30	38	40	30	30	30	1.6	1.6	1.6	30	38	40
		高层区	28	27	27	4.0	3.5	3.5	30	38	40	26	25	25	3.5	3.0	3.0	30	38	40	26	25	25	3.5	3.0	3.0	30	38	40
	教育科研用地	小学用地	30	28	28	0.8	0.7	0.7	30	38	40	—	—	—	—	—	—	—	—	—	—	—	—	—	—	—	—	—	—
		中学用地	30	30	30	0.9	0.9	0.9	30	38	40	30	30	30	0.9	0.9	0.9	30	38	40	32	30	30	0.9	0.9	0.9	30	38	40
		特殊教育及中等专业学校用地	32	30	30	0.8	0.8	0.8	30	38	40	32	30	30	0.8	0.8	0.8	30	38	40	32	30	30	0.8	0.8	0.8	30	38	40
		高等院校及科研用地	≤30%			≥0.6			≥40%			≤30%			≥0.6			≥40%			≤30%			≥0.6			≥40%		
医疗卫生用地			30	28	28	1.6	1.5	1.5	30	38	40	28	28	28	1.6	1.5	1.5	30	38	40	30	28	28	1.6	1.5	1.5	30	38	40
社会福利设施用地			28	27	27	1.7	1.6	1.5	30	35	37	27	27	27	1.7	1.6	1.5	30	35	37	28	27	27	1.7	1.6	1.5	30	35	37
宗教设施用地			30	28	28	1.8	1.6	1.6	30	38	40	30	28	28	1.8	1.6	1.6	30	38	40	30	28	28	1.8	1.6	1.6	30	38	40
商业服务业设施用地 商业用地 商务用地 娱乐康体用地		低层区	43	42	40	1.2	1.1	1.0	12	20	25	43	42	40	1.2	1.1	1.0	12	20	25	43	42	40	1.2	1.1	1.0	12	20	25
		多层区	41	40	40	2.4	2.3	2.3	12	20	25	41	40	40	2.4	2.3	2.3	12	20	25	41	40	40	2.4	2.3	2.3	12	20	25
		高层区	41	40	40	5.0	5.0	5.0	12	20	25	41	40	40	5.0	5.0	5.0	12	20	25	41	40	40	5.0	5.0	5.0	12	20	25

说明：1. 此表绿地率值取为下限值，其他无说明的取值均为上限值。2. 不同建筑类型混合的建设项目，在符合相关规范的基础上，应综合各类型混合的建设项目，分别响应确定建筑容量指标。3. S 表示基地面积。

第十条　公共设施的配置应符合下列规定：

（一）公共服务设施按市级、区级、居住区、小区和组团五级配置。

（二）市级、区级公共服务设施应编制专项规划，并与规划功能定位、经济社会发展目标和社会需求相适应，设置的内容和规模应符合总体规划和相关专业规划。

（三）居住区、小区和组团级公共设施的配置水平应与居住人口规模及建筑总量相适应，配置教育、文化、体育、医疗卫生、商业服务、社区服务、金融邮电、公用设施、行政管理及其他，并符合下列规定：

1. 物业管理用房按《常德市物业管理办法》配建，其建筑面积最小不得低于 60 平方米，最高不宜大于 2000 平方米；

2. 业主基本公共活动用房按《常德市城区住宅建设项目配套公共用房和设施建设管理规定》配建，其建筑面积最高不宜大于 1500 平方米。

（四）凡居住小区、商业区、市场、体育文化场馆、游乐场所、医疗卫生设施、道路广场、交通设施、公园绿地等建设项目均应按有关规定配建公共厕所。公共厕所布点原则和用地规模应符合下列规定，并按标准设置昼夜易见的引导标志。

1. 居住区：结合物业用房设置小区内部公厕或单独设置，设置密度 3—5 座/平方千米，建筑面积 50—60 平方米/座，设置间距 800 米；

2. 公建区：设置密度 4—7 座/平方千米，建筑面积 50—100 平方米/座，设置间距 500 米；

3. 道路：主干路及次干路，建筑面积 50—100 平方米/座，设置间距 500—800 米，支路设置间距 800—1000 米。

第十一条　建筑红线与道路红线之间的用地，在不影响城市景观并保证足够公共开放空间的前提下，可统筹安排部分市政基础设施的建设。

第十二条　地下空间利用应符合下列规定：

（一）鼓励合理开发利用地下空间。地下空间利用应优先满足对应的地面建筑相关配套功能的需求。居住用地、行政办公用地、商业服务业设施用地的地下空间应作为停车场（库）及配电间等配套用房，不得改作其他用途。

（二）地下空间的建设应避让市政管线、交通等基础设施的规划建设空间，重视公共安全和环境安全，满足相关防护距离的要求。

（三）地下室顶板覆土深度不宜小于 1.0 米。

第三章　建筑管理

第十三条　建筑间距应满足日照、采光、通风、视线卫生、防灾、工程管线、空间景观和建筑保护等方面的要求，并符合第十四条至第二十三条的规定。

第十四条　中高层、多层、低层居住建筑之间纵墙与纵墙、纵墙与山墙间距控制应符合表二规定。

表2　中高层、多层、低层居住建筑纵墙与纵墙、纵墙与山墙间距控制

项目位置	相对位置	平行布置（a＜30⁰）	非平行亦非垂直布置（30⁰≤a＜60⁰）	垂直布置（60⁰≤a≤90⁰）
I 区	南北	L≥1.0H	L≥1.0H	L≥0.7H
	东西	L≥0.95H	L≥0.95H	
	其他	L≥0.9H	L≥0.9H	
II 区	南北	L≥1.1H	L≥1.1H	L≥0.8H
	东西	L≥1.05H	L≥1.05H	
	其他	L≥1.0H	L≥1.0H	
III 区	南北	L≥1.2H	L≥1.2H	L≥0.9H
	东西	L≥1.15H	L≥1.15H	
	其他	L≥1.1H	L≥1.1H	

说明：

1. a为两栋居住建筑的夹角，L为两栋居住建筑之间的最小建筑间距，单位为米。低层与多层、中高层的最小间距分别为6米和15米；多层与中高层最小间距为20米。

2. 南北是指两栋居住建筑相对位置为正南北向和相对位置为南偏东、西小于30⁰；东西是指两栋居住建筑相对位置为正东西向和相对位置为东、西偏南小于或等于30⁰；其他是指两栋居住建筑相对位置为南偏东、西在30⁰~60⁰。相对位置以被遮挡住宅建筑的方位为基准。

3. H在南北和其他相对位置布置方式中为南侧建筑高度；在东西相对位置布置方式中为相邻较高建筑高度，单位为米。

4. 若住宅总进深大于22米时，视作纵墙控制与相邻建筑间距。

5. 垂直布置时，当南侧建筑为南北朝向时，其建筑间距按平行布置时控制。

第十五条　高层居住建筑之间纵墙与纵墙、纵墙与山墙间距控制应符合表三规定。

表3　高层居住建筑纵墙与纵墙、纵墙与山墙间距控制

建筑高度	项目位置	相对位置	平行布置（a＜30⁰）	非平行亦非垂直布置（30⁰≤a＜60⁰）	垂直布置（60⁰≤a≤90⁰）
H≤50米	I 区	南北	L≥22+0.25H	L≥22+0.25H	L≥0.7（22+0.25H）
		东西	L≥0.95（22+0.25H）	L≥0.95（22+0.25H）	
		其他	L≥0.9（22+0.25H）	L≥0.9（22+0.25H）	

续上表

建筑高度	项目位置	相对位置	平行布置（a<30°）	非平行亦非垂直布置（30°≤a<60°）	垂直布置(60°≤a≤90°)
H≤50米	II区	南北	L≥24+0.25H	L≥24+0.25H	L≥0.7（24+0.25H）
		东西	L≥0.95（24+0.25H）	L≥0.95（24+0.25H）	
		其他	L≥0.9（24+0.25H）	L≥0.9（24+0.25H）	
	III区	南北	L≥27+0.25H	L≥27+0.25H	L≥0.7（27+0.25H）
		东西	L≥0.95（27+0.25H）	L≥0.95（27+0.25H）	
		其他	L≥0.9（27+0.25H）	L≥0.9（27+0.25H）	
H>50米	I区	南北	L≥27+0.15H	L≥27+0.15H	L≥0.7（27+0.15H）
		东西	L≥0.95（27+0.15H）	L≥0.95（27+0.15H）	
		其他	L≥0.9（27+0.15H）	L≥0.9（27+0.15H）	
	II区	南北	L≥29+0.15H	L≥29+0.15H	L≥0.7（29+0.15H）
		东西	L≥0.95（29+0.15H）	L≥0.95（29+0.15H）	
		其他	L≥0.9（29+0.15H）	L≥0.9（29+0.15H）	
	III区	南北	L≥32+0.15H	L≥32+0.15H	L≥0.7（32+0.15H）
		东西	L≥0.95（32+0.15H）	L≥0.95（32+0.15H）	
		其他	L≥0.9（32+0.15H）	L≥0.9（32+0.15H）	

说明：

1. a为两栋居住建筑的夹角，L为两栋居住建筑之间的最小建筑间距，单位为米。

2. 南北是指两栋居住建筑相对位置为正南北向和相对位置为南偏东、西小于30°；东西是指两栋居住建筑相对位置为正东西向和相对位置为东、西偏南小于或等于30°；其他是指两栋居住建筑相对位置为南偏东、西在30°~60°。相对位置以被遮挡住宅建筑的方位为基准。

3. H在南北和其他相对位置布置方式中为南侧建筑高度；在东西相对位置布置方式中为相邻较高建筑高度，单位为米。

4. 若住宅总进深大于22米时，视作纵墙控制与相邻建筑间距。

5. 垂直布置时，当南侧建筑为南北朝向时，其建筑间距按平行布置时控制。

第十六条 高层居住建筑与中高层、多层、低层居住建筑纵墙与纵墙、纵墙与山墙间距控制应符合表四规定。

表4　高层与中高层、多层、低层居住建筑纵墙与纵墙、纵墙与山墙间距控制

项目位置	相对位置			平行布置 a<30°	非平行非垂直 30°≤a<60°	垂直 60°≤a≤90°
I区	南北	南低北高		L≥1.0H	L≥1.0H	L≥0.8H
		南高北低	≤50米	L≥22+0.25H	L≥22+0.25H	L≥0.7(22+0.25H)
			>50米	L≥27+0.15H	L≥27+0.15H	L≥0.7(27+0.15H)
	东西	≤50米		L≥0.95(22+0.25H)	L≥0.95(22+0.25H)	L≥0.7(22+0.25H)
		>50米		L≥0.95(27+0.15H)	L≥0.95(27+0.15H)	L≥0.7(27+0.15H)
	其他	南低北高		L≥0.9H	L≥0.9H	L≥0.8H
		南高北低	≤50米	L≥0.9(22+0.25H)	L≥0.9(22+0.25H)	L≥0.7(22+0.25H)
			>50米	L≥0.9(27+0.15H)	L≥0.9(27+0.15H)	L≥0.7(27+0.15H)
II区	南北	南低北高		L≥1.1H	L≥1.1H	L≥0.9H
		南高北低	≤50米	L≥24+0.25H	L≥24+0.25H	L≥0.7（24+0.25H）
			>50米	L≥29+0.15H	L≥29+0.15H	L≥0.7（29+0.15H）
	东西	≤50米		L≥0.95（24+0.25H）	L≥0.95（24+0.25H）	L≥0.7（24+0.25H）
		>50米		L≥0.95（29+0.15H）	L≥0.95（29+0.15H）	L≥0.7（29+0.15H）
	其他	南低北高		L≥1.0H	L≥1.0H	L≥0.9H
		南高北低	≤50米	L≥0.9(24+0.25H)	L≥0.9（24+0.25H）	L≥0.7（24+0.25H）
			>50米	L≥0.9（29+0.15H）	L≥0.9（29+0.15H）	L≥0.7（29+0.15H）
III区	南北	南低北高		L≥1.2H	L≥1.2H	L≥1.0H
		南高北低	≤50米	L≥27+0.25H	L≥27+0.25H	L≥0.7（27+0.25H）
			>50米	L≥32+0.15H	L≥32+0.15H	L≥0.7（32+0.15H）
	东西	≤50米		L≥0.95（27+0.25H）	L≥0.95（27+0.25H）	L≥0.7（27+0.25H）
		>50米		L≥0.95（32+0.15H）	L≥0.95（32+0.15H）	L≥0.7（32+0.15H）
	其他	南低北高		L≥1.1H	L≥1.1H	L≥1.0H
		南高北低	≤50米	L≥0.9(27+0.25H)	L≥0.9（27+0.25H）	L≥0.7（27+0.25H）
			>50米	L≥0.9（32+0.15H）	L≥0.9（32+0.15H）	L≥0.7（32+0.15H）

说明：

1.a为两栋居住建筑的夹角，L为两栋居住建筑之间的间距，单位为米。低层、多层、中高层与高层最小间距分别为15米、24米和30米。

2.南北是指两栋居住建筑相对位置为正南北向和相对位置为南偏东、西小于30°；东西是指两栋居住建筑相对位置为正东西向和相对位置为东、西偏南小于或等于30°；其他是指两栋居住建筑相对位置为南偏东、西在30°~60°。相对位置以被遮挡住宅建筑的方位为基准。

3.H在南北和其他相对位置布置方式中为南侧建筑高度;在东西相对位置布置方式中为相邻较高建筑高度，单位为米。

4.南低北高指的是相对南侧建筑为低层、多层或中高层居住建筑,相对北侧建筑为高层居住建筑；南高北低指的是相对南侧为高层居住建筑,相对北侧为低层、多层或中高层居住建筑。

5.若住宅总进深大于22米时，视作纵墙控制与相邻建筑间距。

6.垂直布置时，当南侧建筑为南北朝向时，其建筑间距按平行布置时控制。

第十七条 居住建筑山墙间距应符合表五规定。

表5 居住建筑山墙间距控制

建筑类型	山墙间距（米）
低层与低层	6.0
低层与多层	6.0
低层与中高层	9.0
低层与高层	13.0
多层与多层	6.0
多层与中高层	9.0
多层与高层	13.0
中高层与中高层	13.0
中高层与高层	13.0
高层（H≤50米）与高层（H≤50米）	13.0
高层（H≤50米）与高层（H＞50米）	16.0
高层（H＞50米）与高层（H＞50米）	18.0

说明：1.临街低层、多层、中高层建筑山墙不设窗户的，间距可不受限制，但必须符合
消防规定。

2.若山墙宽度大于22米时，视作纵墙控制与相邻建筑间距。

第十八条 居住建筑底部有非居住用房的，按该建筑的总高度控制间距；高层建筑裙房按多低层建筑间距控制。

第十九条 居住建筑南侧（东、西侧）有两栋及两栋以上高层建筑或南侧（东、西侧）单栋高层建筑长度大于60.0米时，其间距以日照分析为准。

第二十条 非居住建筑（医院病房楼、幼儿园生活用房、学校教学楼和老年公寓等除外）与居住建筑的间距须满足相关规范、标准要求，并应符合下列规定：

（一）非居住建筑位于居住建筑南侧或东、西侧的，按居住建筑间距控制。

（二）非居住建筑位于居住建筑北侧的，其建筑间距按同类型布置的居住建筑间距要求可折减15%。

（三）非居住建筑与居住建筑的山墙间距按居住建筑间距控制。

第二十一条 医院病房楼、幼儿园生活用房、学校教学楼和老年公寓等与相邻建筑的间距，应在同类型布置方式的居住建筑的间距要求上提高20%以上。

第二十二条 非居住建筑（医院病房楼、幼儿园生活用房、学校教学楼和老年公寓等除外）之间的间距在满足相关规范、标准的同时，应根据建设项目性质、场地条件和空间景观要求适当加大。

第二十三条 超高层建筑的间距，应根据规划要求及实际情况论证后确定。

第二十四条 建筑物高度应符合建筑间距、城市景观的要求，并符合下列规定：

（一）沿城市道路、城市公园建筑物的高度按表六规定进行控制。

表6 沿城市道路、城市公园建筑物的控制高度计算

	沿城市道路建筑控制高度（米）	沿城市公园建筑控制高度（米）
高度计算公式	$H \leq 1.5（W+S）$ H——建筑高度 W——道路红线宽度，单位：米 S——建筑物后退道路红线距离，单位：米	$H \leq 1.2（B+b）$ H——建筑高度 B——用地边界至公园内二级及以上游路的最近距离，单位：米 b——建筑物后退公园界限距离，单位：米

说明：建筑物临两条以上道路的，按较宽的道路规划红线计算其控制高度。

（二）在有净空高度限制的机场区域、气象台、电台和其他无线电讯（含微波通讯）设施周围的建筑高度，应符合相关专业部门的规定。

（三）在历史文物和自然景观保护区内的建筑高度应符合文物保护和自然保护的有关规定，并应通过建筑设计方案进行视线分析具体核定。

第二十五条 沿建设用地边界线、城市道路、公园绿地、河道等建（构）筑物，其建筑退让距离必须满足抗震防灾、交通安全、景观和环保的要求外，还必须符合第二十六条至第三十五条的规定。

第二十六条 临街建筑退让城市道路红线距离按建筑高度和道路级别进行分类控制，其退让距离应符合表七的规定。

第二十七条 临城市道路交叉口周边应留出足够的开放空间，建筑退让城市道路交叉口距离按转角处道路红线直线段与曲线段的切点连线的垂直距离进行退让控制，其退让距离应符合表八的规定。

表7 临街建筑退让城市道路红线距离一览

项目位置	建筑高度（H）	退让城市快速路距离（米）	退让城市主干路距离（米）	退让城市次干路距离（米）	退让城市支路巷道距离（米）
I区	H≤24米	7.0	5.0		
	24米＜H≤50米	12.0	10.0		8.0
	50米＜H≤100米	14.0	12.0		10.0
	H＞100米	22.0	20.0		
II区	H≤24米	9.0	6.0	5.0	
	24米＜H≤50米	15.0	12.0		10.0
	50米＜H≤100米	18.0	15.0		12.0
	H＞100米	28.0	25.0		
III区	H≤24米	12.0	7.0	6.0	5.0
	24米＜H≤50米	20.0	15.0	12.0	10.0
	50米＜H≤100米	25.0	20.0	15.0	12.0
	H＞100米	30.0	25.0		

说明： 1.表中退让距离为下限值，同时须满足表六的要求。

2.高层退让城市道路红线是指主体部分的退让，50.0米以下的高层其裙房退让控制I区加退2.0米，II区加退3.0米，III区加退4.0米。50.0米以上的高层其裙房退让控制I区加退3.0米，II区加退4.0米，III区加退5.0米。100米以上的高层其裙房退让控制I区加退7.0米，II区加退8.0米，III区加退9.0米。

表8　建筑退让城市道路交叉口距离一览

建筑高度（H）	项目位置	主干路与主干路交叉口(米)	次干路与主（次）干路交叉口（米）	支路与主（次、支路）交叉口（米）
H≤24.0米	Ⅰ区	8.0	5.0	5.0
	Ⅱ区	20.0	8.0	8.0
	Ⅲ区	20.0	8.0	8.0
24.0米＜H≤50.0米	Ⅰ区	12.0	10.0	8.0
	Ⅱ区	25.0	12.0	10.0
	Ⅲ区	25.0	12.0	10.0
50.0米＜H≤100米	Ⅰ区	15.0	12.0	10.0
	Ⅱ区	30.0	15.0	12.0
	Ⅲ区	30.0	15.0	12.0
H＞100米	Ⅰ区	——	——	——
	Ⅱ区	40.0	35.0	30.0
	Ⅲ区	40.0	35.0	30.0

说明：1.高层建筑裙楼退让距离按高层建筑退让要求控制。

2.城市景观大道和重要的主干路的交叉口，其建筑退让距离不少于80.0米。

3.快速路与其他道路交叉口按立体交叉控制，其建筑退让距离不少于80.0米。

第二十八条　体育馆、展览馆、影剧院（含电影院和剧院）、游乐场、大型商场等人流车流量大且集中的公共建筑（包括高层建筑中作为大型商场的裙房），其主入口面退让道路红线距离不得少于30.0米，其次入口面退让道路红线距离不得少于20.0米，并满足临时停车和回车的要求。

第二十九条　围墙退让道路红线距离按道路红线宽度分级控制：

（一）退让16.0米以下道路的距离为1.0米。

（二）退让16.0米—40.0米道路的距离为2.0米。

（三）退让40.0米以上道路的距离为3.0米。

第三十条　低层、多层建筑纵墙退让用地边界线距离按规定间距的一半控制；中高层、高层建筑位于北侧地块时，纵墙退让用地边界线距离为规定间距的一半；中高层、高层建筑位于南侧地块时，纵墙退让用地边界线距离为中高层、高层建筑间距减10.0米。若相邻地块已有合法永久性建筑的，应满足已有建筑间距要求。

第三十一条　建筑山墙退让用地边界线距离应符合下列规定：

（一）多、低层建筑山墙退让用地边界线距离不得少于4.0米。

（二）中高层、高层建筑山墙退让用地边界线距离不得少于9.0米。

（三）新建建筑山墙用地边界已有永久性建筑的，其退让距离按本章第十七条规定的间距控制。

（四）临街建筑山墙退让用地边界线的距离按消防安全要求控制。

第三十二条　临街建筑墙外设施的设置，应符合下列规定：

（一）门廊、踏步、花台、采光井、化粪池等不得超越建筑红线至道路红线距离的1/5。

（二）车道变坡线不得超越道路红线。

（三）雨篷、挑檐等外墙设施，当其下部离室外地面净空高度小于5.0米时，不得超越建筑红线；当净空高度大于或等于5.0米时，可超越建筑红线，但外挑宽度不得超越建筑红线至道路红线距离的1/5。

（四）建设项目的供电、消防、电信、电视、供水、排水、燃气等设施不得兴建、安装在城市道路、绿化等公共空间内，不得超越其用地范围，不得影响城市景观和公共安全。

第三十三条　地下室退让道路红线、用地边界线的距离，不得少于地下深度（自室外地坪至地下室底板的距离）的0.7倍，且不得少于3.0米。

第三十四条　建（构）筑物退让公园绿地边界线距离应符合下列规定：

（一）围墙退让公园绿地边界线距离不得少于1.0米。

（二）建筑物退让公园绿地边界线的最小距离为：低层不得少于5.0米；多层不得少于6.0米；50米以下高层不得少于10.0米（裙房不得少于8.0米）；50米以上（含50米）高层不得少于15.0米（裙房不得少于12.0米）。

（三）退让城市公园的距离应同时符合表六的规定。

第三十五条　危险品库、油库、液化气瓶库及其他危及四邻安全的建（构）筑物，其用地边界外已有永久性建筑的，退让用地边界线距离应满足安全防护距离要求；用地边界外无建筑物的，退让用地边界线应预留安全防护距离。对危险品库（危险化学品、危险废物）等危害安全的建筑物，除退让满足安全防护距离外（按照《危险废物贮存污染控制标准》，危险废物贮存场所应距离居民区800米、地表水150米以上），还应设置应急处理设施，确保环境和人身安全。

第四章　环境与景观

第三十六条　城市绿化景观设计和建设应符合相关规划要求，并符合下列规定：

（一）沿主要江河湖，在Ⅰ区应设置单侧宽度不少于15.0米的绿化带，Ⅱ、Ⅲ区设置单侧宽度不少于50.0米的绿化带；沿一般河湖，在Ⅰ区应设置单侧宽度不少于15.0米的绿化带，Ⅱ、Ⅲ区应设置单侧宽度不少于30.0米的绿化带。

（二）应按服务半径不超过500米，结合沿江、河、湖、道路及高压走廊绿化，设置面积不小于5000平方米的街头绿地或小型游园。

（三）铁路、高速公路两侧应设置单侧宽度不少于50.0米的防护绿带。

（四）道路绿地率应符合相关规范要求。城市快速路、主干路、城市出入口连接线两侧应控制一定宽度的绿化景观带。其中城市景观大道和城市出入口连接线单侧绿化带宽度不少于30.0米；快速路单侧不小于20.0米；主干路单侧不少于10.0米。

（五）地面停车场应按林荫式停车场要求建设。

第三十七条 城市公共开放空间、开敞空间的设计和建设应符合下列规定：

（一）城市公共开放空间的设计应与自身功能和周边环境相结合，设置满足其功能和景观要求的设施，植物种植宜以高大乔木为主。以休憩为主要功能的广场，绿地率应不小于60%；以纪念、集会和避险为主要功能的广场，绿地率不小于25%。

（二）临宽度40.0米以上道路的基地，宜在其范围内靠近主要道路一侧集中设置开敞空间，基地面积大于或等于10000平方米，且小于或等于20000平方米的，其开敞面积不得小于1000平方米；基地面积大于20000平方米，且小于或等于50000平方米，其开敞面积不得小于基地面积的5%；基地面积大于50000平方米的，其开敞面积不得小于基地面积的4%，且不小于2500平方米。

第三十八条 水体和山体的保护应维护其自然形态和生态特点，并符合下列规定：

（一）应根据城市水系规划对各类水体进行保护，河湖及其他自然水体严禁侵占、任意填埋和开发建设。建设基地内的原有水面宜保留，并做好生态处理。

（二）滨水功能区应按照相关规划作好整体保护，并宜按水体、绿地系统和滨水控制区三个层次控制。

1. 严禁在水域内设置与水体保护无关的项目；

2. 水域两侧宜留出一定纵深的绿地，应布置多层次连续的慢行交通系统，合理安排集中活动场地，营造景观，突出滨水空间特征；

3. 滨水控制区应根据水域规模确定，距绿地系统的距离不宜小于一个街区，该区域内的建设应满足滨水视线、生态环境和景观控制的要求。

（三）河洑山、太阳山、德山及其他山体应做好山体保护规划，严禁侵占、任意开挖和建设。建设活动不得破坏山体形态轮廓。游览设施的建设位置、规模、体量与造型应严格控制，并与山体总体空间环境相协调。

第三十九条 建（构）筑物景观应结合本地地域特色和传统文化统一考虑，满足相关规划或城市设计的要求，与周边环境和景观相协调，并符合下列规定：

（一）沿城市道路、河流和广场的建筑应形成高低错落，进退有序的空间环境，保持城市空间的通透性，营造良好的空间景观效果，单栋高层建筑长度不宜超过60.0米。

（二）居住用地及以居住为主商住用地内的配套商业设施应相对集中独立设置，确无独立设置条件须在临城市道路住宅建筑底层配设的，不宜超出主体建筑最外围轮廓线，且其临街配套商业建筑长度不宜超过基地临街总长度的50%，不得超过基地临街总长度的65%。

（三）临水面、广场、公园绿地和城市道路的建筑物应符合下列规定：

1. 临水面、广场、公园绿地和城市道路面不宜设置厨房、卫生间。阳台应按凹阳台设计。不得安装任何形式的外置式防盗网。临街商铺不得采用板式卷闸门。

2. 临水面、广场、公园绿地和城市道路面不宜设置空调外机等影响建筑立面的附着物，确需设置的必须统一设计、隐蔽处理。空调排水应进行有组织排水设计。

3. 建筑屋面设计时应考虑太阳能装置、中央空调冷凝机组等的安装位置，并遮蔽处理；建筑物外表面上设置的各种管道应隐蔽处理；建筑平屋面宜做屋顶绿化。

4. 独立设置的变电室、泵房等设施应根据消防、降噪等规定进行布置，并进行绿化遮蔽，进出线应埋入地下。

（四）低、多层住宅建筑应采用全坡顶屋面，中高层住宅建筑在满足安全的前提下，宜采用坡顶屋面。

（五）基地主出入口不宜采用过街楼的形式。

（六）城市公园绿地、广场、体育场馆等对公众开放的公共场所不得设置围墙。其他建设项目临街面宜以树木、绿篱等作为隔离，确需设置围墙的，应采用透视围墙，其高度不宜大于1.6米。

（七）户外广告设施应符合户外广告规划，不得损害建筑物、街景和城市轮廓线的重要特征，不得妨碍建筑消防安全。其设置位置、形式、大小、色彩、图案必须与建筑及其他所依附的载体相协调。

（八）桥梁的景观设计应达到一桥一景，桥寓于景的景观要求。

（九）排水泵站、变、配电所、开关站、通讯基站等建（构）筑物外形和风格应与周围环境、景观、市容风貌相协调。

第四十条　城市景观照明应按照城市照明专项规划实施。应当设置景观照明的建设项目应同步做出夜景灯光设计，并与主体工程同步报批、同步施工、同步验收。

第五章　道路交通

第四十一条　各级公路进入规划区，应符合城市规划要求。

第四十二条　城市道路、桥梁建设应符合下列规定：

（一）主、次干路平面交叉口应根据车流量、流向设展宽段并增加车道数。

（二）道路最小纵坡应大于0.3%。道路平面交叉口纵坡宜小于1.5%。

（三）城市道路跨越30.0米及以上宽度水域时应设置桥梁，不得采用箱涵。

（四）桥梁的横断面宜与道路横断面保持一致。道路设置有绿化带或宽度大于 6.0 米人行道的，桥梁宽度可酌情缩减。

（五）桥梁及其引道纵坡宜小于 2%，设计时应统筹考虑水系的通航和桥下慢行交通系统的净空要求。

第四十三条 城市慢行交通系统应符合下列规定：

（一）快速路两侧和交通量大的城市道路行人过街宜采用天桥或地道。在交通量特别大的地段，应做好人行过街天桥或地道与公共建筑、公交（包括 BRT）停靠站、自行车租赁点等之间的直接联通。

（二）水系风光带、城市主干路应规划自行车专用道，城市次干路宜规划自行车专用道，且宽度不宜小于 2.5 米。

（三）自行车租赁点应结合公共设施、居住小区和公交场站的布局设置，服务半径应不大于 500 米，配车规模宜不小于 20 辆/点，规划用地面积宜按每辆自行车用地 1.2—1.5 平方米计算。

第四十四条 临城市道路基地设置出入口应符合下列规定：

（一）临快速路严禁设置基地机动车出入口，临主干路设置的基地机动车出入口，不应与机动车道直接相连。

（二）基地相邻道路为两条或两条以上时，宜在低一级的道路上设置机动车出入口。

（三）不得在城市道路交叉口展宽段设置机动车出入口。机动车出入口位置与城市道路交叉口的距离为：

1. 与城市主干路交叉口的距离，自最近的道路红线延伸交叉点起不得小于 120 米；

2. 与城市次干路交叉口的距离，自最近的道路红线延伸交叉点起不得小于 100 米；

3. 与城市支路交叉口的距离，自最近的道路红线延伸交叉点起不得小于 70 米。

若临交叉口距离过小，机动车出入口设置不能满足以上要求的，应设于基地距交叉口最远端。

（四）基地机动车出入口距人行横道线、人行过街天桥、人行地道应不小于 50.0 米；距公交车站应不小于 20.0 米；距隧道引道端点应不小于 150 米；距桥梁引道端点应不小于 80.0 米。

（五）开设在城市主次干道上的机动车出入口之间净距不宜小于 150 米。

（六）机动车出入口与城市道路相交角度宜为 75°—90°，并具有良好的通视条件，满足视距要求。

第四十五条 住宅区道路设计应符合下列规定：

（一）交通组织宜人、车分流，道路应分等级设置。

（二）宽度大于 10.0 米的道路必须设置双侧宽度之和不小于 3.0 米的人行道。机动车双向车道宽度不宜小于 7.0 米，单向车道不宜小于 4.0 米。

（三）尽端式道路长度不宜大于 120 米，并应在尽端设不小于 15.0 米×15.0 米的回车场地。

第四十六条　城市道路、广场、公园绿地、住宅区、商业服务和公共管理与公共服务设施等建设项目应按有关规定设置无障碍通道。

第四十七条　公交站（场）的建设应符合《常德市快速公交线网规划》和《常德市城市公共交通规划》。常规公交车站的设计应符合下列规定：

（一）车站应结合城市公共交通规划和沿线交通需求设置，城区停靠站间距宜为 400—600 米。郊区停靠站间距应根据具体情况确定。

（二）城市主、次干路和交通量大的支路宜采用港湾式停靠站。

（三）道路交叉口附近的车站宜安排在交叉口出口道一侧，距交叉口出口路缘石转弯半径终点宜为 80—150 米。

（四）站台长度最短应按同时停靠 2 辆车布置，最长不应超过同时停靠 4 辆车的长度，否则应分开设置。

第四十八条　建设项目规模（指标）达到或超过规定的交通影响评价启动阈值时，应进行交通影响评价。交通影响评价分为建设项目报建阶段交通影响评价和建设项目选址阶段交通影响评价。涉及建设项目用地性质调整或容积率调增的项目，应在调整论证时进行交通影响评价。评审结论应作为规划审批的参考。

交通影响评价启动阈值应符合下列规定：

（一）建设项目报建阶段

1. 住宅、商业服务和公共管理与公共服务设施等建设项目应符合表九的规定。

表9　住宅、商业服务、公共管理与公共服务设施等建设项目交通影响评价启动阈值

项目位置	建设项目新增建筑面积（万平方米）	
	住宅类项目	商业服务、公共管理与公共服务设施等建设项目
Ⅰ区	2.0	1.0
Ⅱ区	3.0	1.5
Ⅲ区	4.0	2.0

注：　建设项目的建筑面积，有建筑设计方案时按总建筑面积计算，无建筑设计方案时按容积率建筑面积计算。

2. 新增配建机动车停车泊位大于 100 个的场馆、公园和医院建设项目；

3. 单独报建的学校类建设项目；

4. 用地面积超过 8 公顷的物流仓储、工业项目；

5. 社会公共停车场、加油站、公交枢纽站、铁路客货站场、公路客货站场、港口和交通换乘枢纽等交通设施项目；

6. 仓储式超市、综合市场、大卖场、批发交易市场等项目；

7. 需封闭城市快速路、主干路、次干路及道路桥梁的项目；

8. 城乡规划主管部门认为对城市交通产生显著影响的其他建设项目。

（二）建设项目选址阶段：

1. 规模达到报建阶段启动阈值的 3 倍及以上的建设项目；

2. 重要的交通类项目；

3. 城乡规划主管部门认为在选址阶段需要进行交通影响评价的建设项目。

第四十九条 停车场（库）的建设应以配建为主，以社会停车场为辅，并符合下列规定：

（一）机动车公共停车场（库）的服务半径在城市中心地段不宜超过 200 米，在一般地段不宜超过 300 米，在城市外围不宜超过 500 米。

（二）停车场出入口数量应根据停车容量及交通组织确定，且不应少于 2 个，其净距宜大于 30.0 米。条件困难或停车容量小于 50 个泊位的，可设置 1 个出入口，但其进出口应满足双向行驶的要求，进出口净宽不应小于 7.0 米。

（三）建设项目配建停车设施应设置在其用地范围内，但在同一道路或者相邻道路上建设的两个以上的建设基地，其相邻距离不超过 100 米且不跨城市主、次干路，在统一设计、统一建设的条件下，可集中设置。

（四）建设项目应按照表十配建各类停车位。原有建筑配建不足，新增建筑面积超过 500 平方米的，应同时补充配建原不足差额数的 20%。

（五）住宅区机动车地面停车率不宜大于 10%，不宜设置机械停车泊位，确需设置的须安排在地下停车库内，且不得超过地下停车泊位总数的 50%。

（六）公共建筑设置机械停车泊位数量不得超过 70%。剧院、展览馆、体育场馆及其他人流、车流集中疏散的大型公共建筑不得采用机械式停车设施。

（七）地下停车场（库）建设应考虑城市动态交通、静态交通的衔接协调，地下停车场（库）应方便出入并设置明显的导向标识，采取必要措施，满足安全、舒适、通风、防灾等要求。非机动车停车设施不得设于地下二层及以下，并应单独设置车辆出入口，不得与机动车出入口混合设置。

表10　建设工程标准车位配建指标

用地类别	项目类别		计算单位	机动车指标			非机动车指标
				I区 下限	II区 下限	III区 下限	下限
居住用地	商品房与酒店式公寓、公寓式安置房		车位/100平方米建筑面积	0.7	0.8	0.9	1.5
	经济适用房、棚户区改造安置房			0.6	0.7	0.7	2.0
	廉租住房、政策性租赁住房、公租房			0.3	0.4	0.4	3.0
	幼儿园		车位/100名学生	8.0	10.0	12.0	10
公共管理和公共服务设施用地	行政办公	县级及以上政府机构	车位/100平方米建筑面积	1.0	1.5	1.5	2.5
		县级以下政府机构		0.8	1.2	1.2	3.0
		一般办公		0.6	1.0	1.0	2.5
	文化设施	博物馆、图书馆		0.4	0.5	0.6	1.5
		展览馆、会议中心		0.5	0.6	0.8	1.5
	教育科研	高等院校、中等专业学校	车位/100名学生	—	12.0	18.0	80
		中学、小学		8.0	10.0	12.0	中学70/小学20
	体育场馆	一类体育场馆	车位/100座位	2.5	3.0	3.5	1.5
		二类体育场馆		2.0	2.5	3.0	2.0
	医院	综合医院、专科医院	车位/100平方米建筑面积	0.5	0.8	1.0	4.0
		社区卫生防疫设施		0.2	0.3	0.5	3.0
		独立门诊		2.0	2.0	2.0	2.0
商业服务业设施用地	商业用地	商业设施	车位/100平方米建筑面积	0.6	0.8	1.0	3.0
		大型超市		0.8	1.1	1.3	4.0
		配套商业设施(小型超市、便利店、专卖店等)		0.3	0.4	0.6	4.0
		专业、批发市场		0.7	0.9	1.0	3.0
		餐饮业		2.0	2.5	3.0	1.5
		饭店、宾馆、培训中心	车位/100平方米建筑面积	0.9	1.1	1.2	1.0
	娱乐康体	电影院	车位/100座位	2.5	3.0	3.5	3.0
		剧院		2.5	3.5	4.0	3.0
工业用地	厂房		车位/100平方米建筑面积	—	0.4	0.4	1.0
物流仓储用地	仓储			—	0.4	0.4	1.0
道路与交通设施用地	火车站		车位/年高峰日每100位旅客	—	3.0	3.0	3.0
	客运码头			—	2.0	2.0	3.0
	客运机场			—	4.0	4.0	—
	汽车站			—	2.0	2.0	3.0
绿地与广场用地	自然风景公园		车位/公顷用地面积	—	1.5	1.5	15
	其他公园			5.0	10.0	10.0	10

注:1.一类体育场馆指大于15000座的体育场或大于4000座的体育馆;二类体育场馆指小于15000座的体育场或小于4000座的体育馆。

2.表内未涵盖的特殊建筑类型其配建停车位指标由城乡规划主管部门根据停车需求分析结果来确定。

3.建筑物按配建指标计算出的车位数,尾数不足1个的按1个计算。

第六章　管线工程

第五十条　城市管线工程建设应按照城市规划和相关专项规划统一布置，并应符合下列规定：

（一）应与道路、桥梁工程同步设计、同步建设、同步验收。应统筹布置各类工程管线及检查井的位置，并与地面的绿化及各种设施相互协调。同类管线应集中敷设，有综合管沟的，管线应按照管沟的设计要求入沟敷设。确需在道路红线外敷设市政工程管线的，应在建筑退让道路红线范围内布置。

（二）市政工程管线之间及管线与建（构）筑物之间的水平、垂直净距以及管线的覆土深度应满足国家相关规范要求。特殊情况下不能满足要求时，应按规范采取有效的安全保护措施。

（三）市政工程管线在交叉处遇到矛盾时，应遵循临时管线避让永久管线、小管线避让大管线、压力管线避让重力管线、易弯曲管线避让不易弯曲管线、新建管线避让现有管线的原则。

（四）严格控制建成道路下的顶管工程，顶管工程等非开挖技术应进行专项设计并附现状道路和地下管网资料。

（五）新建、改建、扩建的城市道路五年以内不得开挖。严禁增设架空管线，现有的架空管线应按规划逐步改造入地。

（六）桥梁应按规划要求预留必要的空间或预埋构件，以满足工程管线的布置要求，不得敷设污水管、压力大于 0.4MPa 的燃气管和其他可燃、有毒或腐蚀性的液、气体管，敷设其他管线必须采取有效的安全防护措施。

第五十一条　建设基地管线工程应符合下列规定：

（一）综合管线应与建设基地总平面同步设计，并做好与市政管网的衔接。

（二）4 米及其以下的道路路面排水应采用单面坡的形式。阳台洗涤污水及空调冷凝水应接入污水管。

（三）变压器、光交箱等管线配套设施宜设置在地下室或小区较为隐蔽的角落。

第五十二条　城市排水应符合下列规定：

（一）应按规划实行雨污分流。

（二）城市广场、停车场、建设基地的硬地面宜采用透水性地面铺装材料。

（三）建设基地内宜按每公顷用地设置不小于 80 立方米的雨水调蓄池，初期雨水应预处理后再排入调蓄池。

（四）市政排水管道未敷设完成的区域，建设基地内污水必须处理，符合环保要求后方可排放。

第五十三条　城市电力、通讯设施应符合下列规定：

（一）确需新架设110千伏以上的电压等级电力线路的，应根据城市地形、地貌特点和城市道路网规划，沿道路、河渠、绿化带架设，减少与道路、河流、铁路等的交叉，尽量避免跨越建筑物；架空电力线路跨越或接近建筑物的安全距离应符合相关规范要求。

（二）高压架空电力线路宜采用占地较少的窄基杆塔和多回路同杆架设的紧凑型线路结构。变、配电所、开关站，宜采用户内式结构。

（三）公用的环网柜、箱式变电器、电缆分支箱等设施应结合道路用地和建筑退让道路红线用地按规划统筹布置。

（四）各类通讯基站应统筹设置，应布置在道路、广场、公园绿地等公共开放空间内，不宜在住宅区内设置。

第七章　规划条件核实

第五十四条　未经规划条件核实或经核实不符合规划条件的建设项目，建设单位不得组织竣工验收。经批准分期实施的建设工程，可分期进行规划条件核实。

第五十五条　规划条件核实分为放、验线核实和工程竣工核实，应根据城乡规划主管部门确认的城乡规划测绘单位出具的放、验线报告和竣工测量报告及图件等，与《建设工程规划许可证》及其附件、附图确定的有关内容进行对照，验核是否一致。

第五十六条　规划条件核实的内容：

（一）建筑工程：

1．总平面布局

（1）核查建设用地范围界线、建（构）筑物定位位置、建筑间距、建筑离界以及与相邻建（构）筑物平面关系等；

（2）核查建设用地面积、总建筑面积、容积率、建筑密度、绿地率、后退红线、停车泊位等主要指标；

（3）核查配建公共设施、物业管理及业主基本活动用房项目、环卫设施、幼儿园等配套建设；

（4）核查交通出入口位置、宽度，内部道路宽度、转弯半径、标高，地下室及地面停车建设和机动车与非机动车停车场地及设施等；

（5）核查排水管道雨污分流情况、各类管线位置、中心线、管径、控制坐标及标高、与市政管线接口位置及标高等；

（6）核查场地清理，涉及该项目规划应拆除建筑和临时建筑及设施是否拆除等。

2．建（构）筑物

（1）核查建筑物层数、建筑高度、建筑层高、建筑造型、室内外标高及与道路的标高关系等；

（2）核查建（构）筑物立面、色彩、材质及亮化工程等；

（3）核查建筑内部功能、各功能面积等。

3．其他规划条件

核查围墙、踏步、花台及绿化小品、变配电箱、化粪池及其他构筑物等。

（二）市政工程

1．道路、桥梁等交通工程：

（1）核查交通工程位置、长度、宽度、路面标高、各控制点桥面标高、桥底标高、通道顶部标高等；

（2）核查道路横断面布置、交叉口交通组织形式、沿线八字口的开设、港湾停靠站、绿化、路灯等附属设施；

（3）核查其他规划要求。

2．管线工程：

（1）核查各类管线及其配套设施的位置、长度、导管孔数、标高、埋深、管径等；

（2）核查排水管是否通畅（附管道内部检测影像资料）；

（3）核查其他规划要求。

3．其他构筑物（含户外广告、雕塑等）

（1）核查构筑物的位置、长度、宽度、高度等；

（2）核查其他规划要求。

第八章　附　则

第五十七条　本规定是常德市规划区范围内实施规划管理的技术依据，由常德市规划局负责解释。

第五十八条　本规定未涉及的内容，按国家相关规范、标准执行。

第五十九条　本规定自发布之日起施行。此前已取得建设用地规划设计条件的建设工程仍按原审批的内容执行。

附表1 城市建设用地分类和代码

类别代码 大类	中类	小类	类别名称	内容
R			居住用地	住宅和相应服务设施的用地
	R1		一类居住用地	设施齐全、环境良好,以低层住宅为主的用地
		R11	住宅用地	住宅建筑用地及其附属道路、停车场、小游园等用地
		R12	服务设施用地	居住小区及小区级以下的幼托、文化、体育、商业、卫生服务、养老助残设施等用地,不包括中小学用地
	R2		二类居住用地	设施较齐全、环境良好,以多、中、高层住宅为主的用地
		R21	住宅用地	住宅建筑用地(含保障性住宅用地)及其附属道路、停车场、小游园等用地
		R22	服务设施用地	居住小区及小区级以下的幼托、文化、体育、商业、卫生服务、养老助残设施等用地,不包括中小学用地
	R3		三类居住用地	设施较欠缺、环境较差,以需要加以改造的简陋住宅为主的用地,包括危房、棚户区、临时住宅等用地
		R31	住宅用地	住宅建筑用地及其附属道路、停车场、小游园等用地
		R32	服务设施用地	居住小区及小区级以下的幼托、文化、体育、商业、卫生服务、养老助残设施等用地,不包括中小学用地
A			公共管理与公共服务设施用地	行政、文化、教育、体育、卫生等机构和设施的用地,不包括居住用地中的服务设施用地
	A1		行政办公用地	党政机关、社会团体、事业单位等办公机构及其相关设施用地
	A2		文化设施用地	图书、展览等公共文化活动设施用地
		A21	图书展览用地	公共图书馆、博物馆、档案馆、科技馆、纪念馆、美术馆和展览馆、会展中心等设施用地
		A22	文化活动用地	综合文化活动中心、文化馆、青少年宫、儿童活动中心、老年活动中心等设施用地
	A3		教育科研用地	高等院校、中等专业学校、中学、小学、科研事业单位及其附属设施用地,包括为学校配建的独立地段的学生生活用地

续上表

类别代码			类别名称	内容
大类	中类	小类		
		A31	高等院校用地	大学、学院、专科学校、研究生院、电视大学、党校、干部学校及其附属设施用地，包括军事院校用地
		A32	中等专业学校用地	中等专业学校、技工学校、职业学校等用地，不包括附属于普通中学内的职业高中用地
		A33	中小学用地	中学、小学用地
		A34	特殊教育用地	聋、哑、盲人学校及工读学校等用地
		A35	科研用地	科研事业单位用地
	A4		体育用地	体育场馆和体育训练基地等用地，不包括学校等机构专用的体育设施用地
		A41	体育场馆用地	室内外体育运动用地，包括体育场馆、游泳场馆、各类球场及其附属的业余体校等用地
		A42	体育训练用地	为体育运动专设的训练基地用地
	A5		医疗卫生用地	医疗、保健、卫生、防疫、康复和急救设施等用地
		A51	医院用地	综合医院、专科医院、社区卫生服务中心等用地
		A52	卫生防疫用地	卫生防疫站、专科防治所、检验中心和动物检疫站等用地
		A53	特殊医疗用地	对环境有特殊要求的传染病、精神病等专科医院用地
		A59	其他医疗卫生用地	急救中心、血库等用地
	A6		社会福利用地	为社会提供福利和慈善服务的设施及其附属设施用地，包括福利院、养老院、孤儿院等用地
	A7		文物古迹用地	具有保护价值的古遗址、古墓葬、古建筑、石窟寺、近代代表性建筑、革命纪念建筑等用地，不包括已作其他用途的文物古迹用地
	A8		外事用地	外国驻华使馆、领事馆、国际机构及其生活设施等用地
	A9		宗教用地	宗教活动场所用地
B			商业服务业设施用地	商业、商务、娱乐康体等设施用地，不包括居住用地中的服务设施用地
	B1		商业用地	商业及餐饮、旅馆等服务业用地
		B11	零售商业用地	以零售功能为主的商铺、商场、超市、市场等用地
		B12	批发市场用地	以批发功能为主的市场用地
		B13	餐饮用地	饭店、餐厅、酒吧等用地
		B14	旅馆用地	宾馆、旅馆、招待所、服务型公寓、度假村等用地
	B2		商务用地	金融保险、艺术传媒、技术服务等综合性办公用地
		B21	金融保险用地	银行、证券期货交易所、保险公司等用地
		B22	艺术传媒用地	文艺团体、影视制作、广告传媒等用地
		B29	其它商务用地	贸易、设计、咨询等技术服务办公用地

续上表

类别代码			类别名称	内容
大类	中类	小类		
	B3		娱乐康体用地	娱乐、康体等设施用地
		B31	娱乐用地	剧院、音乐厅、电影院、歌舞厅、网吧以及绿地率小于65%的大型游乐等设施用地
		B32	康体用地	赛马场、高尔夫、溜冰场、跳伞场、摩托车场、射击场，以及通用航空、水上运动的陆域部分等用地
	B4		公用设施营业网点用地	零售加油、加气、电信、邮政等公用设施营业网点用地
		B41	加油加气站用地	零售加油、加气、充电站等用地
		B49	其它公用设施营业网点用地	独立地段的电信、邮政、供水、燃气、供电、供热等其它公用设施营业网点用地
	B9		其他服务设施用地	业余学校、民营培训机构、私人诊所、殡葬、宠物医院、汽车维修站等其他服务设施用地
M			工业用地	工矿企业的生产车间、库房及其附属设施用地，包括专用铁路、码头和附属道路、停车场等用地，不包括露天矿用地
	M1		一类工业用地	对居住和公共环境基本无干扰、污染和安全隐患的工业用地
	M2		二类工业用地	对居住和公共环境有一定干扰、污染和安全隐患的工业用地
	M3		三类工业用地	对居住和公共环境有严重干扰、污染和安全隐患的工业用地
W			物流仓储用地	物资储备、中转、配送等用地，包括附属道路、停车场以及货运公司车队的站场等用地
	W1		一类物流仓储用地	对居住和公共环境基本无干扰、污染和安全隐患的物流仓储用地
	W2		二类物流仓储用地	对居住和公共环境有一定干扰、污染和安全隐患的物流仓储用地
	W3		三类物流仓储用地	易燃、易爆和剧毒等危险品的专用物流仓储用地
S			道路与交通设施用地	城市道路、交通设施等用地，不包括居住用地、工业用地等内部的道路、停车场等用地
	S1		城市道路用地	快速路、主干路、次干路和支路等用地，包括其交叉口用地
	S2		城市轨道交通用地	独立地段的城市轨道交通地面以上部分的线路、站点用地
	S3		交通枢纽用地	铁路客货运站、公路长途客运站、港口客运码头、公交枢纽及其附属设施用地
	S4		交通场站用地	交通服务设施用地，不包括交通指挥中心、交通队用地
		S41	公共交通场站用地	城市轨道交通车辆基地及附属设施，公共汽（电）车首末站、停车场（库）、保养场，出租汽车场站设施等用地，以及轮渡、缆车、索道等的地面部分及其附属设施用地
		S42	社会停车场用地	独立地段的公共停车场和停车库用地，不包括其它各类用地配建的停车场和停车库用地

续上表

类别代码			类别名称	内容
大类	中类	小类		
	S9		其他交通设施用地	除以上之外的交通设施用地，包括教练场等用地
U			公用设施用地	供应、环境、安全等设施用地
	U1		供应设施用地	供水、供电、供燃气和供热等设施用地
		U11	供水用地	城市取水设施、自来水厂、再生水厂、加压泵站、高位水池等设施用地
		U12	供电用地	变电站、开闭所、变配电所等设施用地，不包括电厂用地。高压走廊下规定的控制范围内的用地应按其地面实际用途归类
		U13	供燃气用地	分输站、门站、储气站、加气母站、液化石油气储配站、灌瓶站和地面输气管廊等设施用地，不包括制气厂用地
		U14	供热用地	集中供热锅炉房、热力站、换热站和地面输热管廊等设施用地
		U15	通信用地	邮政中心局、邮政支局、邮件处理中心、电信局、移动基站、微波站等设施用地
		U16	广播电视用地	广播电视的发射、传输和监测设施用地，包括无线电收信区、发信区以及广播电视发射台、转播台、差转台、监测站等设施用地
	U2		环境设施用地	雨水、污水、固体废物处理等环境保护设施及其附属设施用地
		U21	排水用地	雨水泵站、污水泵站、污水处理、污泥处理厂等设施及其附属的构筑物用地，不包括排水河渠用地
		U22	环卫用地	生活垃圾、医疗垃圾、危险废物处理（置），以及垃圾转运、公厕、车辆清洗、环卫车辆停放修理等设施用地
	U3		安全设施用地	消防、防洪等保卫城市安全的公用设施及其附属设施用地
		U31	消防用地	消防站、消防通信及指挥训练中心等设施用地
		U32	防洪用地	防洪堤、防洪枢纽、排洪沟渠等设施用地
	U9		其他公用设施用地	除以上之外的公用设施用地，包括施工、养护、维修等设施用地
G			绿地与广场用地	公园绿地、防护绿地、广场等公共开放空间用地
	G1		公园绿地	向公众开放，以游憩为主要功能，兼具生态、美化、防灾等作用的绿地
	G2		防护绿地	具有卫生、隔离和安全防护功能的绿地
	G3		广场用地	以游憩、纪念、集会和避险等功能为主的城市公共活动场地

附表2　各类建设用地适建范围

建设项目 \ 用地类别	居住用地(R)	公共管理与公共服务设施用地(A)							商业服务业设施用地(B)					工业用地(M)			物流仓储用地(W)			道路与交通设施用地(S)	公用设施用地(U)				绿地与广场用地(G)		
	二类 R2	行政办公 A1	文化设施 A2	教育科研 A3	体育 A4	医疗卫生 A5	社会福利 A6	宗教 A9	商业 B1	商务 B2	娱乐康体 B3	公共设施营业网点 B4	其他服务设施 B9	一类 M1	二类 M2	三类 M3	一类 W1	二类 W2	三类 W3	S1—S9	供应设施 U1	环境设施 U2	安全设施 U3	其他公用设施 U9	公园绿地 G1	防护绿地 G2	广场 G3
居住用地(R)																											
1　低层居住建筑	●	×	○	○	×	○	○	×	×	×	×	○	×	×	×	×	×	×	×	×	×	×	×	×	×	×	×
2　多层居住建筑	●	×	○	○	×	○	○	×	×	×	×	○	×	○	×	×	×	×	×	×	×	×	×	×	×	×	×
3　中高层、高层居住建筑	●	×	○	○	×	○	○	×	×	×	×	○	×	○	×	×	○	×	×	×	×	×	×	×	×	×	×
4　公寓、公租房等	●	×	○	○	×	○	○	○	×	×	×	○	×	●	×	×	○	×	×	×	×	×	×	×	×	×	×
5　居住小区及小区级以下幼托设施	●	×	×	●	×	○	○	×	×	×	×	●	×	○	×	×	×	×	×	×	×	×	×	×	×	×	×
6　居住小区及小区级以下商业服务设施	●	●	×	●	×	○	×	×	●	●	●	×	×	○	×	×	○	×	×	×	×	×	×	×	×	×	○
7　居住小区及小区级以下文化设施	●	●	○	●	×	○	×	×	×	×	×	○	×	○	×	×	×	×	×	×	×	×	×	×	○	×	×
8　居住小区及小区级以下体育设施	●	●	●	×	●	○	×	×	×	×	●	×	×	○	×	×	×	×	×	×	×	×	×	×	○	×	×
9　居住小区及小区级以下医疗卫生设施	●	×	×	×	×	●	×	×	×	×	×	×	×	○	×	×	×	×	×	×	×	×	×	×	×	×	×
公共管理与公共服务设施用地(A)																											
10　行政办公用地(A1)　基层级管理机构	○	●	○	○	×	○	×	×	×	○	×	○	×	×	×	×	×	×	×	×	○	○	○	○	×	×	×
其他行政办公	○	●	○	○	×	○	×	×	○	○	×	○	×	×	×	×	×	×	×	×	○	○	○	○	×	×	×
11　文化设施用地(A2)	○	○	●	○	×	×	×	×	●	×	●	×	×	×	×	×	×	×	×	×	×	×	×	×	×	×	×
12　教育科研用地(A3)　高等院校、中等专业院校	○	○	○	●	×	×	×	×	×	○	×	×	×	×	○	×	×	○	×	×	×	×	×	×	×	×	×
职业学校、技工学校、成人学校和业余学校	○	○	×	○	×	×	×	×	×	×	×	×	×	×	○	×	×	○	×	×	×	×	×	×	×	×	×
科研设计机构	○	○	○	●	×	×	×	×	×	○	×	×	×	×	○	×	×	○	×	×	×	×	×	×	×	×	×
中小学	●	×	×	●	×	×	×	×	×	×	×	×	×	×	×	×	×	×	×	×	×	×	×	×	×	×	×

续上表

序号	建设项目	居住用地(R) 二类 R2	公共管理与公共服务设施用地(A) 行政办公 A1	文化设施 A2	教育科研 A3	体育 A4	医疗卫生 A5	社会福利 A6	宗教 A9	商业服务业设施用地(B) 商业 B1	商务 B2	娱乐康体 B3	公共设施营业网点 B4	其他服务设施 B9	工业用地(M) 一类 M1	二类 M2	三类 M3	物流仓储用地(W) 一类 W1	二类 W2	三类 W3	道路与交通设施用地(S) S1—S9	公用设施用地(U) 供应设施 U1	环境设施 U2	安全设施 U3	其他公用设施 U9	绿地与广场用地(G) 公园绿地 G1	防护绿地 G2	广场 G3
13	体育用地(A4)	○	×	×	×	●	×	×	×	×	×	∨	×	×	●	×	×	×	×	×	×	×	×	×	×	×	○	×
14	医院（综合医院、专科医院、社区卫生服务中心等）	○	×	×	×	×	●	×	×	×	×	×	×	×	○	×	×	×	×	×	×	×	×	×	×	×	×	×
	卫生防疫设施（卫生防疫站、专科防治所、检验中心和动物检疫站等）	○	×	×	×	×	●	×	×	×	×	×	×	×	○	×	×	×	×	×	×	×	×	×	×	×	×	×
	特殊病院（精神病院、传染病院等）-需单独选址	×	×	×	×	×	●	×	×	×	×	×	×	×	×	×	×	×	×	×	×	×	×	×	×	×	×	×
	其他医疗卫生设施（血库等）	○	×	×	×	×	●	×	×	×	×	×	×	×	×	×	×	×	×	×	×	×	×	×	×	×	×	×
15	社会福利用地(A6)	×	×	×	×	×	×	●	×	×	×	×	×	×	×	×	×	×	×	×	×	×	×	×	×	×	×	×
16	宗教用地(A9)	○	○	×	×	×	×	×	●	×	×	×	×	×	×	×	×	×	×	×	×	×	×	×	×	×	○	×
17	餐饮	●	×	×	×	×	×	×	×	●	×	×	×	×	●	×	×	×	×	×	×	×	×	×	×	×	×	×
	一般旅馆	○	×	○	○	○	×	×	○	○	×	○	×	×	○	×	×	×	×	×	×	×	×	×	×	×	×	×
	旅游宾馆	○	○	○	○	○	×	×	○	○	○	○	×	×	●	×	×	×	×	×	×	×	×	×	×	×	×	×
	零售商业	×	×	×	×	×	×	×	×	●	○	○	×	×	○	×	×	○	○	×	×	×	×	×	×	×	×	×
	批发市场	×	×	×	×	×	×	×	×	●	●	×	×	×	○	×	×	○	○	×	×	×	×	×	×	×	×	×
18	商务用地(B2)	●	○	○	○	×	×	×	○	●	●	×	×	×	○	×	×	×	×	×	●	●	●	●	●	●	●	●
19	娱乐康体用地(B3)	×	×	×	×	×	×	×	×	×	●	●	×	×	×	×	×	○	○	○	×	×	×	×	×	×	×	×

用地类别：商业服务业设施用地(B)

续上表

用地类别 建设项目		序号	建设项目	居住用地(R) 二类 R2	公共管理与公共服务设施用地(A)							商业服务业设施用地(B)					工业用地(M)			物流仓储用地(W)			道路与交通设施用地(S) S1—S9	公用设施用地(U)				绿地与广场用地(G)		
					行政办公 A1	文化设施 A2	教育科研 A3	体育 A4	医疗卫生 A5	社会福利 A6	宗教 A9	商业 B1	商务 B2	娱乐康体 B3	公共设施营业网点 B4	其他服务设施 B9	一类 M1	二类 M2	三类 M3	一类 W1	二类 W2	三类 W3		供应设施 U1	环境设施 U2	安全设施 U3	其他公用设施 U9	公园绿地 G1	防护绿地 G2	广场 G3
			康体	●	×	×	×	×	×	×	×	×	×	●	×	○	×	×	×	×	×	×	×	×	×	×	×	×	×	○
		20	公用设施营业网点(B4) 加油加气站	○	×	×	×	×	×	×	×	×	×	×	●	○	○	○	○	○	●	×	×	●	○	○	●	×	○	×
			其他公用设施营业网点	●	●	●	●	●	●	●	●	●	●	●	●	●	×	○	○	×	●	×	×	●	○	●	●	×	×	×
		21	其他服务设施(B9) 业余学校、私人诊所、宠物医院等	○	×	×	×	×	×	×	×	×	×	●	×	●	×	×	×	×	×	×	×	×	×	×	×	×	×	×
			殡葬业	×	×	×	×	×	×	×	×	●	×	●	×	●	×	×	×	×	×	●	×	×	×	×	×	×	○	×
工业用地(M)		22	一类工业(M1)	○	×	×	×	×	×	×	×	×	×	×	×	○	●	●	●	●	●	○	×	○	○	○	○	×	×	×
		23	二类工业(M2)	×	×	×	×	×	×	×	×	×	×	×	×	○	●	●	●	●	●	×	×	○	○	○	○	×	●	×
		24	三类工业(M3)	×	×	×	×	×	×	×	×	×	×	×	×	●	○	○	○	○	○	×	×	○	○	○	○	×	×	×
物流仓储用地(W)		25	一类物流仓储(W1)	×	×	×	×	×	×	×	×	×	×	×	×	●	●	○	●	●	●	○	×	○	○	○	●	×	×	×
		26	二类物流仓储(W2)	×	×	×	×	×	×	×	×	×	×	×	×	×	●	○	●	○	●	×	×	●	●	●	●	×	●	×
		27	三类物流仓储(W3)	×	×	×	×	×	×	×	×	×	×	×	×	×	×	×	●	○	●	●	●	●	×	×	×	×	×	×
道路与交通设施用地(S)		28	社会停车场、库	○	×	●	×	○	○	×	×	●	●	○	×	×	●	○	●	●	●	●	●	●	×	●	●	●	●	×
		29	汽车修理、专业保养场和机动车训练场	×	×	×	×	○	×	×	×	×	×	×	×	×	●	×	●	○	●	●	●	●	●	●	●	×	●	×
		30	客、货运公司站场	×	×	×	×	×	×	×	×	×	×	×	×	×	×	○	×	×	●	×	●	×	×	×	×	×	●	×
公用设施用地(U)		31	保应设施用地(U1)	×	×	×	×	×	×	×	×	×	×	×	×	×	●	○	○	●	○	○	×	○	●	●	×	×	○	×
		32	环境设施用地(U2) 污水处理厂	×	×	×	×	×	×	×	×	×	×	×	×	×	×	×	○	○	○	○	×	○	●	●	×	×	●	×
			其他环境设施	×	×	×	×	×	×	×	×	×	×	×	×	×	×	×	○	○	○	○	×	○	●	●	×	×	○	×
		33	安全设施用地(U3)	×	×	×	×	×	×	×	×	×	×	×	×	×	●	×	○	●	○	○	●	○	×	×	●	×	●	×
		34	其他公用设施用地(U9)	×	×	×	×	×	×	×	×	×	×	×	×	×	×	×	○	●	○	○	×	○	×	×	●	×	○	×

说明：● 为允许建设；× 为不允许建设；○ 为规划审批部门根据具体情况确定是否允许建设。

附图1

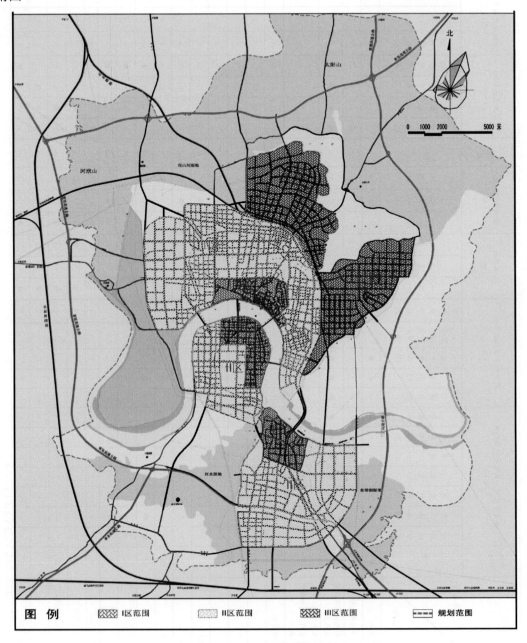

常德市规划管理分区控制图

附录一　用词说明

1. 为便于在执行本规定条文时区别对待，对于要求严格程度不同的用词说明如下：

（1）表示很严格，非这样做不可的：正面词采用"必须"，反面词采用"严禁"；

（2）表示严格，在正常情况下均应这样做的：正面词采用"应"，反面词采用"不应"或"不得"；

（3）表示允许稍有选择，在条件许可时，首先应这样做的：正面词采用"宜"，反面词采用"不宜"。

表示有选择，在一定条件下可以这样做的，采用"可"。

2. 条文中指明应按其他有关标准或规范执行的写法为"应按……执行"或"应符合……的要求（或规定）"；非必须按所指定的标准或规范执行的写法为"可参照……执行"。

附录二　名词解释

1. 规划区：指城市、镇和村庄建成区及因城乡建设和需要，必须规划控制的区域。常德市规划区面积为622.8平方千米。包括武陵区全部行政辖区；鼎城区的武陵镇、灌溪镇、斗姆湖镇、牛鼻滩镇2个村（白洋湖村、拦马口村）、许家桥乡4个村（民族村、中堰村、跑马岗村、双堰岗村）、石门桥镇15个村（观音庵村、桐林坪村、青龙岗村、八斗湾村、鲍家湾村、范家潭村、湾堤村、洞阳坪村、何家堤村、二港桥村、二牛岗村、新堰岗村、乌塘岗村、邱家岗村、伍家嘴村）；柳叶湖旅游度假区和常德经济技术开发区。

2. 控制性详细规划：以城市总体规划或分区规划为依据，确定建设地区的土地使用性质和使用强度的控制指标、道路和工程管线控制性位置以及空间环境控制的规划要求。

3. 修建性详细规划：以城市总体规划、分区规划或控制性规划为依据，制定用以指导各项建筑和工程设施的设计和施工的规划设计。

4. 城市设计：对城市体型和空间环境所作的整体构思和安排，贯穿于城市规划的全过程。

5. 建设用地面积：用地红线范围内，除城市道路、河道、电力走廊、轻轨控制线、绿化隔离带等规划控制用地外的实际建设用地面积。

6. 道路红线：城市道路（含居住区及道路）用地的规划控制线。

7. 建筑红线：是城市道路两侧控制沿街建筑物或构筑物（如外墙、台阶等）靠临街面的界线。

8. 绿线：指城市各类绿地范围的控制线。

9. 蓝线：指城市规划确定的江、河、湖、库、渠和湿地等城市地表水体保护和控制的地域界线。

10. 容积率：一定地块内，建筑面积和建设用地面积的比值。

11. 建筑密度：一定地块内所有建筑物的基底总面积占建设用地面积的比例。

12. 绿地率：一定地区内各类绿化用地总面积占建设用地面积的比例。

13. 日照标准：根据各地区的气候条件和居住卫生要求确定的，居住建筑正面向阳房间在规定的日照标准日获得的日照量，是编制居住区规划确定居住建筑间距的主要依据。

14. 建筑间距：两栋建筑物或构筑物外墙之间的最小水平距离。

15. 建筑退线：建筑物外墙面与建设用地红线之间的最小垂直距离。

16. 建筑高度：指自建筑物室外散水至建筑物顶部最高点的高度。

17. 低层建筑：建筑高度不大于10.0米的非居住建筑。

18. 多层建筑：建筑高度大于 10.0 米且不大于 24.0 米的非居住建筑。

19. 高层建筑：建筑高度大于 24.0 米且不大于 100 米的非居住建筑。

20. 超高层建筑：建筑高度在 100 米以上的建筑。

21. 低层住宅：层数为 1~3 层的住宅。

22. 多层住宅：层数为 4~6 层的住宅。

23. 中高层住宅：层数为 7~9 层的住宅。

24. 高层住宅：层数大于等于 10 层的住宅。

25. 裙房：指和高层建筑紧密相连并与之组成为一个整体且建筑高度不大于 24 米的附属建筑。

26. 封闭阳台：指对凸阳台的三面临空面和凹阳台的单面临空面进行围合封闭，使室内外连续空间成为室内空间的阳台。

27. 地下室：房间室内地面低于室外地面，且室内地面至室外地面的高度大于房间净高的 1/2 者，且在室外地面以上部分高度不大于 1.0 米。

28. 平地建筑半地下室：房间室内地面低于室外地面，室内地面至室外地面的高度大于等于该房间净高的 1/3 但小于 1/2 者，且在室外地面以上部分高度不大于 1.5 米。

29. 风景名胜区：指风景资源集中、环境优美、具有一定规模和游览条件，可供人们游览欣赏、休憩娱乐或进行科学文化活动的地域。

30. 港湾式停靠站：在道路车行道外侧，采取局部拓宽路面的公共交通停靠站。

31. 分流制：用不同管渠分别收集和输送城市污水和雨水的排水方式。

32. 合流制：用同一管渠收集和输送城市污水和雨水的排水方式。

33. 高压线走廊（高压架空线路走廊）：在计算导线最大风偏和安全距离情况下，35 千伏及以上高压架空电力线路两边导线向外延伸一定距离所形成的两条平行线之间的专用通道。

附录三　计算规则

1. 建设用地面积计算：

建设用地面积是指建设项目用地红线内的面积，城市道路红线内、河道蓝线内、绿地绿线内的面积不得计入。

2. 建筑间距计算：

（1）不规则平面的建筑，按建筑外墙面的最凸出外围线和周围建筑的最近距离计算建筑间距。

（2）外挑阳台等于或小于1.5米，不计入建筑间距；大于1.5米的，超出部分计入建筑间距；双向外挑阳台的，一个朝向外挑阳台计入建筑间距；封闭式阳台计入间距。

（3）坡度大于45度的多、低层坡屋面建筑，其建筑间距是指自屋脊线在地面上的垂直投影线至被遮挡建筑的外墙之间的最小垂直距离。

3. 建筑高度计算：

（1）平屋面建筑：挑檐屋面自室外散水地面算至檐口顶，加上檐口挑出宽度；有女儿墙的墙面，自室外散水地面算至女儿墙顶。

（2）坡屋面建筑：屋面坡度小于45度（含45度）的，自室外散水地面算至檐口顶，加上檐口挑出宽度；坡度大于45度的，自室外散水地面算至屋脊顶。

（3）水箱、楼梯间、电梯间、机械房等突出屋面的附属设施、其高度在6米以内，水平面积之和不超过屋面建筑面积1/8的，可不计入建筑高度。但当建筑位于文物、建筑控制区、特殊保护区和有净空要求的控制区时，上述突出部分应计算建筑高度。

4. 建筑容积率计算：

（1）地下商场、地下娱乐和办公等用房计入容积率中的总建筑面积；地下车库、地下设备用房、结构转换层、技术设备层、公共活动的建筑开放空间等不计入容积率中的总建筑面积。

（2）底层杂物间和坡屋顶内空间阁楼在1.2米及以上，不足2.2米的，应计算1/2的建筑面积；坡屋顶内空间阁楼在2.2米及以上部分，应等面积计算建筑面积，并计入容积率中的总建筑面积；高度不足1.2米的，不计算建筑面积；净高大于或等于2.2米的飘窗计算全建筑面积。

（3）居住建筑标准层层高大于3.0米，小于4.9米，办公建筑标准层层高大于3.9米，小于5.5米，普通商业建筑标准层层高大于4.5米，小于6.0米，建筑面积按该层水平投影的1.5倍计算；居住建筑标准层层高等于或大于4.9米，办公建筑标准层层高等于或大于5.5米，普通商业建筑标准层层高等于或大于6.1米，建筑面积按该层水平投影的2倍计算。

5. 绿地面积的计算：

（1）绿地面积应按绿化用地的平面投影面积进行计算，山丘、坡地不能以表面计算。

（2）被绿地环绕的水面且水面使用权属建设申请单位的可计入绿化用地面积。

（3）实行绿化的屋面，高度在1—24米实行永久绿化的，且地面绿化面积已达规定指标的50%以上的，则可按其屋面绿化面积的25%折算绿化用地面积。

（4）与室外自然地面高差1.0米以下的屋顶绿化，且覆土平均厚度1.0米以上的，可按实际绿化范围全部计算为绿化用地面积；覆土厚度低于此标准的，按50%折算。

（5）铺设植草砖的按其铺设面积的20%折算绿化用地面积。

（6）集中成片绿地范围内景观性的硬质地面，应计算绿地面积。其他硬质地面上种植的乔木，成排的按1.5米宽计算绿地面积，单植的按树穴实际面积计算绿地面积。

（7）林荫式停车场按乔木树冠的正投影面积计算绿地面积。

（8）由临街单位或房屋开发商出资建设的门前绿化及街头绿地，可计入其绿化用地面积。

索引

索　引

1. 本索引的标目内容分为两类，一是志书中一个或几个自然段内容的概括，一般为目或子目的标题，个别专指度较高的章节标题也在选取之列；二是主题要素，包括志书所涉及的人物、机构、事件、会议、规划、文件等。

2. 标引词后面的阿拉伯数字表示内容所在页面。

3. 本索引采用汉语拼音字母顺序排列，第一字相同，按第二字音序排列，依次类推。

4. 因受篇幅的限制，每个人名索引以5次为限。

编 后 记

2010 年，常德市新一轮地方志书编修工作正式启动。按照常德市地方志办公室的安排，此轮编修工作分两批进行，常德市规划局为首批编修单位，与常德市城管局合编一本《常德市城乡规划与管理志》，由市政府城市办负责牵头。2012 年 7 月，市规划局启动《常德市城乡规划与管理志》的编修工作，成立编修领导小组和编写办公室。8 月，市规划局修志办开始拟写《常德市城乡规划与管理志》规划篇的提纲。此时，市政府城市办通知，为便于志书编写，市城管局与市规划局各自编辑出版志书。根据这一指示，市规划局修志办重新谋篇布局，拟写《常德市城乡规划管理志》篇目。万事开头难。在上一轮志书编纂中，由于市规划管理处是市建委的一个二级机构，城市规划管理未单独成书，规划管理工作仅是《城建志》的一章。市规划局修志办的同志在本地没有蓝本可资借鉴的情况下，向方志办的专家请教，同时，借鉴外地经验，拟写出《常德市城乡规划管理志》篇目送审稿，交市规划局、市方志办领导审查。根据审查意见，市规划局修志办对篇目进行调整。10 月，市规划局修志办根据《常德市城乡规划管理志》篇目，将任务分解到各分局、科室，并召开市规划局修志工作动员大会和业务培训会议。2013 年 2 月后，市规划局各分局、科室的资料初稿陆陆续续交到市规划局修志办。11 月，《常德市城乡规划管理志》初稿基本完成。12 月，初稿交市规划局老领导、在职领导及各分局、科室审阅。2014 年 7 月，市方志办召开《常德市城乡规划管理志》评审会。评审会后，市规划局修志办根据评审会意见，对志书进行了认真修改。9 月，《常德市城乡规划管理志》交由方志出版社出版。

在《常德市城乡规划管理志》编写过程中，市城建档案馆、市图书馆给予大力支持，市规划局各分局、科室领导和初稿撰写人员为本书的出版付出了辛勤劳动，在此一并致谢！

由于编者水平有限，加之时间仓促，书中难免有疏漏和错误之处，敬请不吝指教，并致谢意。

编　者
2014 年 9 月 28 日